“《中国矿产地质志·湖北卷》研编项目”资助(DD20221695、DD20190379、DD20160346)

湖北省区域成矿背景、成矿区带及成矿规律

HUBEI SHENG QUYU CHENGKUANG BEIJING CHENGKUANG QUDAI JI CHENGKUANG GUILÜ

李书涛　孙四权　李红梅　石先滨　简玉兵　等编著

中国地质大学出版社
ZHONGGUO DIZHI DAXUE CHUBANSHE

内容摘要

本书基于湖北省基础地质、矿产勘查及综合研究的成果，对湖北省成矿构造环境、地层、岩浆岩、变质岩等成矿因素进行了系统的分析，研究了各成矿因素与成矿作用的对应关系，逐一剖析了东秦岭成矿带、桐柏-大别成矿带、龙门山-大巴山成矿带、上扬子中东部成矿带、江汉盆地成矿区及长江中下游成矿带（湖北段）等的成矿环境、区域矿产、代表性矿床、时空分布规律、成矿远景，在此基础上将矿床的时空分布作为一个成矿系统，充分考虑了时间、空间及成矿作用3个因素，厘定了湖北省矿床成矿系列，总结了区域成矿规律。

本书可供从事湖北省地质工作的各方面人士使用，包括从事地质矿产勘查、矿产资源预测、地质科研等人员，也可供社会大众参考，以了解湖北省的矿产资源等情况。

图书在版编目（CIP）数据

湖北省区域成矿背景、成矿区带及成矿规律/李书涛等编著．—武汉：中国地质大学出版社，2022.9
ISBN 978-7-5625-5326-7

Ⅰ.①湖…
Ⅱ.①李…
Ⅲ.①成矿区-成矿规律-研究-湖北
Ⅳ.①P612

中国版本图书馆CIP数据核字（2022）第134304号

湖北省区域成矿背景、成矿区带及成矿规律　　李书涛　孙四权　李红梅　石先滨　简玉兵　**等编著**

责任编辑：唐然坤　　选题策划：叶有志　唐然坤　　责任校对：徐蕾蕾

出版发行：中国地质大学出版社（武汉市洪山区鲁磨路388号）　　邮政编码：430074
电　话：（027）67883511　　传　真：（027）67883580　　E-mail：cbb @ cug.edu.cn
经　销：全国新华书店　　http://cugp.cug.edu.cn

开本：880毫米×1 230毫米 1/16　　字数：424千字　印张：13.25　附表：1
版次：2022年9月第1版　　印次：2022年9月第1次印刷
印刷：武汉市籍缘印刷厂

ISBN 978-7-5625-5326-7　　定价：198.00元

《湖北省区域成矿背景、成矿区带及成矿规律》

编 委 会

前　言

经过近70年的矿产勘查，湖北省的矿产勘查工作已进入到深部及隐伏矿床找矿阶段，找矿难度越来越大，因而迫切需要通过对已有矿产勘查与科研成果资料进行整体性及系统性的分析、研究、总结，在全面汇集全省地质矿产成果的基础上，总结成矿规律，开拓找矿思路，从而为全省矿产资源科学规划、新时期地质找矿取得重大突破、矿业高质量发展和地质科学创新服务打下牢固基础。

本书是中国地质调查局2014—2021年部署的"湖北省矿产资源调查成果综合集成与服务产品开发委托业务"重点科技项目的配套成果之一，并获"《中国矿产地质志·湖北卷》研编项目"资助(DD20221695、DD20190379、DD20160346)项目的总体目标任务是：通过湖北省矿产资源调查成果综合集成与服务产品开发，全面总结湖北省的矿产全貌及重要成矿规律，提升矿产地质研究的科学水平，为新时期找矿工作提供科学理论支撑，为政府部门提供矿产资源领域决策的参考资料，为地质工作者提供工具书。

本书从区域成矿地质背景分析、成矿区带划分和远景区圈定、矿床成矿系列划定及区域成矿规律总结等方面进行阐述；在全面分析了成矿地质条件、成矿综合信息等因素后，从时间和空间上分析了湖北省成矿区带的矿产特征及赋存规律，并圈出成矿远景区；根据湖北省的构造旋回(地质时代)、成矿作用及成矿构造环境，厘定了26个矿床成矿系列及15个亚系列，进一步总结了湖北省地质历史时空演化与成矿的关系。

本书是在总结"湖北省矿产资源调查成果综合集成与服务产品开发委托业务"项目的部分科研成果基础上，结合前人的矿产地质及研究成果资料编写而成，是项目组成员集体劳动的结晶。编写分工为：第一章"绪论"由孙四权、石先滨编写；第二章"区域成矿构造环境"至第六章"综合信息特征与成矿关系"由李书涛、孙四权、李红梅编写；第七章"主要成矿区带及成矿远景区"由李书涛、李红梅、袁桂远、简玉兵、周少东、贺华明、姚敬劬、闫芳、张丽雅、吕向志、张权绪、胡忠贵、王茂林、余正清、王红艺、王志元、郭申祥、牛俊强、苏呈、王时忠、邹建林等编写；第八章"矿床成矿系列与区域成矿规律"由李红梅、李书涛、石先滨编写；第九章"结语"由孙四权编写；黄桂珍完成书内部分插图编制；最后全书由石先滨进行统稿，由金尚刚进行审查。李均权、薛迪康、李松生和程伯禹等专家对本书编写进行了指导，提出了具体的指导意见及修改建议。参与编写工作的还有汪国虎、陈超、范川、周晓宁、王小敏、彭少南、张昌林、钟石玉、许高、胡太平、杨成、徐浩、张翔阳、汤旋、黄丽、宋汉、刘俊安、黎湘、肖保全。

在本书编写过程中，编写人员引用了部分单位和个人的研究成果。同时参加项目的全体技术人员不辞辛苦，克服种种困难，保质保量完成了相关任务。在此向各位领导、专家、老师与同行表示衷心的感谢！

本书编写工作虽取得了一些进展和成绩，但由于编写人员的水平有限和时间的仓促，书中尚存在一些问题，不足之处敬请读者批评指正。

编著者

2022年5月25日

目　录

第一章 绪 论

湖北省地跨华北板块与华南板块两大构造单元，省域内地质构造复杂，地层出露较齐全，岩浆活动频繁，变质作用强烈，矿产资源较丰富，铁、铜、金、银、磷、金红石、石膏、岩盐等矿产在国内占有一定地位。

第一节 基础地质工作

截至2020年底，全省已完成1∶50万区域重力测量；完成了大部分地区1∶20万区域地质、矿产地质、区域重力及区域水系沉积物地球化学调查；1∶25万区域地质调查除武汉市、咸宁市和孝感市幅尚未开展外，其他图幅均已完成。全省基础地质工作程度较高。

区域地质调查：1∶25万和1∶20万区域地质调查分别完成了省域面积的74.19%、92.35%，1∶5万区域地质调查完成了省域面积的65.36%。

矿产地质调查：1∶20万矿产地质调查完成了省域面积的89.43%，1∶5万矿产地质调查完成了省域面积的24.33%。

区域地球物理调查：1∶25万、1∶20万、1∶5万区域重力测量分别完成了省域面积的20.16%、75.63%、6.61%。

区域地球化学调查：1∶25万多目标区域地球化学调查完成了省域面积的73.78%，1∶20万及1∶5万水系沉积物测量分别完成了省域面积的78.7%、34.4%，1∶5万土地质量调查完成了省域面积的22.99%。

地质遗迹调查：以县域为单元的地质遗迹调查完成了省域面积的14.36%。

第二节 矿产地质工作

湖北省矿产资源丰富，种类繁多，分布广泛，是重要的钢铁、有色金属、磷、盐化工、建材生产基地。中华人民共和国成立以来，通过开展1∶20万和1∶5万区域地质调查、国土资源大调查、危机矿山接替资源勘查、矿产资源潜力评价、矿产资源现状调查、矿产资源国情调查以及财政资金勘查等地质工作，基本摸清了全省的矿产分布状况及资源家底。截至2020年底，湖北省已发现矿产资源150种（湖北省自然资源厅，2021），其中已查明资源储量的矿产有91种（表1-1）。

表 1-1　湖北省矿产资源种类一览表

单位:种

矿产大类	已查明资源储量矿种		已发现但尚未查明资源储量矿种	
	数量	名称	数量	名称
能源矿产	7	煤、石煤、石油、天然气、地热、铀、钍	3	页岩气、油页岩、油砂
金属矿产	40	铁、锰、铬、钛、钒、铜、铅、锌、铝土矿、镁、镍、钴、钨、锡、钼、汞、锑、金、银、铌、钽、锂、锆、锶、铷、铯、镧、钕、镨、钐、铈、钇、钪、锗、镓、铊、铼、镉、硒、碲	9	铂、钯、钌、锇、铱、铑、铍、铪、铟
非金属矿产	42	普通萤石、灰岩(熔剂用灰岩、制灰用灰岩、电石用灰岩、水泥用灰岩、建筑石料用灰岩、饰面用灰岩)、白云岩(冶金用白云岩、化工用白云岩、建筑用白云岩)、石英岩(冶金用石英岩、玻璃用石英岩)、砂岩(冶金用砂岩、建筑用砂岩、玻璃用砂岩、水泥配料用砂岩)、脉石英(冶金用脉石英、玻璃用脉石英)、耐火黏土、硫铁矿、芒硝、重晶石、含钾砂页岩、橄榄岩(化肥用橄榄岩、耐火用橄榄岩)、蛇纹岩(化肥用蛇纹岩)、泥炭、盐矿、碘、溴、硼、磷矿、石墨、硅灰石、滑石、云母、长石、石榴石、透辉石、透闪石、石膏、方解石、玉石、泥灰岩、天然石英砂(建筑用砂、水泥配料用砂)、页岩(水泥配料用页岩)、高岭土、陶瓷土、累托石黏土、膨润土、其他黏土(水泥配料用黏土、水泥配料用黄土、水泥配料用泥岩)、辉绿岩(建筑用辉绿岩)、花岗岩(建筑用花岗岩、饰面用花岗岩)、大理岩(饰面用大理岩、水泥用大理岩)、板岩(饰面用板岩)	47	钾盐、宝石、金刚石、自然硫、刚玉、叶蜡石、蓝晶石、矽线石、红柱石、石棉、蓝石棉、蛭石、沸石、毒重石、冰洲石、菱镁矿、玛瑙、粉石英、天然油石、硅藻土、凹凸棒石黏土、海泡石黏土、铁钒土、玄武岩、珍珠岩、黑曜岩、松脂岩、凝灰岩、安山岩、浮石、霞石正长岩、火山灰、片麻岩、角闪岩、闪长岩、镁盐、砷、粗面岩、湖盐、天然卤水、含钾岩石、水晶、电气石、明矾石、颜料矿物、白垩、伊利石黏土
水气矿产	2	地下水、矿泉水		
合计	91		59	

注:括号内为亚矿种。

1. 矿产种类较多,矿产资源较为丰富

截至 2020 年底,在查明资源储量的矿产中,钛(金红石)、磷矿、溴、碘、白云岩(建筑用白云岩)、石榴石、泥灰岩、累托石黏土 8 种矿产保有资源储量居全国之首;铌、锂(LiCl)、锶、硒及盐矿等 22 种矿产保有资源储量居全国第二位至第五位;熔剂用灰岩、重晶石、长石、石膏及饰面用石材等 26 种矿产保有资源储量居全国第六位至第十位。总体来说,湖北省铁、铜资源较为丰富,磷、岩盐、石膏、水泥用灰岩、饰面用石材优势明显,高磷铁矿、钒、钛(金红石)、累托石黏土为潜在优势矿产,硅质原料、饰面用石材等前景较好,绿松石、百鹤玉、菊花石等颇具地方特色,新型能源矿产页岩气、地热等具后来居上之势。

2. 共伴生矿多,主要矿产优势明显

全省已查明 1016 处金属矿产上表单元,共伴生矿床占 71.6%,且伴生有多种有用有益组分,如果加强综合利用前景相当可观。铁、铜、金(岩金)、银、石墨、磷、硫、岩盐、芒硝、石膏、水泥用灰岩等主要矿产 80%以上的资源储量为超大型、大型、中型矿区(矿床),有利于建立较完备、规模化矿山及矿产品加工工业体系。

3. 矿床规模总体偏小，中贫矿、难采选矿多

截至 2020 年底，湖北省境内已查明资源储量的固体矿产(非油气)上表矿区共计 1408 个，上表单元共 2103 处，其中大型 196 处，中型 369 处，小型及小矿 1538 处，以小型及小矿规模为主，固体矿产不同规模各自占比见图 1-1。从全省矿产资源总体情况来看，高磷赤铁矿、铝土矿、钛(金红石)矿、稀土矿、硫铁矿等贫矿多，富矿少，有害杂质含量高，矿石质量差，开发利用难度大，成本高；铝、钨、锡、钼、锑等资源前景不容乐观；铂族金属、铬铁矿等资源严重短缺；铁、铜、金等资源虽较为丰富，但可进一步查明的资源及开发能力均有限，矿产自给程度不断下降，供需缺口逐渐变大。

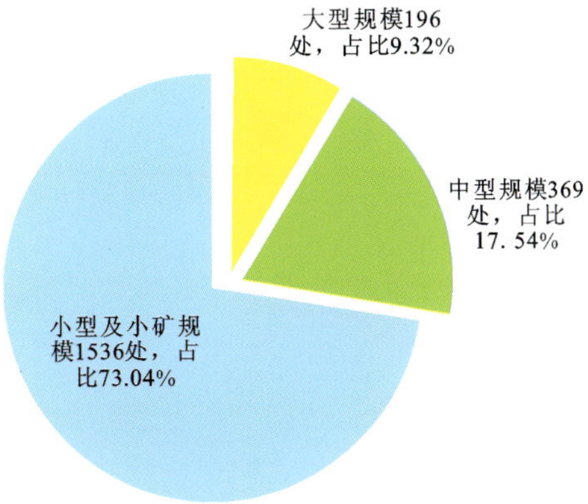

图 1-1 湖北省固体(非油气)矿产不同规模比例图

4. 矿产分布广泛，地域特色显著

全省不同市州级行政区均有矿产资源分布。其中，铁、铜、金、钨、钴、锶等矿产集中分布于鄂东南地区的黄石、鄂州；磷、硫、高磷铁矿等矿产主要分布于鄂西、鄂西南地区的宜昌、襄阳、荆门、恩施及神农架林区；重稀土、钛、萤石、重晶石、长石等矿产主要分布于鄂东北、鄂北地区的孝感、黄冈、随州；金红石、累托石黏土等矿产主要分布于襄阳、荆门；石油、岩盐、石膏、芒硝、溴、碘、硼、铷、铯、钾、锂等矿产主要分布于鄂中地区的孝感、荆州、潜江及天门；煤炭主要分布于鄂西、鄂西南、鄂东南地区，具体为宜昌、恩施、黄石、咸宁等地；银、钒、轻稀土等矿产在鄂西北地区的十堰占据重要地位。

第三节 综合研究工作

1979—1980 年，湖北省地质局开展了铁、铜、铅、锌、磷、煤等矿种的成矿区划，将湖北省划分为 5 个成矿远景区(带)和 12 个矿带，编制了一套成矿规律图和预测图，后期进行了第二轮成矿区划工作。2007 年，湖北省地质矿产勘查开发局分片区完成了湖北省第三轮成矿区划工作，总结了自第一轮、第二轮成矿区划工作以来的地质找矿工作成果，分析了研究省域范围内的成矿地质背景、成矿地质条件，进一步总结成矿规律，重新圈定了成矿远景区带，并预测了找矿靶区，结合国家及本省矿产勘查开发现状和经济发展对矿产资源的需求，提出了区内地质找矿工作部署建议。

1990 年，湖北省地质矿产勘查开发局完成了《湖北省区域矿产》，以湖北省 1∶20 万区域地质矿产成果资料为基础，结合矿产勘查资料，研究了各类矿产基本特征和成矿条件，总结了区域成矿规律。

2005年，湖北省地质矿产勘查开发局李均权等人在全面研究湖北省成矿地质背景、典型矿床及成矿规律的基础上，系统划分了湖北省矿床成矿系列，出版了《湖北省矿床成矿系列》一书。

2007—2013年，湖北省地质调查院主持完成了"湖北省矿产资源潜力评价"项目，在现有地质工作程度的基础上，利用基础地质调查和矿产勘查的成果资料，应用现代矿产资源评价理论方法和GIS评价技术，开展了湖北省铁、铜、铝、铅、锌、钨、金、锑、稀土、磷、锰、镍、钼、银、钒、锶、锂、硼、硫、萤石、重晶石、煤炭等矿产资源潜力评价，基本摸清了湖北省的矿产资源潜力及矿产空间分布，开展了成矿地质背景、成矿规律、矿产预测等研究工作，编制了相关成果图件，建立了数据库。

近些年来，开展的分区专题研究项目较多，工作涉及面较广。关于桐柏—大别地区，《桐柏山-大别山花岗岩类地球化学》《大别山前寒武纪变质地体基本组成》《湖北北部高压、超高压变质带》《大别山超高压变质作用与碰撞造山动力学》《湖北省大别山地区1∶5万区调片区总结》等一系列专著、论文和报告，为深入研究造山带深部物质组成及结构样式提供了丰富的基础资料和理论指导。关于武当地区，《秦岭造山带岩石圈结构、演化及其成矿背景》《武当地区武当山群贵多金属矿成矿地质特征研究》《武当地区构造解析及成矿规律》等，探讨了武当地区一些重大基础地质问题及矿产资源分布规律。关于鄂东南地区，《鄂东南铜金矿床成矿模式与找矿模型》对该地区的地质构造背景、成矿作用进行了较全面的总结；"长江中下游铜矿示范区资源评价(湖北部分)"项目以长江中下游铁铜多金属矿成矿带为单元，开展了成矿信息的提取，编制了鄂东南地区岩相建造图、岩浆岩构造图、大地构造相图、遥感矿产信息综合异常图、地球物理推断地质构造图、综合信息地质构造图。关于鄂西地区，"鄂西神农架地区铜矿富集规律及成矿预测""湖北省鄂西地区磷矿成矿规律研究""鄂西地区震旦—寒武系层控铅锌矿成矿条件研究及找矿靶区预测""扬子地块东北缘鄂西地区铅锌矿地质特征、成矿规律与找矿方向研究"等项目总结了鄂西地区磷矿、铅锌矿成矿条件及赋存规律。尤其对于黄陵地区，"黄陵花岗岩侵入期次、时代及成因研究""黄陵断穹核部变质杂岩时序演化及含矿性研究"项目对黄陵断穹核部结晶基底的物质组成、时代及事件演化序列进行了较为系统的探讨。总之，在不同时期，不同单位多次对鄂东南、鄂西、鄂西南、鄂东北、鄂北及鄂西北等地区的主要矿产进行了深入研究，总结了成矿规律，进行了成矿预测，为本次区域成矿地质背景研究打下了坚实的基础。

尽管前人进行了全省范围内的成矿规律研究工作，但还是存在一些问题。20世纪的第一轮、第二轮成矿区划对各成矿带区域进行了成矿规律总结，但时间较早；第三轮成矿区划虽在2007年分片区完成，但未进行全省汇总及总结。《湖北省矿床成矿系列系统》一书分析了湖北省成矿地质条件，划分了成矿系列，总结了成矿规律，但主要反映的是2004年前的地质矿产成果。"湖北省矿产资源潜力评价"项目在剖析湖北省22个重要矿种典型矿床的基础上，总结了成矿规律，但未能反映湖北省所有矿种，且成果截止时间为2013年，未能归纳总结2013年至今以来的地质勘查成果。因此，有必要系统分析湖北省近年的基础地质及矿产勘查资料，采用最新成矿理论，在剖析湖北省已探明矿产地的成矿地质条件、矿产分布特点、矿床成因类型、时空演化特征等的基础上，对勘查实践所取得的最新认识进行进一步提升和总结，不断深化成矿规律性认识，从而建立区域成矿模式，划分成矿远景区，以指导今后的地质勘查工作。

第二章 区域成矿构造环境

第一节 大地构造单元划分

湖北省大地构造单元以印支主造山期构造格局为主体，根据《中国区域地质志工作指南》中一级、二级大地构造单元划分方案，结合本省动态大地构造区划研究结果（湖北省地质调查院，2021），将全省划分为 2 个一级构造单元、3 个二级构造单元、15 个三级构造单元及 27 个四级构造单元。

以商城-丹凤断裂带（简称商丹断裂带）为界，省内划分为华北板块（Ⅰ）和华南板块（Ⅱ）。

华北板块（Ⅰ）在湖北境内仅划分 1 个二级构造单元，即北秦岭复合造山带（Ⅰ$_1$），包括北秦岭弧盆系（Ⅰ$_1^1$）、商丹（草店-宣化店）增生杂岩带（Ⅰ$_1^2$）、草店上叠陆缘岩浆弧（Ⅰ$_1^3$）3 个三级构造单元，小林弧后盆地（Ⅰ$_1^{1-1}$）、淮河岩浆弧（Ⅰ$_1^{1-2}$）2 个四级构造单元。华南板块（Ⅱ）大致以青峰-襄樊-广济断裂带为界，划分为南秦岭-大别造山带（Ⅱ$_1$）和扬子陆块（Ⅱ$_2$）2 个二级构造单元。

青峰-襄樊-广济断裂带以北为地壳相对活动地区，即南秦岭-大别造山带（Ⅱ$_1$），包括桐柏-大别高压变质折返带（Ⅱ$_1^1$）、湖北口-白浪晚古生代被动陆缘（Ⅱ$_1^2$）、武当-随州陆内裂谷（Ⅱ$_1^3$）、枣阳-梅川上叠陆缘岩浆弧（Ⅱ$_1^4$）、南襄上叠断陷盆地（Ⅱ$_1^5$）、新洲上叠断陷盆地（Ⅱ$_1^6$）6 个三级构造单元，罗田高压变质折返穹隆（Ⅱ$_1^{1-1}$）、西张店（新县）-英山超高压变质折返亚带（Ⅱ$_1^{1-2}$）、太白顶-大悟-红安-刘河-（太湖）高压变质折返亚带（Ⅱ$_1^{1-3}$）、两郧逆冲推覆构造带（Ⅱ$_1^{3-1}$）、十堰-随州走滑剪切构造带（Ⅱ$_1^{3-2}$）、沧浪山-柳林推覆构造带（Ⅱ$_1^{3-3}$）、北大巴山推覆构造带（Ⅱ$_1^{3-4}$）7 个四级构造单元。

青峰-襄樊-广济断裂带以南为相对稳定地区，即扬子陆块（Ⅱ$_2$），包括扬子陆块基底（Ⅱ$_2^1$）、上扬子陆块（Ⅱ$_2^2$）、下扬子陆块（Ⅱ$_2^3$）、扬子周缘前陆盆地（Ⅱ$_2^4$）、通城-大冶上叠岩浆弧（Ⅱ$_2^5$）、江汉上叠盆地（Ⅱ$_2^6$）6 个三级构造单元，神农架基底穹隆（Ⅱ$_2^{1-1}$）、黄陵基底穹隆（Ⅱ$_2^{1-2}$）、大洪山基底穹隆（Ⅱ$_2^{1-3}$）、幕阜山基底穹隆（Ⅱ$_2^{1-4}$）、大巴山前陆褶冲带（Ⅱ$_2^{2-1}$）、鄂中褶断区（Ⅱ$_2^{2-2}$）、恩施褶皱区（Ⅱ$_2^{2-3}$）、武汉前陆褶冲带（Ⅱ$_2^{3-1}$）、咸宁褶皱带（Ⅱ$_2^{3-2}$）、黄梅褶皱带（Ⅱ$_2^{3-3}$）、利川盆地（Ⅱ$_2^{4-1}$）、秭归盆地（Ⅱ$_2^{4-2}$）、远安盆地（Ⅱ$_2^{4-3}$）、赤壁盆地（Ⅱ$_2^{4-4}$）、金牛上叠弧火山盆地（Ⅱ$_2^{5-1}$）、大冶上叠侵入岩浆弧（Ⅱ$_2^{5-2}$）、华容断隆（Ⅱ$_2^{6-1}$）和江汉断陷（Ⅱ$_2^{6-2}$）18 个四级构造单元（表 2－1，图 2－1）。

表 2－1 湖北省大地构造单元综合划分表

一级	二级	三级	四级	五级（岩石构造组合）
华北板块（Ⅰ）	北秦岭复合造山带（Ⅰ$_1$）	北秦岭弧盆系（Ⅰ$_1^1$）	小林弧后盆地（Ⅰ$_1^{1-1}$）	变质碎屑岩夹火山岩组合（Pz_1z）
				变质双峰式火山岩夹碎屑岩组合（Pz_1d、Pz_1l）
				变质碎屑岩-碳酸盐岩夹基性火山岩组合（Pz_1w）
				SSZ 型蛇绿岩组合（$v\psi lPz_1$）
			淮河岩浆弧（Ⅰ$_2^{1-2}$）	俯冲 TTG 侵入岩组合（Pz_1）
				变质基底杂岩组合（Pt_1Q）

续表 2-1

一级	二级	三级	四级	五级(岩石构造组合)
华北板块(Ⅰ)	北秦岭复合造山带(Ⅰ$_1$)	商丹(草店-宣化店)增生杂岩带(Ⅰ$_1^2$)	俯冲增生杂岩浊积岩 ws($Pt_{2-3}D$)	变火山碎屑浊积岩组合($Pt_{2-3}g$)
				变碎屑浊积岩组合(Dn)
			蛇绿混杂岩带 slz(Pz_1—D)	片岩-大理岩-榴辉岩组合(Pz_1x)
				火山岩-浊积岩-碳酸盐岩组合(Pz_1x)
		草店上叠陆缘岩浆弧(Ⅰ$_1^3$)	俯冲侵入杂岩 hcy(J_3—K_1)	花岗岩组合(K_1)
			后造山侵入杂岩 hzsg(K_2)	过碱—钙碱花岗岩组合(K_2)
华南板块(Ⅱ)	南秦岭-大别造山带(Ⅱ$_1$)	桐柏-大别高压变质折返带(Ⅱ$_1^1$)	罗田高压变质折返穹隆(Ⅱ$_1^{1-1}$)	
			西张店(新县)-英山超高压变质折返亚带(Ⅱ$_1^{1-2}$)	
			太白顶-大悟-红安-(太湖)高压变质折返亚带(Ⅱ$_1^{1-3}$)	
		湖北口-白浪晚古生代被动陆缘(Ⅱ$_1^2$)		
		武当-随州陆内裂谷(Ⅱ$_1^3$)	两郧逆冲推覆构造带(Ⅱ$_1^{3-1}$)	
			十堰-随州走滑剪切构造带(Ⅱ$_1^{3-2}$)	
			沧浪山-柳林推覆构造带(Ⅱ$_1^{3-3}$)	
			北大巴山推覆构造带(Ⅱ$_1^{3-4}$)	
		枣阳-梅川上叠陆缘岩浆弧(Ⅱ$_1^4$)		
		南襄上叠断陷盆地(Ⅱ$_1^5$)		
		新洲上叠断陷盆地(Ⅱ$_1^6$)		
	扬子陆块(Ⅱ$_2$)	扬子陆块基底(Ⅱ$_2^1$)	神农架基底穹隆(Ⅱ$_2^{1-1}$)	陆屑浊积岩夹火山岩组合(Pt_2y)
				浅海碳酸盐岩组合(Pt_2s-k)
				陆屑浊积岩组合(Qbl)、碎屑岩-碳酸盐岩组合(Qbz)
			黄陵基底穹隆(Ⅱ$_2^{1-2}$)	黄陵西部(水月寺)古陆块(核)
				黄陵东部古造山带力耳坪蛇绿混杂岩带
				黄陵东部古弧盆系(巴山寺)
				黄陵南缘晋宁古造山带(庙湾混杂岩、黄陵南缘岩浆弧)
			大洪山基底穹隆(Ⅱ$_2^{1-3}$)	三里岗-耿集古弧盆系
				大洪山俯冲增生杂岩带
			幕阜山基底穹隆(Ⅱ$_2^{1-4}$)	鄂南古弧后盆地
		上扬子陆块(Ⅱ$_2^2$)	大巴山前陆褶冲带(Ⅱ$_2^{2-1}$)	西段
				东段
			鄂中褶断区(Ⅱ$_2^{2-2}$)	巴东褶皱束
				聚龙山褶皱束
				京山褶皱束
			恩施褶皱区(Ⅱ$_2^{2-3}$)	利川褶皱束
				恩施褶皱束
				长阳褶皱束
		下扬子陆块(Ⅱ$_2^3$)	武汉前陆褶冲带(Ⅱ$_2^{3-1}$)	
			咸宁褶皱带(Ⅱ$_2^{3-2}$)	
			黄梅褶皱带(Ⅱ$_2^{3-3}$)	
		扬子周缘前陆盆地(Ⅱ$_2^4$)	利川盆地(Ⅱ$_2^{4-1}$)	
			秭归盆地(Ⅱ$_2^{4-2}$)	
			远安盆地(Ⅱ$_2^{4-3}$)	
			赤壁盆地(Ⅱ$_2^{4-4}$)	
		通城-大冶上叠岩浆弧(Ⅱ$_2^5$)	金牛上叠弧火山盆地(Ⅱ$_2^{5-1}$)	
			大冶上叠侵入岩浆弧(Ⅱ$_2^{5-2}$)	
		江汉上叠盆地(Ⅱ$_2^6$)	华容断隆(Ⅱ$_2^{6-1}$)	
			江汉断陷(Ⅱ$_2^{6-2}$)	

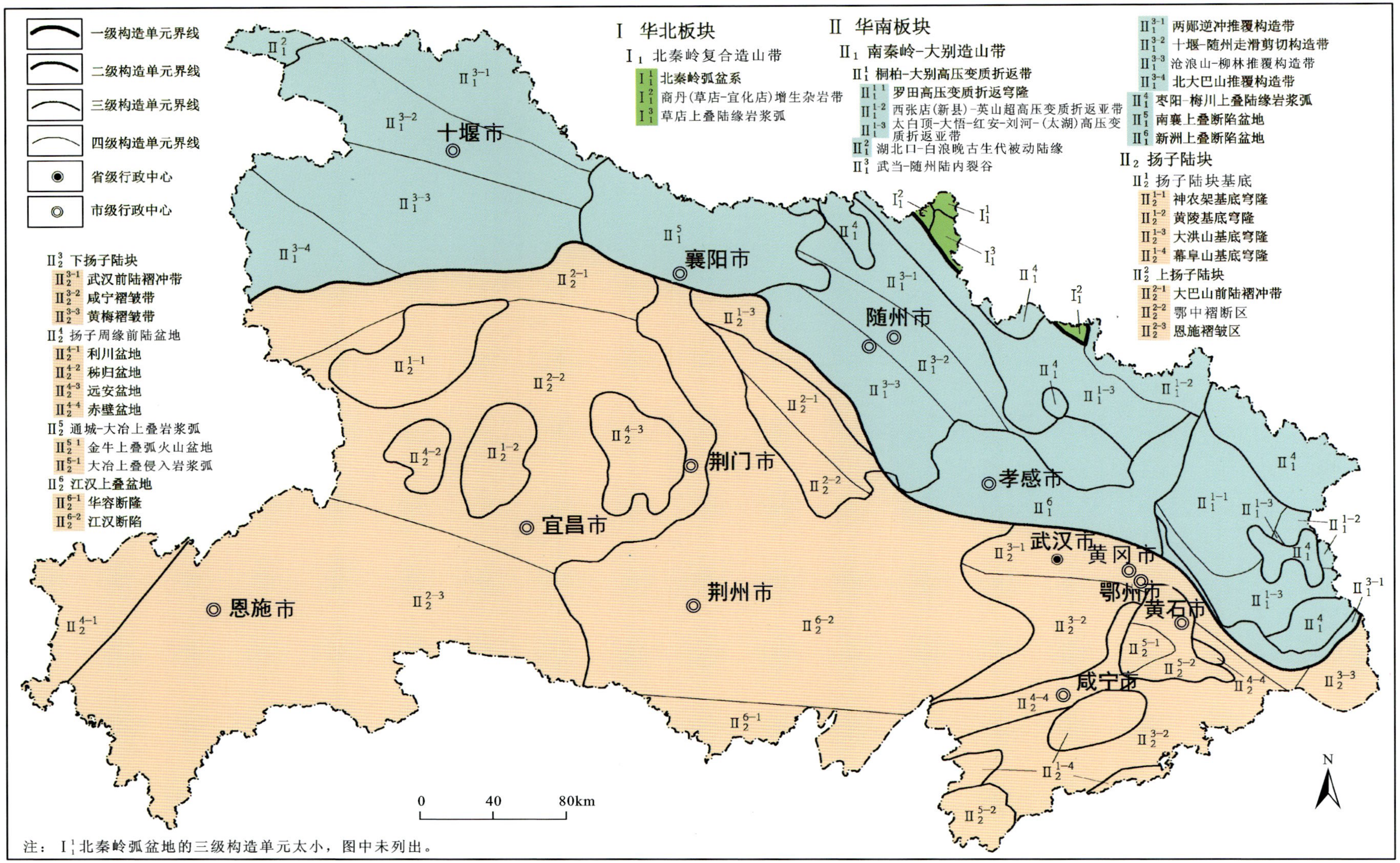

图 2-1 湖北省大地构造单元综合划分示意图(湖北省地质调查院,2021)

第二节　区域控矿基本格局

湖北省地处秦岭-大别造山带、江南造山带、中国东部滨太平洋上叠活动陆缘带三大构造体系交接处，经历了多阶段、多构造体系的发展演化，构造形变表现出复杂多变的组合特征。尤其是三叠纪晚期的印支运动结束了湖北洋陆并存的格局，形成了省内的统一陆块，奠定了全省的主体构造格架。按照大地构造分区与成矿特点，全省控矿基本格架大体可分 3 类：陆块区大地构造控矿、造山系大地构造控矿和叠加造山系大地构造控矿（湖北省地质调查院，2011a）。

一、陆块区大地构造控矿

1. 变质基底杂岩控矿

扬子陆块结晶基底由太古宙陆核和古元古代变质杂岩构成，因受后期构造-岩浆事件的改造、叠加和侵入作用的影响，目前仅呈大小不等的岩块残存。与之有关的成矿作用有沉积-变质成矿作用，形成的矿产主要有铁、石墨等，一般规模均较小，如随州杨湾铁矿、麻城碧绿河铁矿、浠水巴河藏姑垴铁矿、宜昌夷陵区店子河铁矿和潭家河石墨矿等。

2. 古裂谷控矿

古裂谷主要分布于鄂西地区，分为神农架陆内夭折裂谷和黄陵陆缘裂谷。与之相关的成矿作用有沉积成矿作用、岩浆分异成矿作用。形成矿产有铁矿、铜矿和铬铁矿等，如神农架主峰铁矿、神农架关门山铜矿、宜昌天花寺铬铁矿。

3. 古弧盆系控矿

古弧盆系在省内扬子区多零星出现，分布于鄂南一带和鄂西黄陵地区，分别为江南古造山带弧后盆地、黄陵古岩浆弧、白竹坪古弧后盆地和孔子河古弧前盆地。成矿作用主要为热液成矿作用，如秭归茅坪拐子沟金矿产于黄陵古岩浆弧中。

4. 古前陆盆地控矿

古前陆盆地主要分布在上扬子陆块区，为神农架主峰一带的凉风垭组和大洪山一带的原花山群（现为大洪山增生杂岩、茶棚组），为水下扇砂砾岩组合和碎屑浊积岩组合。其中，在原花山群砾岩中发现金刚石颗粒。

5. 陆表海控矿

扬子陆块区发育不同时期的陆表海，大致分为南华纪碎屑岩陆表海、泥盆纪—石炭纪碎屑岩-碳酸盐岩陆表海和二叠纪—三叠纪陆缘碎屑岩-碳酸盐岩陆表海。与之相关的成矿作用主要为沉积成矿作用，形成矿产主要有铝、煤、铁、锰等，如长阳古城锰矿、长阳火烧坪铁矿、宜城双砦子铝土矿、鄂西煤矿等。

6. 碳酸盐岩台地控矿

省内碳酸盐岩台地较发育，主要集中在震旦纪—奥陶纪、二叠纪—早中三叠世，按建造组合特征，可进一步分为台地亚相、台盆亚相。主要的成矿作用为沉积成矿作用，形成的矿产类型较多，主要矿产有磷、银钒、硫铁矿、白云岩、灰岩等，如荆襄磷矿、宜昌磷矿、兴山白果园银钒矿等，还有沉积+热液成矿作用形成的神农架冰洞山铅锌矿、远安凹子岗锌矿等。

7. 被动陆缘控矿

省内被动陆缘主要发育于志留纪，目前在鄂西发现较重要的页岩气资源。

8. 前陆盆地控矿

省内前陆盆地相主要形成于晚三叠世。与之相关的主要成矿作用为沉积成矿作用，产出矿产资源有煤、石膏等。

二、造山系大地构造控矿

1. 弧盆系控矿

在省内，北秦岭弧盆系仅见于随州小林一带，范围小，研究程度较低，产有小型铁、金、银等矿产资源。

2. 结合带控矿

构造结合带位于淮河-董家河断裂(亦称商城-丹凤断裂带)与新城-黄陂-广济断裂带夹持的区间，由北向南分为残余盆地、蛇绿混杂岩和高压变质带。前二者分布狭小，目前尚未发现重要矿产。高压变质相分布较广，可进一步分为6个亚相，其成矿作用主要有沉积-变质成矿作用、岩浆成矿作用和变质成矿作用。形成矿产有锰、磷、钛(金红石)、蛇纹岩(镍)等，如黄陂团山沟锰矿、黄麦岭磷矿、殷家沟重稀土矿、红安县七里坪-大悟仙山金红石矿、大悟银山寨蛇纹岩矿(伴生镍)等。

3. 基底逆推带控矿

基底逆推带分布于青峰-襄樊-广济断裂与新城-黄陂-广济断裂夹持的区域，包括陆内(缘)裂谷和碳酸盐岩台地。与之相关的成矿作用主要有海相火山喷发沉积成矿作用、浅层中低温热液成矿作用、沉积成矿作用和变质成矿作用。形成的代表性矿床有竹溪天宝银矿、竹山银洞沟银金矿、郧阳杨家堡钒矿、随州柳林重晶石矿和丹江口陈家垭铁矿等。

三、叠加造山系控矿

1. 陆内(叠加)岩浆弧控矿

在扬子陆块与华北板块持续挤压背景下，由于太平洋板块俯冲，湖北省东部形成了大规模的陆内叠加岩浆弧，形成了一套闪长岩-花岗岩组合。受早期(基底)构造背景的影响，该构造岩浆岩具明显的分带性，不同地区的岩石具不同的地球化学特征和成矿作用特征。由东南向西北，省内依次有鄂南幕阜山岩浆岩带、鄂东大冶岩浆岩带、大别岩浆岩带、随枣(桐柏)岩浆岩带。与岩浆弧相关的主要成矿作用有岩浆成矿作用、浅层低温热液(狭义)成矿作用、接触交代(矽卡岩型)成矿作用，形成的矿产较丰富，构成了幕阜山-九宫山稀有稀土钨矿花岗岩成矿亚带(Ⅳ-70-①)、大冶-阳新铁铜铅锌金钨钼锶石膏膨润土成矿亚带(Ⅳ-69-①)和随枣地区金红石金银钼铜钒重晶石钾长石成矿亚带(Ⅳ-66-⑥)。代表性矿床有通城断峰山钽铌矿床、黄石铁山铁矿床、大冶铜绿山铜铁矿床、大冶铜山口铜钼矿、阳新封山洞银铜矿、随州黑龙潭-卸甲沟金矿、大悟白云金矿等。

2. 陆内上叠盆地控矿

省内与陆内上叠断陷盆地相关的成矿作用是沉积成矿作用，其矿产主要有产于江汉盆地中与河湖相泥岩灰岩膏岩组合有关的石膏、石盐矿床，与河湖相细粉砂岩泥岩油页岩碳酸盐岩组合有关的石油（天然气），与地下卤水有关的硼、锂、铷、钾等。

第三节　控矿构造特征

根据湖北省矿产资源潜力评价研究成果（湖北省地质调查院，2013a），运用力学性质和运动学特征，将全省大型构造划分为挤压型构造、剪切型构造、拉张型构造、其他构造4个大类7个类型，并根据几何学特征和组合特征将其进一步划分为13个次类。同时，结合湖北省的构造特征，从构造的类型、规模、产状、组合形式、物质组成、构造层次、运动方式、力学性质、形成时代、变形期次、大地构造环境、控矿特征12个方面进行了总结，见图2-2和表2-2。

一、挤压型构造与控矿作用

湖北省挤压型构造发育较为广泛，各地质时代均有形成，空间方位各异，运动性质有别，主要分布于南秦岭-大别造山带和扬子陆块中。与挤压型大型变形构造有关的矿产主要有金、银、铜、铅、锌等金属类矿产，矿床（点）大多产于次级断裂或充填次生断裂之中。

（一）逆掩推覆构造

1. 武当-随南逆掩推覆构造（WSNT）

武当-随南逆掩推覆构造系南秦岭-大别造山带中的大型变形构造组合形式之一，位于青峰-襄樊-广济断裂带与十堰-随州逆冲走滑构造之间。该逆掩推覆构造西起武当以西，经襄阳被南襄盆地所覆盖，东至随州以东，没入江汉盆地之下，全长约450km，宽20～85km，呈北西走向，倾向北东。组合形式主要由逆掩推覆体、构造窗、飞来峰等组成，该逆掩推覆构造由前锋带与根带所组成。在挤压应力作用下，形成由北往南的逆掩推覆，为中浅构造层次，形成于印支期—燕山期（T_3末—J_2），大致有3～4次变形，其大地构造环境处于秦岭弧盆系武当基底逆推带。

前锋带：青峰-襄樊-广济断裂带为南秦岭-大别造山带与扬子地块的边界性断裂，属主推覆构造前锋断裂带。在襄阳以西，其亦称青峰断裂带，呈近东西方向，以低角度平缓地向南逆冲于扬子陆块的前缘褶冲带之上，为由北向南逆掩推覆性质。在襄阳以东，其也称襄樊-广济断裂带（简称襄广断裂带），东延过南襄盆地经耿集、新阳店、三里岗一线，由于喜马拉雅运动推覆作用的强烈影响，导致扬子台缘新元古代—早古生代末变质地（岩）层逆冲于造山带内新元古代—早古生代变质地体之上，构成了耿集-三里岗逆掩推覆构造。在黄陂附近，与新城-黄陂断裂带（简称新黄断裂带）汇合为一，形成巨大动力作用向南挤压推覆，致使东延的震旦纪—古生代地层完全消没于桐柏-大别地体之下，并导致扬子地块前陆褶冲带构造组合缺失。

竹山-竹溪断裂带区域上称安康断裂带，省内长150余千米，走向北西，倾向北东，倾角45°～60°，由相互平行的3条主干断裂组成，有时具相互交叉、分支现象。晚白垩世—古近纪形成的宝丰盆地和房县

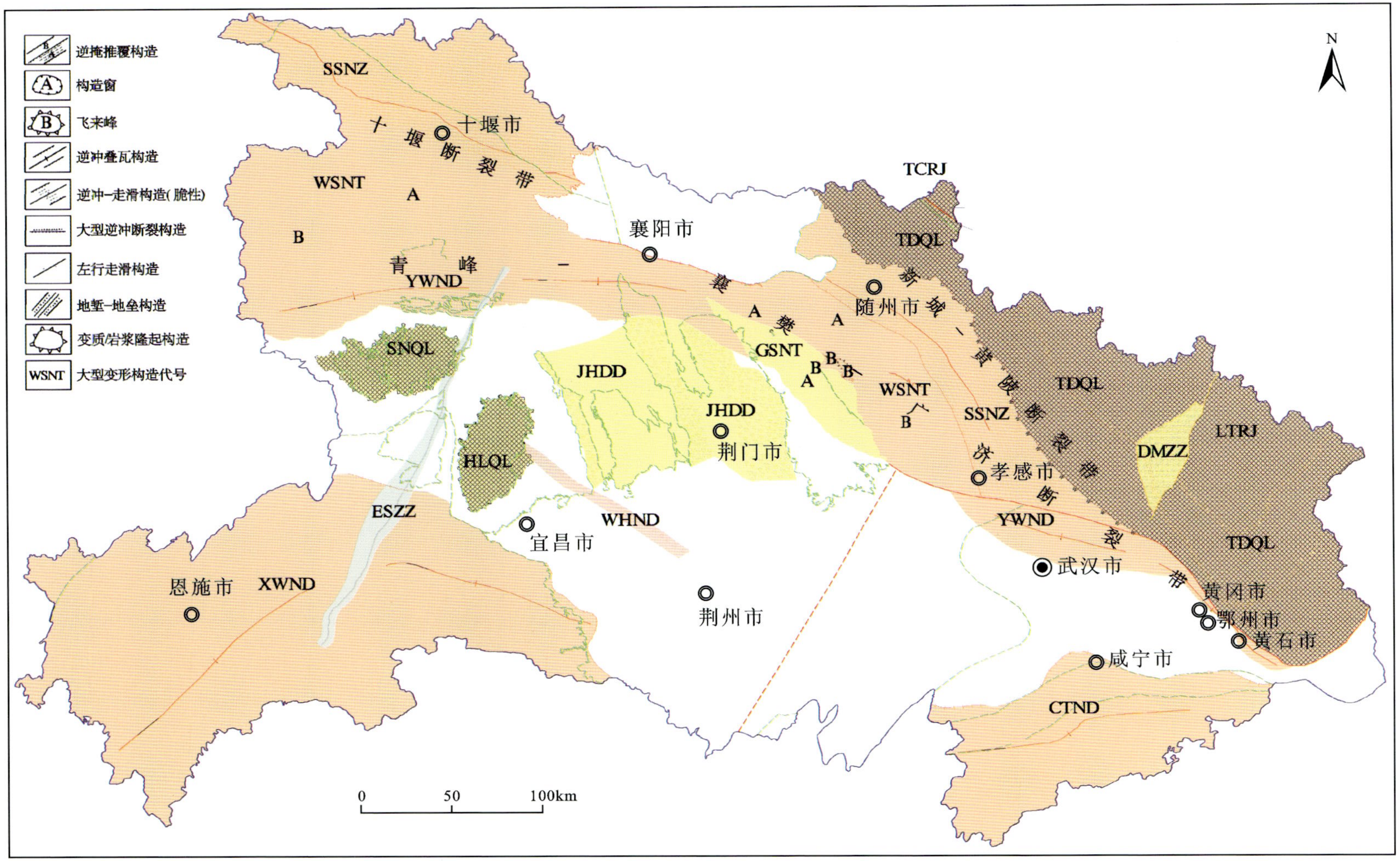

图 2-2 湖北省大型变形构造略图(湖北省地质调查院,2013a)

WSNT. 武当-随南逆掩推覆构造;GSNT. 耿集-三里岗逆掩推覆构造;YWND. 阳日湾-武汉逆冲叠瓦构造;XWND. 宣恩-五峰逆冲叠瓦构造;CTND. 崇阳-通山逆冲叠瓦构造;SSNZ. 十堰-随州逆冲走滑构造;WHDN. 雾渡河-洪湖大型逆冲断裂构造;TCRJ. 桐城韧性剪切带;LTRJ. 罗田韧性剪切带;ESZZ. 恩施左行走滑构造;DMZZ. 大悟-麻城左行走滑构造;JHDD. 江汉地堑-地垒构造;TDQL. 桐柏-大别变质隆起构造;HLQL. 黄陵变质隆起构造;SNQL. 神农架变质隆起构造

表 2-2　湖北省大型控矿构造类型及特征一览表

大类	类型	大型构造名称	代号	规模	产状	组合形式	物质组成	构造层次	运动方式	力学性质	形成时代	变形期次	大地构造环境	含矿特征
挤压型构造	逆掩推覆构造	武当-随南逆掩推覆构造	WSNT	长450km，宽20～85km	走向北西，倾向北东	逆掩推覆形式、构造窗、飞来峰	地层(Qb—S)褶曲断裂，基性、碱性侵入岩	中浅层次	由北向南逆掩推覆	挤压	印支期—燕山期（T_3末—J_2）	3～4	秦岭弧盆系武当基底逆推带	金、银、铅、锌、钒、重晶石、温泉等
		耿集-三里岗逆掩推覆构造	GSNT	长170km，宽50～70km	走向北西，倾向南西	逆掩推覆形式、飞来峰	地层(Pt_2—P_2)、断裂	浅表层次	由南向北逆冲推覆	挤压	燕山晚期(K_2—E)	1～2	上扬子古陆块	铝土矿、磷、铜、耐火黏土等
	逆冲叠瓦构造	阳日湾-武汉逆冲叠瓦构造	YWND	长600km，宽10～40km	走向北西—近东西	叠瓦式犁状结构	地层(Pt_2—J)褶曲带、燕山期花岗岩和断裂组成	浅层次	由北向南逆冲	挤压	印支期—燕山期（T_3末—J_2）	2～3	扬子古陆块北缘（前陆褶冲带）	铁、铜、金、银、铅、锌、锑、磷、温泉等
		宣恩-五峰逆冲叠瓦构造	XWND	长280km，宽100～120km	走向近东西，倾向南	叠瓦式犁状结构	地层(∈—T)，由褶曲带和断裂组成	浅层次	由南向北逆冲	挤压	印支期—燕山期（T_3末—J_2）	1～2	上扬子古陆块	铅、锌、银、钼、锰、钒、汞、磷、煤、重晶石、菊花石、耐火黏土、天然气等
		崇阳-通山逆冲叠瓦构造	CTND	长190km，宽70～80km	走向北东东—东西，倾向南	叠瓦式犁状结构	地层(Pt_2—T)褶曲带、燕山期花岗岩和断裂	浅层次	由南向北逆冲	挤压	印支期—燕山早期（T_3末—J_2）	1～2	下扬子古陆块	铅、锌、金、锑、钨、钼、独居石砂矿、锰、硫、煤、地热、矿泉水等
	逆冲-走滑断裂构造	十堰-随州逆冲走滑构造	SSNZ	长550km，宽50～70km	走向北西，倾向北东	逆冲走滑形式	地层(Pt_2—S)褶曲断裂，古生代基性岩浆岩侵入体，发育韧脆性剪切带	中浅层次	左行走滑兼逆冲	挤压	印支期—燕山早期（T_3末—J_2）	2～3	秦岭弧盆系武当基底逆推带	金、银、铜、铅、锑、钼、金红石、萤石、温泉等
		雾渡河-洪湖大型逆冲断裂构造	WHDN	长560km，宽1～2km	走向北西，倾向北东	平行式	断裂带两侧地层(Pt_1—T)及古老花岗侵入岩	中深至浅层次	由北向南逆冲	挤压	燕山早期(J_2—K_2)	1～2	上扬子古陆块	金、银、煤、灰岩等

续表 2-2

大类	类型	大型构造名称	代号	规模	产状	组合形式	物质组成	构造层次	运动方式	力学性质	形成时代	变形期次	大地构造环境	含矿特征
剪切型构造	伸展滑脱变形构造	桐城韧性剪切带	TCRJ	长 70km，宽 10～20km，省内长 15km	走向北西—近东西，倾向北东或北	平行式与斜列式	地层（Pt_3—S）褶曲断裂，基性、中酸性侵入岩	中深至中浅层次	伸展滑脱	韧性剪切	印支期—燕山期（T_3末—J_2）	3～4	大别高压—超高压变质岩系折返带	金、银、铜、铅、锌、钨、钼等
		罗田韧性剪切带	LTRJ	长 100km，宽 10～20km	走向北西	平行式与斜列式	北带：中—新太古代变质绿岩系（TTG），以近封闭的面状构造为特征；南带：古元古界大别岩群和中元古代地（岩）层，以及一系列的剪切带和褶曲构造	多层次	伸展滑脱	韧性剪切	印支期—燕山期（T_3末—J_2）	1～2	大别高压—超高压变质岩系折返带	金、银、钨、钼等
	左行走滑构造	恩施左行走滑构造	ESZZ	长 350km，宽 80km	走向北东	平行式与斜列式	由地层（Qb—T）褶曲束和断裂组成	浅层次	左行剪切兼逆冲	剪切	燕山早期（J_2—K_2）	1～2	上扬子古陆块	铅、锌、煤、磷、硫、黏土
		大悟-麻城左行走滑构造	DMZZ	长 90km，宽 20～30km，局部宽 100km	走向北东，倾向南东	平行式与斜列式	横切造山地层（Ar_3—Qb）、断裂	浅表层次	左行剪切兼逆冲	剪切	燕山晚期（K_2—E）	1	桐柏-大别高压变质折返带	金、钒、镍、铅、锌、独居石、硅灰石、膨润土、耐火黏土等
拉张型构造	地堑-地垒构造	江汉地堑-地垒构造	JHDD	东西宽 250km，南北长 220km	走向北北西或近南北	地堑-地垒（盆-岭）排列形成	地层（Pt_2—E）组成断隆，地层（K_2—E）组成断陷	浅表层次	拉张	张性	燕山晚期（K_2—E）	2～3	扬子与陆地块（扬子前陆盆地）	铜、磷、油气、膏盐、黏土等
其他构造	变质/岩浆隆起构造	桐柏-大别变质隆起构造	TDQL	长 400km，宽 100km	走向北西，倾向南西	线形和网结形式	地层（Ar_3—S）和不同期次花岗岩	中深—深层次	隆升	正滑（张性）	印支期—燕山期（T_3—J_2）	1～2	桐柏-大别高压变质折返带	磷、萤石、钇、石墨、铜、高岭土、硅灰石等
		黄陵变质隆起构造	HLQL	长 75km，宽 35km	走向近南北，或北北东	隆起花边状构造形式	地层（Ar_3—T）和花岗侵入体（γ_5^2）	中深—浅表层次	隆升	正滑（张性）	燕山晚期（K_2—E）	2～3	扬子陆块黄陵变质基底	铬、铜、金、石墨、硫等
		神农架变质隆起构造	SNQL	长 70km，宽 40km	走向近东西	隆起花边状构造形式	地层（Pt_2—T）	中浅—浅层次	隆升	正滑（张性）	燕山晚期（K_2—E）	1～2	扬子陆块神农架变质基底	铁、铜、银等

盆地西部皆受其控制，后期又发生明显破坏与错位。

根带：西部主要由武当群组成的复式背斜构造，有大木厂背斜、土滩向斜、西门背斜，东部随南地区则发育大狼山复背斜构造。

武当-随南逆掩推覆构造控矿与竹溪-竹山断裂带有着密切关系。沿断裂带分布庙垭大型铌-稀土矿和田家垻、西沟、四棵松3个钒钼矿，以及文浴河和大剥皮硫铁矿（黄铁矿）、喇叭山绿松石矿等。这些矿床（点）均受断裂带次级断层两侧的剪切带控制，矿体一般呈脉状、长条状或不规划透镜状。其中，庙垭铌-稀土矿赋存在碱性杂岩体中，含矿杂岩体沿竹山-竹溪断裂的次级断裂中梅子垭组和耀岭河组之间的断层带侵入，总体走向与区域构造线方向一致；其次在随南大狼山复背斜两侧剪切带及次级背斜、向斜构造中也产有铜、金、银等小型矿床，如随南荞麦冲金矿、安陆陶吕寨铜矿等。

2. 耿集-三里岗逆掩推覆构造(GSNT)

耿集-三里岗逆掩推覆构造西起宜城新街，向东经板桥、耿集、三里岗至宋河一线分布，全长约170km，宽50～70km，走向北西，倾向南西。组合形式主要有逆掩推覆构造、飞来峰等。在挤压应力作用下，形成由南往北的逆掩推覆，为浅表构造层次，形成于燕山晚期（K_2—E），其大地构造环境处于上扬子古陆块。沿构造带逆掩推覆体内分布磷、铝土矿、耐火黏土等沉积型矿床，构造带强挤压应力部位形成铜、银、铅锌等浅成低温热液型矿床，如枣阳市耿集铜矿。

（二）逆冲叠瓦构造

1. 阳日湾-武汉逆冲叠瓦构造(YWND)

阳日湾-武汉逆冲叠瓦构造位于武当-随南逆掩推覆构造（或青峰-襄樊-广济断裂带）之南，全长约600km，宽10～40km，自川、陕、鄂三省交界的大巴山入境，向东延入阳日湾、房县、南漳一带被南襄盆地掩盖，在京山一带有出露，其中部受耿集-三里岗逆掩推覆构造强烈改造面貌不清。该逆冲叠瓦构造总体走向北西—近东西向，呈舒缓波状展布，西段阳日湾倾向北东，至东段武汉、鄂东南一带倾向南西。组合形式主要为犁式断裂，呈叠瓦状分布，形成于印支期—燕山期（T_3末—J_2），其大地构造环境为扬子古陆块北缘（前陆褶冲带），是省内重要的控矿构造。其次级构造或边界断裂中分布金、银、铜、铅、锌、锑、温泉等矿床，如房县月亮垭铅锌矿床、房县榨溪沟铅锌矿床、房县阮家坡铅锌矿床、宜城银铜山银铅多金属矿点等。

2. 宣恩-五峰逆冲叠瓦构造(XWND)

宣恩-五峰逆冲叠瓦构造位于鄂西南地区，省内西起利川，向东经恩施、鹤峰至五峰、长阳一带，其后被盆地所掩盖。该逆冲叠瓦构造总体走向近东西，呈舒缓波状，西部呈北西向，倾向南，省内全长约280km，宽100～120km。组合形式主要为叠瓦状犁状排列，由南向北逆冲，在较浅构造层次挤压应力作用下，形成于印支期—燕山期（T_3末—J_2），其大地构造环境处于上扬子古陆块。其主要断裂或边界断裂带是重要成矿控矿构造。该逆冲叠瓦构造北界为天阳坪断裂，后期叠加的北东向断裂有建始-恩施断裂、齐岳山断裂。构造区内褶皱极为发育，被断裂破坏强烈，总体呈北东—东西向的弧形分布特征。其褶皱构造和断裂构造控制着铅、锌、银、钼、锰、钒、磷、煤、耐火黏土、天然气（含页岩气）、重晶石、菊花石、汞等矿床的分布，如宣恩曾家档锌矿床、草坝铅锌矿床，鹤峰县铜厂沟铜锌矿点、长阳县朱家墩钼钒矿床、李家湾钼钒矿床、长阳古城锰矿床，宜都南庄坪重晶石矿床，松滋卸甲坪重晶石矿床，建始戴家湾菊花石矿床以及长阳县钟鼓湾汞矿床、杨溪汞矿点等。

3. 崇阳-通山逆冲叠瓦构造(CTND)

崇阳-通山逆冲叠瓦构造位于鄂东南地区，省内西起通城、蒲圻，向东经崇阳、咸宁、通山至阳新一带，向西被盆地掩盖后进入湖南，有可能与宣恩-五峰逆冲叠瓦构造相连，向东出省进入江西。该逆冲叠瓦构造总体走向为北东东—东西，呈舒缓波状，倾向南，省内全长约 190km，宽 70～80km。组合形式主要为叠瓦式犁状排列形式，在较浅构造层次挤压应力作用下，由南向北逆冲运动形成于印支期—燕山早期(T_3 末—J_2)，其大地构造环境处于下扬子古陆块。该逆冲叠瓦构造北界为阳新断裂，内部主要为咸宁断裂。构造区内褶皱较为发育，断裂破坏强烈，总体呈北东东—东西向的弧形。其主要断裂或边界断裂带控制着铅、锌、金、锑、钨、地热、矿泉水等的分布，如崇阳方山锑矿床、通山徐家山锑矿床、崇阳高枧钨矿(化)点。

(三)逆冲-走滑断裂构造

1. 十堰-随州逆冲走滑构造(SSNZ)

十堰-随州逆冲走滑构造位于武当-随南逆掩推覆构造之北，西起陕西白河以西，经十堰、老河口后被南襄盆地覆盖，东至随州、安陆没入江汉盆地之下，全长约 550km，宽 50～70km，走向北西。该逆冲走滑构造南缘西段为十堰断裂带(公路断裂带)，东段为随州逆冲走滑剪切带；北缘东段为新城-黄陂断裂带，西段延伸向北出省外。组合形式主要为逆冲走滑构造，卷入的地(岩)层有南华系—志留系、寒武纪—志留纪基性侵入岩体等。在中浅构造层次挤压-剪切应力作用下，形成左行走滑兼逆冲的断裂构造，时间为印支期—燕山早期(T_3末—J_2)。

十堰断裂带：又称公路断裂带，西起陕西白河以西，东至茨河，尔后入南襄盆地，省内长 160km，走向北西，倾向北东，倾角 60°～70°。十堰断裂带为十堰-随州逆冲走滑构造与武当-随南逆掩推覆构造的分界断裂，断裂基本上控制了南襄盆地的南部边界。在主干断裂的两侧及其所夹持的地带，广泛分布着各类矿床和矿点，如郧阳许家坡金银矿床、垸子湾铅锌矿床、周公山锑矿床及其矿点。这些矿床(点)以构造控矿为主，断裂、剪切面理与成矿关系甚为密切。矿体大多沿次级平行断裂和剪切面理充填。其中，郧阳许家坡金银矿床、马坡金矿床、金盘寨金矿床都是石英脉沿剪切面理分布，往往两旁矿化及蚀变增强。全省 1∶50 万重砂化探结果显示，沿断裂分布一系列金、银、铅、锌、铜自然重砂和化探异常，且有些异常叠置。

随州逆冲走滑剪切带：位于随州府君山南侧，西经均川、环潭没入南襄盆地之下，东至安陆被江汉盆地所覆，全长 160km，走向北西，倾向北东，倾角 50°～60°，局部可达 70°以上。沿剪切带及次级断裂中分布金、银、铜、铅、锑、钼、萤石、温泉等矿床，为十堰-随州逆冲走滑构造与武当-随南逆掩推覆构造的分划构造。

新城-黄陂断裂带：呈北西向，经新城、殷店、青山口、黄陂向南东，大致在双柳、团风一带与青峰-襄樊-广济断裂带相交，向北西过南襄盆地延伸出省，省内长约 250km，倾向北东，倾角 50°～65°，为十堰-随州逆冲走滑构造与桐柏-大别变质隆起构造的分划断裂构造。它是一个由数条断层组成的断裂带：西段北侧为中元古代深变质结晶基底岩系，南侧为南华系，上白垩统—古近系呈线状沿断裂带分布；在东段青山口—黄陂一带，断裂控制了江汉盆地的北部边界。带宽一般 50～200m，有时可达 500m，总体显示压剪性质。挽近时期，断裂复活明显，表现为深变质岩系逆冲于上白垩统—古近系之上，并因断裂活动导致断裂附近红层发生牵引褶曲和拖曳。第四纪断裂两侧表现为不均衡的断块运动，北侧显示上升趋势，而南侧则显示轻度向南掀斜的特点。

新城-黄陂断裂带亦为金银成矿带，金银铜钼矿等分布明显受断裂带控制，矿体产生于花岗质糜棱岩化带和碎裂岩化带内。矿床主要分布于随县合河(万和、王儿庄)、代家湾、响水台等地。全省 1∶50

万重砂化探结果显示，断裂带两侧分布比较好的金、银、自然重砂和化探异常。

2. 雾渡河-洪湖大型逆冲断裂构造(WHDN)

雾渡河-洪湖大型逆冲断裂构造横切黄陵结晶基底，经雾渡河至当阳，入江汉盆地与沙市-洪湖隐状断裂相接，走向北西，倾向北东，全长约560km，宽1～2km。卷入的物质有断裂带两侧地层(Pt_1—T)和古老花岗侵入岩，在中深—浅层次构造挤压应力作用下，形成由北向南平行排列的逆冲断裂构造，时间为燕山早期(J_2—K_2)，其大地构造环境处于下扬子古陆块。在构造西段黄陵基底内，断裂带成为金、钼、铜、锡、铁等矿产的重要控矿构造，矿体多产于主断裂旁的次级断层中，如兴山县水月寺金矿床、夷陵区殷家坪金矿床、坦荡河金矿床、远安县韩家河铜锡矿床、夷陵区花岩钼多金属矿床、川心店钼矿床等。据江汉油田相关勘探资料，在江汉盆地隐伏部分，断裂由两条平行断层组成，断裂对盆地的沉积作用和油气的生成、运移和储集起着十分重要作用。

二、剪切型构造与成矿作用

剪切构造在湖北东部早期以伸展滑脱变形构造为主，晚期以走滑型断裂构造为特征，西部则主要由褶曲和断裂带组成。

(一)伸展滑脱变形构造(SZHB)

1. 桐城韧性剪切带(TCRJ)

桐城韧性剪切带分布于深变质结晶基底地体中。该韧性剪切带西起河南淮河黄土关，东至曾家山，全长约70km，宽10～20km，省内的双堰埂附近仅见其北端，长约15km，呈北西—近东西向，倾向北东或北。根据目前资料得出结论，该断裂带是一条陆内断裂，形成于早古生代，演化于晚古生代—新生代。沿断裂出露一系列古生代辉长岩、闪长岩及辉绿岩，并遭受后期变质变形作用的影响，岩石普遍发生片理化。该断裂带两侧次级构造控制着金、银、锌、钨、钼等矿床，随州北部红石—小林地区分布金、银等矿床，大悟、麻城一带出露金、铜、钨、钼等矿床。

2. 罗田韧性剪切带(LTRJ)

罗田韧性剪切带分布于深变质结晶基底地体中，大致以三里畈—宋家湾—天宝山一线，可划分为南、北两个韧性变形区带。在南区，自北至南由古元古界大别岩群、中元古代地(岩)层以及一系列多层次的伸展滑脱剪切带和褶曲构造共同组成，并围绕绿岩系(TTG)岩石核部形成有规律的弧形构造组合；在北区，中—新太古代变质绿岩系(TTG)出露于弧形核部，以近封闭的面状构造为特征。一系列具多层次的伸展滑覆剪切带主要发育于各地层岩组和岩层面之间，显示为向南倾斜的弧形排列组合。其次级剪切带控制着金、银、钨、钼等矿床的形成，如罗田县双河口金矿床、姜家咀-八字门金银矿床和郭云坳金矿床等。

(二)左行走滑构造(ZXZH)

1. 恩施左行走滑构造(ESZZ)

恩施左行走滑构造分布于鄂西南山区，南延武陵山地，在平面上分为两个区带，西侧为齐岳山断裂带，东侧为新华断裂带，呈斜列展布。恩施左行走滑构造省内长约350km，宽约80km，走向北东。组合形式主要为平行式与斜列式排列。在浅构造层次剪切应力作用下，由左行剪切兼逆冲运动形成于燕山早期(J_2—K_2)，大地构造环境处于上扬子古陆块(陆块褶皱带)。在走滑带内，盖层发育比较齐全，基底埋藏较深，未发现岩浆岩出露。恩施左行走滑构造所在区域是省内构造连续性最好的地区，由数个复背斜和复向斜组成。自西向东，区内依次为利川复向斜、建始-咸丰复背斜、大河复背斜、鹤峰复向斜。同褶曲期的断裂多发育于褶曲陡翼，并随褶曲轴的变化而变化。断裂一般倾向南东，多具左行走滑兼斜冲的性质。主要断裂有新华-来凤断裂，控制了晚白垩世—古近纪红层盆地的发育。

恩施左行走滑构造中目前已知矿床(点)较少，仅个别或极少数的铅、锌矿点和铜矿点，分布于恩施-建始断裂的两侧，矿体产于次级断层破碎带中。

2. 大悟-麻城左行走滑构造(DMZZ)

大悟-麻城左行走滑构造是湖北省重要的北东向区域性大型断裂构造，属郯庐断裂带的一部分，是我国东部的主要断裂构造。该左行走滑构造北起豫鄂边界的松子关，向南经麻城阎家河至新洲旧街，其后被江汉盆地所覆。省内全长约 90km，北段宽 20～30km，走向北东，主体倾向南东，少数倾向北西，倾角 65°～80°。组合形式主要为平行式与斜列式排列，卷入的物质有太古宙—三叠纪地层。在浅表层次构造层次剪切应力作用下，该构造具有左行剪切兼逆冲运动性质，形成于燕山晚期(K_2—E)，其大地构造环境处于桐柏-大别高压变质折返带。根据已有资料，在大悟-麻城左行走滑构造中存在部分石英脉型金矿。

三、拉张型构造与成矿作用

地堑-地垒(盆-岭)构造是湖北省主要拉张型构造，主体分布于江汉盆地。

江汉地堑-地垒构造(JHDD)分布于江汉平原及其周缘地区，北部大致在襄阳—孝昌一线，南部于洞庭湖延入湖南，省内东西宽 250km，南北长 220km，呈北北西或近南北走向。在中生代末期，由于滨太平洋构造域壳幔活动影响，于燕山期在浅表构造层次张性应力作用下，由拉张运动形成了地堑-地垒(盆-岭)并置的构造变形组合形式。江汉盆地是湖北省重要的油气矿和膏盐矿产储藏地，油气矿和膏盐矿矿床的形成与其地堑-地垒构造密切相关，特别对生(油)气、运(油)气与储(油)气起着主导作用。这些地堑-地垒及其边界断裂，还控制着铜多金属矿床分布，如远安县三宝山铜矿点、小汉口铜矿床、当阳市花园冲多金属矿点等受远安地堑东部断裂带控制，石首市烈火山铜铅锌矿点受江汉盆地南东缘一系列近南北向张扭性断裂及其裂隙控制等。

四、其他(变质/岩浆隆起)构造与成矿作用

1. 桐柏-大别变质隆起构造(TDQL)

桐柏-大别变质隆起构造分布于湖北东北部桐柏—大别一带，北部、东部延出湖北，省内长约 400km，宽约 100km，隆起走向北西，为线形和网结构造组合形式。卷入的物质主要有新太古代—志留纪地层、元古宙—侏罗纪花岗岩等，于印支期—燕山期(T_3—J_2)在中深—深构造层次张性应力作用下，由隆升(正滑)运动形成，其大地构造环境处桐柏-大别高压变质折返带。

该隆起是湖北省的主要变质岩系分布区，具分带性。在三河口、木子店一带，分布变质结晶基底的古老陆核，主要出露新太古界木子店岩组及新太古代超基性岩，具超高压变质特征。由此核心向外至淮河—草店(桐城断裂带)、大新—回龙山—蕲春—狮子(罗田韧性剪切带)一线，分布古—中元古界(包括表壳岩系及变质杂岩)、南华系—志留系及志留纪基性—超基性岩，具高压变质特征。进一步向南至新城-黄陂断裂带两侧，主要分布古—中元古界(包括表壳岩系及变质杂岩)、南华系、震旦系，具高绿片岩-蓝片岩变质特征。隆起构造内强变形带(线形剪切带)和弱变形域(变质地体)相互交织构成菱形网格状

构造组合。该隆起构造内形成金、银、铜、铅、锌、钼、钇、(变质)磷、石墨、萤石等矿床(点)。

2. 黄陵变质隆起构造(HLQL)

黄陵变质隆起构造分布于宜昌黄陵一带,长约75km,宽约35km,轴向近南北向或北北东向。组合形式为隆起花边状构造,卷入的物质主要有中新太古代—三叠纪地层和花岗侵入体,在中深—浅表构造层次张性应力作用下,于燕山晚期(K_2—E)由隆升(正滑)运动形成,其大地构造环境处于扬子陆块黄陵变质基底。

该隆起以黄陵变质结晶基底为核心,盖层由南华系—三叠系向周边顺次展布,周边被仙女峰断裂、天阳坪断裂、通城河断裂和新华断裂围割;在其顶端周边,发育一系列放射状张性断层,将顶端地层错位,并与地层向下端弯褶,形成"花边状"的构造样式。该隆起构造内形成金、铜、铅、锌、锡、石墨、硫等矿床(点)。

3. 神农架变质隆起构造(SNQL)

神农架变质隆起构造分布于神农架,长约70km,宽约40km,隆起轴向呈近东西向。组合形式为隆起构造及其周边的花边状褶皱和断裂组合,卷入的物质主要为中元古界—三叠系。在中浅—浅构造层次张性应力作用下,该变质隆起构造于燕山晚期(K_2 — E)由隆升(正滑)运动形成,其大地构造环境处于扬子陆块神农架变质基底。

该隆起分布于鄂西,以神农架群为核心,自顶端由南华系—三叠系向周缘展布,形成原因和变形特征基本与黄陵变质隆起相似,均在伸展作用机制下形成。该隆起构造内形成铁、铜、银等矿床(点)。

五、接触带、层间构造与成矿作用

接触带、层间构造在鄂东南地区燕山期中酸性岩浆侵入体与围岩接触带上较发育,并控制着该区岩体和矿床分布,大致可分为以下几种主要控矿型式。

1. 接触带-断裂复合带

该类构造是本区矽卡岩矿床中最常见、最重要的控矿构造,它不仅控制本区燕山期中性—酸性岩体的侵入边界,同时其破碎空间利于矽卡岩及相应矿化的形成。它的多次脉动式活动常导致本区矽卡岩矿化的多期、多阶段叠加,形成富铁、富铜和金矿床。例如铁山铁铜矿床中矿体受北西西向断裂接触复合带控制,特别在接触面成似"S"形,或者凸凹弯曲的接触带转折处是成矿最好部位。主要矿体多产在这些部位,沿倾向矿体一般产于大理岩向闪长岩内凸出的部位(图2-3)。

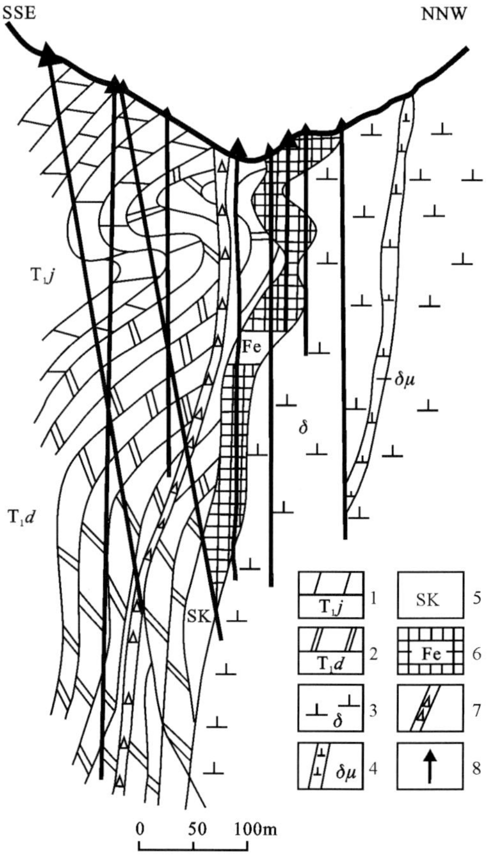

图2-3 黄石铁山矿区狮子山28号勘探线剖面图

1.下三叠统嘉陵江组泥灰岩;2.下三叠统大冶组白云质灰岩;3.闪长岩;4.闪长玢岩;5.矽卡岩;6.铁矿体;7.构造角砾岩;8.钻孔位置

2. 环状接触带

环状接触带是与小斑岩体有关的铜、金、钼、钨(铅锌银)矿床的重要控矿构造,围绕着筒状、株状岩体的环状接触带构造分布，并随筒状或株状岩体的产状变化而变化。例如铜山口、封山洞、鸡笼山、阮家湾等铜、金、钼、钨矿床，均为环状接触带构造控矿，这对找寻隐伏矿体有重要意义；铜山口铜钼矿床在岩体西南缘一带，钻孔揭露的隐伏矿体均有铜山口环状接触带矿体的组成部分，现在岩体周缘均有围绕着环状接触带分布的矿体；阳新赤马山铜矿床中褶皱、断裂很发育，对成矿起控制作用的，主要为沿北西西向赤马山倒转背斜轴部偏南翼的断裂-接触复合带。

3. 岩株体顶部网脉状裂隙

该类构造是本区斑岩型铜钼矿床和斑岩-矽卡岩复合型矿床中常见的构造，常与岩体中细脉浸染状矿体有关。本区小斑岩体常受深断裂控制，总体呈带状分布，如毛铺-阳新断裂带控制着本区一系列与铜钼、钨钼、金有关的小岩体的分布。

4. 残留体与捕虏体构造

该类构造是本区重要的控矿构造。岩体边部的捕虏体及貌似捕虏体的岩体顶盖残留体都受原始褶皱构造的控制。围岩为捕虏体和残留体的形式，呈半岛状、岛链状以及常呈雁行状排列，局部形成铜铁金矿体。前者残留体如灵乡岩体中的铁矿床，后者捕虏体如铜坑-铜灶铜矿床及铜绿山铜铁矿床、鸡冠咀金铜矿床等，均为残留体与捕虏体构造成矿。

5. 层间裂隙带（滑动带、破碎带）构造

该类构造为浅层次顺层剪切作用形成，因此以脆性变形为主。在大冶—阳新一带，大冶龙角山铜钨矿床中矿体受北东东向和北北东向两组高角度断裂构造的控制。矿体主要产于北东东向层间滑动断裂面，或北北东向断裂与岩体接触带的复合构造上，或花岗闪长斑岩内的捕虏体中。

在咸宁一带，下震旦统陡山沱组中的顺层剪切破碎带控制金、锑矿床分布；奥陶系与志留系界面附近的顺层剪切破碎蚀变带控制含金硅化蚀变岩，并经风化形成相应的红土型金矿。

此外，在鄂西地区层间破碎带也较发育，亦具控矿作用。例如神农架断穹北缘的冰洞山式铅锌矿床是赋存在上震旦统中的沉积-改造型铅锌矿床。该类矿床在武当复背斜西缘也有分布（锡洞沟铅锌矿床）。铅锌矿均赋存在灯影组中（除冰洞山铅锌矿赋存在陡山沱组外），赋矿岩石主要为白云岩，矿石多呈角砾状构造，铅锌矿大多呈胶结物形式存在，局部可见反映沉积期成矿的条带状矿石（远安凹子岗等），显示矿化受层间破碎带控制的特点。又如钟鼓湾式汞矿床是赋存于灯影组中的沉积-改造型汞矿床，主要分布于长阳背斜西段，组成天柱山汞矿田。矿体受层间破碎带与北东向断裂裂隙控制，形成似层状、透镜状、脉状矿体，含矿岩石为白云岩。该类矿床包括钟鼓湾中型汞矿床、杨溪小型汞矿床和桃子垭汞矿点等。

第三章 赋矿地层与沉积矿产

第一节 赋矿地层与沉积岩建造

一、赋矿地层

湖北省地层分区以商丹板块对接(结合)带为界,划分为2个Ⅰ级地层大区、3个Ⅱ级地层区,即北为华北地层大区,南为华南地层大区。华北地层大区发育北秦岭地层区,华南地层大区则以青峰-襄樊-广济断裂带为界又可分为两个地层区(附表),即:北为大巴山-大别山地层区,属于活动类型与稳定类型交替背景下形成的地层体系;南为扬子地层区,属于稳定类型背景下形成的地层体系(湖北省地质调查院,2021;湖北省地质矿产局,1996)。

湖北省各时代地层发育比较齐全,但不同构造区有所不同,现将大巴山-大别山地层区和扬子地层区各时代主要地层、岩性及与成矿的关系列出,见表3-1。

表3-1 大巴山-大别山地层区和扬子地层区各时代主要地层、岩性及与主要矿产一览表

界	系	代号	统	大巴山-大别山地层区		扬子地层区	
				岩性	主要矿产(矿床类型)	岩性	主要矿产(矿床类型)
新生界	第四系	Qh	全新统	砂、砾、亚黏土、岩屑	风化型砂矿等	砂、砾、亚黏土、岩屑	风化型砂矿等
		Qp	更新统	砂、砾、红色亚黏土、黏土、钙质亚黏土		砂、砾、亚黏土,残积红色—杂色亚黏土	风化型砂矿、红土型金矿等
	新近系	N		褐黄色—灰黄色粉砂岩、砂砾岩,上含薄层泥灰岩		褐黄色夹棕红色粉砂岩、泥岩夹砾岩,上部为泥灰岩	沉积型油、气等
	古近系	E		红褐色—砖红色泥岩、粉砂岩夹砾岩,含石膏		红棕色和黄褐色互层夹蓝绿色泥岩、砂岩、泥灰岩	沉积型盐矿、硼矿、石膏矿、芒硝矿、卤水矿、油、气等
中生界	白垩系	K_2	上统	紫红色—紫灰色砂砾岩夹泥质粉砂岩		紫红色、灰绿色页岩、粉砂岩夹泥灰岩、砾岩,含铜砂岩	沉积型铜矿、石膏矿、芒硝矿等
		K_1	下统			江汉平原为紫红色夹灰绿色页岩、砂岩,鄂东为火山岩夹碎屑沉积岩	

续表 3-1

界	系	代号	统	大巴山-大别山地层区		扬子地层区	
				岩性	主要矿产（矿床类型）	岩性	主要矿产（矿床类型）
中生界	侏罗系	J_3	上统			厚—巨厚层灰白色长石石英砂岩夹紫红色钙质粉砂岩，局部含砾	
		J_2	中统			紫红色粉砂岩夹灰白色长石石英砂岩，中下部含菱铁矿结核，底部为亮晶灰岩	
		J_1	下统			灰绿色薄—中厚层粉砂岩夹长石石英砂岩，局部夹亮晶生物灰岩和煤层	沉积型煤矿等
	三叠系	T_3	上统			褐黄色—黄绿色粉砂岩、泥岩夹长石石英砂岩、碳质页岩、煤层、菱铁矿矿层，底部为砂砾岩	
		T_2	中统			上部为紫红色泥岩、粉砂岩夹砂砾岩，下部为黄绿色页岩、中厚层灰岩、白云岩	与沉积地层相关的接触交代型石膏矿、铁矿、铜矿、金矿、钼矿、钨矿等
		T_1	下统			上部为薄层白云岩、角砾状白云岩夹灰岩，下部为薄—中厚层灰岩、泥质条带灰岩	
上古生界	二叠系	P_3	乐平统			硅质岩、页岩夹灰岩，下部含煤	沉积型煤矿、硫矿、累托石矿等
		P_2	阳新统	硅质生物屑灰岩、泥灰岩夹石英砂岩、碳质页岩		灰岩，中上部夹硅质岩，下部为页岩，含煤	沉积型煤矿、铁矿、铝土矿、硫矿、铜矿、钒矿、菊花石矿、硒矿等
		P_1	船山统			结晶灰岩、生物屑灰岩夹微晶灰岩	
	石炭系	C_2	上统	黑色页岩、碳质板岩、石英砂岩、砂质砾岩夹燧石结核灰岩		生物屑灰岩、厚层灰岩（白云岩）、泥灰岩、灰岩角砾岩	
		C_1	下统	燧石灰岩、白云质灰岩、白云岩及粉砂质灰岩		砂岩、黏土岩夹灰岩，含薄层煤、菱铁矿	沉积型铁矿等
	泥盆系	D_3	上统	灰岩夹砂岩、钙质粉砂岩、页岩	与沉积地层相关的低温热液型金矿、镉矿等	杂色、黑色页岩、砂岩夹泥灰岩，含赤铁矿-菱铁矿矿层	
		D_2	中统	灰岩、泥灰岩夹钙质板岩、千枚岩，上部为灰岩		石英岩状砂岩、石英砂岩夹页岩	
		D_1	下统	上部以灰（白云）岩、泥（白云质）灰岩为主，下部砂以岩、钙质页岩为主	低温热液型汞矿、锑矿		

续表 3-1

界	系	代号	统	大巴山-大别山地层区		扬子地层区	
				岩性	主要矿产（矿床类型）	岩性	主要矿产（矿床类型）
		S_2	温洛克统	竹溪为板岩、灰绿色砂岩夹灰岩，随州为石英砂岩			
	志留系	S_1	兰多维列统	竹溪为板岩、碳硅质板岩夹灰岩，随州为变玄武岩	沉积型钒矿、钼矿、硫矿等	上部黄绿色粉砂质页（泥）岩、页（泥）岩，中部泥岩与灰岩互层，下部碳质页岩夹生物灰岩。鄂东地区为粉砂岩、粉砂岩夹页岩及泥质细砂岩、砂岩	沉积型页岩气、钒矿、钼矿、硫铁矿、磷矿等
		O_3S_1	中上统	上部粉砂质黏土岩、绢云千枚岩、石英绢云千枚岩夹硅质板岩，下部含碳硅质岩、碳硅质板岩、粉砂质板岩夹石煤及铁锰质结核。竹溪一带夹粗面岩、火山角砾熔岩、火山凝灰岩，随州地区为变玄武质火山碎屑岩、熔岩夹生物灰岩、大理岩、绢云千枚岩	岩浆型铌稀土矿和铁矿、变沉积型铁矿、低温热液型金矿等	上部黑色页岩、碳质页岩，下部硅质岩、硅质页岩	沉积型页岩气
下古生界	奥陶系	O_{2-3}		泥岩、泥灰岩、粉砂质泥岩夹灰岩、泥质灰岩（千枚岩）		主要为瘤状灰岩、龟裂灰岩，下部黄绿色页岩，上部碳硅质岩	
		O_1	下统	砂质板岩、粉砂质硅化板岩、泥质灰岩、钙质板岩、砂质大理岩		灰岩、生物屑灰岩，上部为泥质瘤状灰岩	沉积型锰矿，沉积改造型铅矿、锌矿等
		$\in_4O_1$		厚层结晶灰岩（白云岩）夹白云质灰岩、千枚岩		黑色页岩、碳质页岩、硅质岩、硅质页岩、碳硅质页岩、硅质灰岩	
		$\in_4$	芙蓉统	灰岩、泥质条带灰岩、泥质灰岩、角砾状灰岩夹板岩		灰色厚层微晶灰岩夹白云岩，灰岩中有泥质白云岩条带	沉积改造型铅矿、锌矿等
	寒武系	$\in_3$	第三统	薄层含碳灰岩、白云质灰岩、钙质板岩、碳质板岩互层或夹层	沉积型石煤矿	白云岩、白云质灰岩	
		$\in_2$	第二统	薄层含碳灰岩、碳质板岩、含碳硅质板岩、黏土质板岩、粉砂质板岩	沉积型磷矿、钒矿、铀矿、重晶石矿，淋滤型绿松石矿等	灰岩夹白云岩或钙质页岩，下部夹同生砾岩	

续表 3-1

界	系	代号	统	大巴山-大别山地层区		扬子地层区	
				岩性	主要矿产（矿床类型）	岩性	主要矿产（矿床类型）
下古生界	寒武系	$\in_1$	纽芬兰统	上段碳质板岩、高碳质板岩、碳质粉砂质板岩夹薄层硅质岩，下段中厚层硅质岩	沉积型石煤矿、钒矿、钼矿、磷矿	上部灰岩、白云岩，下部页岩、碳硅质页岩，含磷结核	
		$Z_2\in_1$		上部中厚层白云岩（大理岩），下部黑色含碳绢云石英千枚岩、薄层白云质石英粉砂岩、碳质板岩、硅质灰岩、灰岩夹硅质岩，顶部夹碳质板岩	沉积型重晶石矿		
新元古界	震旦系	Z_2	上统	上部细晶白云岩、薄层白云岩、硅质岩	“米黄玉”大理岩矿	白云岩、含沥青质灰岩、含燧石条带白云岩、含碳磷砂屑白云岩	沉积型磷矿、银矿、钒矿，沉积改造型铅矿、锌矿、石英岩矿等
		Z_1	下统	下部碳质硅质板岩、千枚岩、片岩、变砂岩、变粉砂岩	石煤	含泥质、粉砂质、磷质结核白云岩、白云岩、硅质页岩、碳质页岩	沉积型磷矿、银矿、钒矿、页岩气，沉积改造型铅矿、锌矿
	南华系	Nh_3	上统	变中性—基性海相火山岩、绿泥钠长片岩、阳起钠长片岩	（变）沉积型铁矿、锰矿，低温热液型金矿等	砂砾岩、冰碛砂砾岩、粉砂岩、含锰灰岩等	沉积型铁矿、锰矿，低温热液型金矿等
		Nh_2	中统			含锰泥岩、含锰灰岩	沉积型锰矿
		Nh_1	下统	武当岩群变沉积岩、变火山岩	与地层相关的低温热液型金矿、银矿等	砂砾岩	
	青白口系	Qb	上统	变玄武岩、基性火山角砾岩、安山岩、英安岩、流纹岩夹变粉砂岩、泥质板岩		变石英砾岩、砂砾岩、砂岩、砂质板岩、板岩	与地层相关的低温热液型金矿、铜矿等
			下统			变砂砾岩、砂岩、凝灰质板岩、砂质板岩及透镜状泥质白云岩等	
中元古界		Pt_2		变中基性—中酸性海相火山岩、碎屑岩、大理岩	与地层相关的低温热液型银矿、金矿、铜矿等	大理岩、变砂砾岩、千枚岩、板岩、白云岩	与地层相关的低温热液型银矿、金矿、铜矿等
古元古界		Pt_1		片麻岩、麻粒岩、混合岩	变质型铁矿、石墨矿，低温热液型金矿等	黑云斜长片麻岩、石墨片岩	变质型铁矿、石墨矿，低温热液型金矿等

续表 3-1

界	系	代号	统	大巴山-大别山地层区		扬子地层区	
				岩性	主要矿产（矿床类型）	岩性	主要矿产（矿床类型）
新太古界		Ar_3		黑云斜长（角闪）片麻岩、变粒岩、斜长角闪岩、角闪岩、绿帘辉石橄榄岩、磁铁石英岩、大理岩			变质型铁矿、金红石矿，低温热液型金矿、银矿等
中太古界		Ar_2				斜长角闪岩、黑云斜长变粒岩、黑云角闪斜长片麻岩、角闪片岩、黑云片岩	

二、沉积岩石建造组合

根据沉积岩建造组合，结合湖北省构造地层分区及其沉积地质特征，湖北省内沉积岩共划分出14个三级构造古地理单元、27个四级构造古地理单元和与之相对应的55个沉积岩石建造组合（湖北省地质调查院，2013a，2013b），见表3-2。

表 3-2 湖北省沉积岩石建造组合划分表

构造古地理单元		沉积岩石建造组合及相应的岩石地层单位	岩石建造
三级	四级	五级	
一、陆表海	1.海陆交互障壁陆表海	（1）陆表海海陆交互砂泥夹砾岩组合：云台观组	陆源碎屑沉积建造
		（2）陆表海砂泥岩组合：黄家磴组	
	2.海陆交互无障壁陆表	（3）陆表海砂泥岩夹砾岩组合：莲沱组	陆源碎屑沉积建造
		（4）冰海泥页岩组合：大塘坡组	冰海碎屑沉积建造
	3.陆源碎屑障壁陆表海	（5）陆表海沼泽含煤碎屑岩组合：高骊山组、写经寺组顶部	滨岸沼泽碎屑沉积建造
	4.陆屑无障壁陆表海	（6）陆表海砂泥岩组合：蒲圻组	潮坪-潟湖碎屑沉积建造
	5.碳酸盐岩陆表海	（7）陆表海白云岩组合：大埔组、嘉陵江组	陆表海碳酸盐岩沉积建造
		（8）陆表海灰岩组合：金陵组	海台地碳酸盐岩沉积建造
	6.陆源碎屑岩-碳酸盐岩陆表海	（9）陆表海陆源碎屑岩-灰岩组合：写经寺组、和州组、大冶组、巴东组	陆源碎屑岩-碳酸盐岩建造
	7.冰川沉积	（10）冰川砂砾冰积岩组合：古城组、南沱组	大陆冰川沉积建造
二、压陷（前陆）盆地	8.压陷盆地缓坡带	（11）河湖相含煤碎屑岩组合：九里岗组、王龙滩组、桐竹园组	河湖相碎屑沉积建造
		（12）湖泊泥岩粉砂岩组合：千佛崖组、沙溪庙组、遂宁组、莲莱镇组、花家湖组	湖泊相碎屑沉积建造
三、坳陷盆地	9.缓坡带	（13）多成因松散砂、砾、泥堆积组合：第四系松散层	河流三角洲相碎屑沉积建造

续表 3－2

构造古地理单元		沉积岩石建造组合及相应的岩石地层单位	岩石建造
三级	四级	五级	
四、无火山岩断陷盆地	10. 无火山岩断陷盆地陡坡带	(14)水下扇砂、砾、岩组合：石门组、五龙组、罗镜滩组、寺沟组、玉皇顶组、上寺组、沙坪组上部	扇三角洲相碎屑沉积建造
	11. 无火山岩断陷盆地中央带	(15)湖泊泥岩粉砂岩组合：红花套组、路马岗组、洋溪组、牌楼口组、大仓房组、核桃园组、掇刀石组、沙坪组中部和下部、广华寺组	湖相碎屑沉积建造
	12. 无火山岩断陷盆地缓坡带	(16)河流砂砾岩-粉砂岩泥岩组合：龚家冲组	河流相碎屑沉积建造
五、火山-沉积断陷盆地	13. 火山-沉积断陷盆地缓坡带	(17)空落相火山岩组合：马架山组	火山岩建造
		(18)溢流相火山岩组合：大寺组	火山岩建造
		(19)湖泊泥岩粉砂岩夹火山岩组合：灵乡组、公安寨组、渔洋组、荆沙组	火山-碎屑沉积建造
六、陆棚碎屑盆地	14. 陆棚碎屑滨海	(20)海岸砂岩组合：西岔河组	滨岸相碎屑沉积建造
		(21)海陆交互含煤碎屑岩组合：梁山组、龙潭组	潟湖潮坪相含煤碎屑沉积建造
	15. 陆棚碎屑浅海	(22)远滨泥岩粉砂岩组合：庙坡组、黄泥岗组、新滩组、罗惹坪组、坟头组	浅海陆棚碎屑沉积建造
		(23)远滨泥岩粉砂岩夹砂岩组合：纱帽组、茅山组、大枫沟组	陆源碎屑沉积建造
七、陆棚碳酸盐岩台地	16. 碳酸盐岩台地	(24)开阔台地碳酸盐岩组合：灯影组、天河板组、石龙洞组、覃家庙组、华严寺组、娄山关组、南津关组、牯牛潭组、宝塔组、袁家沟组、黄龙组、船山组、栖霞组、茅口组、武穴组、瓦屋湾组、吴家坪组、下窑组	浅海陆棚碳酸盐岩建造
		(25)台地生物礁组合：红花园组、古道岭组、羊山组	台地生物礁建造
		(26)台盆含放射虫硅泥质岩组合：老堡组、龙马溪组、孤峰组、大隆组、大水沟组	台盆碎屑沉积建造
	17. 陆源碎屑岩-碳酸盐岩台地	(27)台地陆源碎屑岩-碳酸盐岩组合：陡山沱组、刘家坡组、西阳山组、大湾组、公馆组、石家沟组、星红铺组、铁山组、四峡口组、水峡口组	台地陆源碎屑岩-碳酸盐岩建造
		(28)台盆陆源碎屑岩-碳酸盐岩组合：霍河组、江西沟组、牛蹄塘组、石牌组、杨柳岗组、留咀桥组、宁国组	台地陆源碎屑岩-碳酸盐岩建造
八、陆内裂谷	18. 陆内裂谷	(29)滨浅海砂岩粉砂岩泥岩组合：武当群杨坪组	陆源碎屑沉积建造
		(30)双峰式火山岩组合：武当群双台组、耀岭河组	双峰式火山岩夹碎屑岩沉积建造

续表 3-2

构造古地理单元		沉积岩石建造组合及相应的岩石地层单位	岩石建造
三级	四级	五级	
九、陆缘裂谷	19.陆缘裂谷边缘	(31)滨浅海碎屑岩-碳酸盐岩组合:岳家坪组、石瓮子组	陆源碎屑岩-碳酸盐岩建造
		(32)台盆陆源碎屑岩-碳酸盐岩组合:蛮子营组	陆源碎屑岩-碳酸盐岩建造
		(33)滨浅海砂岩粉砂岩泥岩组合:高桥岩组、上津关组	陆源碎屑岩建造
		(34)台地斜坡碳酸盐岩组合:黑水河组、八卦庙组	斜坡碳酸盐岩建造
		(35)台盆深水碳酸盐岩组合:箭竹坝组、毛坝关组	台盆深水相碳酸盐岩建造
		(36)陆源碎屑浊积岩组合:权河口组	陆源碎屑沉积建造
		(37)台盆深水含放射虫硅泥质岩组合:杨家堡组、庄子沟组、鲁家坪组	台盆碎屑沉积建造
	20.陆缘裂谷中央	(38)滨浅海砂岩粉砂岩泥岩组合:雷公尖组	滨浅海碎屑沉积建造
		(39)滨浅海碳酸盐岩组合:竹溪组	滨浅海碎屑沉积或深水相碳酸盐岩建造
		(40)台盆深水碳酸盐岩组合:双尖山组、乔店(岩)组、竹山组	深水相碳酸盐岩建造
		(41)陆源碎屑浊积岩组合:金桥组	陆源碎屑沉积建造
		(42)溢流相火山岩组合:力耳坪岩组、兰家畈组	基性(或超基性)火山岩建造
		(43)空落相火山岩组合:梅子垭组火山岩段	火山碎屑岩建造
		(44)台盆深水含放射虫硅泥质组合:大贵坪组	台盆碎屑沉积或深水相碳酸盐岩建造
十、夭折裂谷	21.夭折裂谷中央	(45)滨浅海碳酸盐岩组合:石槽河组、大窝坑组、矿石山组、打鼓石群	滨浅海细碎屑沉积或深水相碳酸盐岩建造
		(46)陆源碎屑浊积岩组合:郑家垭组	陆源碎屑沉积建造
十一、前陆盆地	22.前陆盆地前渊	(47)陆源碎屑浊积岩组合:凉风垭组	陆源类磨拉石-复理石建造
十二、残余海盆	23.斜坡扇	(48)陆源碎屑浊积岩组合:南湾岩组	陆源碎屑沉积建造
十三、弧前盆地	24.弧前盆远弧带	(49)陆源碎屑浊积岩组合:孔子河组	陆源类复理石建造
	25.弧前坡地	(50)变火山碎屑浊积岩组合:龟山岩组	火山碎屑岩沉积建造
十四、弧后盆地	26.弧后盆地近弧带	(51)火山碎屑浊积岩组合:白竹坪组	岛弧火山岩建造
		(52)变火山碎屑岩组合:歪头山组、张家大庄岩组	火山碎屑沉积建造
		(53)变细碧角斑岩组合:大栗树岩组、刘山岩岩组	基性火山岩建造
	27.弧后盆地远弧带	(54)陆源碎屑浊积岩组合:小木坪组、坪原组、大药姑组、张家湾组、洪山寺组	陆源碎屑沉积建造
		(55)火山碎屑浊积岩组合:六房咀组	火山碎屑沉积建造

第二节 沉积地层与矿产

湖北省沉积矿产资源丰富，能源矿产主要有煤、石油、天然气(页岩气)、铀等，金属矿产主要有赤铁矿、锰矿、钒矿、银矿等，非金属矿产主要有磷矿、膏盐矿、重晶石矿、硫铁矿、黏土矿、冶金用白云岩、灰岩等。

一、陆源碎屑滨海沉积与矿产

全省境内受陆源碎屑滨海相控制的矿产主要为赤铁矿、锰矿等。

(一)赤铁矿

1. 神农架群矿石山组赤铁矿矿层

神农架群矿石山组赤铁矿矿层主要赋存于神农架群矿石山组(Pt_2k)下部，与砾岩和粉砂泥岩互层，一般为一层矿，局部出现两层矿。矿体厚度在1.18～11.63m之间，平均厚4.93m。矿石品位变化亦较大，TFe为30.22%～53.90%。矿体由南西至北东倾角逐渐变缓，最大延伸达560m。主要矿产地有神农架铁厂河矿区、卷蓬湾矿区等。

该铁矿层主要受陆源碎屑作用之前的滨海环境控制，成矿物质来源主要来自陆源碎屑，成矿作用以胶体化学作用为主，成矿环境为氧化环境。总体上看，该矿床成因类型为滨海相前滨-远滨亚相环境沉积。

2. 黄家蹬组赤铁矿矿层

上泥盆统黄家蹬组赤铁矿矿层主要分布于鄂西南地区。本组岩性主要为黄褐色、灰绿色中厚层状细粒石英砂岩、粉砂岩，由下向上分别夹1～3层长条状透镜体鲕状赤铁矿(表3-3)，其编号依次为Fe_1、Fe_2、Fe_3。其中，Fe_3区域分布较稳定，并常构成大、中型赤铁矿矿床；而Fe_1、Fe_2在区域上不太稳定，常呈薄层状分布，形成小型矿床和矿点。该含矿岩组总体为向上水动力逐渐减弱的滨海环境沉积。在长阳火烧坪、仙人岩、建始官店、十八格、宣恩川箭河一线形成的盆地中心相区，由下向上可划分出4个岩性层：第一层为浅灰色、黄褐色中层状粉砂岩、泥质粉砂岩，下部夹薄层状和透镜状鲕状赤铁矿(Fe_1)或含铁石英砂岩，厚2～21m；第二层为黄褐色、紫红色中层状细砂岩、石英砂岩、粉砂岩与泥质粉砂岩呈韵律互层，厚3～19m；第三层以灰绿色、黄褐色薄—中层状泥质粉砂岩为主，中下部夹薄层状鲕状赤铁矿(Fe_2)，厚2～16m；第四层为中—薄层状细砂岩、粉砂岩和黏土岩，上—顶部为中—厚层状鲕状赤铁矿(Fe_3)，常形成大、中型矿床，厚5～24m。

上述特征表明，鄂西南地区黄家蹬组赤铁矿矿层与细碎屑岩或泥质岩相伴出现，成矿物质主要来自于陆源，成矿方式以胶体化学作用为主。因此，该矿床沉积于滨海临滨-前滨亚相环境。

3. 写经寺组赤铁矿矿层

写经寺组赤铁矿矿层主要见于鄂西南地区，按岩性分为两段(表3-4)。其中，下段上部为浅灰色薄—中层状泥质灰岩、泥灰岩、泥质条带灰泥灰岩、生物屑灰岩、介壳灰岩；下部常为钙质黏土和黄色页岩、粉砂岩，时夹薄层透镜状鲕状赤铁矿矿层。下段厚度一般0～50m，最厚可达62m以上。上段下部为灰色、蓝灰色、深灰色中—薄层状粉砂岩、细砂岩、碳质粉砂岩、粉砂质黏土岩，夹鲕绿泥石鲕状赤铁矿、鲕状菱铁矿(Fe_4)，常形成工业矿床，上部为灰白色中层细砂岩、夹粉砂岩、含碳粉砂质黏土岩。上段厚度一般为0～18m。

表3-3　鄂西南地区黄家蹬组岩性、岩相与含矿层特征划分表

年代地层			岩石地层				岩性岩相特征	沉积相	
系	统	阶	组	段	层	厚度/m		亚相	相
泥盆系	上统	邵东阶	写经寺组			16～80	上部薄—中层状粉砂岩、粉砂质页岩夹含碳质黏土岩夹鲕状赤铁矿矿层(Fe_4)，下部灰色中层状黏土质泥粒灰岩、黏土质条带粒泥灰岩、生物屑灰岩、泥粒灰岩，底部夹鲕状赤铁矿	前滨-远滨亚相	滨海相
		锡矿山阶	黄家蹬组		四层	5～24	中—薄层状细砂岩、粉砂岩夹黏土岩，上部夹0.7～1.8m薄层状鲕状赤铁矿矿层(Fe_3)	临滨-前滨亚相	陆源碎屑滨海相
					三层	2～16	薄—中层状泥质粉砂岩为主，中下部夹薄层状鲕状赤铁矿(Fe_2)	临滨-远滨亚相	
					二层	3～19	中层状细砂岩、石英砂岩、粉砂岩与泥质粉砂岩呈韵律互层	前滨-临滨亚相	
					一层	2～21	中层状粉砂岩、泥质粉砂岩，下部夹薄层状、透镜状层鲕状赤铁矿(Fe_1)或含铁石英砂岩	临滨-远滨亚相	
	中统	佘田桥阶 东岗岭阶 应堂阶	云台观组			2～82	灰白色厚层状石英砂岩、石英岩状砂岩，上部夹粉砂岩。交错层理发理，西部多大型板状斜层理，东部多双向斜层理和槽状斜层理	前滨-临滨亚相	

表3-4　鄂西南地区写经寺组岩性、岩相与含矿层特征划分表

年代地层			岩石地层				岩性岩相特征	沉积相	
系	统	阶	组	段	层	厚度/m		亚相	相
石炭系	下统	岩关阶	金陵组			3～8	灰白色中厚层生物屑灰岩、白云质灰岩夹细晶白云岩和中—薄层粉砂岩，含珊瑚、腕足化石	潮坪亚相	局限台地相
泥盆系	上统	邵东阶	写经寺组	上段	二层	0～8	灰白色中层细砂岩、石英砂岩夹粉砂岩、黏土岩、含碳粉砂质黏土岩	前滨、临滨亚相	滨海相
					一层	0～10	灰黄色薄—中层粉砂质黏土岩、泥岩夹泥质粉砂岩，下部夹1～3层鲕状赤铁矿和鲕绿泥石菱铁矿(Fe_4)	临滨、过渡带亚相	
				下段	二层	10～50	灰色、灰黄色薄—中层生物屑灰岩、粒泥灰岩、泥灰岩夹灰泥灰岩	远滨亚相	
					一层	6～12	深黄色钙质黏土岩，下部夹厚0.2～1.3m(最厚3.3m)的鲕状赤铁矿矿层(不具工业价值)	前滨亚相	
		锡矿山阶	黄家蹬组			12～80	灰黄色中厚层细砂岩、粉砂岩粉砂质黏土岩夹含碳质黏土岩和细砂岩，夹1～3层鲕状赤铁矿矿层(Fe_1～Fe_3)	远滨-前滨亚相	陆源碎屑滨海相

上述特征表明，写经寺组两个赤铁矿矿层皆沉积于陆源碎屑岩-碳酸盐岩滨海环境，与细碎屑岩或钙泥质岩相伴出现，成矿物质来源主要来自于陆源，成矿方式以水体小幅振动的鲕状颗粒的胶体化学沉积作用为主。因此，该矿床沉积于临滨-过渡带亚相环境，本组赤铁矿矿层的品位和厚度皆优于黄家蹬

组的 3 个铁矿层。

（二）锰矿

湖北省内大塘坡组含锰岩系分布较广，变化也较大。鄂西南地区尤以古城锰矿床所在的长阳背斜区含锰岩系最发育，厚度最大，往南至鹤峰县走马坪仅见有含锰黏土岩，往北至神农架背斜西南翼，于神农架高桥河在莲沱组砂岩之上见厚 5.2m 的黑色含锰质碳质页岩。鄂东南地区的通山县石门塘和咸宁市菖蒲塘等地均见大塘坡组含锰黏土岩、碳质粉砂岩等及其锰矿化，但锰矿化层厚度小，无工业意义。

湖北长阳古城锰矿产于中南华统大塘坡组（Nh_2d），在长阳县古城村发育最好，厚度一般为 12～14m，最厚达 19.54m，由黑色碳质含黄铁矿粉砂质泥岩、含锰泥岩及锰矿层组成。锰矿体赋存于含矿岩系中下部，呈层状、似层状，呈东西向展布，主体倾向于北。矿体厚 0.7～6.19m，平均厚 2.41m，主要锰矿物为菱锰矿，矿床 Mn 平均品位为 17.72%，品位较稳定。受古构造运动影响，其含锰岩系厚度变化大，同时锰矿层也变厚；含锰岩系产状变缓处，锰矿层也较厚。

长阳古城锰矿为南华纪间冰期陆源碎屑滨海化学沉积型锰矿，含锰岩系位于古城冰期与南沱冰期之间，形成于陆湖碎屑滨海环境，在适当的介质条件下，局部形成锰矿床（图 3－1）。

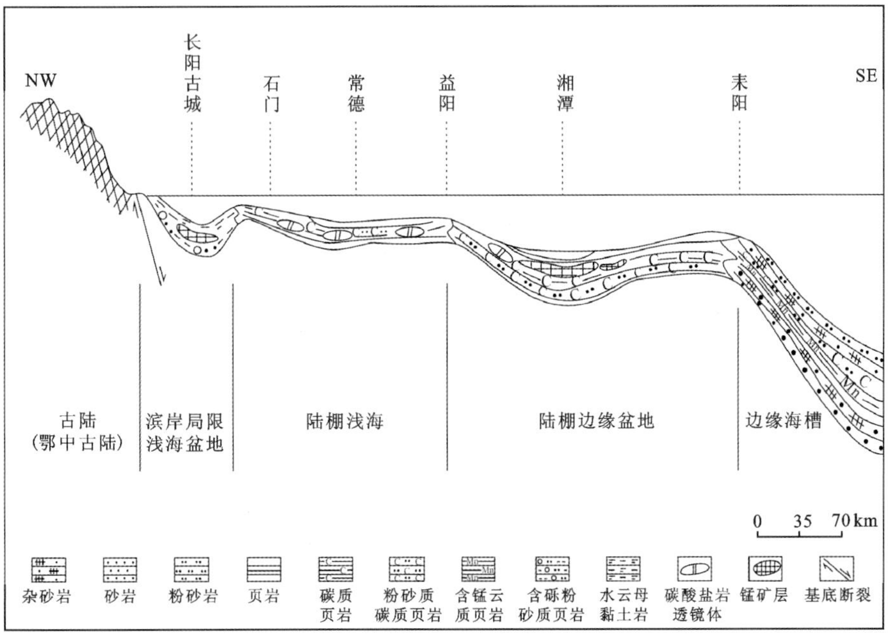

图 3－1　中南华世大塘坡期锰矿沉积模式图

关于锰质的来源，据近年来研究成果表明，由于海底热水活动时携带大量 Mn^{2+} 进入盆地；在氧化还原界面之上，Mn^{2+} 以锰氧化物沉积，而后成岩过程中转变成锰碳酸盐。

（三）铜矿

沉积型铜矿主要见于中三叠统巴东组（T_2b），分布于巴东、恩施、远安、当阳、荆门等地。含矿岩系为浅灰绿色、紫红色含铜粉砂岩、含铜粉砂质黏土岩、含铜泥质粉砂岩及含铜灰岩等。矿（化）体主要产于浅灰绿色粉砂质黏土岩中，多呈透镜状。矿石分两类：一类为氧化铜矿石，另一类为原生铜矿石。氧化铜矿石中主要矿物有孔雀石，其次为褐铁矿、方解石及黏土矿物；原生铜矿石中主要矿物为辉铜矿，其次为孔雀石、自然铜、铜蓝、褐铁矿等。由于此种矿石往往呈团块状、长柱状、长条状，故俗称“扁担铜”。如巴东下坡铜矿赋存在巴东组浅灰绿色含粉砂质黏土岩中，呈透镜状，出露宽度为 7～20m，长 200m。矿

(化)体走向与地层走向一致，铜矿(化)体中含有自然铜、辉铜矿、孔雀石、铜蓝等集合体，大小不一，大者达 60cm×14cm×5.5cm，小者仅 2.5cm×2cm×1.5cm。虽集合体含 Cu 可达 27.29%～57.13%，但因其在整个矿(化)体中赋存分散，故难以形成具工业意义的矿体。

上述特征表明，该铜矿沉积于陆源碎屑滨海环境，与细碎屑岩相伴出现，成矿物质主要来自于陆源，成矿方式以剥蚀搬运沉积作用为主。

(四)硒矿

恩施地区二叠系孤峰组是硒富集的主要地层层位，双河渔塘坝是国内含硒量最高的矿床。通过对区内孤峰组岩石地化剖面研究，孤峰组含硒量也远远高于其他层位。孤峰组主要为灰黑色薄层状含碳生物屑硅质岩，层间夹碳质页岩、透镜体状生物屑细—粉晶灰岩，厚 20～40m。

通过系统微量元素分析，其 $w(Ni)/w(Co)$ 与相对海平面升降变化曲线相吻合，比值变化区间为 8.0～68.4，指示该时期均为贫氧或缺氧环境，当海侵作用达到最高潮时期显示该时期为极度缺氧环境。综合上述，孤峰组富硒的沉积作用受碳酸盐岩台地内的台洼或台盆环境所控制。

(五)铝土矿

铝土矿主要赋存于扬子地层区保康—南漳—宜城一带二叠系梁山组(P_2l)中部，是省内沉积型铝土矿的重要产出层位。剖面研究结果表明，铝土矿矿层产出位置比较固定(表 3-5)，呈层状、似层状、透镜状，含矿 1～2 层，厚 0.6～5.82m，Al_2O_3 一般为 27%～69%，具有较好的工业价值。

表 3-5 鄂中地区梁山组岩性、岩相与含矿层特征划分表

年代地层			岩石地层			岩性岩相特征	沉积相	
系	统	阶	组	层	厚度/m		亚相	相
二叠系	阳新统	栖霞阶	栖霞组		88～165	深灰色中厚层状含燧石结核生物屑灰岩、碳质瘤状灰岩夹碳质页岩	灰泥丘	开阔台地
			梁山组	五层	0～4.82	灰黑色碳质页岩夹薄煤层，向上为中层状黏土质粉砂岩	沼泽	后滨
				四层	0～5.61	灰白色、杂色薄层状铝土质黏土岩，中部夹一层赤铁矿	泥坪、岸堤	
				三层	0～4.38	灰白色中层状铝土矿，沿走向常相变为鲕状、豆状铝土矿和铝土质黏土岩	泥坪	
				二层	0～11	灰白色薄层状铝土质黏土岩夹鲕绿泥石赤铁矿矿层或透镜体	泥坪、岸堤	
				一层	0～24	灰白色中厚层状石英砂岩，局部为含砾石英砂岩，向上夹细砂岩和粉砂岩。区域分布不稳定	海岸砂丘、海滩	前滨-临滨
	船山统	达拉阶	船山组		0～83	浅灰色中厚层状生物屑灰岩、泥粒灰岩、微晶灰岩、白云质灰岩	潮坪	局限台地

铝土矿矿层产出于梁山组(三层)第三岩性层，于石英砂岩-粉砂岩之上、碳质页岩和煤层之下，以似层状为主，矿层较稳定，在宜城双砦子最厚达 4.38m。铝土矿为灰白色、蓝绿色，呈致密块状、角砾状和鲕、豆状，矿物成分简单，主要有隐晶质一水硬铝石、胶铝石和高岭石，三者占 80%以上，矿石中 Al_2O_3 平均品位为51.04%。可采矿层主要分布于宜城板桥店、双砦子、张家泉、西山、青石岭、松林岗，南漳猴子岩、狮子岩、报信坡、游星寨、王家山，保康官驿沟、孙家冲，谷城西垭及荆门三股泉、仙居、野鸡池等地，

多形成小型矿床。

该铝土矿矿物成分比较单一，以一水硬铝石为主，其次为一水软铝石、高岭石、水云母、赤铁矿及碎屑矿物等，近岸地带形成鲕状和豆状结构，稍远则为胶状，局部地段具砾屑结构和泥状结构。铝质岩之下往往为砂岩-黏土岩，之上为黏土岩-含煤建造，含矿岩系之底多以平行不整合覆于基底碎屑岩或碳酸盐岩之上，反映一种风化剥蚀后近源堆积的沉积结构特征和古地理环境(图 3-2)。

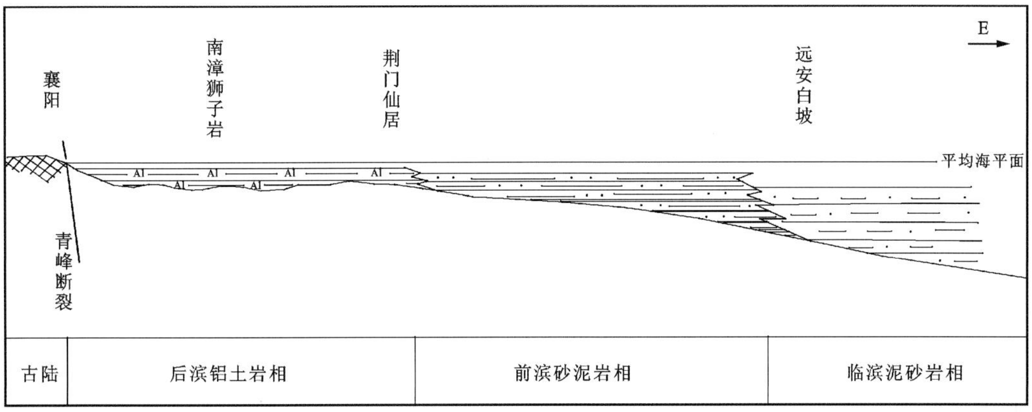

图 3-2　湖北省保康—南漳—宜城一带二叠系梁山组铝土岩相沉积模式示意图

(六)煤矿

省内煤矿主要赋存于二叠系梁山组(P_2l)和龙潭组(P_3l)。另外，三叠系九里岗组(T_3j)和侏罗系桐竹园组(J_1t)亦沉积薄煤层。

梁山组和龙潭组具有相同的沉积特征，一般为细砂岩-粉砂岩-黏土岩-煤层沉积序列，向上缺失下部细砂岩。在鄂西地区梁山组由下向上可出现 1～4 层煤层，大部分地区为 1～3 层煤层，仅巴东麻沙、松宜煤矿可见 4 层煤层，在巴东麻沙、长阳马鞍山等地形成以无烟煤为主的聚煤区，其中巴东麻沙最厚可达 4.47m。鄂东南大多不超过 2m，在蒲圻、通山、阳新、远安、京山等地，发育 1～2 层煤层，形成贫煤聚煤区。龙潭组一般有 1～5 层煤层。在建始龙潭坪、长阳马鞍山、武昌破山庙、黄石下窑、大冶阴山沟等地形成以无烟煤为主的聚煤区，一般可采煤层厚 1～2m。

梁山组和龙潭组煤层的形成受华南沉积盆岩相古地理环境制约。从湖北到湖南，区域构成古陆-潟湖-障壁岛-广海的岩相组合格局，显示北高南低的古地理态势(图 3-3)。湖北境内主要为古陆和海湾潟湖，位于湘鄂交界的江南古陆实为障壁岛，跨过障壁岛，便进入华南广海。省内梁山组和龙潭组的成煤时期皆为沼泽相沉积环境，该时期形成的巴东麻沙煤田、松宜煤田、建始龙潭坪、长阳马鞍山和蒲圻煤田皆为该环境的沉积产物。另外，九里岗组和桐竹园组薄煤层则受三角洲平原沉积作用控制，形成于沼泽亚相。

二、碳酸盐岩台地沉积与矿产

(一)磷矿

碳酸盐岩台地沉积的磷矿以生物化学沉积型磷块岩矿床为主，其中磷矿体严格受地层控制。赋磷层位以震旦系陡山沱组为主，灯影组次之，二者具有相近的沉积作用和沉积环境，常形成中、大型乃至超大型矿床。主要代表性矿田为宜昌磷矿田、荆襄磷矿田、保康磷矿田和神农架磷矿田等。

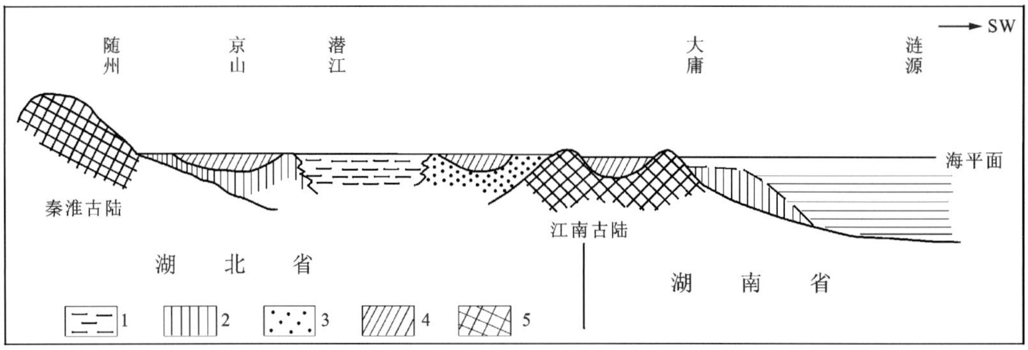

图 3-3 湖北省二叠系梁山组和龙潭组含煤岩系沉积模式示意图

1.泻湖相;2.潮坪砂泥质(含铝)亚相;3.潮坪砂质亚相;4.潮坪沼泽亚相;5.古陆

震旦系陡山沱组含磷岩系主要由微晶白云岩、含碳质或锰质的微晶白云岩、含燧石条带或燧石结核白云岩组成,夹黑色碳质页岩及磷块岩,属含磷碳酸盐建造,厚10～491m。陡山沱组含磷矿层有4个(Ph_1～Ph_4),具工业意义矿层有Ph_1、Ph_2、Ph_3共3个矿层。其中,分布于荆襄磷矿田内的陡山沱组一般可见Ph_1、Ph_2、Ph_3和Ph_4共4个含磷层,其中Ph_1和Ph_3含磷层为工业磷矿层,分布于宜昌磷矿田内不同地段分别可见Ph_1^1、Ph_1^2、Ph_1^3、Ph_2^1、Ph_2^2、Ph_3、Ph_4、Ph_5、Ph_6共9个含磷层,前6个含磷层赋存于陡山沱组中,后3个含磷层赋存于灯影组中或顶部,杉树垭矿区—浴华坪矿区一线以南Ph_1^3构成主要工业磷矿层,局部Ph_1^2形成次要工业磷矿层,该线以北Ph_2^2构成主要工业磷矿层,局部Ph_2^1、Ph_1^3形成次要工业磷矿层。分布于保康磷矿田内的磷矿层主要产于陡山沱组中,由Ph_1、Ph_2、Ph_3、Ph_4共4个含磷层组成,不同矿区的Ph_1、Ph_2含磷层分别构成工业矿层,局部构成工业矿体。分布于神农架磷矿田内多数矿区仅发育Ph_1含磷层,个别矿区可见Ph_1、Ph_2两个含磷层,Ph_1含磷层构成区内主要磷矿层。分布于鹤峰县走马坪、长坡湾等矿区的磷矿赋存于陡山沱组三段中。矿体呈层状,似层状,长数十米至5500m,厚0.44～30.80m,矿床P_2O_5平均品位为17.06%～32.8%,宜昌磷矿中伴生含钾页岩。矿石自然类型在兴山、宜昌、远安、保康、钟祥一带为硅质及硅酸盐型、碳酸盐型、混合型矿石等,房县东蒿坪则以硅质及硅酸盐型为主。

灯影组磷矿主要见于南漳邓家崖一带,含矿岩系主要为薄层状含磷灰质白云岩、含磷硅质白云岩夹透镜状磷块岩,磷矿体呈层状、似层状夹于中层状白云岩之中,矿层厚0.1～13.44m。

其他含磷层位还有寒武系、志留系等,如郧西赵家峡、交战关含磷层产于寒武系庄子沟组中,恩施市鹿子渡磷矿和建始县长梁磷矿等均赋存于志留系纱帽组中。

(二)银钒矿

银钒矿主要赋存于扬子地层区之神农架、宜昌、长阳一带陡山沱组四段黑色碳质页岩和含碳粉晶灰岩之中,其碳质页岩所含银、钒具一定变化规律。该岩性段由南向北含矿性具有如下变化:南部长阳背斜周缘碳质页岩夹细晶白云岩,厚38.85m,仅于长阳背斜西端向家岭形成银钒矿床,达到工业品位的矿层仅厚1.60m;中部黄陵背斜周缘,本段下部为含碳微晶白云岩与含黄铁矿碳质页岩互层,上部主要为碳质页岩,厚24.39～40.34m,碳质页岩中普遍含银钒,并于宜昌金家沟、白果园形成银钒矿床,其中金家沟矿层厚18.81m,白果园下部为银钒矿主矿层,上部为银钒矿次要矿层,矿层厚40.34m;北部神农架地区碳质页岩中含矿性较差,仅于神农架冰洞山、保康武山湖和白竹等地含Ag、V元素,冰洞山—白竹一线向北,碳质页岩层不稳定,并于阳日五里坡、蚂蟥沟一带缺失,东部钟祥一带也未见出露。上述特征表明,缺失碳质页岩的地区已上升近陆或露出水面,而导致沉积缺失,凸显北浅南深、东浅西深的古地貌沉积格局。

岩相古地理研究资料表明，沼泽相是银矿、钒矿主要赋存相区。陡山沱组四段之黑色岩系沉积过程显示一个三级层序地层结构，如宜昌白果园银钒矿受层序地层控制的结构特征十分明显(图 3－4)，在海侵体系域阶段(TST)，海平面波动较频繁，沉积碳质页岩-碳质白云岩，那些从陆地带入海水中的银、钒通过海藻富集而沉积，从而形成含银钒矿层；在高水位体系域阶段(HST)主要沉积碳质页岩，因陆源区仅有钒被带入海水，故在海藻富集作用下沉积形成含钒矿层(图 3－5)。研究表明，陡山沱期晚期海水中丰富的藻类等低等生物为银、钒富集起到了重要作用。

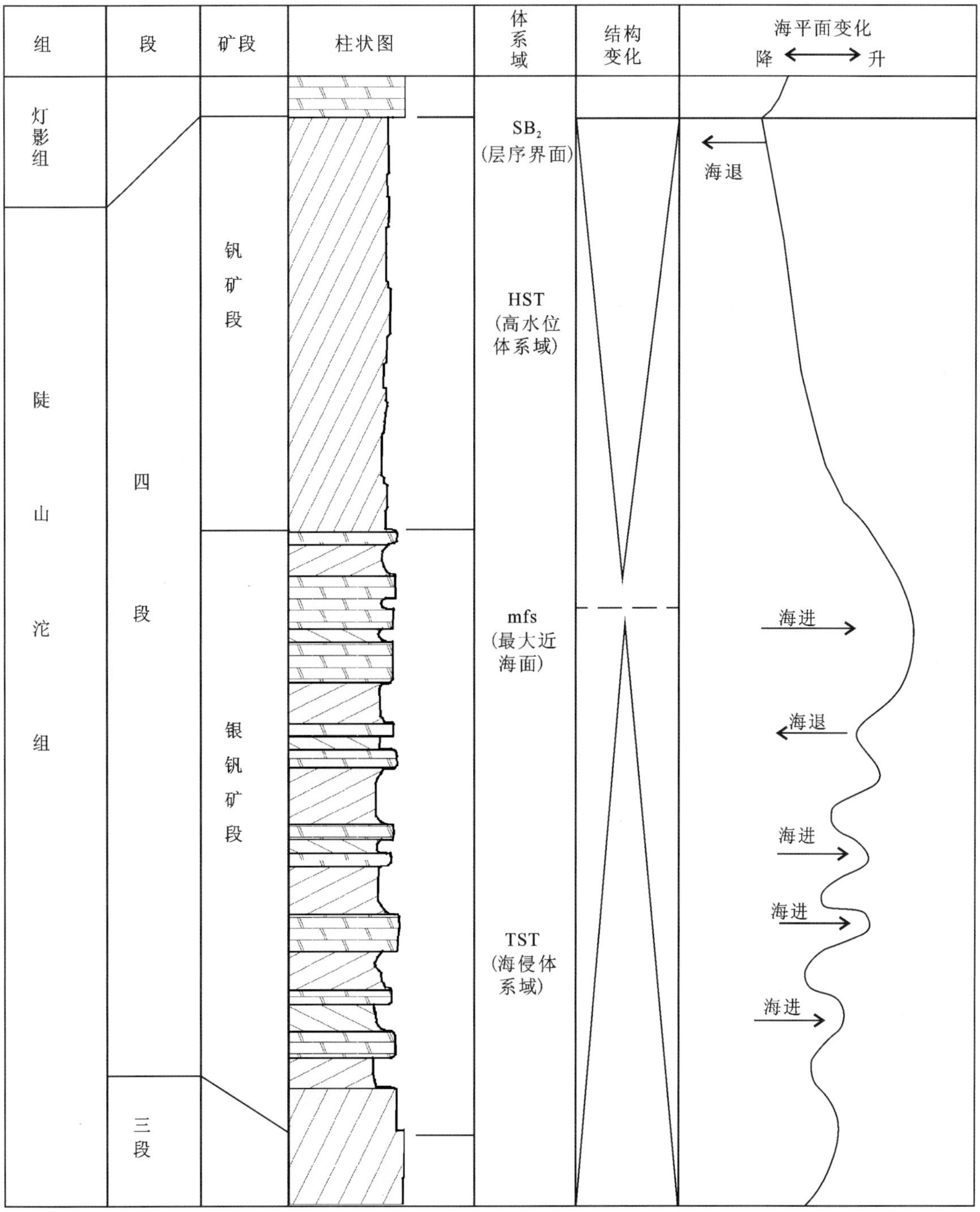

图 3－4　湖北省宜昌白果园陡山沱组四段含银钒岩系沉积期层序地层图

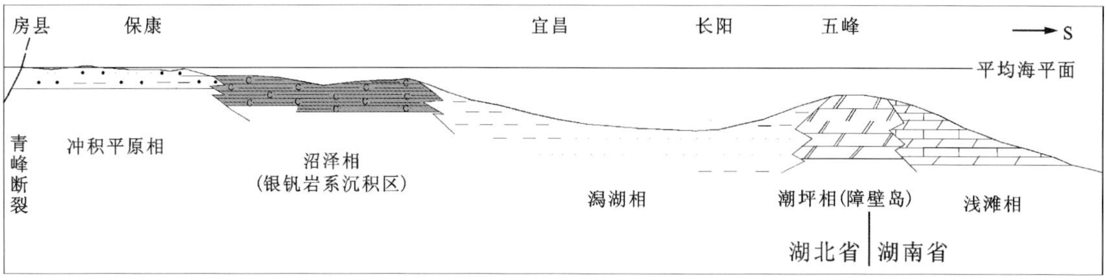

图 3-5　湖北省神农架、宜昌、长阳一带陡山沱组四段含银钒岩系沉积模式示意图

(三)铅锌矿

湖北省内层控改造型铅锌矿分布特点是:由北向南,赋矿层位时代逐渐变新,依次为早震旦世陡山沱期、晚震旦世—早寒武世灯影期、寒武纪和奥陶纪。尤其是鄂西区铅锌矿床、矿(化)点赋矿层位较多,含矿岩性主要为一套含碎屑的碳酸盐岩。矿化富集和产出与层位本身的铅锌含量高背景条件及构造活动带入的后期热液活动相互叠加的关系颇为密切。铅锌矿化在含矿层位中多沿走向、倾向方向品位变化较大,单一矿体规模较小,局部小矿体相对集中分布可形成矿床。

赋矿层位:神农架地区为震旦系陡山沱组,铅锌矿床、矿(化)点集中分布在神农架背斜周缘;宜昌地区为灯影组,铅锌矿床、矿(化)点集中分布在黄陵背斜周缘及长阳背斜东段;恩施地区主要为寒武系,其次为奥陶系,在咸丰背斜及东山峰背斜矿(化)点相对集中(湖北省地质调查院,2009)。

(四)锰矿

1. 牯牛潭组锰矿层

该层位锰矿主要形成于扬子地层区襄阳一带牯牛潭组之中,现已发现襄阳小观山、扁山、覃家湾、肖家湾等 7 处矿床(点)。该区牯牛潭组岩性主要为薄—中厚层状生物泥晶灰岩、泥质瘤状灰岩及含锰灰岩组成,厚 12~30m。襄阳裕山南部地层沉积厚度较大,为 30~50m,为牯牛潭组沉积期的盆地中心地带,形成南东东-北西西向展布的锰矿带,长约 30km,宽 1~5km。含锰灰岩位于牯牛潭组中部,厚 3~14m,Mn 品位平均 2%~3%,局部锰质富集形成透镜状、扁豆状矿体,矿体长 6~14m,厚 0.5~0.8m,个别长 350m,厚 2.8m。矿体于深部主要为原生碳酸锰矿体,浅部一般为氧化锰矿体,原生锰矿体规模一般大于氧化锰矿体。氧化锰矿体由软锰矿、硬锰矿组成,矿石 Mn 品位为 16%~38%;原生锰矿体由菱锰矿组成,矿石 Mn 品位为 11%~25%。

2. 茅口组锰矿层

该层位分布于鄂东南一带茅口组内,含锰岩系有矿层或矿化层 1~3 层,含矿层厚 0.3~8.55m,一般厚 1~2m,矿石 Mn 品位为 12%~25%,在大冶谭家桥深部发现碳酸锰矿体。

在鄂西、鄂西南的黄陵背斜翼部、长阳背斜翼部和五峰湾潭背斜翼部见有锰矿化点,主要见于奥陶系牯牛潭组、宝塔组灰岩中,Mn 品位为 25%~47%,但矿化规模甚小,且变化大。

从岩性、岩相和古地理分析,上述牯牛潭组、宝塔组和茅口组锰矿层属碳酸盐岩台盆环境沉积,因为台盆内沉积环境稳定,有利于锰质聚集而形成含锰碳酸盐岩。在成矿地带,含锰岩系中泥、硅质成分增加,页岩增多,锰含量增加,这是典型的台盆环境沉积特征。

三、较深水陆棚盆地沉积与矿产

（一）重晶石矿

湖北省内海相沉积型重晶石矿以柳林重晶石矿床为代表，是重晶石矿产的重要类型。赋矿层位为寒武系庄子沟组，为一套受陆缘裂谷盆地控制的较深水海相黑色页岩-硅质岩建造。岩性组合为：上部为绢云石英板岩、碳质板岩和硅质板岩，下部为含磷、钒黑色薄层状硅质岩、硅质页岩、硅质板岩夹重晶石。

重晶石矿体呈层状、似层状、透镜状分布，长 54～1850m，厚 0.50～18.84m，$BaSO_4$平均品位为 57.38%～93.52%。矿石矿物主要为重晶石，脉石矿物主要为石英、白云石、碳质、铁质等。矿石具隐晶质结构、细晶结构、粗晶结构和显微鳞片状结构，块状构造、条纹-条带状构造。矿石类型有板状重晶石矿石、条纹状重晶石矿石、块状白云质重晶石矿石及块状重晶石矿石 4 类。

随州—京山地区在早寒武世可能处在扬子被动大陆边缘裂陷盆地，属鄂北浅海盆地内一个次级盆地，盆内的水下隆起、凹陷形成的斜坡地貌控制着重晶石的沉积和空间分布。

（二）钒矿

湖北省内钒矿均与黑色岩层相关，主要成矿层位有杨家堡组—庄子沟组、牛蹄塘组及大贵坪组。

在含钒岩系中，钒矿主要富集于黑色碳质页岩、碳质板岩、碳硅质板岩及石煤层中。杨家堡组—庄子沟组一般含钒矿 1～4 层，如丹江口杨家堡钒矿有 3 层，随县冬青庙含钒 4 层，柳林有上、下两个矿层，长阳佑溪河及鄂南地区牛蹄塘组也有上、下主矿层之分。其中，主矿层沿走向稳定，矿层厚度各地不一，在扬子台地区牛蹄塘组一般厚 5～18m，在大巴山-大别山地层区之随县—安陆一带厚 5～10m，在丹江口杨家堡厚 20～40m，在郧县北部大柳—大桑树一带厚 8～20m，可见在两郧（郧西、郧县）地区厚度最大。矿层和顶、底板为过渡关系。矿石品位各地变化不大，V_2O_5 品位为 0.7%～1%，局部大于 1%，矿层中普遍伴（共）生铝、磷，局部有金、银、铀、铜等。

从上述各组岩性、岩相和古地理分析，其中杨家堡组—庄子沟组和大贵坪组为较深水陆棚外缘盆地，属氧化界面之下的深水环境沉积，牛蹄塘组亦属盆地边缘氧化界面之附近环境沉积。

（三）页岩气

湖北省境内含有页岩气的地层层位较多，主要有陡山沱组、牛蹄塘组和龙马溪组。

陡山沱组含气层：见气钻孔位于秭归一带陡山沱组二段、四段，含气地层合计厚度为 110.24m。其有机碳含量高，范围值为 0.72%～2.91%，平均值为 1.63%；热演化程度适中，范围值为 1.49%～1.86%，平均值为 1.74%。

牛蹄塘组含气层：见气钻孔位于秭归一带牛蹄塘组下部，含气地层厚度为 115.08m。其有机碳含量较高，范围值为 0.53%～8.72%，平均值为 2.95%；热演化程度适中，范围值为 1.43%～1.79%，平均值为 1.61%。

龙马溪组含气层：见气钻孔位于来凤一带龙马溪组，下部为黑色含碳硅质页岩与含碳质页岩互层，上部为灰黑色含碳质页岩。岩石中含黄铁矿条带，宽 0.5～6mm，岩层内笔石及深水放射虫化石丰富。根据本组岩性、沉积构造和生物化石特征，结合岩相古地理资料，龙马溪组为深水陆棚盆地环境沉积，页岩气的形成受深水盆地沉积作用所控制。

通过对鄂西南地区深入调查和研究，还发现二叠系孤峰组和大隆组亦为含页岩气之地层层位，并有较好勘探前景。

(四)天然气

建南天然气田成矿区处于利川煤硫铁矿天然气成矿亚带(Ⅳ-74-①)北东段,在构造上隶属四川盆地东缘川东褶皱带石柱复式向斜中部,目前是中扬子区海相地层勘探区中发现的唯一多样的复合型气田。纵向上已发现6个工业气层(由上往下依次为嘉陵江组、大冶组、大隆组、黄龙组、纱帽组及龙马溪组)、9个工业性气藏(3个连片气藏和6个孤立的裂缝系统气藏)。

建南气田在石柱复向斜内具有由上三叠统、中三叠统巴东组泥岩和中下三叠统嘉陵江组膏盐岩组成的区域性盖层。该区域性盖层横向连续、稳定,宏观封闭性良好,垂向开启程度低,是主要的天然气盖层。次要的天然气盖层为大冶组四段、梁山组和新滩组。大冶组四段以紫红色泥岩、白云质泥岩、灰色泥质白云岩及灰岩为主,成为覆盖于大冶组三段储集层之上的直接盖层。

建南气田储层岩性主要为灰岩、砂岩和少量白云岩,灰岩和少量白云岩储层主要分布于吴家坪组、大冶组三段,砂岩储层主要分布于纱帽组。吴家坪组储层岩性主要为粉—细晶白云岩、细晶白云岩、生屑灰岩、砂屑灰岩、生屑云质灰岩、礁灰岩、礁白云岩,其中贡献最大的是白云岩、礁白云岩和云质灰岩,以白云岩储集性最好。大冶组储层岩性主要为颗粒灰岩,次为白云岩。其中,鄂西渝东区志留系天然气勘探具有良好的潜力,标志着建南气田下古生界具有良好的天然气资源前景。

四、陆相盆地沉积与矿产

湖北省境陆相沉积盆地中沉积矿产主要有岩盐、石膏等。该类盆地是在中生代构造体制发生重大转换,即由特提斯构造域向滨太平洋构造域转换过程中形成的沉积盆地。盆地相关的矿产主要有与河、湖相相关的石膏和石盐等矿产,主要集中分布在江汉盆地和南襄盆地。其中,以江汉盆地沉积的矿床规模最大。赋矿层位主要为古近系、白垩系和三叠系。除膏盐矿外,沉积矿产一般伴生(或共生)有芒硝、钙芒硝矿,富含K、Li、Rb、Cs、B、I、Br等多种有益元素,其中硼、碘、溴矿产资源储量居全国第一位或第二位。

(一)江汉盆地沉积与矿产

江汉盆地位于上扬子陆块、下扬子陆块两个二级构造单元的过渡带,其西北部为上扬子台坪鄂中褶断区的一部分——远安地堑和荆门断凹,中、东部为扬子陆块两湖断拗北部的三级构造单元——江汉断陷。根据油田勘查及地震资料,江汉断陷可划分为8个次级凹陷或凸起,膏盐矿常赋存在其中的凹陷构造内。盆地叠覆于早白垩世盖层褶皱带之上,大致经历了早白垩世—早始新世、中始新世—新近纪两个断陷-凹陷旋回,并分别控制了上、下两套膏盐岩系和生油岩系。早期旋回的膏泥沉积主要发育于盆地西北部的远安地堑和荆门断凹范围内,其含膏地层主要为上白垩统跑马岗组,岩性为紫红色岩屑长石砂岩、石英长石砂岩与细砂岩、泥质粉砂岩互层或夹钙质砂质团块、泥岩、泥灰岩、白云岩、石膏层、局部含钙芒硝泥岩层,可形成中、大型石膏矿床,如荆门麻城铺、革集-子陵铺等;中部和东部的江汉断陷,由于基底断裂和隆起,形成4个次级凹陷和3个凸起。晚期旋回的膏盐层在潜江凹陷、云应凹陷、江陵凹陷、沔阳凹陷及天门凸起中次级凹陷—小板凹陷中均有分布,其中东部的江汉断陷形成独立芒硝矿床。盆地内呈现由西往东成膏时间逐渐后移、层位渐高的总体变化趋势,并且盆地东部北侧云应凹陷内的膏盐层以埋藏浅、厚度大、矿石质地优良而著称。本类矿床主要分布在江汉断陷的潜江凹陷和江陵凹陷中,常与岩盐矿共生,其中潜江凹陷卤水中的硼储量可达超大型规模。

1. 荆门革集-子陵铺石膏矿

该石膏矿位于湖北省荆门市境内,分为革集、子陵铺、沈家集、团林铺4个矿段,子陵铺矿段位于荆门市北郊，革集、沈集、团林铺等位于南郊。

上白垩统跑马岗组为赋石膏矿地层，可分为石膏山和桥坡两个岩性段，赋矿层系总厚度为203～367m。沉积环境以湖相沉积为主。地层由细砂岩、粉砂岩、泥岩及石膏层共同组成。赋石膏矿地层由下而上碎屑粒度由粗变细，沉积厚度自北向南由厚变薄。绝大部分石膏矿体赋存于石膏山段中。矿体具有北部厚南部薄的趋势，即子陵铺矿段工业矿层总厚为44.9～61.43m，革集矿段工业矿层总厚为41.93～21.81m。赋矿层数量有向南减少趋势，即北部子陵铺矿段赋存10层工业矿体，向南部至革集矿段仅赋存5～7层矿体，继续向南至沈集矿段后仅赋存1层工业矿体。

2. 应城云应盐矿

该盐矿分布在应城、云梦、汉川县境内，面积约260km^2。古近系潜江组是主要含矿岩组。根据地层沉积旋回特征及石膏、芒硝和石盐在垂向上发育特点，潜江组由下而上划分为5段。

下硬石膏段：为灰绿色粉砂质泥岩、硬石膏泥岩、白云质泥岩与赭红色钙质粉砂岩互层，含丰富的星点状、团块状、似层状泥质石膏、硬石膏。近盆地边缘夹数层至百余层纤维石膏，含矿岩系厚46～311m。

下钙芒硝段：为灰绿色、灰色含钙芒硝泥岩、泥质钙芒硝岩与赭色含硬石膏泥质粉砂岩互层，石膏多呈星点状、团块状，钙芒硝呈似层状，厚49～401m。

岩盐段：由灰绿色、灰色泥质石膏、泥质钙芒硝岩、白色岩盐与紫红色粉砂岩组成，最大厚度达910m。其中，石膏、钙芒硝、岩盐三者互层，构成盐群。现已探明盐群80余个，含盐层700余层。

上钙芒硝段：为灰绿色、灰色含钙芒硝泥岩、泥质硬石膏岩与赭色含硬石膏泥质粉砂岩、粉砂质泥岩互层。钙芒硝均以单个晶体出现而密集成层，石膏多呈星点状、团块状，薄层状，下部钙芒硝岩中常含粒状和条纹状石盐。该段厚91.3m。

上硬石膏段：为灰绿色含硬石膏泥岩、泥质硬石膏岩与赭色粉砂岩、泥岩互层。硬石膏呈团块状、似层状、星点状、肠状，石膏由下而上逐渐减少，并夹有数层至数十层纤维石膏。该段厚90～100m。

3. 潜江岩盐、卤水矿(伴生硼、溴、碘)与油气

潜江岩盐、卤水矿与油气主要分布于潜江，部分位于仙桃(原沔阳)、天门和江陵等市境内。含矿岩系为古近系潜江组。该组为一套灰色、灰绿色、灰黑色泥岩及泥膏岩、油浸泥岩、岩盐夹灰色砂岩、粉砂岩及黑褐色油页岩，厚650～3000m，泥页岩与岩盐互层，旋回性明显。区内可分出5个含盐卤水(油气)矿段，每个含盐段下部为含卤水(油气)砂岩亚段，上部为含盐亚段。其中，卤水中伴生硼、锂、溴、碘等。

潜江凹陷赋存王场、广华、钟市、浩口、习家口、黄场、张港、周矶、广北、潭口、代河、浩西、拖市、老新等油田，其出油层均以古近系潜江组为主。

4. 天门小板芒硝、岩盐矿

天门小板芒硝、岩盐矿位于天门东南部。始新世早期，由于天门断裂活动加剧，断裂南侧急剧下降，发育成北陡南缓的凹陷区，形成岩盐和芒硝成矿盆地。其内岩盐主要赋存在潜江组中，分5个盐组，每个岩组上部为盐岩段，下部为钙芒硝泥岩段或硬石膏段。潜江组总厚为800～1500m。

5. 江陵岩盐、卤水矿

江陵凹陷属江汉断陷中心西部，具先凹后隆的特点。矿区岩盐(卤水)矿层主要赋存在沙市组，共有6个工业盐群，埋深214～340m，层间距为2～68m，厚0.14～4.48m，平均厚度为1.68～2.5m。岩盐有益组分NaCl平均品位为78.9%～89.53%，另有少量Na_2SO_4、$CaSO_4$，岩盐层顶、底夹钙芒硝矿层。

6. 沔阳岩盐矿

沔阳凹陷属江汉断陷中心小区东部一个次级构造单元，其内盐矿含矿层为新沟咀组上段，在钻井深885～889.5m处见肉红色纤状岩盐夹钙芒硝泥岩，矿石中NaCl品位为87.3%，Na_2SO_4品位为8.7%，水不溶物品位为3.4%。

（二）南襄盆地沉积与矿产

1. 枣阳王城盐、钙芒硝矿

枣阳王城盐、钙芒硝矿位于枣阳东南部兴隆集，成矿盆地属襄枣断陷枣阳凹陷北西段次级箕状小断陷。盐矿赋存在上白垩统胡岗组上段，含矿岩系由泥岩、泥灰岩夹硬石膏、岩盐、钙芒硝层组成，分布面积约15km^2。含岩盐4层，分布长2650m，宽450～850m，面积为1.5km^2。矿层厚4.1～10.25m，平均厚为5.31m，埋深225～305m，矿石NaCl品位为1.91%～49.74%，平均为34.84%。此外，岩盐层的夹层及主矿层上部有钙芒硝矿共生。

2. 襄枣凹陷油气资源

襄枣凹陷内油气资源贫泛，襄枣盆地核桃园组深湖—半深湖相暗色泥岩、页岩和油页岩是生油层位。生油岩埋藏深度大部分在1500m以内，而对生油有贡献的埋藏深度在2100～3200m之间。由于后期演化条件差，目前未发现可靠的油气显示（江汉油田石油地质志编写组，1991）。

第四章　岩浆活动与成矿

从形成时间看，湖北省岩浆岩以加里东期和燕山期最为发育。在空间分布上，秦岭-大别造山带和下扬子台褶带、黄陵断穹、幕阜台坳最为集中。岩浆岩成因类型较多，从侵入岩到火山喷发岩，从基性—超基性岩到中酸性岩和碱性岩均有出露。其中，中酸性侵入岩进一步分为同熔型、重熔型和变质-交代型3种成因类型。对湖北省主要有色金属矿产的形成最有意义的是海底中基性—中酸性火山喷发岩和燕山期同熔型中酸性侵入岩。

第一节　侵入岩浆活动与成矿

一、侵入岩及其组合分带与成矿

湖北省侵入岩及其组合与区带划分（湖北省地质调查院，2013b），如图4-1所示。与岩浆侵入作用和侵入岩有成生关系的矿产，均受侵入岩形成和演化过程制约。侵入岩在成岩成矿过程中，由于内在的成矿因素的有机联系及外界地质条件的影响，形成不同成因、不同类型、不同矿种和不同规模的矿产。超基性侵入岩岩浆分异和熔离作用形成铬镍矿床、贵金属矿床；由基性、超基性岩岩浆演化而成的碱性岩及其共生的碳酸岩形成稀土矿床；与中酸性—酸性侵入岩有关的矿床成因类型多，斑岩型、接触交代型铁铜矿床，热液型铜、钼、钨矿床，裂隙充填石英脉型金（银）矿床，伟晶岩型稀有金属矿床等，都与侵入岩直接相关，并有成因联系。其侵入岩浆带、侵入岩形成时代、岩石类型、成因类型及成矿专属性等如表4-1所示。

二、侵入岩与成矿

（一）侵入岩浆岩背景与成矿

不同的矿产及其类型具有不同的成矿地质背景（叶天竺等，2010）。湖北省境内矿产形成的侵入岩浆岩背景归纳起来有以下几种。

1.大洋环境岩浆岩与成矿

形成的与大洋环境基性—超基性组合相关的典型矿产类型包括：①罗田县新太古代水口岩体中的铬铁矿矿床。铬铁矿中的铂族元素可达到综合利用的指标；②大别新太古代洗马河岩体中MgO质量分数为33.75%～34.80%，是较好的钙镁磷肥原料；③蕲春县青白口纪清水河岩体的铬铁矿矿化点、浠水县桃树窝岩体的铜镍硫化物矿（床）点；④黄陵宜昌中—新元古代太平溪铬铁矿矿床、大岩坪-肖家咀岩体的铁矿床。

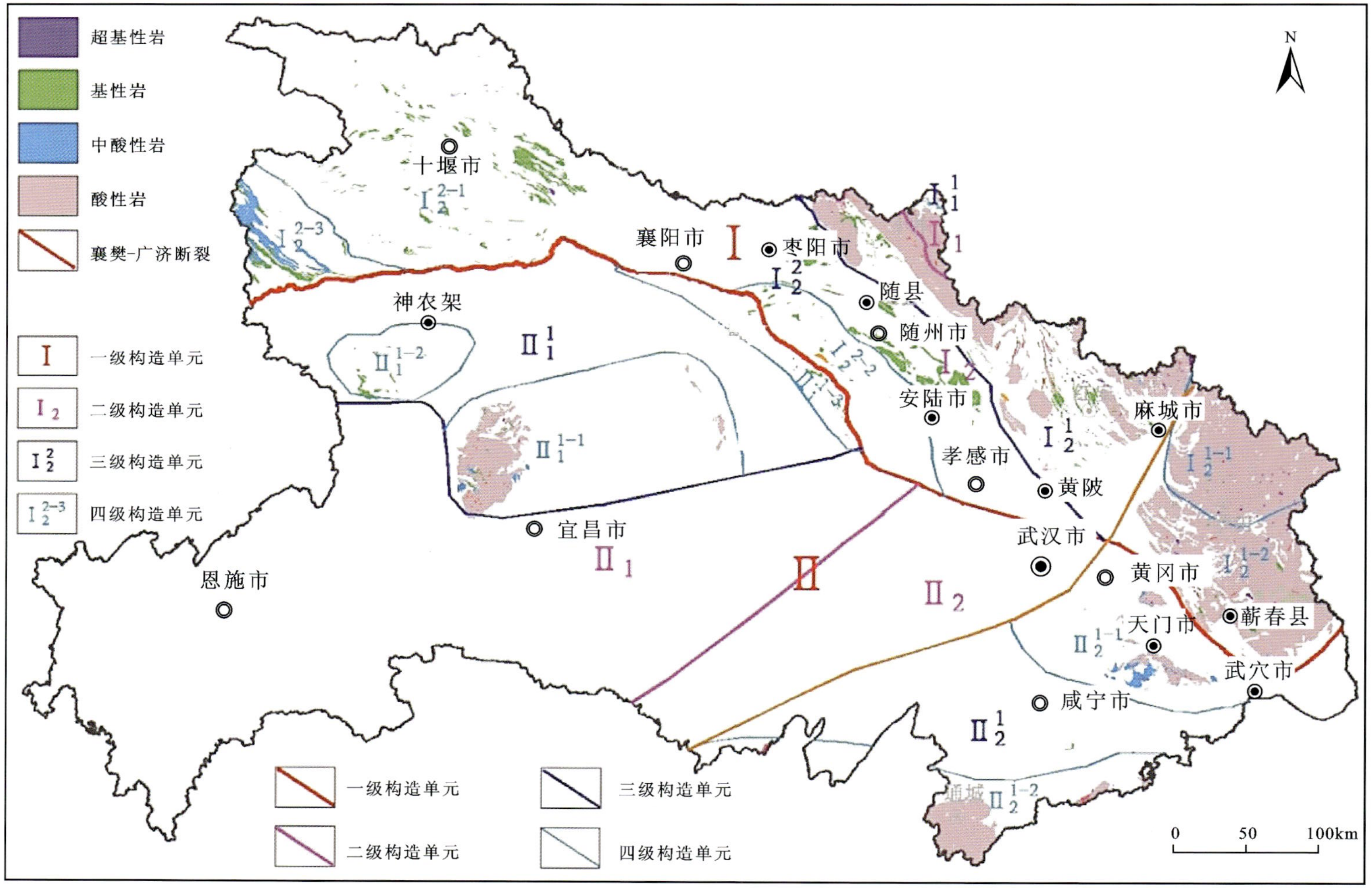

图 4-1　湖北省侵入岩及区带划分图(湖北省地质调查院,2021)

Ⅰ.秦岭-大别构造岩浆岩省；$Ⅰ_1$.北秦岭构造岩浆岩带；$Ⅰ_1^1$.北淮阳构造岩浆岩区；$Ⅰ_1^{1-1}$.小林-淮河构造岩浆岩段；$Ⅰ_2$.南秦岭构造岩浆岩带；$Ⅰ_2^1$.桐柏-大别构造岩浆岩区；$Ⅰ_2^{1-1}$.木子店-胜利构造岩浆岩段；$Ⅰ_2^{1-2}$.新城-红安-黄梅构造岩浆岩段；$Ⅰ_2^2$.武当-随州构造岩浆岩区；$Ⅰ_2^{2-1}$.十堰-武当-随县构造岩浆岩段；$Ⅰ_2^{2-2}$.清潭-柳林构造岩浆岩段；$Ⅰ_2^{2-3}$.竹溪-竹山构造岩浆岩段；Ⅱ.扬子构造岩浆岩省；$Ⅱ_1$.上扬子构造岩浆岩带；$Ⅱ_1^1$.黄陵-神农架-大洪山构造岩浆岩区；$Ⅱ_1^{1-1}$.黄陵-杨坡构造岩浆岩段；$Ⅱ_1^{1-2}$.神农架构造岩浆岩段；$Ⅱ_1^{1-3}$.大洪山构造岩浆岩段；$Ⅱ_2$.下扬子构造岩浆岩带；$Ⅱ_2^1$.鄂东南构造岩浆区；$Ⅱ_2^{1-1}$.鄂城-大冶构造岩浆岩段；$Ⅱ_2^{1-2}$.通城-幕阜山构造岩浆岩段

表 4-1 湖北省侵入岩组合类型、成因类型及成矿专属一览表(据湖北省地质调查院,2021 修改)

构造岩浆带				时代	岩石组合	成因类型	大地构造环境	成矿专属性
省	带	区	岩段	代	类型			
秦岭-大别构造岩浆岩省	北秦岭构造岩浆岩带(Ⅰ$_1$)	北淮阳构造岩浆岩区(Ⅰ$_1^1$)	小林-淮河构造岩浆岩段(Ⅰ$_1^{1-1}$)	Mz	过碱性—碱性花岗岩组合(13)	A 型	后造山	银、金
					高钾质钙碱性—偏碱性花岗岩组合(12)	S 型	后碰撞	
					准铝—过铝质钙碱性花岗岩组合(11)	S 型	同碰撞	
				Pz	$\delta+\gamma\delta$ 组合(10)	I 型	俯冲环境	铜、铅、锌
					基性—超基性岩组合(9)	M 型	大洋环境	
	南秦岭构造岩浆岩带(Ⅰ$_2$)	桐柏-大别构造岩浆岩区(Ⅰ$_2^1$)	木子店-胜利构造岩浆岩段(Ⅰ$_2^{1-1}$)	Ar_3	TTG 组合(2)	I 型	岛弧环境	银、金、钨、钼
					基性—超基性岩组合(1)	M 型	大洋环境	铬、镍、铁
			新城-红安-黄梅构造岩浆岩段(Ⅰ$_2^{1-2}$)	Mz	过碱性—碱性花岗岩组合(14)	A 型	后造山	银、金
					$o\delta+\delta+\gamma$ 组合(13)	I 型	活动陆缘	铜、钨、钼
					高钾质钙碱性—偏碱性花岗岩组合(12)	S 型	后碰撞	银、金
					准铝—过铝质钙碱性花岗岩组合(11)	S 型	同碰撞	
				Pz	基性—超基性岩组合(7)	M 型	大陆裂谷	铬、蛇纹岩
				Pt_3	双峰式侵入岩组合(6)	M 型	陆内裂谷	
					钙碱性花岗岩组合(G1G2 组合)(5)	I 型	同碰撞	银、金、钨、钼
					TTG+δo 组合(4)	I 型	岛弧环境	
					基性—超基性岩组合(3)	M 型	弧后环境	铜、铅、锌
		武当-随州构造岩浆岩区(Ⅰ$_2^2$)	十堰-武当-随县构造岩浆岩段(Ⅰ$_2^{2-1}$)	Pz	基性—超基性岩组合(7)	M 型	大陆裂谷	铜、铅、锌、铁、钛
				Pt_3	双峰式侵入岩组合(6)	M 型	陆内裂谷	银、铜、金
			清潭-柳林构造岩浆岩段(Ⅰ$_2^{2-2}$)	Pz	碱性—亚碱性双峰式侵入岩组合(8)	M 型	大陆裂谷	铌、钽、稀土、金、铜多金属
				Pt_3	双峰式侵入岩组合(6)	M 型	陆内裂谷	铜、银、金
			竹溪-竹山构造岩浆岩段(Ⅰ$_2^{2-3}$)	Pz	碱性—亚碱性双峰式侵入岩组合(8)	M 型	大陆裂谷	铌、钽、稀土、金、铜多金属
					基性—超基性岩组合(7)	M 型	大陆裂谷	
				Pt_3	双峰式侵入岩组合(6)	M 型	陆内裂谷	铜、银、金
扬子构造岩浆岩省	上扬子构造岩浆岩带(Ⅱ$_1$)	黄陵-神农架-大洪山构造岩浆岩区(Ⅱ$_1^1$)	黄陵-杨坡构造岩浆岩段(Ⅱ$_1^{1-1}$)	Pt_3	大陆伸展双峰式侵入岩组合(24)	M 型	陆内裂谷	金、铜
					钙碱性花岗岩组合(G1G2 组合)(23)	S 型	同碰撞	金、银
					$\delta+\delta o$+TTG 组合(22)	I 型	岛弧环境	金、铜
					基性—超基性岩组合(21)	M 型	弧后环境	铜、银
				Pt_1	过碱性—碱性花岗岩组合(20)	A 型	后造山	铜、稀有
					TTG+γ 组合(19)	S 型	岛弧环境	金、银
					基性—超基性岩组合(18)	M 型	大洋环境	铬、铁
				Ar_2	钙碱性—碱性花岗岩组合(17)	S 型	后碰撞	金、铜、银
					TTG 组合(16)	I 型	岛弧环境	金、银
					基性—超基性岩组合(15)	M 型	大洋环境	铜、镍
			神农架构造岩浆岩段(Ⅱ$_1^{1-2}$)	Pt_2	基性岩组合(25)	M 型	稳定陆块	铜、银
			大洪山构造岩浆岩段(Ⅱ$_1^{1-3}$)	Pz	金伯利岩—钾镁煌斑岩组合(28)	M 型	稳定陆块	金刚石
					碱性—亚碱性双峰式侵入岩组合(8)	M 型	大陆裂谷	铜、银、金、铌、钽
				Pt_3	$o\delta+\gamma\delta o+\gamma$ 组合(27)	I 型	岛弧环境	
					基性侵入岩组合(26)	M 型	洋内弧环境	

续表 4-1

构造岩浆带				时代	岩石组合	成因类型	大地构造环境	成矿专属性
省	带	区	岩段	代	类型			
扬子构造岩浆岩省	下扬子构造岩浆岩带(Ⅱ$_2$)	鄂东南构造岩浆区(Ⅱ$_2^1$)	鄂城-大冶构造岩浆岩段(Ⅱ$_2^{1-1}$)	Mz	$o\delta+\delta+\gamma$组合(13)	Ⅰ型	活动陆缘	铁、铜、金、银、铅、锌、钨、钼
			通城-幕阜山构造岩浆岩段(Ⅱ$_2^{1-2}$)	Pz	过铝质钙碱性花岗岩组合(29)	S型	同碰撞-后碰撞环境	铌、铍、钽
					$o\delta+\delta+\gamma$组合(13)	Ⅰ型	活动陆缘	金、钨、锡

注:采用叶天竺等(2010)侵入岩岩石构造组合类型的划分方案,结合全国及本省大地构造划分方案,将湖北省侵入岩划分为8种构造环境类型、29个岩石构造组合,岩石组合类型中的编号为岩石构造组合编号。

2. 裂谷环境岩浆岩与成矿

与裂谷侵入岩浆相关的矿产均产于古生代大陆裂谷环境的侵入岩中。其中,钛磁铁矿、磁铁矿产于基性—超基性岩组合中,主要有丹江口银洞山钛磁铁矿矿床、随州覃家门磁铁矿矿床、随州杨湾磁铁矿矿床。钛(金红石)矿主要产于七里坪悟仙山基性—超基性岩体;蛇纹岩矿(伴生镍)主要产于大悟吕王银山寨基性—超基性岩中;稀土矿主要产于碱性碳酸岩中,如竹山庙垭碳酸岩岩体、杀熊洞碳酸岩岩体等。

3. 岩浆弧环境与成矿

与岩浆弧相有关的矿产较丰富,成矿与岩浆分带关系密切。中生代在扬子陆块与华北陆块的持续碰撞造山背景下,受太平洋板块俯冲,形成了湖北省东部大规模的陆内叠加岩浆弧相,形成一套闪长岩-花岗岩组合。该套组合与湖北东部大冶-阳新铁铜铅锌金钨钼锶石膏膨润土成矿亚带(Ⅳ-69-①)密切相关。

4. 后造山岩浆杂岩相与成矿

湖北省内后造山岩浆杂岩较少,主要为零星分布的碱性正长岩、正长斑岩。目前,省内在该类侵入岩中尚未发现重要矿产,但邻省在该构造相杂岩中找矿取得了重大突破,相继发现了一批大型、特大型铅、锌、钼多金属矿。

(二)侵入岩石类型与成矿

不同岩石类型和不同种类的矿产存在着一种"亲缘"关系,从而表现出岩浆岩的成矿专属性。

1. 基性—超基性岩与成矿

基性—超基性岩石对于铬铁矿、铜镍硫化物、石棉矿床具有专属性,如罗田县水口岩体的铬铁矿床铂族元素、蕲春县清水河岩体的铬铁矿矿化点、宜昌太平溪铬大岩坪-肖家咀岩体的铁矿床、浠水县桃树窝岩体的铜镍硫化物矿(床)点、丹江口市银洞山岩体的钛磁铁矿矿床。洗马河岩体中MgO质量分数为33.75%~34.80%,是较好的钙镁磷肥原料。

2. 中酸性侵入岩与成矿

中酸性侵入岩构造组合是湖北省内与主要成矿有关的岩石组合,尤其是中酸性侵入岩组合与碳酸盐岩的接触部位,经双交代作用形成的矽卡岩型矿床规模较大,往往构成大型矿床,是湖北省重要的与成矿关系密切的岩浆岩类型。

(1)中酸性岩类与成矿:闪长岩、石英闪长岩、云英闪长岩等常伴有铁、铜、钨、钼金及多金属矿产,如黄石铁山铁铜矿床,铜绿山铜铁矿床,赤马山、叶花香铜矿床,蕲春梅川石英闪长岩及黄陵地区云英闪长岩伴生的银、钴、硫等矿产。

(2)酸性岩类与成矿:花岗闪长岩、花岗岩等多伴有铜、钼、钨、稀有金属、多金属,以及非金属萤石、长石、云母等矿产。例如鄂东南地区花岗闪长斑岩与铜、钼、钨等矿产有成因联系,鄂南通城岩体与金、钨多金属、稀有金属、萤石等矿产有成因联系,鄂北大悟芳畈岩体、夏店岩体则与铜、黄铁矿、萤石等矿产有成因联系。

与酸性岩有关的有:①热液型矿床,如大冶县刘家畈铁矿床;②斑岩型矿床,如大冶铜山口铜钼矿床;③伟晶岩型稀有矿产,如通城江家垅铌、钽矿床等。

酸性岩类与成矿最典型的代表为大冶-阳新铁铜铅锌金钨钼锶石膏膨润土成矿亚带,主要为矽卡岩型-斑岩型多金属矿。按成矿时间和与成矿相关的侵入岩类型,可分为与早期闪长岩和晚期花岗岩相关的多金属矿,第一种为与闪长岩相关的矽卡岩型铁、铜多金属矿,为中生代岩浆弧侵入岩形成鄂东南多金属矿集区。其中,与闪长岩关系密切的矿产主要为矽卡岩型 Fe-Cu-Mo-Au-Pb-Zn 多金属矿,较典型的矿床为铁山铁铜矿、铜绿山铜铁矿、赤马山铜矿等。第二种为与花岗岩相关的铜、钼多金属矿,如白云山铜矿床、铜山口铜钼矿床等。其中,白云山铜矿床与成矿相关的岩浆岩为白云山花岗闪长斑岩体。由于沿东西向的横山-银山断裂侵位于新滩组砂页岩中,岩体呈不规则脉状,总体上呈东宽西窄、上宽下窄、上缓下陡、西浅东深并向南东侧伏的特点。铜山口铜钼矿出露于灵乡侵岩体东南外侧,岩浆岩主要为闪长岩及花岗闪长斑岩,后者为成矿母岩。

3. 碱性岩、碳酸杂岩与成矿

碱性岩、碳酸杂岩组合是形成稀有、稀土矿床的母岩,如随州黄羊山英碱正长岩岩体、竹山庙垭碳酸岩岩体、杀熊洞碳酸岩岩体等,常伴有铌、钽、镧、铈等稀土矿床。

4. 金伯利岩、碱性超基性岩与成矿

金伯利岩、碱性超基性岩是金刚石的母岩浆岩,在湖北钟祥、京山一带存在似金伯利岩及钾镁煌斑岩。在该地区有金刚石砂矿出露,岩体中尚未发现原生矿床。

(三)不同时代侵入岩与成矿

Wilson 于 1968 年提出了大洋开闭的发展旋回,简称威尔逊旋回。在一个威尔逊旋回中,由早到晚形成的岩浆岩演化序列就构成一个构造岩浆旋回。在综合分析省内岩浆岩资料的基础上,结合湖北省地壳发展演化的阶段性特征,将湖北省构造岩浆活动从老到新划分为 5 个构造岩浆时期、7 个重要构造岩浆阶段,不同时期构造岩浆阶段形成的矿产则不相同。

1. 中—新太古代岩浆构造与成矿

中—新太古代包括早期大洋基性—超基性组合及火山岛弧 TTG 岩套组成的构造单元。

秦岭-大别构造岩浆岩省包括两套岩浆岩构造组合:①大洋环境 M 型 MORS 型蛇绿岩组合,为一套以超基性岩为主的基性—超基性岩石组合;②与俯冲环境相关古岩浆弧 I 型 TTG 岩石组合,产有新太古代罗田水口岩体中的铬铁矿床、麻城碧绿河铁矿床。

扬子构造岩浆岩省中太古代岩浆岩主要分布于黄陵-神农架-大洪山构造岩浆岩区,包括两套岩浆岩岩石构造组合:①大洋环境 M 型 MORS 型蛇绿岩组合,为以超基性岩为主的基性—超基性岩石组合;②与俯冲环境相关的古岩浆弧亚相的 I 型 TTG 岩石组合,如黄陵地区新太古代为一套后碰撞钙碱性—碱性花岗岩组合。

2. 古元古代岩浆构造与成矿

主要的构造岩浆阶段对应着吕梁运动，形成于俯冲环境Ⅰ型钙碱性—弱碱性花岗岩岩石系列。湖北省内桐柏—大别地区暂时未见大规模岩浆岩的侵位，而在黄陵地区可见古元古代岛弧花岗岩组合残留及后造山钾质、超钾质花岗岩侵入，产有宜昌坦荡河铁矿床、店子河铁矿床等。

3. 中元古代—青白口纪构造岩浆与成矿

主要的构造岩浆阶段对应晋宁运动。

秦岭-大别构造岩浆岩省在中元古代处在裂解期，表现为大量基性侵入岩的侵位，岩石构造组合为层状基性—超基性杂岩，大地构造环境为大陆裂谷相。至青白口纪，陆块开始汇集，桐柏-大别古陆表现为俯冲环境下中酸性花岗岩 TTG 岩石系列侵入，产有随州青龙尖铁矿床等。

扬子构造岩浆岩省上扬子构造岩浆岩带在中元古代处在裂解期，表现为大量基性侵入岩的侵入，大地构造环境为大陆裂谷相，在黄陵断穹分布有中—新元古代宜昌太平溪铬铁矿矿床、大岩坪-肖家咀岩体的铁矿床等。

在神农架、黄陵和大洪山地区有基性侵入岩的侵位。至青白口纪，陆块开始汇集，形成俯冲环境 TTG 组合及花岗岩组合。这些中酸性岩接触带见矽卡岩分布和铜钼、钨钼矿化出现。

4. 南华纪—中三叠世构造岩浆与成矿

该时期构造岩浆演化划分为一个构造岩浆旋回，即南华纪—中三叠世构造岩浆旋回。该旋回包含以下两个构造岩浆阶段。

(1)南华纪构造岩浆阶段：南华纪为罗迪尼亚(Rodina)超大陆裂解期。南秦岭构造岩浆岩带、上扬子构造岩浆岩带在此期间均表现为板内伸展环境。南秦岭构造岩浆岩带在该阶段表现为大量基性侵入岩伴有少量碱性花岗岩侵入。岩石构造组合为双峰式侵入岩组合，产有丹江口市银洞山钛磁铁矿床等。上扬子构造岩浆岩带表现为板内伸展环境下脉状基性岩侵入，伴有少量碱性花岗斑岩侵入。岩石构造组合为板内伸展环境双峰式侵入岩组合。

(2)寒武纪—志留纪构造岩浆阶段(加里东运动)：寒武纪—志留纪构造岩浆阶段对应加里东运动，南秦岭构造岩浆岩带处在大陆裂谷环境，表现为双峰式侵入岩组合。北秦岭构造岩浆岩带在加里东旋回期间则处于俯冲汇聚环境，包括两套岩石组合，即洋岛环境拉斑玄武岩组合和俯冲环境 TTG 组合。南秦岭构造岩浆岩带处于大陆裂谷环境，出露一套大陆裂谷双峰式侵入岩组合；在竹溪—房县一带及随南一带，可见该侵入岩组合侵入于早古生代地层，枣阳大阜山岩体侵入上震旦统，而覃家门岩体属拉张环境产物，竹山庙垭铌-稀土矿床为早古生代碱性岩-碳酸岩侵入形成。本期岩体富含钒、钛、铁，主要形成大型或超大型(钒)钛磁铁矿及金红石等矿床。扬子构造岩浆省在此阶段处于稳定陆块环境，钟祥-京山岩浆岩区出露一套金伯利岩-钾镁煌斑岩组合，具有寻找金刚石矿的潜力。

5. 晚三叠世—第四纪构造岩浆与成矿

中—新生代，省内进入新一轮的岩浆构造旋回，涉及以下两个主要的构造岩浆阶段。

(1)侏罗纪—白垩纪构造岩浆阶段：侏罗纪—白垩纪扬子板块与华北板块碰撞，进入碰撞造山，同时叠加滨太平洋运动影响，岩浆活动频繁。秦岭-大别构造岩浆岩省包含两套侵入岩组合，即同碰撞准铝—过铝质钙碱性花岗岩组合和后碰撞高钾质钙碱性—偏碱性花岗岩组合。湖北南部通城—幕阜山一带在该时期受控于江南造山带，出露一套同碰撞过铝质钙碱性花岗岩组合，产有通城断峰山铌钽矿床。

受滨太平洋作用影响，湖北东部出露活动陆缘钙碱性闪长岩-石英闪长岩-花岗岩组合，主要分布在随枣及桐柏—大别地区、鄂州—黄石地区。随枣及桐柏—大别地区要岩体有：①七尖峰杂岩体，它由周楼中粒黑云母(角闪石)二长花岗岩体、三合店斑状二长花岗岩体和大仙垛中粗粒黑云二长花岗岩体组成,与随北地区金银矿的富集具密切关系;②梅川杂岩体,由两路口石英二长岩体、垄坪斑状黑云母二长花岗岩及中细粒黑云母二长花岗岩体、田家寨和大王寨钾长花岗岩体、婆婆寨和太阳脑碱长花岗岩体等组成,与该处金银铜的矿化关系密切,已知刘元铜矿即位于两路口岩体中;③此外,该期中性—酸性岩体尚有新玉皇顶、鸡公山、绿杨等黑云母二长花岗岩体,以及祝林、草店、夏店、贾庙等黑云母钾长花岗岩体等,马垅岩体含较高的钨、金、铜、铅,有可能形成以钨、金为主的多金属矿化,此外野鸡坪、大山脑等岩体也可能与钨或钨多金属矿化有关。

鄂东南地区中酸性岩浆侵入体主要分布在鄂城—大冶—阳新地区,而区内岩浆岩均属Ⅰ型花岗岩类。按照廖庆康等(1992)及薛迪康等(1997)将本区中酸性岩类归为一个岩群、4个超单元。鸡冠咀等处被列入燕山早期,即侏罗纪侵入岩。根据孟宪鋆(1985)用地球物理方法卫片解译等资料推断,北部鄂城-铁山岩体大约在7km深处可连成一体,深部有岩浆房分布;灵乡、殷祖、阳新岩体可在12km以下相连,也有深部岩浆房存在,在12km以上阳新-殷祖岩体和灵乡岩体—金牛火山岩分为两支,另外九江—瑞金地区也有单独岩浆房存在。鄂城-铁山岩体为以成铁为主的岩浆岩超单元,伴有铜、硫、钴、铅锌的矿化富集,岩浆演化系列反映为由闪长岩向花岗岩或花岗斑岩演化;灵乡、殷祖、阳新岩体为以铜、金、钨、钼为主的岩浆岩超单元,岩浆演化系列反映为石英二长闪长岩向花岗闪长岩或花岗闪长斑岩的演化。

(2)晚白垩纪—古近纪构造岩浆阶段(晚燕山运动):晚白垩纪—古近纪秦岭-大别构造岩浆岩省进入造山后的伸展阶段,零星出露一套后造山碱性—过碱性花岗岩组合。

第二节　火山活动与成矿

与火山喷发和沉积过程有着成因关系的矿产主要分布在地台边缘褶皱带区。海相火山岩受后期构造作用和区域变质作用叠加,形成不同的矿产,有火山-沉积型重稀土矿床、火山-热液型铜矿,火山沉积又经后期改造的火山沉积-变质热液型银、金多金属和破碎蚀变岩型银、金矿床。陆相火山岩主要分布在鄂东南地区,与其有关的矿产主要为铜矿、贵金属矿及非金属矿。

一、火山岩及其组合分布

湖北省火山岩在中—新太古界至古近系中均有出露(图4-2),岩石类型齐全,以基性、中酸性火山岩为主,超基性火山岩较少,大部分遭受变质作用改造。前南华纪火山岩普遍遭受深变质作用改造,主要分布在大别地区和上扬子黄陵地区。南华纪之后的火山岩以绿片岩相或亚绿片岩相变质作用为主,主要集中分布在武当—桐柏地区及下扬子灵乡—太和地区。

根据湖北省火山岩分布特征、形成时代与构造背景,结合湖北省大地构造分区,划分了湖北省火山岩构造岩浆岩区带、火山构造旋回及岩石构造组合。省内火山岩自中元古代—古近纪可划分出5个构造岩浆旋回、7个重要的构造岩浆阶段、20个火山岩石构造组合,如表4-2所示。

二、火山活动与成矿

湖北省域每一个火山活动旋回对应着不同的火山构造岩浆岩省、带、区和岩段,每一个岩段中包含不同类型的岩石构造组合。不同期次和不同类型的火山岩活动形成不同的火山岩岩石构造组合,而火山岩岩石构造组合与成矿关系密切,不同的岩石构造组合形成有不同的矿产和不同的矿床类型。

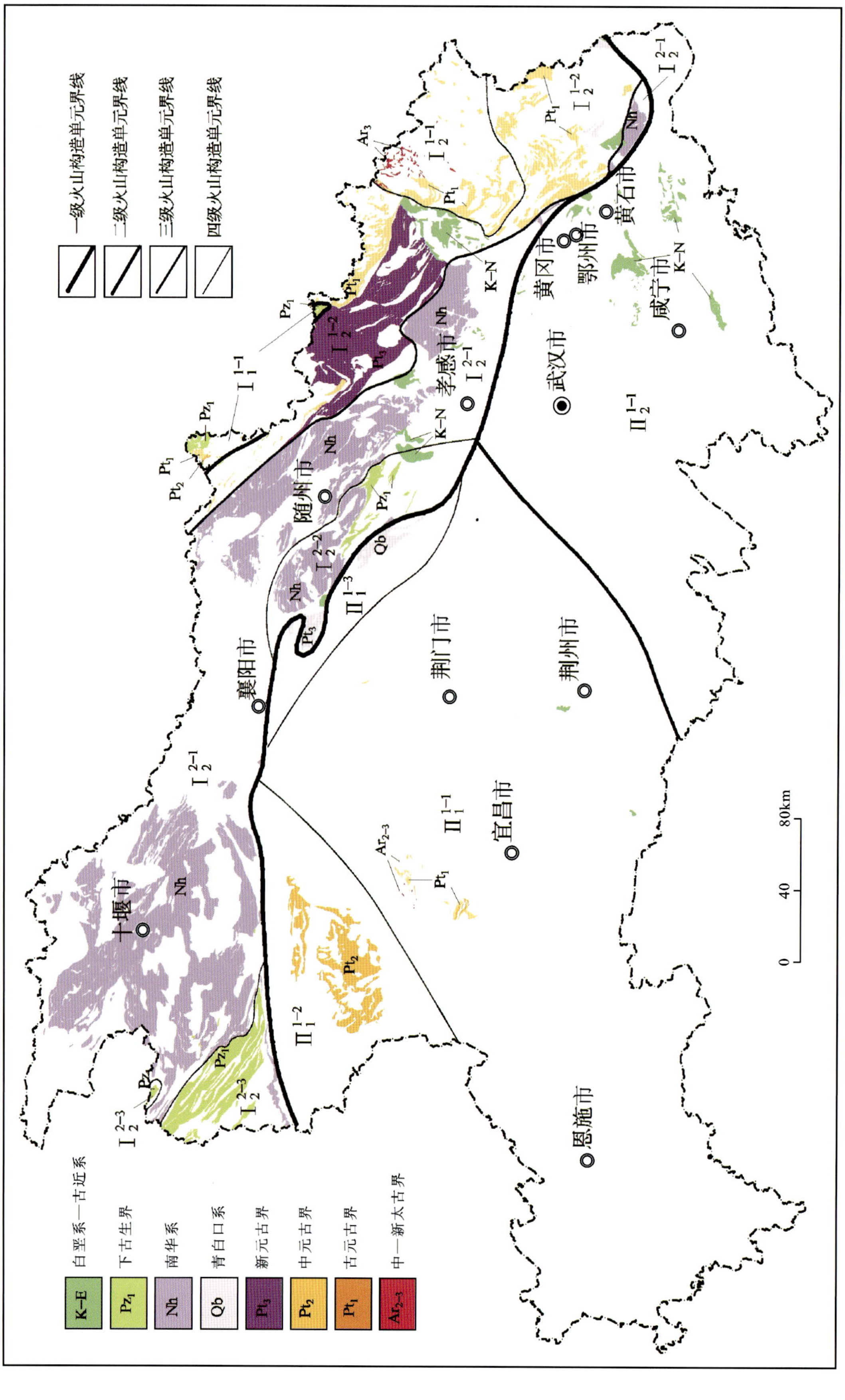

图 4-2　湖北省火山构造单元区带划分图(湖北省地质调查院,2021)

注:构造单元编号及名称见表 4-2。

表 4－2 湖北省火山岩浆岩区带划分、火山构造旋回及岩石构造组合一览表（据湖北省地质调查院，2021 修改）

<table>
<tr><td colspan="4">一级火山构造单元</td><td colspan="6">秦岭-大别火山构造岩浆岩省(Ⅰ)</td><td colspan="4">扬子火山构造岩浆岩省(Ⅱ)</td></tr>
<tr><td colspan="4">二级火山构造单元</td><td>北秦岭火山构造岩浆岩带($Ⅰ_1$)</td><td colspan="5">南秦岭火山构造岩浆岩带($Ⅰ_2$)</td><td colspan="3">上扬子火山构造岩浆岩带($Ⅱ_1$)</td><td>下扬子火山构造岩浆岩带($Ⅱ_2$)</td></tr>
<tr><td colspan="4">三级火山构造单元</td><td>北淮阳火山构造岩浆岩区($Ⅰ_1^1$)</td><td colspan="2">桐柏-大别火山构造岩浆岩区($Ⅰ_2^1$)</td><td colspan="3">武当-随州火山构造岩浆岩区($Ⅰ_2^2$)</td><td colspan="3">黄陵-神农架-大洪山火山构造岩浆岩区($Ⅱ_1^1$)</td><td>鄂东南构造岩浆岩区($Ⅱ_2^1$)</td></tr>
<tr><td colspan="4">四级火山构造单元</td><td rowspan="3">小林火山构造岩浆岩段($Ⅰ_1^{1-1}$)</td><td rowspan="3">木子店火山构造岩浆岩段($Ⅰ_2^{1-1}$)</td><td rowspan="3">新城-红安-黄梅火山构造岩浆岩段($Ⅰ_2^{1-2}$)</td><td rowspan="3">十堰-随州-四望火山构造岩浆岩段($Ⅰ_2^{2-1}$)</td><td rowspan="3">清潭-柳林火山构造岩浆岩段($Ⅰ_2^{2-2}$)</td><td rowspan="3">竹溪-竹山火山构造岩浆岩段($Ⅰ_2^{2-3}$)</td><td rowspan="3">黄陵火山构造岩浆岩段($Ⅱ_1^{1-1}$)</td><td rowspan="3">神农架火山构造岩浆岩段($Ⅱ_1^{1-2}$)</td><td rowspan="3">大洪山火山构造岩浆岩段($Ⅱ_1^{1-3}$)</td><td rowspan="3">灵乡-太和火山构造岩浆岩段($Ⅱ_2^{1-1}$)</td></tr>
<tr><td colspan="2" rowspan="2">火山构造旋回及火山构造阶段</td><td colspan="2">时代</td></tr>
<tr><td>代</td><td>纪</td></tr>
<tr><td rowspan="3">晚三叠世—第四纪构造岩浆阶段</td><td rowspan="3">与滨太平洋运动有关岩浆活动阶段</td><td>新生代</td><td>E</td><td></td><td></td><td colspan="3">后造山-大陆伸展碱性玄武岩-流纹岩组合($K_2E_1g^1$、E_2y)</td><td></td><td colspan="4">后造山-大陆伸展碱性玄武岩-流纹岩组合($K_2E_1g^1$、E_2y)</td></tr>
<tr><td>中生代</td><td>K</td><td></td><td></td><td></td><td></td><td></td><td></td><td></td><td></td><td></td><td>陆缘弧玄武岩-英安岩流纹岩组合(K_1m、K_1l、K_1d)</td></tr>
<tr><td rowspan="5">古生代</td><td>T-J</td><td></td><td></td><td></td><td></td><td></td><td></td><td></td><td></td><td></td><td></td></tr>
<tr><td colspan="2" rowspan="5">南华纪—中三叠世构造岩浆阶段</td><td>D-P</td><td></td><td></td><td></td><td></td><td></td><td></td><td></td><td></td><td></td><td></td></tr>
<tr><td>S</td><td rowspan="3">古生代弧后盆地火山岩组合(Pz_1w、Pz_1d、Pz_1l)</td><td></td><td></td><td></td><td rowspan="3">陆缘裂谷碱性玄武岩-粗面岩-英安岩-流纹岩组合($∈_2sj$、$∈_{3-4}l$、Og、O_3S_1l)</td><td>陆缘裂谷碱性玄武岩-粗面岩组合(S_1m)</td><td></td><td></td><td></td><td></td></tr>
<tr><td>O</td><td></td><td></td><td></td><td></td><td></td><td></td><td></td><td></td></tr>
<tr><td>∈</td><td></td><td></td><td></td><td></td><td></td><td></td><td></td><td></td></tr>
<tr><td rowspan="2">新元古代</td><td>Nh</td><td></td><td></td><td>大陆裂谷双峰式火山岩组合(Pt_3q)</td><td colspan="3">陆缘裂谷玄武岩、流纹岩组合($Nh_{2-3}y$)
陆缘裂谷双峰式火山岩组合(Nh_1s)</td><td></td><td></td><td></td><td></td></tr>
<tr><td colspan="2" rowspan="2">中元古代—青白口纪构造岩浆阶段</td><td>Qb</td><td rowspan="2">大陆裂谷基性火山岩组合($Pt_{2-3}g$)</td><td></td><td>岛弧火山岩组合(Pt_3t)</td><td></td><td></td><td></td><td rowspan="2">大洋基性—超基性火山岩组合($Pt_{2-3}m$)</td><td></td><td>岛弧火山岩组合(Qbt)
大洋基性火山岩组合(QbDh)</td><td></td></tr>
<tr><td>中元古代</td><td>Pt_2</td><td></td><td></td><td></td><td></td><td></td><td>陆缘裂谷玄武岩组合(Pt_2Sn)</td><td></td><td></td></tr>
<tr><td colspan="2">古元古代构造岩浆阶段</td><td>古元古代</td><td>Pt_1</td><td>陆缘弧基性—中酸性火山岩组合(Pt_1Q)</td><td colspan="2">陆缘弧基性—中酸性火山岩组合(Pt_2D)</td><td></td><td></td><td></td><td>后造山火山岩组合(Pt_1b)
裂谷-初始大洋基性—超基性火山岩组合(Pt_1l)</td><td></td><td></td><td></td></tr>
<tr><td colspan="2">中—新太古代构造岩浆阶段</td><td>中—新太古代</td><td>Ar_{2-3}</td><td></td><td>陆缘弧火山岩组合(Ar_3m)</td><td></td><td></td><td></td><td></td><td>陆缘弧火山岩组合(Ar_2y)</td><td></td><td></td><td></td></tr>
</table>

超基性火山岩岩石组合：省内有似金伯利岩、金伯利角砾岩、玻基纯橄岩等，是寻找金刚石的母岩。

基性火山岩组合：分布广泛，但最集中的地段为武当-随枣裂陷带。岩性有变玄武岩、变细碧岩、变角斑质凝灰岩、变细碧质凝灰熔岩等，其中南华系耀岭河组（同位素年龄为805～711Ma）上段，在郧西陈家垭一带赋存具工业价值的海底火山沉积-变质矿床。矿体经区域变质作用的改造，磁铁矿富集、粒度增大，形成了海底火山沉积-变质矿床。在变质火山碎屑岩中还见细脉浸染状、星散状黄铜矿和辉铜矿矿化。另外，在陆相火山岩洼地中的玄武岩内见金矿化，如安陆玄武岩中的金矿化等。

中酸性火山岩岩石组合：有火山-沉积变质型矿床和火山-沉积变质热液型矿床两种。火山-沉积变质型矿床有广水殷家沟重稀土钇矿床。矿体产于原红安岩群变酸性火山岩中，呈透镜状产出，矿体产状与围岩一致，显示该矿床是受区域变质作用改造的结果。矿石矿物主要为硅铍钇矿、褐钇铌矿、磷钇矿，其次为独居石、钙铀钛铁矿等。另外，在大磊山背斜东翼的新城邓家湾也见此类矿床。火山-沉积热液型矿床有竹山县银洞沟多金属矿床，矿体产于南华系武当群双台组变中酸性火山岩（变石英角斑质凝灰岩、变酸性熔岩）中，除银、金外，尚有铅、锌、钨、锡、铋、钼、铜、锑、砷等，组成多金属火山沉积-热液型矿床。

碱性火山岩：有粗面岩、粗面斑岩、粗面质火山角砾岩等，是寻找稀土矿床的有利母岩。目前，已在两竹（竹山—竹溪）一带发现多处大型铌、钽等矿床。

陆相火山岩：鄂城李铁铺的陆相火山岩中赋存膨润土矿床。

第五章 变质作用与成矿

第一节 变质岩分布及变质相带

一、区域变质岩分布及相带特征

湖北省区域变质岩较为发育，主要分布在秦岭—大别地区。该地区自中新太古代以来，经历了多期变质作用的改造，变质程度由东向西依次降低。扬子陆块区的变质岩仅零星出露于黄陵、神农架、大洪山和幕阜山等地，除黄陵地区与桐柏-大别地块变质程度较高外，其他地区变质程度均较低。动力变质岩常与大型断裂构造相伴生，呈带状分布。接触热变质岩主要分布于酸性侵入岩与围岩的接触带上。

按照不同变质作用类型及时空分布，将省内变质岩划分出 2 个变质域，对应一级变质地质单元；5 个变质区，对应二级变质地质单元；13 个变质岩带，对应三级变质地质单元（图 5－1，表 5－1）。现将各变质相带分布特征简述如下。

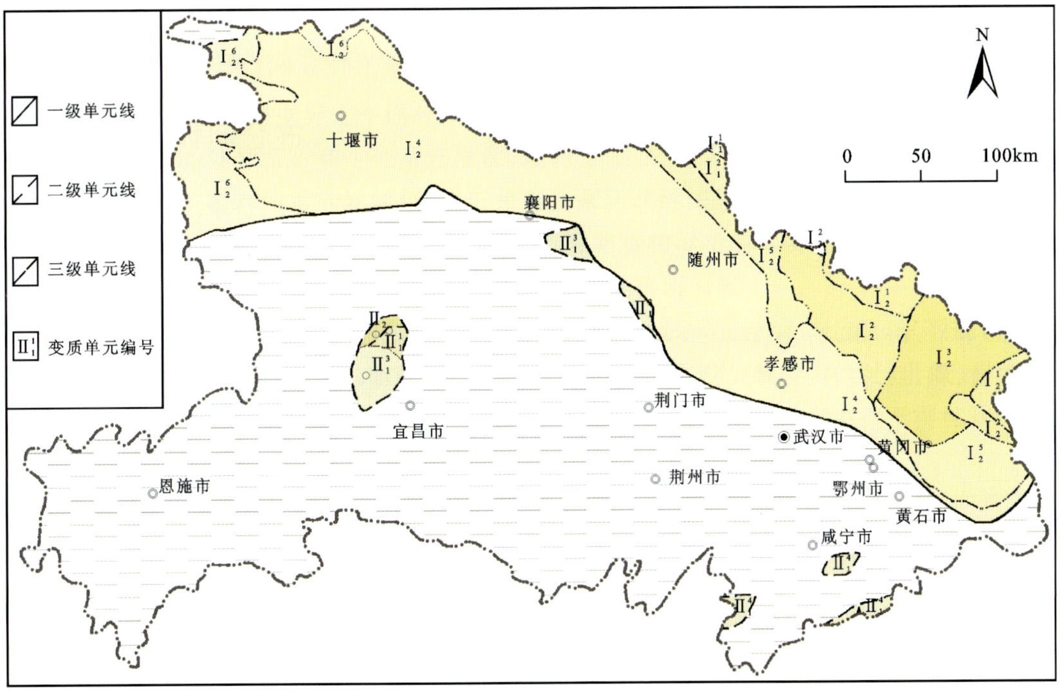

图 5－1　湖北省区域变质单元分区图（据湖北省地质调查院，2021）

表 5-1 湖北省区域变质相带划分表

一级	二级	三级	变质相(系)
秦岭-大别造山带变质地区(I)	北秦岭加里东—华力西期变质地带(I_{1})	淮河-小林中压型变质岩带(I_{1}^{1})	角闪岩相和绿帘角闪岩相未分
		宣化店高压低温型变质岩带(低温榴辉岩带)(I_{1}^{2})	低温榴辉岩相
	南秦岭-大别山印支期变质地带(I_{2})	福田河-英山超高压中温型变质岩带(中温榴辉岩带)(I_{2}^{1})	中温榴辉岩相
		红安-南河高压低温型变质岩带(低温榴辉岩带)(I_{2}^{2})	低温型榴辉岩相
		罗田超高压高温型变质岩带(高温榴辉岩带)(I_{2}^{3})	高温榴辉岩相
		十堰-随州-木兰山-四望山中高压型变质岩带(I_{2}^{4})	蓝闪绿片岩相、绿片岩相(绿泥石-黑云母组合)-绿帘角闪岩相
		桐柏山-大悟-蕲春中压型变质岩带(I_{2}^{5})	角闪岩相-绿帘角闪岩相
		竹溪-上津低温动力变质岩带(I_{2}^{6})	绿片岩相(绢云母-绿泥石组合)
扬子克拉通基底变质地区(II)	黄陵邓村-大洪山-九宫山新元期变质地带(II_{1})	邓村中高温变质岩带(II_{1}^{1})	角闪岩相
		大洪山低温动力变质岩带(II_{1}^{3})	绿片岩相(绢云母-绿泥石组合)
		九宫山低温动力变质岩带(II_{1}^{4})	绿片岩相(绢云母-绿泥石组合)
	黄陵黄凉河古元古期变质地带(II_{2})	黄凉河高温变质岩带(II_{2}^{1})	麻粒岩相-角闪岩相未分
	黄陵野马洞新太古期变质地带(II_{3})	野马洞中高温变质岩带(II_{3}^{1})	绿帘角闪岩相

1. 淮河-小林中压型变质岩带(I_{1}^{1})

淮河-小林中压型变质岩带主要由古元古界秦岭岩群及早古生界变质地层组成,零星分布有古生代基性—酸性侵入岩。秦岭岩群是一个被断裂围限的狭长构造带,主要岩性为砂屑副片麻岩及片岩、石英岩、大理岩及斜长角闪岩组成。秦岭岩群是桐柏造山带变质级别较高的构造岩石单元,变质程度达到麻粒岩相-角闪岩相,并在区域上记录了超高温麻粒岩相变质环境。早古生代变质地层包括大栗树岩组、张家大庄岩组、刘山岩岩组,主要岩性为黑云斜长变粒岩、斜长角闪片岩、角闪绿帘变粒岩、绿帘绿泥片岩、变石英角斑岩、斜长变粒岩、大理岩等,原岩主体为钙碱性—偏碱性基性—酸性火山碎屑岩,内部伴有超基性岩、基性岩构造岩块。岩石变质程度达绿帘角闪岩相,局部达到麻粒岩相。

2. 宣化店高压低温型变质岩带(低温榴辉岩带)(I_{1}^{2})

宣化店高压低温型变质岩带断续分布于西大别宣化店及桐柏玉皇顶一带。变质地层以下古生界肖家庙岩组为主体,其南侧以桐柏-草店-宣化店-磨子潭断裂为界与桐柏(印支期)中压型变质岩带接触,北侧与淮河-小林中压型变质岩带(加里东期)或古生代俯冲增生杂岩呈构造接触。宣化店高压低温型变质岩带(低温榴辉岩带)零星见榴辉岩,并含蓝闪石、钠云母及多硅白云母,变质相以高压低温榴辉岩相为主。该变质岩带以出现蛇绿混杂岩或洋壳型榴辉岩不同于红安-南河高压低温型变质岩带(低温榴辉岩带),以不出现柯石英、蓝晶石等超高压变质矿物与罗田超高压高温型变质岩带(高温榴辉岩带)及福田河-英山超高压中温型变质岩带(中温榴辉岩带)区别。

3. 福田河-英山超高压中温型变质岩带(中温榴辉岩带)(I_2^1)

福田河-英山超高压中温型变质岩带分别出现在大别山东、西两段,中间被罗田超高压高温型变质岩带(高温榴辉岩带)分隔。东段分布于湖北英山并延至安徽潜山一带,其北侧与罗田超高压高温型变质岩带(高温榴辉岩带)渐变过渡,南侧与红安-南河高压低温型变质岩带(低温榴辉岩带)呈断层接触。西段分布于鄂北与豫南交界新县—福田河一带,南、北两侧分别与红安-南河高压低温型变质岩带(低温榴辉岩带)及宣化店高压低温型变质岩带(低温榴辉岩带)呈断层接触。变质地层以古元古界大别岩群为主体,以含有金刚石、柯石英等特定矿物为特征,广泛发育大小不等的榴辉岩,其中含柯石英和柯石英假象较丰富。变质相以超高压—高压中温型榴辉岩相为主。产有变质型铁矿等。

4. 红安-南河高压低温型变质岩带(低温榴辉岩带)(I_2^2)

红安-南河高压低温型变质岩带分布于大悟—河口—高桥—永河一线以北、宣化店—七里坪—王福店一线以南,向东延伸到蕲春南河及安徽太湖一带。变质地层以新元古界红安岩群为主体,其南、北两侧分别为十堰-随州-木兰山-四望山中高压型变质岩带和宣化店高压低温型变质岩带(低温榴辉岩带)及福田河-英山超高压中温型变质岩带(中温榴辉岩带),彼此为构造接触。红安-南河高压低温型变质岩带(低温榴辉岩带)以发育包括大小团块在内的榴辉岩体为特征,空间分布密度很大,并含蓝闪石、钠云母及多硅白云母。此外,以不出现柯石英、蓝晶石等超高压变质矿物与罗田超高压高温型变质岩带(高温榴辉岩带)及福田河-英山超高压中高温变质岩带(低温榴辉岩带)相区别。变质相以高压低温型榴辉岩相为主。产有变质型铁矿。

5. 罗田超高压高温型变质岩带(高温榴辉岩带)(I_2^3)

罗田超高压高温型变质岩带(高温榴辉岩带)变质变形强烈,在区域上表现为角闪岩相矿物组合,局部保留麻粒岩相矿物组合,因前期未发现榴辉岩等与大陆深俯冲相关的岩石学记录及存在古老麻粒岩残留体(黄土岭中酸性麻粒岩),且周围片麻理一般朝外倾斜,常称为“罗田穹隆”。近年来,罗田超高压高温型变质岩带(高温榴辉岩带)陆续发现了榴辉岩和榴辉岩残留,并在榴辉岩及片麻岩中发现了减压出溶结构及柯石英、金刚石等超高压变质作用证据,但是罗田超高压高温型变质岩带(高温榴辉岩带)中主要变质岩是不同类型片麻岩,而榴辉岩仅零星出露,因经历了独特的高温麻粒岩相改造及混合岩化或大规模岩浆事件影响而明显区别于红安-南河高压低温型变质岩带(高温榴辉岩带)和福田河-英山超高压中温型变质岩带(中温榴辉岩带)。主期为榴辉岩相变质及后期麻粒岩相和角闪岩相减压退变质作用,代表了大别山陆壳俯冲的 3 期高压—超高压榴辉岩带差异性的折返过程,可能是俯冲陆壳内部不同地壳层次的岩石力学性质差异造成的多层次拆离解耦的结果。

6. 十堰-随州-木兰山-四望山中高压型变质岩带(I_2^4)

十堰-随州-木兰山-四望山中高压型变质岩带分布于青峰-广济断裂以北、新城-黄陂-四望山断裂以南大部分区域,由武当群、耀岭河组、陡山沱组、灯影组变质地层组成。变质作用以绿片岩相为主体,组成一个蓝闪绿片岩相、绿片岩相、绿帘角闪岩相递增变质带,并沿新城-黄陂-四望山断裂南侧分布一条横贯整个变质地带的“鄂北蓝闪片岩带”,以发育蓝闪片岩为特征,具中高压变质作用特征。矿物组成较为复杂,种类较多,包括角闪石类、石榴石类、红帘石、多硅白云母及黑硬绿泥石等。

7. 桐柏山-大悟-蕲春中压型变质岩带($Ⅰ_2^5$)

桐柏山-大悟-蕲春中压型变质岩带沿新城-黄陂断裂以北桐柏山、大悟大磊山及浠水断裂以南浠水县、蕲春县一带分布，总体夹持于鄂北蓝闪片岩带与榴辉岩带之间。变质地层由新元古界红安岩群及古元古界大别岩群组成，并广泛出露新元古代变质变形花岗岩。尽管该变质岩带物质组成与大别山高压—超高压变质带具有相似性，但明显缺乏印支期高压—超高压变质岩石学记录。变质作用以绿帘角闪岩相-角闪岩相变质为特征，绿帘角闪岩相分布于主体大悟大磊山一带，北侧与红安-南河高压低温型变质岩带(低温榴辉岩带)呈相变接触，南侧与余店-木兰山蓝闪片岩带呈断层接触，为中压型变质相。角闪岩相分布于桐柏山及大别山南缘淋山河—上巴河—蕲春一带，南、北两侧分别与桐柏-大别高压—超高压榴辉岩带及余店-四望山蓝闪片岩带呈断层接触，显示中压型角闪岩相变质。

8. 竹溪-上津低温动力变质岩带($Ⅰ_2^6$)

竹溪-上津低温动力变质岩带主要分布于青峰断裂与曾家坝断裂之间的竹溪地区、鄂陕交界处上津、夹河镇一带及襄广断裂北缘随南一带。变质地层由寒武系、奥陶系及志留系组成，常见岩石类型为变质砂岩、变质火山岩、板岩、千枚岩、片岩，是强应力和低温条件下形成的具有劈理或片理的低级变质岩系。变质矿物以绢云母、微粒石英、绿泥石为主。变质相显示绿片岩相绢云母-绿泥石组合级别，是印支期扬子板块与华北板块碰撞对接过程中所发生的大规模伸展拆离和挤压叠覆结果，为一种区域低温动力变质作用。

9. 邓村中高温变质岩带($Ⅱ_1^1$)

邓村中高温变质岩带分布于宜昌黄陵地区南部太平溪—邓村一带，呈北西西向带状展布，周围被新元古代变质花岗岩侵入。变质地层为中—新元古界庙湾岩组，主要物质组成为蛇纹石化纯橄岩、蛇纹岩、方辉橄榄岩、变质辉长岩、变辉绿质席状岩墙、变玄武岩、斜长角闪岩、条带—条纹状石英岩-黑云母片岩-大理岩等。岩石学及地球化学特征显示，该变质岩带具蛇绿混杂岩特征，高精度同位素年龄显示其形成时代为中—新元古代。在石英岩-黑云母片岩-大理岩中常发育有铁铝榴石、透辉石等特征矿物，局部见矽线石。在基性岩中发育棕黄色普通角闪石、棕红色黑云母、透辉石及基性斜长石、拉—倍长石。变质程度达到角闪岩相。

10. 大洪山低温动力变质岩带($Ⅱ_1^3$)

大洪山低温动力变质岩带分布于扬子克拉通北缘与秦岭-大别造山带结合部位、襄樊-广济断裂南侧随南一带，变质地层为大洪山岩群，主要岩石类型由板岩、千枚岩、变玄武岩、碳酸盐岩、碎屑岩、辉长岩及辉绿岩组成。大洪山岩群是新元古代青白口纪俯冲增生杂岩，是在强应力和低温条件下形成的具有板理或千枚理的低级变质岩系。变质矿物以绢云母、微粒石英、绿泥石为主，它们沿劈理面上强烈定向分布。变质相显示绿片岩相绢云母-绿泥石组合级别，是一种区域低温动力变质作用。

11. 九宫山低温动力变质岩带($Ⅱ_1^4$)

九宫山低温动力变质岩带零星分布于鄂东南九宫山、大磨山一带及鹤峰走马坪等地，变质地层为冷家溪群，主要岩性为变质砂岩、粉砂岩、板岩、千枚岩，夹少量变质凝灰岩或沉凝灰岩。该变质岩带是强应力和低温条件下形成的具有劈理的低级变质岩系，变质矿物以绢云母、微粒石英、绿泥石为主，它们沿劈理面上定向分布。变质相显示绿片岩相绢云母-绿泥石组合级别。

12. 黄凉河高温变质岩带($Ⅱ_2^1$)

黄凉河高温变质岩带分布于宜昌黄陵地区北部黄凉河—坦荡河一带,呈北东向展布,被新元古界未变质地层莲沱组及南沱组不整合覆盖。变质地层为古元古界黄凉河岩组、力耳坪岩组,主要物质组成为富铝片岩-片麻岩、榴线英岩、长英质变(浅)粒岩、斜长角闪岩、大理岩和钙镁硅酸盐岩,局部出现基性麻粒岩,零星分布变质变形辉橄岩、橄榄岩、二辉岩、角闪岩、辉长岩辉绿岩等基性—超基性岩和二长花岗岩。黄凉河岩组总体以一套孔兹岩系组合为特征,形成时代为古元古代初期,形成构造背景类似较稳定的陆缘坳陷带。力耳坪岩组以厚层状斜长角闪岩为主夹条带—条纹状石英岩或硅质岩透镜体、大理岩等,零星分布镁铁质—超镁铁质岩石及钙碱性花岗岩,可能为古元古代肢解的蛇绿混杂岩。黄凉河高温变质岩带广泛发育混合岩化作用,以条带状、肠状角砾状混合岩为主,局部发育条痕或条纹状混合岩。该变质岩带以一套角闪岩相-麻粒岩相高级变质岩系为特征,发育红柱石、十字石、蓝晶石、矽线石、石榴石、紫苏辉石、堇青石等特征变质矿物,显示该变质岩带具有低中压过渡型高温变质作用特点。

13. 野马洞中高温变质岩带($Ⅱ_3^1$)

野马洞中高温变质岩带分布于宜昌黄陵地区北部水月寺—圈椅埫一带,呈北东向展布,被圈椅埫A型花岗岩侵入且被新元古界未变质地层莲沱组及南沱组不整合覆盖,其物质组成为TTG片麻岩及绿岩组合,并发育条带状、肠状、透镜状等混合岩,其物质组成为TTG片麻岩及绿岩组合。该变质岩带形成于太古宙,并经历了绿帘角闪岩相区域变质作用。新太古代构造热事件使黄陵太古宙花岗岩-绿岩组合转变呈稳定陆块,由于黄陵地区存在或更老古老岩石年龄信息,说明了这些古老岩石遭受了后期强烈剥蚀或破坏。

二、动力变质岩分布

湖北省内动力变质岩较为发育,依构造层次、变质岩石的组构不同,可划分为韧性动力变质岩及脆性动力变质岩两类。其中,韧性动力变质岩主要形成于中深层次,多呈面状、带状展布;脆性动力变质岩则主要形成于浅表层次,多呈线形分布。韧性动力变质作用影响的范围广泛,形成的岩石类型较丰富,除在剪切应力作用下形成糜棱岩外,还广泛发育重结晶作用及退变质作用。脆性动力变质作用主要改造了原岩的结构、构造,并使岩石细粒化和机械破碎。由于脆性动力变质带是应变软化带,因而也常产生热液蚀变作用,形成硅化、碳酸盐化、褐铁矿化、帘石化、绢云母化等蚀变现象。省内韧性动力变质岩主要分布在几个大的韧性剪切带上,包括桐柏-大别变质隆起构造(隆起滑覆带)、大悟-麻城左行走滑构造(剪切带)、武当-随南逆掩推覆构造(剪切带)、十堰-随州逆冲走滑构造(逆掩推覆剪切带)等,控制了金、银、铜、铅、锌等多金属矿产的分布。脆性动力变质岩主要分布在黄陵-神农架隆起张性构造带、江汉地堑和地垒构造带等几个大型脆性变形带上。

三、热接触变质岩分布

热接触变质作用是在高温下发生的变质作用,分为两种:一种由岩浆侵入体热能导致接触带的围岩发生矿物成分和结构发生改变但化学成分并未变化的变质作用是热接触变质作用,可形成角岩、斑点板岩等热接触变质岩石;另一种由岩浆晚期热液交代围岩使其化学成分、矿物成分和结构都改变的变质作用,为接触交代变质作用,可形成钙或镁矽卡岩、大理岩等接触交代变质岩石。热接触主要分布于鄂东南地区,见于中生代花岗岩与志留纪—三叠纪地层接触带上,主要表现为花岗闪长岩、含石英闪长岩、闪长岩与灰岩或白云质灰岩及砂质页岩、页岩接触交代生成钙矽卡岩或镁矽卡岩及角岩。例如铜绿山铜铁矿区出现比较广泛的热接触交代变质岩有石榴石矽卡岩、透辉石石榴石矽卡岩、石榴石透辉石矽卡岩、透辉石透闪石矽卡岩、金云母矽卡岩、石榴石方柱石矽卡岩、硅灰石矽卡岩及斜长石岩、大理岩等。

第二节　变质作用与成矿

在一定的大地构造环境下形成的某种岩石构造组合往往对特定的矿产资源有着一定的成矿专属性。不同构造作用下形成变质岩的岩石构造组合不同，其中赋存的矿种、矿床类型也不同。全省主要有以下几种变质作用成矿。

一、区域变质作用与成矿

区域变质作用是与地壳发生和发展密切相关的一种地质作用。不同类型区域变质作用是受地壳发展过程中地质背景所制约的，一定类型的区域变质作用反映了地壳发展一定阶段一定地区的地质特点，既有时间上的规律，又有空间上的展布特点。以襄樊-广济断裂为构造边界，湖北省区域变质作用的主要类型根据大地构造环境可综合划分为扬子克拉通基底变质作用和秦岭-大别造山带变质作用，可按照变质作用形成的热动力条件进一步划分为区域中高温变质作用、区域低温动力变质作用、区域中压型变质作用、区域高压—超高压变质作用。不同成分原岩经不同类型区域变质作用改造，形成不同温压条件下的特征矿物或矿物共生组合。这些特征矿物中有用成分经区域变质作用在不同温压条件下形成不同的类型的变质矿床。

（一）变质沉积型矿床

1. 变质火山-沉积型铁矿

(1)桐柏-大别高级变质带木子店岩组，岩石构造组合为基底残块变质表壳岩-片麻岩，原岩建造为基性—中酸性火山岩-硅铁建造，变质建造为黑云斜长片麻岩-含紫苏黑云斜长片麻岩-磁铁石英岩及大理岩。其中，磁铁矿构成变质火山-沉积型铁矿体。

(2)桐柏-大别高级变质区西张店基性火山岩(岩)组，岩石构造组合为古裂谷变粒岩-浅粒岩-镁质大理岩，原岩建造为基性火山岩夹碎屑岩建造，变质建造为斜长角闪片岩-黑(二)云斜长变粒(片麻)岩-榴辉(闪)岩建造。矿石矿物为钛磁铁矿。

2. 变质沉积型磷矿

变质沉积型磷矿主要分布于大悟县黄麦岭一带，含磷地层为新元古界震旦系陡山沱组。矿石矿物为磷灰石，矿石品位低、易选。黄麦岭磷矿床为一大型矿床。矿床成因类型属沉积变质型矿床。

3. 变质沉积型大理岩

变质沉积型大理岩分布于大悟县桥店徐家冲，产于震旦系陡山沱组和志留系刘山岩岩组中，呈层状及透镜状，层位稳定，主要矿物成分为方解石(95%～99%)，矿石质量尚可，具一定规模。主要成分含量已达到冶金辅助原料及制作水泥原料所要求的工业指标，可作为冶金辅助原料和水泥原料。

4. 变质沉积型石墨

变质沉积型石墨见于宜昌东冲河、三岔垭、韩家河等地。含矿岩系为古元古界黄凉河岩组(Pt_1h)。

矿层赋存于白云石大理岩之下，夹于石墨斜长片麻岩、云母石墨片岩、石墨云母片岩中。矿层为石墨石英片岩，有上、下两层矿，呈似层状，厚 5～20m。矿石类型为鳞片状石墨，矿石含固定碳 9.44%～13.61%，属特级品晶质石墨矿石。

5. 变质沉积型赤铁矿

神农架群矿石山组的含铁岩系是湖北省元古宙沉积地层中的唯一实例，称“神农架式铁矿”。地层经历亚绿片岩相变质，在区内表现为三段结构，下部为粗碎屑沉积，中部为含铁沉积，上部为泥质沉积。岩系厚度南薄北厚、东薄西厚，如九冲厚 16m，黑水河厚 66m，铁矿的厚度与含铁岩系的厚度成正消长关系。

6. 变质沉积型锰矿

变质沉积型锰矿分布于孝感四方山—黄陂团山沟、熊家口一带，赋存于震旦系陡山沱组绢云钠长片岩、绢云绿泥片岩中，可见碳酸盐岩发育，似层状、透镜状，矿体延伸稳定，形成北西-南东向展布的铁、锰、磷矿带。

7. 变质沉积型瓦板岩

变质沉积型瓦板岩分布于竹溪县成佳河至泉溪等地，产于大贵坪组或梅子垭组中，经绿片岩相变质作用，属沉积变质成因类型。瓦板岩按颜色可分为绿板石、黑板石、灰板石、红板石和黄板石等，具色调均匀、美观，板面平直、光滑，抗压强度、抗折强度好，厚度均一，硬度适中等优点，素有“竹溪板石”之美称。

（二）变质火成岩型矿床

1. 变质火山岩型铁矿

变质火山岩型铁矿分布于南华系耀岭河组及震旦系陡山沱组基性火山片岩中。岩石经过高绿片岩相-绿片岩相变质。矿床由磁铁矿富集而成，产状与围岩一致，为变质铁矿。矿石品位较低，如丹江口市陈家垭贫铁矿床。

2. 变质火山岩型钇矿

钇矿床形成于新元古界青白口系至南华系之间，此时本省北部出现横贯东西的槽型裂陷，堆积一套由基性—酸性火山岩和碎屑、化学沉积岩组成的裂陷槽盆沉积，自上而下为由陆源碎屑岩向上过渡为酸性火山岩夹基性火山岩的沉积旋回。钇矿化的形成与酸性火山作用有关，钇矿化层分布严格受层位控制。矿体呈层状、似层状分布，一般具 1～2 个矿层，厚度变化不大。现已查明有广水殷家沟矿床、龙泉沟钇矿床及老虎冲钇矿床。矿床类型属火山-沉积变质型。以钇为主的重稀土元素矿产储量达小型规模。矿体从南东向北西有变厚的趋势。

3. 变成型基性岩金红石矿

变成型基性岩金红石矿分布于枣阳、红安、大悟等地，产于元古宙变质地层中，是富含钛和磷灰石的基性岩，经区域变质形成原生金红石矿床，矿床成因类型属变成型基性岩矿床。例如枣阳大阜山金红石矿床是新元古代晚期[(599.4±8.8)Ma]形成了富含钛的大阜山基性—超基性岩体，在晚古生代至中生代随着扬子板块与华北板块的俯冲，在俯冲带内发生了中高压变质作用，形成了角闪岩相和榴闪岩相的变质矿物组合，大阜山富含钛基性—超基性岩体也随之变质形成金红石矿床。

二、动力变质作用与成矿

湖北省内北侧南秦岭及桐柏—大别地区构造活动强烈，具有多期次演化的特点，因此出现了大量以构造变形主导的热液蚀变矿化作用，即动力变质成矿作用。特别是加里东期、印支期两期构造事件，都伴随着许多以构造蚀变为主的热液型矿床的形成。下面对主要构造蚀变作用与成矿作用的关系进行简要介绍。

1. 剪切动力变质带与成矿作用

武当、随枣、大别地区的剪切蚀变带对其金银多金属矿具有控制作用。按不同层次及变形特征，可分为韧性、韧脆性、脆韧性、脆性剪切带；按运动学特征，可分为逆冲推覆剪切、滑脱折离（伸展构造）和走滑剪切3种，其形成机制为剪切作用。

逆冲剪切动力变质带主要发育于印支期—燕山期，如随北逆冲推覆构造、武当山逆冲推覆构造等。在时间演化上，从早到晚往往出现由韧性剪切向脆性剪切过渡的特征，矿化富集主要在脆韧性—脆性阶段。

顺层滑脱剪切作用在武当、随枣、大别地区极为发育，区内主要顺层滑脱剪切动力变质带有以下几个。

(1)古元古界、中元古界之间的顺层滑脱剪切动力变质带：主要出露于桐柏—大别地区，在近年区域地质调查工作中，在大悟宣化店—麻城大河铺一带、蕲春一带，古元古界、中元古界两界面附近均厘定出数条顺层韧性剪切动力变质带，控制着金银多金属矿化带的展布，但矿床(体)多受其中脆性断裂裂隙控制。

(2)新元古界南华系武当群双岩组中与火山-沉积韵律层有关的多层次滑脱折离构造：武当群双台组由一系列从基性火山岩-中酸性角斑岩、角斑质凝灰岩-砂泥质沉积岩组成的韵律层组成，对每个韵律来说，有时可缺失砂泥质沉积层，韧性—韧脆性顺层剪切动力变质作用常发生在正常沉积层中，如许家坡金银矿区。以前多认为其是银洞沟矿区强硅化的角斑质凝灰岩，但经过进一步考察，在强硅化岩中保留的未经糜棱岩化的砂岩证实，其原岩可能为正常沉积层。

(3)武当群与耀岭河组之间的顺层滑脱剪切动力变质带：该界面的韧性剪切作用在武当地区不甚明显，常反映出地层的缺失，界面附近金矿常呈脉状矿化，在白岩沟一带耀岭河组中垂直层面的石英脉中含矿，但同一脉体进入武当群中则无矿化出现，而在高庙一带矿脉则可贯穿界面。在随北一带，该界面由于顺层剪切动力变质作用，而形成互相包裹的褶叠层，并且褶劈发育，经铲式断层贯通而成矿，为该区的主要控矿构造。

(4)下震旦统陡山沱组中变砂岩与片岩间、片岩与灰岩间顺层滑脱剪切动力变质带：该剪切带是武当西缘郧西一带最重要的控矿构造，如郧阳佘家院银金矿即受其中早期的韧性顺层剪切动力变质带控制，郧阳六斗金矿则受发育于下部变砂岩与片岩间的脆韧性或脆性顺层剪切动力变质带控制。

(5)上震旦统白云质灰岩与硅质岩之间的脆性顺层剪切动力变质带：该带在随南控制该区铅锌银矿化。

走滑剪切动力变质带在区内分布广泛，规模大小不一，形成时代也较复杂。区内走滑性质的剪切动力变质带主要有北西向的新城-黄陂-广济断裂带、两郧断裂带、白河-石花街断裂带，北东—北北东向的麻城-团风断裂带、郯庐断裂带(湖北段)，这些走滑韧性剪切带往往具有金银多金属元素富集成带的特点。如竹山银洞沟矿区内强硅化岩可能为右行韧性走滑剪切的产物，其拉伸线理倾向东，倾伏角为25°，剪切褶皱枢扭向西陡倾，倾伏角为60°～70°。这些走滑剪切带都反映出早期以韧性、韧脆性为主，晚期以脆韧性—脆性为主的变形特征，矿化常富集在晚期脆韧性—脆性断裂裂隙或动力变质带中。

2. 深断裂动力变质带与成矿作用

青峰-襄樊-广济断裂带具多期控矿特点，西段控制加里东期的东河含钯钛磁铁矿基性—超基性岩分布及铜矿化和竹溪丰溪一带的层间破碎带型铅锌矿等，中东段控制随南及浠水等地的燕山期金银多金属矿化。两郧断裂和白河-石化街断裂带也控制着加里东期的谷城银洞山钛磁铁矿超基性岩体及金银多金属矿化。新城-黄坡断裂带控制着随北合河—沙河一带的金银矿、广水保安寨—大悟芳畈一带的金银铜矿床和浠水一带的金银矿等。

3. 逆冲推覆构造变质与成矿作用

省内与逆冲推覆构造有关的矿床主要集中在随应复背斜应山褶皱带中，典型矿床为随州黑龙潭-卸甲沟金矿床。矿床西侧分布燕山期的七尖峰花岗岩体，东邻新城-黄陂断裂带。赋矿围岩为南华系武当群白云钠长片岩、钠长石英片岩，耀岭河组绿泥绿帘片岩、阳起绿帘绿泥钠长片岩及绿帘白云钠长片岩等，矿体则赋存在其中的黄铁绢英岩中。矿体受叠加在次级褶皱核部褶劈带之上的脆性铲式断裂破碎带控制，呈40～55m间距大致平行斜列等距出现。黑龙潭矿区可见9条含矿断裂破碎带，但主矿体出现于主断裂带中，矿体呈似层状、透镜状、脉状、藕节状，在走向和倾向上均有分支复合、尖灭再现的特点。含矿断裂破碎蚀变带倾向南—南西，倾角10°～48°。此外，在北东—北北东向和北西向断裂中也有金(银)矿化出现。矿区范围内见煌斑岩脉和细晶岩脉分布。

三、接触变质作用与成矿

接触变质成矿与侵入岩浆活动相关，产于岩体与围岩接触蚀变带上。主要矿产有铁、铜、钨、钼、金、铅锌等，如鄂东南大冶铁矿床、铜绿山铜铁矿床等。由于燕山期中酸性岩浆岩的侵入，在岩浆岩与围岩接触变质带附近形成了铁、铜、金、钨等矿产。

接触变质作用随岩体围岩的不同分两种形式：一是接触热变质作用，形成于岩体与碎屑岩接触带，因二者化学成分相近，组分交换不明显或无交换，仅使外接触带形成角岩相变质带，并随远离接触带而消失，该类变质作用在殷祖背斜核部最为明显；二是接触交代变质作用，该类变质作用主要发生在钙镁质围岩和硅铝质的中酸性岩体之间，因二者物质成分的差异，在岩浆热动力和气液的作用下，发生物质交换，形成矽卡岩带，为本区最重要的成矿作用。成矿矽卡岩在横向上常具有规律性分带，由围岩向岩体，一般可分为灰岩(云岩)→大理岩→矽卡岩化(或蛇纹石化)大理岩→矽卡岩→矽卡岩化(或云英岩化)岩体→岩体，矿化常发育在中部3个带中。在与铁、铜等矿产有关的大岩体接触带上，其外带常发育铅锌银(或赤铁矿)矿化，正接触带中部常以磁铁矿矿体或含铜磁铁矿矿体为主，其两侧铜矿化相对强烈，内接触带时见钼矿化出现。铁矿体常与铁镁质或钙质矽卡岩关系密切，铜矿化常与镁质矽卡岩关系密切。

第六章 综合信息特征与成矿关系

第一节 区域地球物理场特征与成矿关系

一、区域重力场异常特征与成矿关系

(一)区域重力场分区

据湖北省矿产资源潜力评价成果报告(湖北省地质调查院,2013a),湖北省布格重力场值总体上为东高西低,东部最高值在黄梅马鞍山地区,场值为$+1\times10^{-5}m/s^2$;西部最低值在巴东官渡河—沿渡河地区,场值为$-142\times10^{-5}m/s^2$。东西向变化梯度大于南北向变化梯度,除局部场的重力梯度外,西部的梯度均大于其他地区。

五峰-保康-十堰重力陡变带为全省重力场由西部低值区向东高值区的过渡地段。重力等值线密集,局部异常明显,叠加于西部梯度带之上。

该梯度带以西地区为川东-鄂西区域重力低值区。场值最低,最低的巴东官渡河—沿渡河地区场值为$-142\times10^{-5}m/s^2$,最高值为$-40\times10^{-5}m/s^2$左右。区内局部异常以负重力异常为主,异常走向有3组,北部以北西向为主,中部近东西向,南部为北东向。异常本身幅度也不高,表现盖层不均匀的特点。该梯度带以东为中东部区域重力高值区,布格重力异常值由$-80\times10^{-5}m/s^2$逐渐过渡为正异常值。本区重力场又被桐柏-浠水梯度带和广济(武穴)-咸宁(嘉鱼)-洪湖(石首)梯度带划分成3个异常区。

(1)桐柏-浠水梯度带以北地区,亦为负布格重力异常区,场值变化较湖北西部为小。最低值在大别地区$-64\times10^{-5}m/s^2$,最高值对应黄梅地区马鞍山背斜,为$+2\times10^{-5}m/s^2$。等值线走向基本顺应梯度带的北西向。该梯度带以南、第三条梯度带以北基本上为布格重力正异常区,局部异常走向受两条梯度带走向控制。北部多为北西走向,南部多为近东西走向,局部异常大而多,幅值也高,这些特点代表了造山带与陆块区深部地质构造特征。

(2)广济-咸宁-洪湖梯度带以南地区,最低值为$-50\times10^{-5}m/s^2$,最高值约$-20\times10^{-5}m/s^2$。区内局部异常较少,走向多为东西向,且多为短轴状异常,基本代表了陆块区异常特点。

(3)襄阳—荆门—武汉地区,重力场明显高于其他地区,位于(1)和(2)梯度之间。

上述3条梯度带之间存在次一级的与局部异常有关的或者较之所代表的构造线次之的梯度带。局部异常幅值东部较低,西部较高,表现出陆块区沉积盖层和深部构造特征。

由3条梯度带所划分的各重力场区的主要异常分布情况如下。

五峰-丹江口重力梯度带,从南向北叠加长阳、宜昌、邓村、聚龙山北、摩天岭北、石花街、郧县东、刘洞等重力异常,而使该异常曲线变化复杂。梯度带北段丹江口—十堰地区重力高,也由于十堰、郧县东

南、白桑、郧县西等重力高，郧县东重力低，郧县西重力低等重力异常叠加，而改变总体重力场面貌。

神农架-恩施区域重力低区，局部重力异常较为零乱，规律性差，仅巴东-兴山区域重力低区且"两低夹一高"的异常特征明显；北部竹溪区域重力低，有局部异常十几个之多，总体呈北西向有序的排列展布。

省内东部区域重力高区，仙桃-武汉重力高和潜江-沙市-石首重力低，使异常变得非常复杂；桐柏山-大别山重力低带和幕阜山重力低区上，叠加的局部异常不多而无大的变化，表明它们与中深部横向密度不均匀有更大的关联。

仙桃—武汉重力高，在其北侧枣阳—武穴局部异常呈北西向展布，正负值异常各占一半；中部京山—黄石局部异常呈北西西—东西向展布，正值异常占主导地位，显得突出；南部监利—阳新局部异常呈北东—东西向展布，以负值异常为主，东端黄梅一带，局部异常呈北北东向，强度达 $22\times10^{-5}m/s^2$ 以上，是省内布格重力异常最大值。该区突出而较重要的异常有枣阳东重力高、随南重力低、应山重力高、安陆北重力高、蔡店北重力高、黄陂北东重力高、新洲重力低、浠水重力高、武穴重力高、京山重力高、云应重力低、天门-仙桃重力低、武汉-黄石重力高、沙湖重力低、洪湖-嘉鱼重力高、咸宁北重力低、阳新重力低、尺八口重力高等。

襄阳-荆门基本属仙桃-武汉区域重力高范畴，但重力低特征较为明显和典型，主要异常有襄阳-枣阳重力低、荆门西重力高、南漳-荆门重力低、胡集重力高、汉水重力低。

潜江-沙市-石首重力低区，主要异常有潜江重力低、沙洋重力高、曾家集重力低、十里铺重力高、枝江重力低、沙市重力低、普济重力低、陈沱口重力低、石首重力低等。

桐柏山-大别山重力低带(区)，由西到东有下列主要异常：七尖峰重力低、桐柏山重力低、草店重力低、鸡公山重力低、麻城重力低、大别山重力低、梅川重力低等。

幕阜山区域重力低区的异常，主要分布于省界附近，包括通城重力低、九宫山重力低及沙店重力低等。

(二)重力场异常特征

湖北省东部监利—随州—黄梅三地的连线所围限的三角形地区正是全省重力明显高值区，这从布格重力异常立体渲染图上可清楚看出这种特征。这个三角高值区在重力上延 30km 图上表现仍然明显。该区面积约 96 000km^2。区内偶夹局部重力低，反映了盆地或酸性岩体的存在，如四邑盆地、横沟桥盆地、阳新盆地，殷祖、阳新等岩体，以及东端的梅川岩体等。

在三角形重力高值区的北东侧，即桐柏浠水以东北的地区，重力异常呈低缓特征，为桐柏-大别岩群低密度变质杂岩引起；在三角形重力高值区的南侧，位于鄂南幕阜山—九宫山一带，为燕山期九宫山后碰撞中酸性岩浆杂岩带形成的重力低值区。

在该三角形区域的西侧与五峰-保康-十堰重力梯度带之间，平行分布数条北北西向条带状重力梯度带，所处位置反映了鄂中地区一组断裂带的存在。这些北西向展布的断裂构造对鄂中地区中生代盆地的形成与演化起着重要的控制作用。例如远安地堑、汉水凹陷、江汉盆地、薛集盆地和牛首盆地等的形成与演化，皆与鄂中地区的北西向断裂构造活动有关。

在五峰-保康-十堰重力梯度带西侧，对应竹溪县竹山县、神农架地区及秭归县一带，布格重力异常呈"两低夹一高"的特征。在竹溪县竹山县一带，分布武当群低密度变质地层，是形成重力低的主因；神农架地区是神农架群高密度基底出露地区，对应该区形成了半岛状向西突出的重力高值区；在神农架地区以南秭归县一带，重力异常呈等轴状重力低值区，为秭归中生代(三叠系巴东组及侏罗系)盆地内低密度陆源碎屑沉积岩引进。

再向西，对应利川齐岳山背斜，为北东向延伸长度约 200 多千米的重力异常梯级带，该梯级带为四川前陆盆地的边界断裂。

在齐岳山背斜形成的重力梯级带以东至五峰-保康-十堰重力梯度带之间，重力异常无明显的方向性，一般呈片状分布，反映了台区地层的重力场特征。

（三）断裂构造重力场特征

湖北省断裂构造受深部地质构造控制，以五峰-保康断裂岩浆带、桐柏-浠水断裂岩浆带和天阳坪-监利-咸宁断裂岩浆带为主干，构成湖北省的三角形地质构造格架。

根据布格重力异常图、剩余重力异常图和剩余重力异常垂向一次导数图上的重力异常特征，利用正负重力异常、重力梯度带、重力等值线扭曲等特征，确定断裂构造的赋存状态及定位。省内主要断裂构造控制着全省岩浆岩的分布及大地构造分区。

以五峰-保康断裂带为例，在湖北省布格重力异常图可看出它是贯穿湖北省西部北北东向的重力梯度带的。受秦岭-大别造山带的影响在石花街—丹江口一带重力梯度带不明显，而在剩余重力异常图上则是局部剩余重力异常一侧边界的连线确定，再结合磁异常的存在，认为它是断裂岩浆带，实际上它是纵贯我国中部的北北东向大重力梯度带的湖北境内的一段。

青峰-襄樊-广济断裂带在北北东向五峰-保康重力梯度带以西的布格重力异常图上是正、负重力异常的间断，或是反映新生代断陷盆地的南界；在重力梯度带以东，则是正重力异常场背景上，大多是正、负重力异常之间的陡变重力梯度带的位置，其中多数负重力异常是新生代断陷凹陷的反映。

由湖北省推断地质构造图上看，秦岭-大别造山带以北西向断裂为主，如两郧断裂、襄樊-广济断裂、桐柏-浠水断裂岩浆带和广水断裂；其上叠加郯庐断裂、麻城-团风断裂、信阳-岳阳断裂北段。扬子陆块范围内断裂构造特点较秦岭-大别造山带复杂。上扬子陆块以北东向和北西向两组断裂为主，八面山地区以北东向断裂为主，神农架、荆门、京山地段以北西向断裂为主。

（四）重力异常与成矿关系

根据全省剩余重力异常特征，结合省内地质构造及矿产分布推断其与成矿的关系。

1. 重点成矿区

（1）黄陵背斜成矿区：重磁化探异常集中分布，地层构造条件有利，全区未进行系统全面普查，是寻找铁、金多金属的有利地区。面积约5500km^2。

（2）石首监利成矿区：位于扬子地块江南隆起北部边缘，在上述黄陵-尺八口岩浆岩带的南东端，构造条件有利，有多处重磁异常及地表偏酸性岩体出露，并有铅矿化点，是寻找金、铅等多金属矿产的有利地区。该区未进行过以寻找金属矿为目的的全面系统普查，面积约5000km^2。

（3）上朱嘉鱼成矿区：位于嘉鱼岩浆岩带西段，沿带有多处磁异常及不甚明显的重力异常分布，与鄂东南六大岩体成矿有关的近东西向折线形超壳断裂向西可能延至本区，成矿条件有利。因区内部分地段覆盖层较大，故亦未进行过系统普查，面积约3000km^2。

2. 与成矿密切相关的重力异常

（1）圈椅垱G92高重力异常：位黄陵背斜北端，为全省两个最高强度重力异常之一，异常区分布有杂乱的航磁局部异常和低弱的航磁背景异常，地表有新太古界—古元古界水月寺群分布，并有多处已知小铁矿，简单对比地层与重力异常并不吻合，推测深部有基性或超基性岩侵入，因此该异常是寻找新太古代扬子地块与火山活动及超基性岩浆侵入作用有关的岩浆岩型变质铁矿的有利地区。

（2）独山G76重力高异常：异常位黄梅县独山一带，是湖北省第二个高强度重力高异常区。异常近东北走向，位扬子地块北部边缘北西向襄樊-广济断裂与北北东向郯庐断裂交会区东侧，异常区地表为古生代地层分布，异常含盖已知的黄梅马鞍山菱铁矿，但比其范围大的多，按王平安等（1998）成矿系列划分是在扬子地块北缘东段寻找石炭纪—二叠纪浅海陆相-潟湖相沉积有关的铁矿有利地区。

(3)上朱吴伯浩 G201 重力正异常：该异常分布于鄂东南金牛火山岩盆地中部至上朱地区，有谢埠、上朱两个航磁异常与其对应，但不完全吻合，其中谢埠磁异常显示两级异常特征。异常地处大冶复向斜核部，推断认为火山岩之下有隐伏偏中基性次火山岩分布，是寻找矽卡岩型、玢岩型金属矿的有利异常。

(4)尺八口 G170 重力高异常：异常位监利尺八口，为重高、磁高吻合异常，推测为偏中基性岩体引起，围岩为古生代地层，对找矿有利。

二、区域磁异常特征与成矿(岩)关系

(一)区域磁场分区

湖北省境内航磁特征差异存在明显的南、北两大区域，以北西向青峰-襄樊-广济断裂带为界，南、北两侧显示出完全不同的磁场特征。据此，将全省磁场分为两个一级区，即秦岭-大别造山带型磁场区(Ⅰ)和扬子陆块型磁场区(Ⅱ)。再根据区域磁场正负高低、平静或变化、局部异常分布规律性，划分成4个二级分区，即秦岭区的武当-随应负磁场亚区、桐柏大别正磁场亚区，扬子区的宜昌-京山波动磁场亚区和鄂东南升降磁场亚区(图 6-1)。

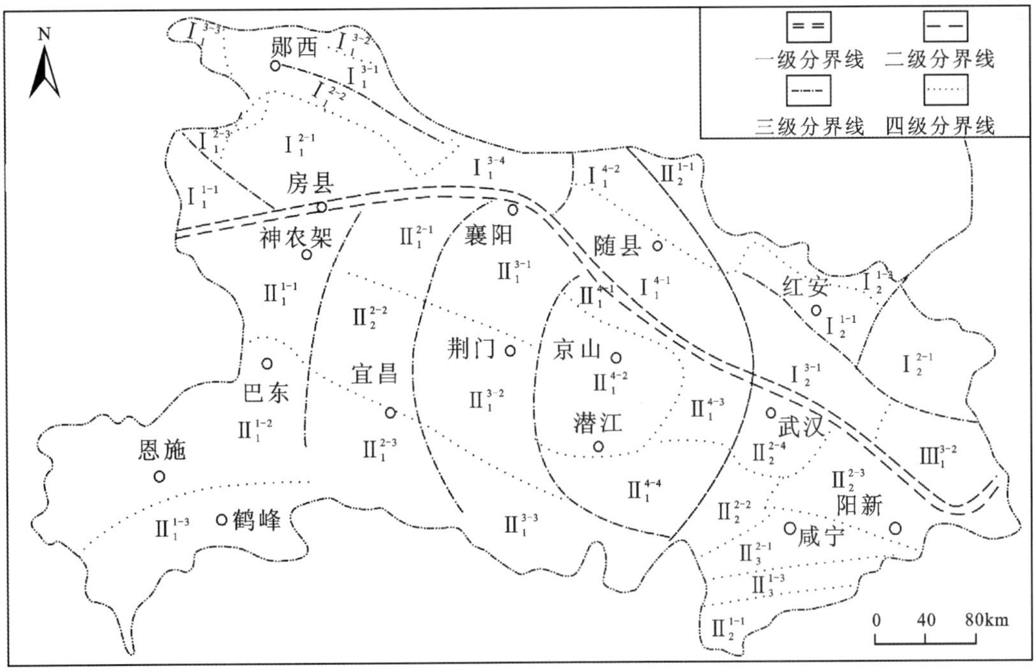

图 6-1 湖北省磁场分区略图

(二)主要场区磁异常特征

1. 武当-随应负磁场亚区(I_1)

武当-随应负磁场亚区位于青峰-襄樊-广济断裂带以北，新城-黄陂断裂以西，包括鄂西北、襄枣盆地和随应地区。区域磁场为负值，局部异常以条带状为主，下分4个三级磁场区。

(1)竹溪条带磁场区(I_1^1)：包括竹山断裂及以西三角形地区。区域磁场为负值，一般小于-50nT，呈凹槽式，两侧高中间低，变化平稳，等值线北西向。局部异常排布似条带，共有3条。北带沿竹山断裂

分布为耀岭河群地层和沿断裂侵入岩体的共同反映。中带竹溪—兵营口—官渡一线、南带泉溪至葛洞口一线异常主要由基性岩带引起。

(2)武当山-谷城条带磁异常区($Ⅰ_1^2$):区域磁波动幅度较大。房县—大木—草店弧线以东,沿谷城北到枣阳区域场为正值,盐池河达最高约 50nT,向北向西降低。最低区域场值约－50nT。局部异常在白河石花断裂以北呈较平直线性排布,武当山隆起区呈似环形分布,此部分异常多数较弱,以不规则形为主;沧浪山以西异常主要呈向武当隆起方向凸的弧形线性排布。谷城异常最长,得胜铺异常、银洞山异常强度最大,达 800nT 以上,是省内强度较高的异常。

(3)郧北条带磁异常区($Ⅰ_1^3$):东起丹江口,包括两郧断裂及以北地区。区域磁场主基调为负值,郧西磁场值约－50nT,局部异常主要为两郧条带异常。它东起丹江口,沿断裂过郧县至郧西香口折向南,经马鞍山又转向南东至鲍峡东,被白河石花断裂所截,延绵 150km。异常连续性好,为低场值(<50nT),仅有几个少数位置间断。异常强度大,最大值高于 800nT。在主带外,在郧县至高庙有单个异常走向北西向的异常群绕高庙隆起周缘分布,形成面积广、场差大的复杂磁异常区。区内强磁异常基本由耀岭河群变基性火山岩引起,岩石产生异常弱且不易分辨。

(4)随应线性磁异常区($Ⅰ_1^4$):区域场南负北正呈斜坡上升,枣阳—唐镇—七姑店以北为正场区,以南为负场区,局部异常以线性异常带为主,七尖峰岩体引起的异常群是湖北省内最大短轴异常群。线性异常带主要有 3 条:北部为蔡河-万店-刘升异常带,主要由变基性火山岩引起,如刘升刘庄小异常群,次为中浅变质含铁石英片岩引起;中部王店-随县-资山异常略呈弯曲线性带状,主要由扬子期基性岩带引起,次为变基性火山碎屑岩引起;南部为伏水-洛阳店-三里岗异常,由加里东基性岩体和火山碎屑岩等共同引起。

七尖峰岩体异常背景为 100～200nT,波动场与岩体范围大致对应,其内发育分布零乱的次级异常,外围有小异常环绕分布。岩体内次级异常和岩体外卫星异常构成七尖峰岩体异常群。

安陆至黄陂沿襄樊-广济断裂尚有玄武岩引起的线状异常,特征与变火山岩特征相似,跳跃而杂乱。

2. 桐柏大别正磁场亚区($Ⅰ_2$)

桐柏大别正磁场亚区位于新城-黄陂断裂以东、襄樊-广济断裂以北地区。区域磁场基本为正值,波动变化,局部异常以线性条带排布为主,方向以北西向为主。线性带中夹杂等轴状、不规则形的异常或异常群,构成混合异常区。

区内中间有一条范围较宽、延伸长度大、连续性较好的负值场带,丰富了区域场的特征。该亚区分为 3 个三级分区。

(1)桐柏-红安条带磁异常区($Ⅰ_2^1$):桐柏-浠水断裂以北、麻城-团风断裂以西地区。异常区磁场为正值升降,北部降为零值上下。局部异常以条带状为主,连续性较差,条带在鸡公山至杨家店有一处明显沿延伸方向断开。条带内次级异常曲线呈线形,条带外呈不规则窄形排布。

条带异常西部与桐柏群地层相对应,东段对应性不好,引起异常的地质因素与桐柏群有关,但认为不完全相关,其下应有隐伏岩体存在与地层构成混合块体。北部不规则形局部异常主要为燕山期和大别期酸性岩体的反映,为窄条形或带状异常,为变质地层磁性不均匀引起。基性、超基性脉岩引起的异常不易与变质岩异常区分。

(2)大别山片状磁异常区($Ⅰ_2^2$):麻城-团风断裂以东、桐柏-浠水断裂以北英罗地区。异常区磁性在 50～100nT 内波动,北部夹负场,中部高,边缘低。区内缺少平静场。局部异常排布方向性不甚明显,北部以北东向、北北东向为主呈高低相间异常,南部收缩呈弧形,向西渐转北西向。长轴、短轴、不规则状混合一起构成主体为片状的复杂紊乱磁异常群。

大别岩群是基底磁化强度平均值最强的地层,其中磁性地层的范围较其他地层宽,可引起紊乱片状磁场分布。基底与以中酸性为主的岩体混合是产生局部异常紊乱的重要因素,但地表磁场强弱与大别区各组地层磁性平均值不对应。由此认为，深部有偏弱磁性(磁化强度大于地层的平均值)的隐伏岩体群与地层并重构成杂岩块体，浅表出露的只是部分岩体，尚有未出露者。

(3)蔡店-梅川混合磁异常区($Ⅰ_2^3$)：包括桐柏-浠水断裂及以南地区，也包括梅川异常。异常区磁场为 0～50nT 的正值场，由南西往北东渐升(大悟-浠水负磁带除外)，基本稳定。局部异常呈线性或无定向并列。浠水以东以杂乱无定向异常为主，以西以北西向线性排列异常为主散布。沿襄樊-广济断裂至黄陂有由玄武岩引起的异常断续分布，在散花洲一带较为密集。

线性条带异常不全是由变质岩磁性不均引起的，尚有因窄长岩带引起的，如管窑至团风岩带。等轴状异常由中酸性岩体引起，以梅川岩体异常规模最大，它是强度高于 500nT、正负伴生的等轴异常。次级异常有多个。北部伴生异常小于－100nT，呈马蹄形。最规则的为蔡店岩体异常，它亦是正负伴生，正场呈圆形，周缘有多个次级异常环形分布。形态规则和不规则异常多为隐伏岩体，推断浠水、黄陂等有较大的岩体。

3. 宜昌-京山波动磁场亚区($Ⅱ_1$)

区内磁场主要为东西方向弧形波动，次为南北升降的双向叠加场。局部异常以等轴状和轴向东西的短轴低缓开阔异常及无定向的强杂磁异常群为主，线性异常极少。该亚区分为 4 个三级磁异常区。

(1)神农架-宣恩低弱磁异常区($Ⅱ_1^1$)：区域磁场平缓升降，北部神农架区由南向北平稳，由正降至为负，形成－150nT 的负磁场中心，无局部异常，南部由北往南由正值场缓慢降至零以下无负值中心。中部巴东-恩施场值为正值，由 3 个开阔低弱磁异常构成，北为东西轴向的龙坪异常，极大值约 170nT，向西延入四川，中为恩施等轴状弱异常，西南咸丰为西南轴向升高进入四川。推断龙坪异常是深度大于 7km 的杂岩体的反映，恩施、咸丰升高场为川中式基底起伏所致。北部斜坡是由龙坪异常斜磁化和磁性基底(原崆岭群)斜坡引起的，即原崆岭群斜坡沉积无磁的神农架群构成昆阳式基底。区内无其他浅层特征局部异常。

(2)保康-长阳强磁异常区($Ⅱ_1^2$)：异常区磁场为隆高磁场带，基本为正值，局部有伴生负值。北部谷城至马良有 3 个轴向东西的范围较大的低缓磁异常，南北呈串珠成带，无浅层特征异常。中部为黄陵杂岩体引起的强磁异常群，异常个体基本绕黄陵隆起周缘分布。北部个体多数较小。区内最大的异常是香龙山正负相伴的等轴强磁异常，ΔT_{max}约 500nT，ΔT_{min}约－350nT，钻孔验证岩性主要为闪长岩。三斗坪岩体磁性不强，雾渡河断裂为低磁带。背斜北部小异常为小岩体及原崆岭群变质岩系不均匀磁性共同引起。南部为长阳异常，它是一近于长方形的异常，异常向北西、北东翘起，推断为中性或中酸性岩体引起。西端顶深约 1km，中东部深 3～4km。长阳大异常南磁场强度渐降到近零，无局部异常。

(3)宜城-石首弱磁异常区($Ⅱ_1^3$)：异常区磁场以负为主，边缘高中间低，北中部磁场平缓，局部异常少范围小。北部主要是北西向长轴形、场值 50～100nT 的胡集小带，主要由出露小的花岗岩岩体引起，次为原杨坡群(现主体为黄凉河岩组)变质磁性岩石。中部仅后港峰值尖锐正负伴生的小异常群，已验证由玄武岩引起。南部集中了区内局部异常，分布有公安开阔低弱磁异常、尺八口椭圆低值规则异常及石首监利弱磁异常群。异常强度一般小于 200nT，单体走向以东西为主，间有无定向不规则状，推断为燕山期花岗岩体群引起，埋深多不大于 700m，小岩体或岩枝埋深可在 200m 以内至出露地表。尺八口、公安异常推断可能为中性岩引起。尺八口岩体有一定规模，估计顶深 1.5～2km。公安岩体小，但深度大。

(4)钟祥-京山平缓磁异常区($Ⅱ_1^4$)：异常区磁场平缓，南北向呈负→正→负缓升降。东部开阔平稳，场值变化不大。京山等轴大异常场值为 50nT，呈不规则圆形，中部有一明显向内收缩，且具 5 个场值达 100nT 的次级中心分散于内部。推断大异常不全由磁性基底隆起所致，其下有由隐伏岩体存在和基底隆起构成的刚性杂岩块体，若其出露地表将可能表现出与黄陵相似的磁场性质。

其他小的局部异常主要分布于大洪山一带负磁场中，较显著的为彭家滂至大洪山的低正磁异常小带，推断为基性岩引起。

应城、孝感一线有玄武岩引起的带状正磁异常。

大洪山的负磁异常区磁场负值较大，除表现“昆阳式”基底外要考虑钟祥-京山异常斜磁化影响。

宜昌-京山磁场亚区的磁场特征的地质显示：①川中式磁性基底以东西向起伏为主，产生区域东西向波动，钟京区基底为刚性，隆起升高；②长江一线存在深断裂，沿断裂侵入多处以中性为主的岩体磁场叠加于基底东西向波动场上，部分磁性地质体出露地表引起磁异常波动；③钟京区低缓大异常是岩体加基底隆起的杂岩块体叠加场形成，黄陵背斜原崆岭群磁性多数弱，不能引起强大背景磁场；④谷城、保康、巴东一线有深部岩体，前者在隆起带上侵入，后者沿断裂带侵入；⑤局部异常多开阔低缓是因为盖层厚而显示深部特点。

4. 鄂东南升降磁异常区（$Ⅱ_2$）

区域场为南低中高北负的升降场，局部异常南部低弱成带，中部高强成带，北部负场弱小成片，分为两个三级磁场区。

（1）幕阜山弱磁异常区（$Ⅱ_2^1$）：异常区磁场在零值上、下平静变化，局部异常分布在省界附近。除通城花岗岩体引起正负伴生弱异常范围较大，内部零乱，与岩体出露相同的等轴异常群外，其余异常规模都小而弱。带北磁场平静几乎无局部异常。

（2）嘉鱼-大冶强磁异常区（$Ⅱ_2^2$）：异常区磁场南正低，渐升中强，北负平稳。南缘蒲圻—咸宁—枫林一线以南，表现为平稳的正磁场，无局部异常。西部以嘉鱼大异常为主体，嘉鱼异常正等值线呈椭圆形规则状，北部伴生负异常 ΔT_{max} 约 270nT，ΔT_{min} 约 −130nT，推断由埋深约 2.6km 的中酸性杂岩体引起。东部为阳新、灵乡殷祖等岩体异常构成的纺锤形强异常群，南部等值线弧形圆滑，北部复杂零乱，正负夹杂，群体 ΔT_{max} 在 800nT 以上，群外北缘强负场呈弧形条带，ΔT_{min} 低于 −500nT。东北部分布由鄂城、铁山岩体引起的主体异常，背景场已在零以上，北部负场为金牛火山岩盆地引起的波动弱异常。梁子湖断陷、阳新盆地等尚有条带玄武岩异常。

鄂东南由于已知和隐伏的岩体群所引起的强大异常已掩盖了基底磁场，不能作为基底磁场而论。但以南部及北部的平缓磁场中尚能反映梁子湖基底坳陷的存在，越过麻城-团风断裂在鄂城-黄石基底已升高。

推断大冶纺锤形群体异常西部是存在隐伏岩体，从灵乡岩体西部开始向西延至贺胜桥东，习惯称为吴伯浩隐伏岩体，前人曾推测吴伯浩处隐伏深度在 1.8km 左右。上朱“铁饼”异常处深约 600m。

从群体异常形态推断岩体群在深部相连，且南倾，浅部岩体是分开，产状陡，或向北超覆。铁山岩体与南部岩体深部不相连，麻城—九江大地电磁测深剖面也提供了佐证。

相对于鄂东南地区，鄂中江汉平原及鄂西南地区磁场表现均较为平稳，磁场值变化较缓，反映了厚层沉积的存在；同时，湖北省中部从西向东在利川、巴东、黄陵和钟祥等地分布了大范围低磁异常，在低磁异常背景上还分布有较强的局部磁异常。大范围低磁异常反映了陆块基底隆起，而较强的局部磁异常则是由基底地层内岩浆岩体引起的。

上述磁场特征基本反映了湖北省的大地构造分区和磁性基底的起伏情况。局部磁异常则反映了省内地质构造、断裂分布、磁性地层和岩浆岩分布特点，为分析省境成矿地质条件提供了可靠的基础地质资料。

（三）重要断裂构造磁场特征

根据湖北省磁场分布特点和断裂构造展布规律，全省基本地质构造格架为三角形，即由北西向、北北东向和近东西向 3 条主要断裂带组成，它们是青峰-襄樊-广济断裂带和五峰-保康断裂带以及天阳坪-监利-咸宁断裂带（即磁法推断的雾渡河-监利-咸宁断裂带）。这 3 条断裂带基本控制着湖北省岩浆岩和内生金属矿床的分布。

1. 五峰-保康断裂带

该断裂带为中国东部重要断裂带大兴安岭-太行山-雪峰山断裂的一部分，呈北北东向贯穿湖北省。该断裂带自南向北排列着一系列近似等轴状磁异常。这些磁异常应为中酸性、超基性岩浆岩体引起。在重力图表现为明显的重力梯度带。该断裂带走向为NE10°～15°，在湖北省长为310km，为隐伏断裂带。

2. 桐柏-浠水断裂带

该断裂带为隐伏断裂与襄樊-广济断裂组成的大型推覆断裂构造。沿该断裂带自南向北出露有梅川杂岩体、清水河超基性岩体、铜石山超基性岩体、夏店岩体和七尖峰岩体。在磁异常分布图上表现为断续的磁场梯度带和一系列磁异常组成北西向磁异常带。该断裂带走向NW30°～40°，在湖北省长约380km。

3. 雾渡河-监利-咸宁断裂带

该断裂带亦为隐伏断裂带，沿断裂带控制着鄂东南岩体群、嘉鱼隐伏岩体、监利岩体群、沙市隐伏岩体以及长阳隐伏岩体。从磁场图上看，一系列磁异常近东西向排列。该断裂未见超基性岩，确定该断裂带为基底断裂。断裂走向从北西转向东西，全长约550km。

4. 青峰-襄樊-广济断裂带

该断裂带为表层断层在磁场图表现为北西向磁异常的中断，局部磁场的正、负磁场的分界线，或局部的磁场梯度带。总之，该断裂带在磁场图没有连续、明显的磁场特征。该断裂带构成两个二级大地构造单元的地表分界线，在襄阳以西为近东西向，以东为北西向。断裂长约660km。

5. 郯庐深断裂带

该断裂带全称为郯城-庐口断裂带，也称郯庐断裂带在湖北省仅有一小段，长约70km，表现为部分航磁等值线同向扭曲和磁异常梯度带。

第二节　区域地球化学场特征与成矿作用

一、区域岩石圈地球化学特征与成矿关系

（一）区域地层岩石中元素的分布、浓集或贫化趋势与成矿作用

湖北省域两个一级构造单元各系、群的主要地化特征参数，各单元元素基本分布特征见表6-1～表6-3。现按岩性和沉积（变质）类型归纳表述如下。

1. 新太古代—古元古代深变质岩区

新太古代—古元古代深变质岩区包括桐柏岩群、大别岩群、原崆岭群等岩层。三者共同表现为As、Sb、B、Li、W、Ag、Hg、Bi贫乏区，Na_2O、Sr、Ba、P相对富集—富集—强富集区，其中以大别岩群区的As、Sb、B、Li等贫乏最为强烈。这种共性特征可能表明三者新太古代—古元古代所共处的陆缘海槽环境及后期的强烈区域热流变质和混合岩化作用，但相互之间亦有较大差异。桐柏岩群以岩组展示的上、下两个层区中，下部层区（黄土寨组、关门山组）相对富集La、Ba，富集Al_2O_3、K_2O、Zr、Nb，相对贫MgO、

表 6－1　秦岭区各地层单元水系沉积物中元素/指标分布特征

地层单元	富集度类型						
	极贫	贫乏	相对贫乏	正常背景	相对富集	弱富集	富集	强富集
第四系		Zn	MgO、Ni、V、Cu、P、F、Cd、Mo	Al_2O_3、CaO、K_2O、Na_2O、Fe_2O_3、Co、Cr、Ti、Mn、Pb、Ag、As、Sb、Hg、W、Sn、Bi、Y、Li、Be、La、Nb、Th、U、Sr、Ba、B	SiO_2、Ar、Zr			
白垩系—第三系		Zn	MgO、K_2O、Fe_2O_3、Cr、Ni、Cu、Pb、La、Th、U、P、F、Li	Al_2O_3、CaO、SiO_2、Na_2O、Co、Ti、V、Mn、Ag、Sb、As、Hg、W、Mo、Sn、Bi、Be、Zr、Y、Nb、Sr、Ba、B、Cd	Au			
石炭系—二叠系			MgO、SiO_2、Au	Al_2O_3、K_2O、Na_2O、Fe_2O_3、Co、Ti、V、Mn、F、Cu、Pb、Zn、Bi、Be、La、Nb、U、Ba、P	CaO、Cr、Ni、Ag、As、W、Mo、Zr、Y、Th、Sr	Sb、Hg、Li、B、Cd	Sn	
泥盆系		SiO_2	Al_2O_3、Fe_2O_3、Ti、V、U	K_2O、Na_2O、Co、Ni、Mn、Cu、Au、As、Hg、W、Mo、Bi、Li、Be、Zr、La、Y、Nb、Th、Ba、P、F、Cd、Cr	MgO、Pb、Sr、B	CaO、Zn、Ag	Sb、Sn	
志留系				MgO、CaO、SiO_2、Na_2O、Pb、Ag、Hg、As、W、Sn、Bi、Li、Th、U、Sr、P、F	Al_2O_3、K_2O、Fe_2O_3、Co、Y、Mn、Zn、Au、Sb、Mo、Be、Zr、Ba、Cd	Cr、Ni、V、Cu、La、B	Ti、Nb	
寒武系—奥陶系			Al_2O_3、SiO_2、Zr	K_2O、Na_2O、Fe_2O_3、Co、Mn、Pb、Hg、W、Sn、Bi、Li、Be、La、Y、Th、U、Sr、B	Cr、Ti、Au、As、Nb、P、F	MgO、CaO、Ni、V、Cu、Zn、Ag、Sb、Cd、Mo、Ba		
震旦系	SiO_2	Al_2O_3、Zr、Th	K_2O、Mn、Pb、Sn、Be、La、U	Na_2O、Fe_2O_3、Co、Cr、Ni、Ti、V、Cu、Au、Zn、Hg、W、Bi、Li、Y、Nb、Sr、F、B	As、Sb、Cd、Mo、Ba、P、Ag		MgO、CaO	
耀岭河群		SiO_2、K_2O	Pb、W、Bi、Th、U、B、Ag	Al_2O_3、Au、As、Sb、Hg、Sn、Li、Be、Zr、La、Ba、F、Cd、Mo	MgO、Na_2O、Cr、Ni、Mn、Zn、Y、Sr、P、CaO	Co、V、Cu、Nb	Fe_2O_3、Ti	

续表 6－1

地层单元		富集度类型							
		极贫	贫乏	相对贫乏	正常背景	相对富集	弱富集	富集	强富集
武当山一带武当群			Co、Cr、Ni、Pb、La、Th、U	Al_2O_3、MgO、K_2O、Fe_2O_3、V、F、Cu、Zn、As、Sb、Hg、W、Sn、Bi、Li、Be、Zr、Nb、P、B、Ti、Mo	CaO、Mn、Ag、Au、Ba、Cd	Na_2O、Y、Sr、SiO_2			
随州一带武当群			U	MgO、K_2O、Cr、Ni、V、Cu、Pb、Zn、Sn、Bi、Li、La、Y、Nb、Th、F、B、Cd、Ti、W、Mo	Al_2O_3、CaO、SiO_2、Fe_2O_3、Co、Mn、Ag、As、Sb、Hg、Be、Zr、Ba、P	Na_2O、Au、Sr			
红安岩群			Li、F、Cu	MgO、K_2O、Fe_2O_3、Co、Cr、Ni、Ti、Pb、Zn、Ag、As、Sb、Hg、W、Mo、Sn、Bi、Be、La、Nb、Th、U、B	Al_2O_3、CaO、V、Mn、Zr、Ba、P、Cd	SiO_2、Au、Y、Sr	Na_2O		
桐柏岩群	天台山组		MgO、Co、Ni、Cr、Ti、As、Cu、Zn、Ag、Sb、Hg、Sn、Li、Fe_2O_3、F、B	V、Mn、Pb、W、Mo、Bi、La、Nb、U	Al_2O_3、CaO、SiO_2、K_2O、Be、Th、P、Cd	Zr、Ba、Y	Na_2O、Sr、Au		
	黄土寨组、关门山组		Co、Cr、Ni、V、Cu、As、Sb、Bi、Li、B	MgO、Fe_2O_3、Mn、Zn、Ag、W、U、Cd、Ti、Hg	CaO、SiO_2、Pb、Au、Mo、Sn、Y、Th、F	Be、La	Al_2O_3、K_2O、Zr、Nb、P	Na_2O、Sr、B	
大别岩群	总体	As、Sb、W	Ag、Li、B	SiO_2、Hg、Cd、Sn、Bi、U、Au	K_2O、Cr、Ni、Mn、Pb、Mo、Nb、F	MgO、CaO、Co、Ti、V、Cu、Zn、Be、Y、Th	Al_2O_3、Fe_2O_3、La、Ba、P、Na_2O	Zr、Sr	
	上部	As、Sb、W	Ag、Li、B	SiO_2、Hg、Sn、Bi、U、Cd、Au	MgO、K_2O、Cr、Ni、V、Mn、Pb、Zn、Mo、Nb、Th、F	CaO、Na_2O、Co、Ti、Cu、Be、Y	Al_2O_3、Fe_2O_3、La、Ba、P	Sr、Zr	
	下部	Sb、W、As、B	Ag、Li	SiO_2、Au、Hg、Bi、Cd	K_2O、Co、Cr、Ni、Mn、Pb、Mo、Sn、Nb、U	MgO、CaO、V、Cu、Be、Th、Ba、F	Na_2O、Al_2O_3、Fe_2O_3、Ti、Zn、La、Y、Sr	Zr、P	

表 6-2 扬子区各地层单元水系沉积物中元素/指标分布特征

地层单元	富集度类型							
	极贫	贫乏	相对贫乏	正常背景	相对富集	弱富集	富集	强富集
第四系		MgO	Al_2O_3、CaO、K_2O、F、Mn、Zn、Ba、Sr、P	Na_2O、Fe_2O_3、Co、Cr、Ni、Ti、V、Y、Cu、Pb、Mo、Li、Be、La、Th、Cd、B、U	SiO_2、Ag、Au、As、W、Sb、Hg、Bi、Sn、Zr、Nb			
白垩系—第三系		Al_2O_3	K_2O、Fe_2O_3、Co、Cr、Nb、Ni、Ti、V、Mn、Cu、MgO、Pb、Zn、Be、La、Y、F、P、U、Th	CaO、Na_2O、Sb、Hg、Cd、W、Mo、Sn、Bi、Li、Zr、Ba、Sr、As	SiO_2、Ag、Au、B			
上三叠统—侏罗系		Fe_2O_3、V、Y、Mn、P	Al_2O_3、CaO、Co、Cr、Ni、Ti、Cu、MgO、Pb、Zn、As、Sb、Mo、Sn、Bi、Li、Be、La、F、Ba、Th、Nb、W	K_2O、Na_2O、Ag、Au、Hg、Cd、Zr、B、Sr、U		SiO_2		
中下三叠统			Na_2O、Ba	Al_2O_3、SiO_2、K_2O、Fe_2O_3、MgO、Zn、Ag、Zr、La、Y、B、P、Sr、Au	CaO、Co、Cr、Ni、Ti、V、Mn、Cu、Pb、As、Sb、Hg、W、Sn、Bi、Be、F、Th、Nb	Cd、Mo、Li、U		
二叠系		Ba	Al_2O_3、K_2O、Na_2O	CaO、SiO_2、Fe_2O_3、Ti、Au、Be、Zr、La、P、Sr、Th	MgO、Co、Ni、Mn、Cu、Pb、Zn、Ag、Li、As、W、Sn、Bi、Y、Nb	Cr、V、Hg、B、F、U	Cd、Mo	
泥盆系—石炭系			Al_2O_3、K_2O、Na_2O、Fe_2O_3、Ti、Y、Ba	CaO、SiO_2、Co、Ni、V、Mn、Cu、MgO、Pb、Zn、Ag、Au、As、Sb、W、Sb、Bi、Be、La、P、Sr、Th、Nb	Cr、Hg、Mo、Li、Zr、B、F、U	Cd		
志留系			Na_2O、Sr	Al_2O_3、CaO、SiO_2、Fe_2O_3、Co、Cr、Ti、V、Mn、Cu、MgO、Pb、Zn、Ag、Au、As、Sb、Bi、Li、Zr、Y、B、F、P、Nb、Mo	K_2O、Ni、Hg、Cd、W、Sn、Be、La、Ba、U、Th			

续表 6-2

地层单元	富集度类型						
	极贫	贫乏	相对贫乏	正常背景	相对富集	弱富集	富集	强富集
奥陶系(鄂西、鄂西南)			SiO_2、Na_2O、Zr、Sr	Al_2O_3、CaO、Cr、Ti、V、Cu、Ag、Y、Nb、Au	K_2O、Fe_2O_3、Co、Ni、MgO、Zn、As、Sb、Hg、Th、Cd、W、F、Mo、Sn、Bi、U、Li、Be、La、B、Ba、P	Pb	Mn	
寒武系—奥陶系			Al_2O_3、SiO_2、Na_2O、Zr、Sr、Nb、Ti	Fe_2O_3、Co、V、Mn、Cu、Zn、Au、W、Sn、Be、La、Y	CaO、K_2O、Pb、As、Cd、Th、Bi、F、P、Ba、U	MgO、Ag、Sb、Mo、Li、B	Hg	
震旦系		SiO_2	Al_2O_3、Co、Ti、Zr、Nb	K_2O、Na_2O、Fe_2O_3、Cr、Ni、V、Mn、Cu、W、Sn、Be、La、Y、B、Sr、U、Th	Au、As、Mo、Bi、Li、Ba	CaO、MgO、Pb、Cd、F	Zn、Ag、Hg、Sb	P
原花山群			Zn、La、F、Sr、U、Th、Nb、Mo	Al_2O_3、CaO、SiO_2、Na_2O、Fe_2O_3、Co、Cr、Ni、Ti、V、Mn、Cu、MgO、Pb、Ag、As、Hg、Cd、W、Sn、Bi、Li、Be、Zr、Y、B、P、Ba	Au、Sb			
打鼓石群			SiO_2、K_2O、Pb、W、Bi、Zr、Ba、Sr、U、Th、Nb	Al_2O_3、Na_2O、Ag、Au、As、Sb、Hg、Cd、Mo、Li、Be、La、B、F	CaO、Ni、Mn、MgO、Zn、Sn、Y、P	Cr、Cu	Fe_2O_3、Co、Ti、V	
神农架群		Al_2O_3、SiO_2、Zr	Na_2O、Ti、W、Sn、Be、La、Sr、Nb	Fe_2O_3、Co、Cr、Ni、V、Pb、Au、As、Sb、Mo、Bi、Li、B、U、Th	Hg、K_2O、Mn、Zn、Ag、Cd、Y、F、Ba	CaO、Cu、P	MgO	
冷家溪群			Na_2O、MgO、CaO、Sr、Nb	Al_2O_3、SiO_2、K_2O、Co、Cr、Ni、Sn、Zr、La、F、P、U、Th、Mo	Fe_2O_3、Ti、V、Mn、Cu、Pb、Au、Hg、Li、Y、B、Cd	Zn、Be、Ba	Ag、As、Sb、Bi	W
原崆岭群		As、Bi	SiO_2、Mn、Sb、W、Mo、Li、Y、B、U、Hg	Al_2O_3、K_2O、Ti、V、Pb、Zn、Ag、Cd、Sn、Be、F、Ba、Nb	CaO、Na_2O、Fe_2O_3、Cu、MgO、Zr、La、Sr、Th	Co、Cr、P	Ni、Au	

表 6-3　秦岭区各地层单元元素/指标叠加分异特征

地层单元		弱叠加	叠加	强叠加
		$1.5<D\leqslant3.0$	$3.0<D\leqslant6$	$D>6$
第四系		MgO、K_2O、Na_2O、Co、Ti、V、Mn、Cu、Pb、Zn、Ag、Mo、La、Y、Nb、Th、P、F	Au、Cd、Zr、Sr、Ba	CaO、Hg
白垩系—第三系		SiO_2、K_2O、Na_2O、Ni、Co、Ti、V、Mn、Zn、As、Sn、Zr、La、Y、Nb、U、Sr、Ba、P、F	MgO、Ag、Cd	Cu、Au、Hg、Mo
石炭系—二叠系		Al_2O_3、MgO、SiO_2、Fe_2O_3、Cr、Ni、V、Mn、Cu、Pb、Zn、As、Sb、Li、Zr、Y、Sr、B	CaO、Mo、Be	Au、Hg、Th
泥盆系		Cr、V、Mn、Cu、Pb、Zn、As、Li、Be、Y、U、Sr、Ba	Ag、Au、Sb、Hg	Cd、Mo、Th
志留系		Al_2O_3、SiO_2、K_2O、Mn、Zn、As、Sb、W、Bi、Li、Be、Zr、La、Y、Th、U、F、B	MgO、Na_2O、Fe_2O_3、Co、Ni、Ti、V、Cu、Ag、Hg、Nb、Ba、P	CaO、Cr、Au、Cd、Nb、Sr
寒武系—奥陶系		Al_2O_3、K_2O、Na_2O、Fe_2O_3、Mn、Pb、Sb、Hg、Sn、Li、Be、Zr、La、Y、Th、P、F、B	CaO、MgO、Co、Cr、Ni、V、Cu、Zn、Au、As、W、Nb、U、Sr	Ag、Cd、Mo、Ba
震旦系		CaO、MgO、Na_2O、Fe_2O_3、Co、Ni、Cu、Pb、Zn、As、Hg、Sn、Bi、Li、La、Y、Nb、U、Sr、P、F、B	Ti、V、Sb	Ag、Au、Cd、Mo、Ba
耀岭河群		CaO、Al_2O_3、SiO_2、Cr、Ni、Ti、V、Mn、Cu、Pb、Zn、As、Sb、W、Sn、Bi、Zr、La、Y、Th、U、Sr、P、F、B	MgO、Au、Hg、Li、Nb	Ag、Cd、Mo、Ba
武当山一带武当群		CaO、MgO、SiO_2、Co、Cr、Ni、Ti、V、Mn、Pb、Zn、As、Sb、W、Sn、Bi、Li、Be、Zr、La、Nb、Th、U、Sr、Ba、P、F、B	Cu、Cd	Ag、Au、Hg、Mo
随州一带武当群		CaO、MgO、SiO_2、Fe_2O_3、Co、Cr、Ni、Ti、Cu、Pb、Zn、As、Sb、Cd、W、Mo、Sn、Bi、Nb、Sr、Ba、P、B、F	Ag、Au、Hg	
红安岩群		MgO、Cr、Ni、Ti、Pb、Ag、As、Sb、Cd、W、Mo、Sn、Li、La、Th、U、Sr、Ba、B	Cu、Bi、Zr、P、F	Au、Ag
桐柏岩群	天台山组	CaO、MgO、Co、Cr、Ni、Cu、Pb、Zn、Ag、As、Sb、Cd、W、Sn、Li、Zr、Nb、Sr、Ba、P	Hg、Mo、Th、F、B	Au、Bi
	黄土寨组、关门山组	MgO、Fe_2O_3、Cr、Ni、V、Mn、Cu、Zn、Ag、Cd、Bi、Li、Zr、La、Y、Nb、U、Sr、F	Ti、Au、As、Hg、W、P、Mo、B	
大别岩群	总体	MgO、K_2O、Cr、Ni、Ti、Mn、Pb、Ag、Cd、W、Mo、Sn、Bi、Li、Be、Zr、La、Y、U、Sr、Ba、P、F	Cu、Hg	Au、As、Sb、B
	上部	Cr、Ni、Ti、V、Mn、Cu、Pb、Ag、Cd、W、Mo、Sn、Bi、Be、Zr、La、Y、Nb、Th、U、Sr、Ba、P、F	MgO、Hg	Au、As、Sb、B
	下部	Cr、Ni、Ti、V、Ag、As、Mo、Sn、Bi、Li、Be、Zr、Y、P、F	MgO、Hg、W、B	Cu、Au、Sb

Fe_2O_3、Mu、Zn、U、Cd，贫乏和强烈贫乏 Cr、Ni、Co、V、Cu；上部层区（天台山岩组）仅有 Au、Y 相对富集，其他指标皆为贫乏和相对贫乏；大别山群相对富集 MgO、CaO、Co、Ti、V、Cu、Zn、Be、Y、Th，富集 Al_2O_3、Fe_2O_3，强富集 Zr，相对贫 SiO_2；原崆岭群与大别岩群相似，Cr、Ni、Au 富集—强富集，Zr、La 偏低。上述表明，湖北省新太古代—古元古代的一套深变质岩系，既有分布上的共性，又存在火山-沉积相时空上的重大变化，其分布型式与地质事实相符。

本层区显示较稳定的地球化学特征，叠加分异不太明显。叠加分异较显著（以 $D>3$ 计）的成矿元素为：桐柏岩群主要为 Au、W、Mo、Ti、As、Hg、Bi、F 等，其在群区内显示为分散的局部异常，并受到其内的北东向、北西向断裂或中酸性岩接触带控制，以 Au 为最强，其 D 值达 65.3；大别岩群中有 Cu、Au、Sb、Hg、W、As，以 Cu、Au 为主，Cu 不仅与铁族元素共势，表现为南高北低的区域富集特征，且于南部断裂带内出现局部叠加浓集区，Au、As、Hg 等的浓集多出现于块体周缘断裂带内；原崆岭群中以 Au 为主，具强分异特征，其 D 值达 56.03，构成面状浓集区，其次尚有 Ag、Pb、Zn、Hg、As 的叠加分异。

2. 以中酸性为主的火山碎屑-沉积岩区

省域内主要包括秦岭区中元古代火山岩区和鄂东南金牛中生代火山岩区。

（1）秦岭区中元古代火山岩区（含武当群、红安岩群）：为一套地槽型的变质富钠质火山碎屑-沉积岩系。在地球化学图上，可见三者实为一体，以 Na_2O、Sr 相对高背景量，多种元素偏低背景量—低背景量—相对低量，构成湖北省北部规模宏大的相对富集带或低贫带。其中，低贫的达 26 个，而以 K_2O、U、La、Th 的贫乏最为显著。偏高背景量—相对富集的除 Na_2O、Sr 外，尚有 SiO_2、Ba、Au、Y、Al_2O_3，然而它们仅限于东部武当群和红安岩群区。这些特征大体上反映了火山沉积相空间上的微小变化。

层区叠加分异作用偏弱。较强者为 Au、Ag、Hg，次为 Cu、Bi、Cd、Zr、P、F 等。Au 的 D 值在红安岩群达 13.44，在随州一带武当群达 3.67，在武当山一带武当群达 8.20，显示金矿化在层区内较为普遍，但较弱。Cu 的 D 值仅在武当山一带武当群和红安岩群大于 3，相应形成零散的浓集异常，反映了两群区分散的铜矿化。区内的 P、F 较强的浓集叠加，主体分布于红安岩群区，与发育的变质磷块岩矿床有关。

（2）鄂东南金牛中生代火山岩区：以贫 CaO、MgO、Co，相对贫 K_2O、Ni、Cr、F，相对富集 SiO_2、Ag、Hg、Bi、Be，富集和强富集 Ti、Pb、W、Sn、Zr、La、Nb 为特征。与秦岭区变火山岩区对比，组分上具较大的不一致性，可能反映了台区和造山区对火山类型的不同控制作用。

3. 基性火山岩区

基性火山岩区指南秦岭区发育的南华系耀岭河组变海相基性火山岩系和早志留世基性火山岩系。两者元素分布大体相同，共同有 CaO、Na_2O、Zn、MgO、Mn、Sr、P、Fe_2O_3、Co、Ni、Cr、Ti、V、Cu、Nb 的相对富集—富集—强富集，SiO_2、K_2O、Bi、Pb、Th、U、B 的贫乏—相对贫乏。尤其 Fe_2O_3、Ti、V、Co、Cu、Nb 的高量分布基本相同，在区域上，南华系耀岭河组变海相基性火山岩系沿武当复式背斜边缘和随枣局部向斜区构成上述元素富集带，早志留世基性火山岩系则主要于随南地区形成强浓集区，略不同的是，早志留世基性火山岩铁族元素富集度更高（K 值：Fe_2O_3 为 1.97，Ti 为 3.00，V 为 2.82，C 为 3.51，Cu 为 3.01，Nb 为 2.33），并尚有 La、Au、Be 的富集或相对富集。这可能表明了两者属同一构造环境下的产物，但具有构造地球化学演化方面的属性。

本类区铁族元素以高量均匀分布为特征，叠加分异作用不够明显。显示有异常浓集的元素有：耀岭河组主要为 Au，D 值达 8.2，其在武当复背斜边缘层区内显示多处浓集区，反映了层区内较发育的金矿化；其次为 Ag、Mo、Cd、Hg 等，但找矿指示意义不明显，随南早志留世火山岩区主要有 Ag、Mo、Cd、Hg 等，指示了与火山岩共生的黑色岩系中元素的局部富集。

4. 碳酸盐岩-碳硅质岩-碎屑岩系区

碳酸盐岩-碳硅质岩-碎屑岩系区为省域内广泛分布的岩层区，包括扬子北区中元古界神农架群—

打鼓石群、震旦系—寒武系—奥陶系、泥盆系—石炭系—二叠系—中下三叠统3套不同时代沉积层区，三者共同具以碳酸盐岩分布为主且黑色碳硅质岩、碎屑岩夹于其中的岩性特点。

总体上，层区内共同具偏低量的 Al_2O_3、SiO_2、Zr（K 值小于1），偏高量的 CaO、MgO、Mn、As、Sb、Hg、Ag、V、Mo、Cd、F、Li（K 值大于1），区域地球化学背景大体相似，其时空变化特征如下。

神农架群和打鼓石群藻礁碳酸盐岩区，两者共同富集 Cu、U，相对富集 P、Y，相对贫乏 Sr、SiO_2、W、Th 等。这反映了沉积环境方面的某些一致性，但差异性亦较大。集中表现为：神农架群相对富 Ba、K_2O、F，贫 Na_2O、Ti、Be、La 等；打鼓石群相对富集 Fe_2O_3、Co、Ti、V、Cr、Ni，相对贫乏 K_2O、Pb、Ba、U、Nb。由此表明，神农架群相对具较强的碎屑沉积作用，打鼓石群相对具较强的基性火山活动沉积机制。

震旦系—寒武系—奥陶系碳硅质岩-碳酸盐岩区，共同展示为 CaO、MgO、P、Ag、Mo、As、Sb、Cd、F 相对富集。上述相关组合共同分布，其中 CaO、MgO、P、F 的富集主要与碳酸盐岩有关，Ag、Mo、As、Sb、Cd 多与沉积建造内的黑色碳硅质岩有关，出现的区域性变化具体如下。秦岭区两郧断裂以北地区，CaO、MgO、As、Pb 含量偏高，Ag、V、Mo 等偏低。这种特征与此地当时所处的浅海盆地、含碳岩系不发育相符合。在两郧断裂与竹山断裂之间，层区内出现 Cu、Zn、Ni、Ti、Cr、V、Ag、Mo、U、Cd、As、Sb、Ba 强富集，其在武当复背斜西缘构成强富集带，主要与寒武系下部黑色岩系发育有关，且从 Cu、Zn、Ni、Cr、Ti 高含量来看，岩层区含较高的基性火山物质，构成较为特殊的富集区。北大巴山区-随南褶皱带内，富集成分与竹山断裂以北基本一致，尤其铁族元素及 Cu、Zn、Ba 的富集度较为显著。扬子区内，层区显著的贫 Na_2O 特征（K 值小于0.4）而与北部秦岭区不同，且自北而南亦存在区域变异。扬子区北缘，显示为 As、Sb、Hg、Pb、Ba、Ag、P 富集带，且于神农架隆起西北部构成 Ag-V-Mo-U-Ba 强富集区，反映该区寒武系下部含碳岩系相对发育。鄂中和鄂西南地区，对应的震旦系区为 P、Sr、Hg、As、Ag、Cd 富集—强富集区，反映了层区发育的含磷岩系和含银钒岩系，寒武系下部黑色岩系主要为 V、Mo 富集区，寒武系上部蒸发岩系区中 B、Li 偏于富集。鄂东南地区，层区的 Ag、As、Sb、Hg、Cd、Mo、U、Ba 显示为富集—强富集。其高量主要与震旦系和寒武系含碳黑色岩系有关，相应于九宫山背斜北缘和药姑山背斜、大磨山背斜边缘构成强富集带。全省奥陶系区除 As、Sb、Hg 偏高外，局部地带出现 Au、Mn 富集。

上古生界—下中生界碳酸盐岩区，元素分布亦存在较大变化。秦岭区泥盆系—石炭系显示为 CaO、Sb、As、B、Cd、Sr、F、Ag、W 富集—相对富集区。上扬子台坪区：泥盆系—石炭系—二叠系，相对贫乏 Na_2O、K_2O、Ba，且在鄂西南区由于较强的表生风化作用反常地贫 CaO，其 K 值仅为0.36～0.43，相对富集和富集 Ag、Hg、Cd、Mo、Bi、Li、U、F、B、As、Sb、W、Cr、F，其中以 Cd、Mo 在二叠系区的强富集最为典型，K 值分别为2.19～4.81和1.65～3.59，沿该区形成强富集带；中—下三叠统区，贫 Na_2O，相对贫 Ba，鄂西南地区相对低 CaO（K 值为0.54），显著地富集 Li、B（K 值：Li 为1.61～1.45，B 为1.81～1.69），总体上体现出蒸发岩系中元素的分布特征。下扬子台坪区，出现 Pb、Ag、As、Sb、Hg、Cd、W、Mo、Bi、Li、B 富集，其中以 Pb、Ag、As、Sb 在中下三叠统的富集具有典型性，其在黄石—蕲春一带和灵峰山地区构成较强浓集带，但其他区域缺乏这种特征。

本类岩层区叠加分异作用较强。不同地区叠加分异元素不同，具体如下。神农架群 Cu、Pb、Zn、Ag、As、Cd、Mo、P、Mn、V，以 Cu、Pb、Ag、Cd、Mo、P 为主，指示了群区内的铜矿化、铅锌矿化及银钒、磷层位性富集。震旦系—寒武系—奥陶系区，秦岭构造区内为 As、Sb、Hg、Au、Cu、Pb、Zn、Ag、Ba、Mo、U、Cd、Sr、P 等富集。两郧断裂以北以 As、Sb、Pb、Hg 富集为主，两郧断裂与竹山断裂之间以 Cu、Pb、Zn、Ag、Au、As、Sb、Ba 富集为主，北大巴山—随南地区以 Cu、Pb、Zn、Au、Ba 富集为主。形成的浓集带环绕武当复背斜边缘层区分布，反映了与之有关的铅锌矿化、重晶石矿化以及黑色岩系中富集的 Ag、V、Mo、U、Cu 等的进一步改造性浓集。扬子北缘带发育 Pb、Zn、Ag、As、Sb、Au、Hg、Cd、Ba、P 浓集带，指示了该带较发育的层控型铅锌矿化和重晶石矿化。鄂中地区广泛发育 Pb、Zn、Ag、Cd、As、Sb、P、V、Hg 浓集带，以黄陵背斜周缘环带状浓集最为清晰，指示了该区发育的磷、银、钒、铅锌、镉等成矿作用。鄂西南地区于咸丰走马坪、长阳等背斜区亦分布与上述类似的浓集带（区）。鄂东南—鄂南地区为 Zn、

Ag、Au、As、Sb、Hg、Cd、W、Mo、Ba 富集，以 Sb、Hg、Au 为主，其中以药姑山-大磨山锑汞矿带所形成的浓集带最为突出，其次为发育于寒武系—奥陶系之上的 Au、As、Sb、Hg 异常带。上古生界—中生界碳酸盐区，秦岭区相应叠加的 Sb、Ag、Au、Hg、Pb 明显构成东西向浓集带。扬子区泥盆系—石炭系—二叠系见 Cu、Pb、Au、Cd、Mo、F、Sb、Hg 等的叠加，以 V、Cd、Mo、Cu 较普遍。中下三叠统区，较强的叠加分异作用主要在鄂东南区，形成 Cu、Pb、Zn、Ag、Au、Sb、Hg、W、Mo、Cd、Sn、Bi、Sr、Ba 强富集，以 Pb、Zn、Ag、As、Sb 叠加度最大，为全省最高，反映了与该区中下三叠统有关的层控型和接触交代型等成矿作用。

5. 碎屑岩区

本类岩区普遍为 CaO、MgO 量偏低（K 值小于 1），其他元素分布以沉积相的差异在区域分布上有所不同。

扬子南区新元古界青白口系冷家溪群复理石碎屑岩区，除 CaO、MgO 相对贫乏外，尚相对贫乏 Na_2O、Sr、Nb，富集 Cu、Pb、Zn、Ag、As、Sb、Hg、W、Bi、Li，相对富集 Fe_2O_3、Mn、Cd、Sn、Y、Ba、B，其中以 Cu、Sb、W、Bi 较典型。于南部九宫山一带，出现 W、Bi、Sn 的强富集带。

志留系碎屑岩区，全省一致性地相对富集 K_2O、B、W、Ni、Bi。以 K_2O 最为明显，全省范围内形成有郧西关防、竹溪、保康、鄂西南星斗山、卸甲坝、百福司、咸丰等高背景—高含量区。不同构造域内的分布特征为：①秦岭区，Ti、Cu、La、Nb、Cr、Ni、V、B 富集或强富集，Al_2O_3、Fe_2O_3、Co、Mn、Zn、Au、Sb、Mo、Be、Zr、Y、Ba、Cd 相对富集；②扬子区，贫 Na_2O 而仅 Ni、W、Sn、Be、La、Ba、U、Th 相对富集，其他均显示为背景型分布，且区域上具相对的稳定性。

中—新生界复陆碎屑岩区，以大多数元素含量偏低为特征，广泛构成中—新生代沉积盆地内相对贫乏—贫乏区。偏高含量分布的元素仅为少数，且受构造盆地限制。其中，秭归和利川晚三叠世—侏罗纪沉积盆地为 Na_2O、Sr、K_2O、Th、B 相对富集，同时代的荆当盆地为 SiO_2、Ag、Zr 相对富集，鄂东南诸沉积盆地为 As、Sb、Hg、W、Mo、Sb、Sn、Bi、Zr、Nb、U、B 相对偏高含量分布；白垩系—第三系区，仅 As、Sb、Ag、W、Li、Zn 于上扬子区和下扬子区沉积盆地内出现偏高背景含量或相对富集；两湖断陷边缘的新近系区，SiO_2、Ag、Au、Zn 相对富集；全省第四系区，W、Zr、B、As、Sb 相对富集和富集，但秦岭区内 Na_2O 偏高，扬子区 As、Sb、W、Bi、Ti、Ag、Sn、W、Bi、Zr、Nb、B 等偏高。

碎屑岩区叠加分异作用一般不强。主要叠加分异的成矿元素是：①冷家溪群为 Cu、Zn、Au、As、Sb、Hg、W、Bi，以 As、Sb、W、Bi、Au 为主，浓集区多集中分布于通城—九宫山一带；②志留系分布区、秦岭区可见 Au、Ag、Sb、Hg、Cd、Mo、Ba 富集，以 Au 为主，形成郧西关坊 Au 浓集区和北大巴山浓集带，扬子区为 Au、Hg、Cd、Mo 等富集但强度均低；③中—新生界区，以 Au 浓集较为普遍，尤在白垩系—第三系分布区河床阶地一带出现的 Au 异常多与砂金富集有关，As、Sb、Hg、Cd 局部与异常主要分布在上扬子台坪和四川台坳晚三叠世—侏罗纪盆地内且矿化指示意义不明显，Hg 的浓集于第三系—第四系区比较普遍，可能为层区内的潜水富集引起。

（二）侵入岩中元素的分布、浓集或贫化趋势与成矿作用

1. 基性—超基性岩区

基性—超基性岩区 Fe_2O_3、Co、Ni、Cr、Ti、V、Mn、Sr、P、CaO、MgO、Cu、Zn 含量偏高，其具体的富集度、富集元素组合受不同岩带控制。

位于大别和黄陵背斜两地的大别期基性—超基性岩带，以 Cr、Ni、Fe_2O_3、Co 弱富集—强富集，Ti、V 相对富集为特征，反映了岩带以超基性岩为主的产出特点。据表 6-4，区内 Al_2O_3、La、Be、Th 等含量偏高，应为围岩物质混入引起。扬子期各岩带，仅有大别区清水河岩石区 Cr、Ni、Co、Fe_2O_3 富集或强富

集，其他岩带分布含量偏低；如桐柏地区大悟-红安岩带弱富集 Fe_2O_3、V，相对富集 Co、Ti，Cr、Ni，仅在岩带中部出现狭窄的高背景带；随应岩带高背景量分布 Fe_2O_3、Cr、Ti、V，高量分布 Co、Ni；武当—两郧地区诸岩带总体接近于正常背景，仅以 V、Ti、Cr、Ni、Fe_2O_3 局部的高背景或高量点显示。加里东期各岩带，富集或强富集 Fe_2O_3、Co、Ni、V、Cr、Ti，其含量值为所有基性—超基性岩之首，并有 Cu、Au、Zn、Nb、La 高背景—高量分布，反映偏碱性基性—超基性岩特征和较好的含矿性。

本类岩区叠加分异元素，主要为 Cr、Ni、Cu、Co、Ti、V、Au，但不同岩带表现不一。据相关图件上浓集区显示和 D 值统计，大别期超基性岩带以 Cr、Ni 为主，Cr、Ni 在大别和黄陵两岩带内均大于 8.5，最高达 20，反映出含矿岩体的特征。扬子期各岩带叠加分异总体较弱。桐柏—大别地区岩带内仅 Au 有较强的叠加。随应和武当-两郧岩带主要为 Ni、Cu，但叠加度均低。加里东期各岩带铁族元素及 Cu、Au 等含量虽高，但 D 值低，表现为均匀富集之特点。

表 6-4 扬子区各地层单元元素/指标叠加分异特征

地层单元	弱叠加	叠加	强叠加
	$1.5<D\leqslant3.0$	$3.0<D\leqslant6$	$D>6$
第四系	V、Zn、As、Sb、W、Mo、Sn、Li、La、Y、Nb、F、U、Sr、Ba、Fe_2O_3、Co、Cr	Pb、Ag、Hg、Bi、P	Cu、Au、Cd、CaO
白垩系—第三系	Mo、Sn、Zr、La、Th、Sr、Ba、P、MgO、SiO_2	Pb、As、Sb、Hg、Cd	Ag、Au、CaO
上三叠统—侏罗系、白垩系	Mn、Cu、Zn、Ag、As、Sb、Cd、W、Sn、Bi、Li、Zr、La、Th、Sr、Ba、P、F、B、Al_2O_3、SiO_2、Cr、Ni、Ti	Pb、Au、Mo、Nb、CaO	Hg
中下三叠统	As、Sb、W、Sn、Be、U、Ba、P、F、B、Al_2O_3、MgO、SiO_2、Na_2O、Fe_2O_3、Co、Cr、Ni	V、Zr、Au、Hg、Bi、Li、Sr	Cu、Pb、Ag、Cd、CaO、Mo
二叠系	Mn、Zn、Au、As、Sb、Hg、Sn、Bi、Li、Be、Zr、La、Y、Nb、Th、U、Ba、P、B、SiO_2、Fe_2O_3、Co、Cr、Ni、Ti	V、Cu、Pb、Ag、W、Sr、F、MgO、Na_2O	Cd、Mo、CaO
泥盆系—石炭系	V、Mn、Pb、Zn、Ag、Au、As、Sb、Li、Be、La、Y、U、Ba、SiO_2、K_2O、Na_2O、Co、Cr、Ni	Hg、Sr、P、F、MgO	Cd、Mo、CaO
志留系	V、Mn、Cu、Pb、Zn、Ag、As、Sb、Bi、Li、Zr、La、Y、Nb、Th、U、B、Al_2O_3、MgO、SiO_2、Fe_2O_3、Co、Cr、Ni、Ti	Au、P、F	Hg、Cd、W、Mo、Sr、Ba、CaO
奥陶系	V、Cu、Pb、Zn、Ag、Au、As、Sb、Hg、W、Be、Zr、Y、Nb、U、Al_2O_3、SiO_2、Na_2O、Fe_2O_3、Ni、Ti	Cd、Mo、Li、B	Sr、Ba、P、F、CaO、MgO
寒武系—奥陶系	Mn、W、Bi、Ba、Li、Y、SiO_2、K_2O、Na_2O、Co、Cr、Ni	V、Cu、Pb、Zn、Au、As、Li、U、Sr、F、B、CaO、MgO	Ag、Sb、Hg、Cd、Ba、P、Mo
震旦系	V、Mn、Sn、Li、Be、La、Y、Th、U、B、CaO、MgO、Fe_2O_3、Cr、Ni、Ti	Cu、Pb、Au、As、W、Sr、Ba、F、Na_2O	Zn、Ag、Sb、Hg、P、Cd、Mo、Bi
原花山群	V、Cu、Pb、Zn、Ag、Sb、Cd、Sn、Be、Y、Nb、Th、Ba、P、F、B、SiO_2、Fe_2O_3、Co、Cr	Au、As、Mo、CaO、MgO、Ti	Hg
打鼓石群	V、Mn、Pb、Cd、Sn、Li、Th、P、Al_2O_3、MgO、Co	Zr、Y、B、CaO	Hg、Bi、La
神农架群	V、Mn、Pb、Au、As、Sb、Hg、W、Li、Nb、U、Sr、Ba、B、MgO、K_2O、Co、SiO_2、Cr、Ni	Cu、Zn、Mo、P、F	Ag、Cd
冷家溪群	Mn、Cu、As、Sn、Li、La、Nb、Th、U、Sr、SiO_2、Cr、Ni、Ti	V、Zn、Sb、Hg、W、Na_2O	Ag、Au、Cd、Mo、Be、Bi、Ba、CaO、MgO
原崆岭群	V、Mn、Cu、Pb、Zn、Mo、Sn、Be、La、Y、Nb、Sr、Ba、B、MgO、Fe_2O_3、Co、Cr、Ni	Ag、As、Hg、Zr、F、CaO	Au、Cd、P

2. 中酸性岩区

1)基本分布特点

(1)Al_2O_3、K_2O、Na_2O、Nb、Be、La、Zr、Th、U、Y:为中酸性岩内富集元素,多数岩区 K 值大于 1,且相对富集区域与中酸性岩区范围吻合,也有部分岩区部分元素 K 值小于 1。表 6-5 为典型中酸性岩区区域浓集比率(K 值),该表显示岩区元素分布受控于成岩类型。

表 6-5 典型中酸性岩区主要元素/指标区域浓集比率(K 值)

指标	天堂寨岩区	大同岩(体)区	黄陵岩(体)区	七尖峰岩(体)区	乱泥滩岩(体)区	夏店岩(体)区	梅川岩(体)区	阳新岩(体)区	通城岩(体)区
Al_2O_3	1.278	1.235	1.326	1.206	1.452	1.283	0.980	1.113	1.456
K_2O	0.991	1.004	0.941	1.216	1.608	1.383	1.225	1.167	1.556
Na_2O	2.412	2.750	2.457	3.007	1.720	3.316	1.449	1.375	1.563
SiO_2	0.875	0.889	0.923	0.994	0.913	1.017	0.944	0.982	0.930
CaO	1.712	2.097	1.103	0.842	0.826	0.467	1.304	1.065	0.723
MgO	1.405	1.258	0.986	0.595	0.650	0.350	1.448	0.847	0.431
Fe_2O_3	1.245	1.290	1.019	0.892	0.973	0.724	1.227	1.231	0.554
Co	1.199	1.026	0.786	0.671	0.628	0.479	1.520	1.307	0.388
Cr	0.953	0.925	0.656	0.572	0.539	0.438	3.158	0.611	0.285
Ni	1.058	0.866	0.674	0.548	0.430	0.424	2.598	0.747	0.204
Ti	1.201	1.369	0.755	0.801	0.877	0.596	1.042	1.112	0.612
V	1.126	1.110	0.676	0.688	0.645	0.564	1.056	1.438	0.443
Cu	1.029	0.660	0.454	0.529	0.493	0.445	1.024	2.526	0.428
Pb	1.111	1.044	0.851	1.160	1.530	1.104	1.320	1.032	1.624
Au	0.900	0.654	0.960	1.469	0.738	1.246	1.985	2.320	0.769
W	0.338	0.401	0.429	0.777	0.656	1.331	0.645	2.165	0.783
Mo	1.316	0.724	0.407	0.737	0.921	0.947	0.620	1.553	0.224
Bi	0.500	0.538	0.408	0.808	0.462	0.731	0.692	1.885	3.115
Nb	1.144	1.385	0.88	1.215	1.805	1.599	0.882	1.182	0.707
Be	1.466	1.192	0.786	1.962	1.880	2.413	1.298	1.115	2.490
Zr	2.943	2.011	0.952	1.240	2.550	2.085	2.162	1.343	0.863
La	1.964	2.181	1.292	1.076	2.029	1.284	1.213	1.388	1.188
Th	1.678	0.855	0.927	1.595	2.309	2.234	1.176	1.608	2.397
U	1.012	0.708	0.711	1.202	1.324	1.142	1.015	1.389	1.874
Sr	3.756	6.320	2.429	3.896	1.976	1.062	3.908	2.350	1.928
Ba	1.799	2.992	1.304	1.646	1.862	0.746	2.602	1.096	1.447
P	3.330	4.582	1.137	1.295	0.856	0.449	1.639	1.499	0.751
F	1.582	1.461	0.664	1.040	0.891	0.824	0.973	0.861	1.034

(2)CaO、MgO、Fe_2O_3、Co、Ni、Cr、Ti、V、Mn:大别期混合花岗岩诸岩区(大别山、桐柏山、杨坡),本组元素含量普遍偏高,并以Zr、Al_2O_3、Be、La、Th富集—强富集为特征。大别期交代花岗岩(大别地区)相对富集—富集Zr、La、Be、Na_2O、Y,相对贫乏Th、U;黄陂地区扬子期中酸性岩区,相对富集Na_2O、La、Al_2O_3,Th、K_2O仅显示为背景,Be、U、Nb、Y则相对贫乏,该地区的钾长花岗岩区,Al_2O_3、U、Y偏低。桐柏—大别地区燕山期花岗岩区,Y量偏低,强富集元素桐柏山地区诸岩区为Be、Th、Na_2O、Al_2O_3,大别山诸岩区为Zr、La、Al_2O_3;鄂东南中酸性岩区,本组元素总体比桐柏-大别岩区含量偏低,Al_2O_3、Be、Zr、La、Nb、Th、U仅达高背景量—相对高量分布,Na_2O、K_2O显示为区域背景含量,该区酸性岩(鄂城岩体)则有Nb、Zr弱富集;鄂南通城杂岩区,相对富集Na_2O,弱富集La,富集K_2O、Th、U,强富集Al_2O_3、Be,而相对贫乏和严重贫乏Nb、Y,其分布性状与鄂东南及桐柏—大别地区诸岩区有较大不同。该区内基本为一套含量贫乏元素。就贫乏程度而言,以鄂南通城杂岩区最为强烈,其K值分别为:CaO为0.66,MgO为0.43,Fe_2O_3为0.55,Co为0.39,Ni为0.21,Cr为0.28,Ti为0.62,V为0.41,Mn为0.48;其次为黄陵中酸性岩区、桐柏-大别酸性岩区、鄂南太阳山-沙店岩区,一般呈贫乏—相对贫乏型;大别期混合花岗岩区,黄陵钾长花岗岩区、鄂东南酸性岩区呈相对贫乏—背景型,其中大别山混合花岗岩区铁族元素含量局部偏高,可能为岩区内基性—超基性岩混染所致;大别地区交代花岗岩区、燕山期梅川和两路口岩体区、鄂东南中酸性岩区铁族元素含量偏高,呈背景—相对富集型,与偏中性的岩石特征相一致。

(3)Sr、Ba、P、F:Sr、Ba、P、F在全省唯一呈现相对富集—富集的岩区是大别地区的大别期混合花岗岩区;Sr、Ba、P富集—相对富集的岩区是桐柏地区的大别期混合花岗岩区、大别地区的大别期交代花岗岩区、桐柏山燕山早期岩体区、梅川和两路口燕山晚期偏中性岩区、黄陵地区扬子期中酸性—酸性岩区、鄂东南燕山期中酸性岩区;Sr、Ba相对相对富集—富集的岩区为大别地区燕山晚期白莲河、乱泥滩岩体区、鄂南通城杂岩区;Sr、Ba、P、F相对贫乏的岩区为桐柏山地区燕山晚期蔡店区、灵山岩体区;Sr相对贫乏的岩区为鄂南太阳山-沙店岩体区。由上可见,四者在中酸性岩区分布情况复杂,受到成岩类型和侵入构造环境多方面的控制。

(4)As、Sb、B、Li、Hg:多数岩区相对贫乏—贫乏,仅鄂东南两类岩区As、Sb、Hg、B含量偏高,呈背景含量—高背景含量,鄂南通城和太阳山-沙店岩区以Li相对富集—富集为特征。

(5)Cu、Pb、Zn、Ag、Au、W、Sn、Mo、Bi、Cd:分布上缺乏一致性。据统计,全省相对贫乏Cu的岩区为桐柏地区大别期混合花岗岩区和燕山期花岗岩区、黄陵地区扬子期中酸性岩区、大别地区燕山期酸性岩、鄂南通城及太阳山-沙店岩区。其中,以鄂南通城岩区最为贫乏,K值仅0.39,为省内所有地质单元最低值;富集Cu岩区只有鄂东南中酸性岩区,K值为1.93,其中最典型的富Cu岩体为阳新岩体,其K值达2.53,其他岩区Cu含量均接近于正常背景。

相对富Au岩区主要为鄂东南中酸性岩区,呈富集型,其次为大别地区梅川燕山期偏中性岩、桐柏地区七尖峰岩体、黄陵地区中酸性岩。贫Au的岩体区为鄂东南酸性岩和通城太阳山、沙店等。

相对富Pb岩区主要为鄂南通城-太阳山-沙店岩区、大别地区燕山期酸性岩区、桐柏地区、七尖峰岩区以及杨坡地区的混合花岗岩,以通城和乱泥滩两岩体地区的富集最为强烈。

W、Mo、Sa、Bi的分布特征为:桐柏—大别地区、黄陵地区两类岩区均呈背景—相对贫乏—贫乏型分布;鄂东南、鄂南诸岩区基本为相对富集—富集型分布,含量偏高。其中,鄂东南中酸性岩区的W和太阳山-沙店岩区W、Sn、Bi属强富集,K值最大,反映了较好的成矿性。

Ag、Cd在诸岩区多以背景含量或相对贫乏分布为特征,仅鄂东南中酸性岩区相对富集。

2)成矿叠加分异特征

中酸性岩区主要表现为岩浆热机制下的叠加分异,成矿热液作用元素叠加分异因岩石区不同而异。据地球化学图上浓集区显示和表6-4,桐柏—大别地区诸岩区发育Au、As、Sb、Hg、Cd、Cu、W、Mo、Bi、Zr、La、Be、La、Th的叠加分异,其中以Au、As、Sb、Hg、Cu、Pb、W、Mo、Bi比较普遍。就叠加分异程度和元素组合而言，大别期混合花岗岩主要为 W－Bi、As－Hg 中强叠加分异组合，偶伴 Au；交代花岗岩区显示为强的 Au，中强的 W、Mo、As、Hg 叠加分异组合。燕山期花岗岩西部桐柏诸岩区发育 Cu－Ag－Au－Mo－As－Hg－Bi 或 Cu－As－Mo－Au－Pb－Hg 弱叠加分异组合；东部大别酸性岩区发育 Au、Hg、As、W、Mo 强叠加，Pb、Ag、Bi、Sb 弱叠加组合；偏中性岩区发育 Au 的强叠加，Hg、Sb、Mo、W 的弱叠加分异组合。黄陵地区扬子期中酸性岩区，显示为 Cu、Ag、Au、As、Hg、Mo、B 叠加分异组合，以 Au 为最强，其 D 值达 65.79，指示了岩区广泛发育的金矿化。北部钾长花岗岩区显示 Au、Cu、Ag、Pb、Hg、Cd、Mo 的叠加分异组合，亦以 Au 为主，反映了与岩体有关的金铜成矿作用。

鄂东南中酸性岩区出现 Cu、Pb、Ag、Au、W、Mo、Bi、As、Sb、Hg、F、La 等叠加分异组合，最强者为 Cu、Pb、Ag、Au、W、Mo、Bi，D 值达 16.61～49.9，构成铁山岩体东段、灵乡岩体中段和北东段、阳新岩体全区，南部鸡笼山、阮宜湾斑岩区等叠加浓集区。鄂城酸性岩发育 Cu、Pb、Ag、Sb、Cd、Mo、Bi 组合，D 值为 8.90～166.2，属强叠加分异，与接触带内的成矿作用有关。

鄂南通城杂岩区具 Au、W、Bi、Be、La、Th、Sn、Nb、B、Li 等弱—中强度的叠加分异，形成的浓集区发育于岩体的不同部位，其中 Au－W－Bi－B－Li 主要发育在北部、东部接触带内，Be、Nb 主要发育于北西部前锋岩浆活动区，La、Th 主要分布于岩区中心，反映元素浓集与岩浆分异演化有关。太阳山-沙店岩区出现 W、Bi、Au、B、Pb 等叠加分异，反映了岩区内及接触带内钨锡等成矿作用。

3. 碱性岩区

碱性岩区岩性主要为南秦岭区内加里东期碱性岩。元素分布以北大巴山区带内碱性岩比较典型，其以强富集 Nb、La、Y、Be、Zn，富集 Zr、K_2O，弱富集 Th、P、F 为特征，并具有 Fe_2O_3、Cr、Ti、Mn 等铁族元素及 Na_2O、W、Sn、Sr、Ba 等相对富集，Al_2O_3 呈背景量，SiO_2、Pb 相应贫乏等特点。分布于武当复背斜内的碱性岩，主要见 Nb、La、Y、Ba、P、铁族元素、Cu、Zn、Sr 相对富集—强富集，K_2O、Na_2O、Zr 呈背景量，两者的差异可能代表了喷出相与侵入相的区别。

岩区内与岩体成矿作用有关的元素叠加分异，北大巴山地区主要为 Au、W 的弱—中等程度，武当复背斜区主要为 La、P、Ba、F、Zn。其他元素的叠加分异可能为非岩区本身引起。以叠加强度看，武当复背斜区碱性岩明显有较强的成矿作用，与成矿地质作用完全相符。

（三）区域构造地球化学元素的分布、浓集或贫化趋势与成矿作用

识别断裂构造对元素分布的控制主要基于两方面要素：一是切割地球化学背景场，二是沿断裂带发育异常带。在湖北省区域地球化学场中，上述两方面特征均十分明显，断裂不仅构成不同地球化学单元的边界，且对区域性叠加浓集带有着明显的控制作用。主要断裂对元素分布的控制表现如下。

1. 东秦岭断裂系

东秦岭断裂系主体于省域北部呈北西—北西西向切割地球化学背景场，并沿断裂带发育不同元素组合的异常带，基本控制了秦岭褶皱系区的矿床产出和矿带展布方向。

(1)青峰-襄樊-广济断裂带：为全省南部贫钠和北部富钠两大地球化学单元的边界，且止于北部不同的地球化学背景区而表现出后成性。西段呈弧型裂断切大巴山铁族元素及 Cu、Zn、Nb、La、Au 高含量区；中段斜切武当富 Na_2O、Sr 区，大洪山一段又切断随南多元素富集区；东段切断大别富 Na_2O、Zr、Sr、B、P 区。该断裂南侧地球化学背景比较一致，但沿该带发育比较连续的 Pb、Ag、As、Sb、Ba、Au、Hg 异常带。异常带主体虽不在主断裂带上，但明显受主断裂控制，且异常带沿断裂向东西贯通全省域，规模较大，为全省最主要的异常带，且于西段和中段沿断裂发育基性—超基性岩引起的铁族元素组合异常，显示该断裂为一控岩控矿断裂。

(2)两郧断裂：无地球化学背景方面的显示，但在东段发育 Fe_2O_3、Cr、Co、Ti、V、Cu、Nb、La 等组合

异常带，可能表明对扬子期和加里东期基性—超基性、碱性侵入活动的控制，并沿带散布 Au、Cu、Pb 异常；西段古生界区内发育 Pb、Hg、As、Sb、Au、Cu 等异常，呈串珠状展布。

(3)竹山断裂：为武当富 Na_2O、Sr 区和南部北大巴山铁族元素及 Cu、Zn、Nb、La、Au 高含量区的分界，对 Cu、Ag、V、Mo、U、Ba、Cd、Pb、As、Sb 的浓集有控制作用。

(4)新城-黄陂断裂：为北侧桐柏 K_2O、Na_2O、Nb、Sr、Ba 富集区与南侧随枣 Nb、Be、Zr、Sr、Ba、P、K_2O 低贫区的明显边界，沿带发育 Au、As、Ag、Hg、Pb、Cu 等弱异常。

(5)桐柏-红安-浠水断裂：西段与新城-黄陂断裂合并共同切割背景场，大悟-红安段沿大悟-夏店北西向断裂带出现背景场内 Sr、Ba、P、Na_2O、Zr、Nb、Be 的南北变异，东段背景场变化不明显。带内异常呈分散的似带状结构，西部桐柏-红安段主要为 Au、As、Hg、Ag、Pb、W、Bi、Mo，东部浠水-梅川段主要为 Pb、Au、Ag、As、Hg、Mo、W、Cu。

2. 扬子断裂系

扬子断裂系有地球化学背景横向差异和近东西向异常带显示，明显的有阳新-咸宁断裂、天阳坪断裂、崇阳-通山断裂及九道-阳日断裂等。

(1)阳新-咸宁断裂、天阳坪断裂：两者跨越两湖断陷隐约连为一带，在地球化学背景方面，为北侧富 Na_2O、Cu、Fe_2O_3、Cr、Sr、Ba、P 基底地球化学层与南侧富 K_2O、W、Sn、Sb、As、Bi 基底地球化学层的分界。在异常方面，于阳新—咸宁段严格控制了 Cu、Pb、Zn、Ag、Au、As、Sb、Hg、W、Mo、Sn、Bi 的浓集；在西部天阳坪段于南侧平行展布 As、Sb、Hg、Ba、Pb 异常带，北侧发育的 As、Sb、Hg、Pb 异常带呈北东向，显示断裂对异常场的分割。

(2)崇阳-通山断裂：发育 Au、As、Sb、Hg、Pb、Cu 等异常，呈断续带状分布，以 Au、As、Hg 为主。

(3)通城-九宫山断裂：发育 W、Sn、Bi、B、As、Sb、Au、Hg 异常，呈北东东向展布，W、Sn、Bi、B 居中带位置，Au、As、Sb、Hg 居于外带。

(4)雾渡河断裂：黄陵背斜区内一段，控制 Au 异常带，东段古生界区控制 As、Sb、Hg、Pb 异常带。

(5)九道-阳日断裂：发育 Ag、Pb、Hg、Sb、Hg 异常，且以断裂为界，北部浓集带呈近东西向展布，南部呈涡旋状展布。

3. 郯庐断裂系

郯庐断裂系控制湖北省东部北东向、北北东向异常带，主要有黄梅断裂、麻城-团风断裂、梁子湖断裂、广水断裂等。

(1)黄梅断裂：为大别高 Fe_2O_3、Na_2O、Zr、Sr、Ba、P 背景区与扬子高 As、Sb、W、Cu、Mo、Bi 背景区的分界，发育 Pb、Mo、W、Au、As、Sb、Hg、Cu 异常。异常展布于南、北两背景区内，北部以 Pb、W、Mo、Au 异常为主，南部以 As、Sb、Hg、Pb、Cu 异常为主。

(2)麻城-团风断裂：分隔大别富 Fe_2O_3、CaO、MgO、Zr、Sr、Ba、P 和大悟-红安弱富 Sr、Ba、P 区，沿断裂发育 Au、As、Sb、Hg、Pb 异常，但其分布相对分散。

(3)梁子湖断裂：为鄂城-大冶多元素强浓集区的西部边界。

(4)广水断裂：分隔桐柏山富 Al_2O_3、K_2O、Na_2O、Nb、Be、Zr、Sr、Ba、P 和大悟-红安弱富 Sr、Ba、P 区。南端与新城-黄陂断裂交会处发育 Cu、Pb、Ag、As、Mo、Hg 异常。

4. 武陵断裂系

武陵断裂系控制湖北省西部一系列北东—北北东向异常带，较清晰的断裂有齐岳山断裂、恩施-建始断裂、咸丰断裂、新华断裂等。

(1)齐岳山断裂：发育 Pb、As、Sb、Hg、Ag、Cu、Mo 等异常，构成清晰的线性组合异常带。

(2)恩施-建始断裂:由该断裂分隔,西部为志留系 K_2O、Be、Th 相对富集区,三叠系 B、Li 相对富集区,东部为二叠系 V、Mo、Cd 富集区,发育 As、Sb、Hg、Pb、Ag、V、Mo、Cd 等异常。异常带南段具分支现象,反映了断裂组合性质。

(3)咸丰断裂:分隔西部志留系—三叠系 K_2O、B、Zr、F、Ag、Mo、Cd 高背景区和东部寒武系—奥陶系 As、Sb、B 高背景区,沿断裂发育 Pb、Zn、Ag、As、Sb、Hg、Cu 异常,以 Pb 为主,异常带呈线性断续展布。

(4)新华断裂:分隔神农架隆起和黄陵背斜两环状地球化学区,沿断裂发育 Pb、As、Sb、Hg 异常,南段穿越秭归贫地与恩施-建始断裂连接。

5. 其他断裂系

其他断裂系主要为与大陆边缘活动有关的北西向、北东向断裂系,展布于江汉断陷周缘,主要有南漳-荆门断裂、通城河断裂、仙女山断裂等。

(1)南漳-荆门断裂:发育 As、Sb、Hg、Pb 等异常,以 As、Hg 为主。异常带展布为北北西向,受断裂控制明显。

(2)通城河断裂:为二叠系 V、Mn、Cd 富集区与中—新生界多元素低贫区的分界带,沿断裂发育 As、Sb、Pb、Hg 异常带。在与雾渡河断裂交会处,异常区膨大,强度增高。

(3)仙女山断裂:有较强的 Pb、Zn、As、Sb、Hg 异常聚集,在与近东西向断裂交会处相对发育,并向两侧辐射。

二、区域地球化学异常与成矿关系

(一)区域地球化学异常类型、特征及分布

选取铜、金、铅、锌、钨、锑、稀土、锰、镍、钼、银、钒、锶、萤石及重晶石等各单矿种圈定综合异常并进行分类,其各自异常特征如下。

1. Cu 元素异常特征

(1)异常数量少,仅在局部地区分布,异常明显突出。

(2)异常与省内地层、构造、岩浆岩没有明显的依存关系,而仅仅是在某些特定地质部位出现。

(3)依不同地质构造部位来看,秦岭-大别造山带中异常主要分布在竹山陆缘裂谷兵营陆缘斜坡、随南陆缘裂谷南侧的下古生界地层区,其他地区异常稀少。在扬子陆块区,上扬子陆块铜异常仅在神农架背斜核部,南部被动边缘褶冲带的局部地段分布;下扬子陆块铜异常相对较多,主要分布在鄂东南六大岩体区及江汉盆地南缘,而南部幕阜山被动边缘褶冲带也无异常出现。

(4)省内主要的中酸性侵入体中除鄂东南五大侵入体(不含鄂城岩体)有浓度高、面积大的 Cu 异常外,其他如梅川、通城、七尖峰、夏店、双峰尖、黄陵等岩体均无 Cu 异常,白莲河岩体边缘有低弱异常。

省内已探明的铜矿均有浓度高而明显的铜异常与之对应,其他部分异常推测与铜矿有关,也有部分异常性质尚难判定,如江汉盆地南缘弧形异常带。

在江汉盆地南缘东起簰州湾,西到松滋县沙道观分布有向北开口的规模巨大的弧形低 Cu 异常带,其中石首、监利以东段与航磁异常部位吻合,以西则位于航磁异常带南侧,此弧型异常带是否预示深部有进一步的铜多金属矿的成矿前景值得深入研究。

2. Au 元素异常特征

(1)全省 Au 异常数量多,且呈分散状分布于全省不同地理区、不同地质构造单元和不同地质构造部位。

(2)异常与不同地质构造单元、地层、褶皱构造、断裂、不同侵入体等无明显的对应关系。

(3)湖北省境内已发现的沉积型砂金矿床(五峰)、红土型金矿(蛇屋山)、热液型金矿床(白云、野木坪等)、层控热液型金矿床(方山)、矽卡岩型金矿床(鸡冠咀等)、斑岩矽卡岩型金矿床(金井咀)及众多金矿点都有相应的Au单元素异常反映,并通过化探异常查证发现了工业矿床。例如查证Au、As、Hg元素异常发现嘉鱼县蛇屋山红土型金矿床(大型),查证Ag元素异常发现兴山白果园银钒矿床(大型),查证Ag、Pb、Zn元素异常发现竹山银洞沟银金矿床(大型)等。

(4)全省Au异常虽呈分散状分布,但粗略可分出相对集中和相对贫异常地段。

(5)秦岭-大别造山带Au异常相对集中的地区有武当陆内裂谷区周缘、随南陆缘裂谷区、桐柏大别基底杂岩区红安以北至省界区,Au异常相对贫乏的地区是武当陆内裂谷区、南襄盆地区、桐柏大别基底杂岩区。

(6)扬子陆块区的上扬子陆块异常数明显少于下扬子陆块,其中上扬子陆块区Au异常主要分布于黄陵背斜周缘,下扬子陆块区Au异常主要集中分布于鄂东南褶冲带、幕阜山被动边缘褶冲带西缘,而江汉盆地及幕阜山被动边缘褶冲带大部地区异常稀少。

(7)省内与Au异常分布密切相关的主要褶皱构造有柳林背斜、大磊山穹隆、大崎山穹隆、黄陵背斜、方山背斜、殷祖复背斜等。

(8)与Au异常分布密切相关的断裂构造主要有青峰断裂西及东段、北西向雾都河断裂北西段、南障-荆门北北西向断裂中段、近东西向瓦雪地-两剑桥断裂及北北东向下陆-殷祖断裂等。

3. Pb、Zn元素异常特征

湖北省铅锌矿产资源的现状是矿床规模较小,矿点矿化点多。规模较大的有神农架花椒树坪中型锌矿床、阳新县银山中型铅锌银矿床和宣恩县曾家垱锌矿床等。矿点及矿化点多集中在鄂东南六大岩体区、神农架大穹隆周缘、黄陵背斜周缘及鄂西南咸丰背斜内。

除银山铅锌银矿床赋存在志留系砂页岩中,其他矿床(点)大多数赋存在碳酸盐岩地层中,鄂东南主要在三叠系大冶组中,咸丰背斜内主要在寒武系—奥陶系娄山关组与奥陶系南津关组中,神农架至黄陵背斜主要在震旦系—寒武系灯影组中,少数在寒武系牛蹄塘组、震旦系陡山沱组中。

(1)在秦岭-大别造山带内无Pb异常出现,仅有Zn异常分布在东、西两端。东端的Zn异常出现在水口-天堂寨混合花岗岩带内,西端Zn异常出现在竹溪蒋家堰至泉溪的志留系中,与稀土异常同伴;丰溪背斜北翼的震旦系—寒武系中同时还套合Cu、Au、P、Y、La异常,分布于武当背斜西北端及两郧背斜西北端外围的震旦系—寒武系中。

(2)在扬子陆块内,Pb、Zn异常基本相伴出现,具体分布位置与铅矿及有关赋矿地层对应。其中,Zn异常范围比Pb异常范围小,显得更稳定,指向性更清楚。只有通城岩体及烂泥畈岩体($\eta\gamma_5^{3b}$)仅有Pb异常,Zn异常毫无显示。

(3)沿长江从沙市至团风,Pb、Zn异常形成断续不规则的异常带。其中,武汉市城区外围浓度最高,异常带全为第四系全新统,其被认为由环境污染造成。

4. W元素异常特征

W异常省内大部地区无或仅有局部低弱异常分布,主要异常仅局限分布于下扬子陆块大冶台地褶冲带的灵乡、殷祖、阳新岩体区及通山台缘褶冲带南部边缘与江西、湖南的交界地区。灵乡、阳新岩体区是省内大中型钨、铜、钼复合型矿床及矿点的集中分布区,该区W异常不仅反映了这些矿床,同时也反映了这些岩体W元素的高背景。

南部沿江西、湖南省界分布的W异常与燕山期侵入的沙店、九宫山、大湖山、通城诸岩体部位吻合,同样反映了这些岩体W元素的高背景。鉴于此异常带地处江南台隆钨集矿带上,且江西省在省界南侧本异常带上的香炉山已发现矽卡岩型大型钨矿床，省内也有钨矿点，因此推断此异常也有可能与暂未发现的钨矿床有关。

5. Sb 元素异常特征

Sb 异常在鄂西北区主要分布于郧西上店子一带，为大面积低浓度 Sb 异常，对应地层虽为含 Sb 较高且已发现赋存锑矿床(陕西)的泥盆系，但因其丰度低、浓集不明显，故找矿意义不大。另外，Sb 异常沿近东西向房县青峰断裂和北西向竹山断裂断续分布，单个异常除个别外多数面积小、浓度低，推测异常与早中寒武世赋矿地层及断裂有关，个别面积较大、浓度较高的异常值得重视。

鄂东南区分布的 Sb 异常也有两种类型：一是分布于鄂东南六大岩体区的零散低浓度 Sb 异常，这些异常大多与断裂有关找矿意义不大，但阮家湾 Sb 异常丰度高，面积大且对应寒武系成矿地层，故值得注意；二是全省规模最大、丰度最高、浓集中心最明显的 Sb 异常出现在湖北省南部江南隆起北部边缘的大磨山背斜、方山背斜及西部鹤峰县的走马坪背斜区，这些背斜均以冷家溪群为核部，周缘围绕震旦系、寒武系成矿地层，其中大磨山背斜上震旦统中已发现徐家山中型锑矿床，因此这些异常应是省内寻找锑矿的重点异常。

6. 稀土元素异常特征

湖北省稀土矿床主要有庙垭大型铌铈镧矿(属碱性碳酸岩型)以及殷店—芳畈一线红安岩群沉积变质型钇矿床、石首-通城独居石砂矿。这些已知矿床中除通城显示明显地化异常外，其他基本无异常表现。

轻稀土 La 异常主要与燕山期二长花岗岩、大别混合花岗岩带、二长花岗岩，扬子期二长花岗岩关系密切，其次与下古生界有一定关系，如志留系、寒武系—奥陶系等。

重稀土 Y 异常主要与红安岩群、桐柏大别基底、武当群及耀岭河组有一定关系。

轻重稀土异常主要与加里东期碱性火山岩、加里东期碱性正长岩株、震旦系—寒武系关系密切，且找矿前景最好，其次是大别岩群中大崎山一带混合变质带叠加中酸性小岩群。

1)轻稀土 La 异常

(1)燕山期二长花岗岩有关的以 La 为主的稀土异常分布在湖北东部沿省界地带，呈半环状，异常出现在二长花岗岩体内，从北经东至南有七尖峰、草店、鸡公山、小界岭、夏店、烂泥滩、张榜、白莲河、谢华伍、白沙铺、封山洞、石首、通城、大湖山、九官山、沙店等异常(岩体)。在这些岩体中目前尚未发现内生(岩体、伟晶岩、接触交代)矿床，仅有独居石砂矿床，分布在石首、通城两地。根据地质背景、异常特征、地形条件，本书认为石首通城、沙店、烂泥畈、草店、小界岭有寻找轻稀土矿床的前景。

通城燕山期二长花岗岩体中，有已知独居中型砂矿床(南港、隽水、玻璃坳)。该区圈出中高浓度 La 异常两处，通城南异常规模大。已知矿床位于该异常的西段，在异常东段及通城东北的另一异常仍具有找轻稀矿的前景。

石首地区有已知独居石砂矿床一处(石华堰)，虽然在全省 La 异常图上无异常，但降低下限可圈出 La、Ce、Y 异常，且异常与赋矿层位中更新统分布范围一致，如石首南异常黄山夹异常，所以该地区具有找矿前景。沙店岩体处 La、Y 异常同时出现，且 La 达到强浓度级，具找矿前景。烂泥滩岩体的 La 异常规模大，浓度分级清楚，其元素组合、岩性、异常、地形等特征与通城岩体情况相同，具有较好的成矿条件。小界岭、草店 La 异常与沙店岩体异常基本相似。

综合上述情况认为与燕山期花岗岩有关的，有找轻稀土矿的异常 8 处，即通城南、通城北东、黄山夹、石首南、烂泥滩、沙店、草店、小界岭。

(2)与大别期混合花岗岩带、二长花岗岩体及扬子期二长花岗岩基有关的轻稀土 La 异常分布在鄂东北罗田英山近省界处及黄陵背斜核部。具体在于两河口、水口、松子关、天堂寨等混合花岗岩区，大同二长花岗岩体、黄陵二长岗岩基中形成片状La异常。异常规模大，浓度分带清楚。这些地区尚未发现有已知独居石矿床，建议在高浓度异常区的松子关及大同岩体中进行评价。

(3)分布于下古生界中的La异常很分散，与构造、岩体、变质带都无关，为方山背斜东北缘沿震旦系—寒武系界面呈"V"形La异常。随南洛阳店志留系中La异常同时有磁异常，可能与基性火山变质岩有关；过渡湾-大洪山前陆冲断带志留系中部(温洛统)中的La异常出现在保康歇马呈南漳北及大洪山西北，异常呈条带状；在利川星斗山西北及郧西上店子南La异常都分布在寒武系—奥陶系中。以上这些异常仅出现在某些地层的局部位置，最高值达中等浓度，无已知矿或矿化信息，都属轻稀土La异常，无重稀土Y异常与其相随，除洛阳店La异常有P异常伴随外，其他都无P异常，各异常处无岩浆岩，从已知的成矿类型及异常元素组合分析异常找矿前景不大。

2)重稀土Y异常

(1)与红安岩群有关的重稀土Y异常，分布在大悟—红安—麻城一线以北，主要异常有大悟至宣化店片状异常、红安北异常、麻城西北何头店异常。红安岩群存在沉积变质型磷钇含矿层，从殷店到芳畈一线有已知小型钇矿床，位于应山北10km老虎冲、龙泉沟、殷家沟及大悟山的邓家沟。这些已知矿床的矿田区无Y异常，可见可观的矿田在有Y异常区内，所以以上所述3个异常都有找矿前景，尤其是大悟至宣化店异常规模大，浓度分级清楚。

(2)与桐柏大别基底杂岩有关的重稀土Y异常，分布在麻城北福田河、罗田至英山一线及蕲春檀林。目前没有已知钇矿床的矿化信息，预测桐柏大别岩群中会有含Y的岩层，从异常形态及元素组合推断大别岩群的成矿信息要比红安岩群好。

(3)与武当群有关的重稀土Y异常，主要沿武当隆起的外缘分布，由郧西向东南经石花转向南西到紫金，又向北西经竹山县、牌楼到黄龙。主要异常有观音、青曲、青山、牛河、石花、紫金、军店北、竹山、牌楼、鲍峡南等，构成环形图，这些异常可能与变火山岩有关。其中，以观音、青山、牛河、紫金异常浓度分级清楚，规模较大，目前没有已知矿化信息，预测武当群中会有含Y岩层。

(4)与耀岭河群基性火山岩有关的Y异常，有随县的高城至郝店异常和竹山溢水异常。这两处Y异常落于变基性火山岩上，其形状范围相当，并有航磁异常与之对应，成矿前景尚不清楚。

7. Mn元素异常特征

现据Mn异常与其所处地质情况，异常分带如下。

(1)两竹断裂带-竹溪中峰关-泉溪异常带，为与寒武系—奥陶系高含量及断裂构造热液活动有关的异常。

(2)神农架群异常带，在神农架断穹及荆当盆地周缘的异常带，可能为沉积物型铁锰矿化层位的反映。

(3)襄阳地区小观山异常带，为与寒武系有关的异常。

(4)三里岗镇-三阳镇异常带和黄陂—红安地区团山沟异常带，两个面积不大相距不远的异常带与震旦系有关。

(5)鄂东南异常带和咸宁地区异常带，为与鄂东南多金属成矿带有一定的关联，以残积层为主的异常。

(6)杨林桥镇-渔洋关镇异常带，与南华系有关的异常。

(7)鄂西南异常带，上扬子区泥盆系—石炭系，显示了沉积型赤铁矿矿层和富锰层位。

8. Ni元素异常特征

根据地质构造、地层岩性及Ni异常强弱的关系，将省内Ni异常的分布特征归纳如下，其分布特征与V异常分布特征一样。

(1)沿武当背斜周缘分布,即丹江、杨家堡、上津、羊尾、竹山断裂带北西侧形成半环状异常带,异常与上震旦统江西沟组,寒武系杨家堡组、庄子沟组地层有关,多与V异常伴生。

(2)沿兵房街陆缘斜坡及竹山陆缘裂谷分布,异常浓度高规模大,青峰断裂西段的南、北两侧,无论是槽区还是台区,上震旦统、寒武系下部及志留系都是黑色碳质岩系,与V异常伴生。

(3)分布在基性超基性岩体上或岩珠群范围上的异常都比较分散,如丹江口南、随南、邓村、赵家湾、核桃园、吕王、蕲春等,这些异常对找镍矿可能比黑色地层更有意义。

(4)分布在神农大背斜周缘的异常异常值较弱,规模小,主要与寒武系下部黑色地层有关,与V异常伴生。

(5)集中在随南柳林背斜南侧形成异常区,异常浓度高规模大,与杨家堡组、庄子沟组地层有关,与V异常伴生。

(6)分布于上扬子八面山台褶带中的异常区中有些异常浓度高规模大,如利川、恩施两个异常。该区的异常基本上多与二叠系有关,与V异常伴生。

9. Mo元素异常特征

对比地质构造、地层岩性与异常的关系,可知Mo异常与黑色碳质岩系及鄂冶六大岩体铁、铜多金属成矿关系最密切,具体分布特征如下。

(1)沿武当背斜西缘及西南缘分布,即上萍、羊尾、煤炭沟、大庙、得胜、竹山、门古一线。异常与随州-武当背斜周缘的震旦系、寒武系下部地层出现,与江西沟组、霍河组、杨家堡组、庄家沟组关系密切,与V异常伴生。

(2)沿青峰断裂西段南、北两侧及北侧西南秦岭岳房街陆缘斜坡和竹溪陆缘裂谷分布。出露地层为南华系耀岭河组,震旦系江西沟组、霍河组,寒武系杨家堡组、庄家沟组、鲁家坪组、箭竹坝组,志留系梅子垭组。南侧为上扬子陆块北缘,出露地层为震旦系、寒武系、陡山沱组、灯影组、牛蹄塘组、石牌组,异常基本呈东西向带状,形成多个浓集中心。Mo异常主要与江西沟组、杨家堡组、庄家沟组、牛蹄塘组黑色地层关系密切,与V异常伴生。

(3)沿神农架背斜、梨花坪背斜、马湾背斜周缘分布,从桥上到九道形成北东向异常带。此外,还有零散的异常,如下谷坪、红坪、木鱼坪、红花朵等异常。这些异常主要与寒武系牛蹄塘组黑色岩系有关,与V异常伴生。

(4)在黄陵背斜南缘、长阳背斜南、走马坪背斜南北两侧分布,异常都是伴随背斜核部的外缘寒武系下部地层出现,与V异常伴生。

(5)在上扬子陆块八面山台坪褶皱带,即鄂西南恩施地区散布着众多异常。其中,利川、恩施两地的异常规模大、浓度高。这些异常基本与V异常伴生,同时出现在二叠系龙潭组、大隆组上,被认为与煤系地层有关,应该有找到钒、钼矿的可能。

(6)保康-南漳异常区,属大巴山-大洪山前陆褶冲带,出露地层为志留系、上古生界及三叠系,断裂发育,Mo异常与V异常伴生,可能与二叠系栖霞组、梁山组煤系地层有关。

(7)随南异常区,属于南秦岭造山带,随南隙源裂谷,具体构造部位为柳林背斜西南翼及东南端,以及岔河坪坝背斜。出露地层为震旦系、寒武系、奥陶系、志留系。Cu异常与V异常伴生。

(8)崇阳-通山异常区,属下扬子陆块幕阜山边缘褶冲带,异常分布零散、规模小、浓度不高。异常分布主要在方山背斜东南翼、大磨山背斜西段、崇阳南省界处的大源及九宫山,异常与牛蹄塘组有关,并与V异常伴生。

(9)鄂东南六大岩体铁、铜多金属成矿区异常,异常呈片状,与已知的多金属矿床伴生钼有关。

10. Sr 元素异常特征

现据 Sr 异常与其所处地质情况，异常分带如下。

(1)新市镇-殷店镇-郝店镇异常带，异常面积较大，沿燕山期七尖峰和草甸岩体分布。

(2)三河口镇-罗田县-梅川镇异常带，异常面积极大，超过 10 000km^2，与大别山地区中酸性岩体有关。

(3)丰店镇-七里坪镇-福田河镇异常带，异常分布比较零散，基本沿夏店岩体和福田河岩体分布。

(4)鄂东南异常带，与鄂东南多金属成矿带的中酸性岩体有关，多为伴生共生矿产，异常带内有走马山天青石矿和狮子立山凤梨山铅锌锶矿。

(5)黄陵背斜异常，异常面积较大，沿黄陵背斜南部的花岗岩体分布，异常与花岗岩体有关。

(6)其他异常有通城岩体、青峰断裂带西段、两竹断裂带、走马坪等零星分布的异常。

11. F 异常特征

F 异常在省内分布特征很简单，集中分布在鄂西上扬子陆块区中，又以鄂西南八面山台坪褶皱带中最为集中，异常规模也大。从异常与地层的对应关系可见，F 多富集于震旦系、寒武系、奥陶系、二叠系中。与震旦系关系密切的代表异常有神农架背斜、黄陵背斜、长阳背斜、走马坪背斜的核部周缘。与寒武系、奥陶系关系密切的代表异常有咸丰东南、鹤峰西北、鹤峰东南等；与二叠系关系密切的代表异常分布普遍，如利川、建始、恩施、咸丰、来凤都有。除鄂西的广大地区异常很零散，少且弱小，在应山、大悟、红安一带有热液型萤石矿床，其异常很不明显。

12. Ag 元素异常特征

银矿多与铅锌、铜、金矿或钒钼矿等共生。其成因类型很多，有沉积型、沉积变质型、海相火山岩型、陆相火山岩型、矽卡岩型、次火山岩型、热液型等，省内主要为沉积型和热液型，如兴山白果园银钒矿床、竹山银洞沟矿床、阳新银山矿床等。根据 Ag 异常所在的构造部位及对应的地层或已知矿床，可归纳出如下特征。

(1)分布在郧西县西部的庙川向斜中，与泥盆系西岔河组碎屑岩(含砾砂岩、砂岩、页岩)、公馆组白云岩有关，有天桥沟和关防两个弱异常。

(2)分布于武当两郧背斜周缘与震旦系、寒武系、奥陶系等有关，如门古-竹山-大庙北西向断裂带、白河-观音及丹江附近异常都属弱—中浓度。

(3)集中于青峰断裂西端丰溪背斜翼部，为与震旦系有关的高浓度异常。

(4)沿神农架背斜和梨花坪背斜围缘分布，与震旦系、寒武系、奥陶系等有关，还有马桥背斜西段的异常亦然，异常多属中—弱浓度。

(5)黄陵背斜核部的西北缘及南缘，与震旦系有关，异常都为中—强浓度。

(6)分布在长阳背斜、走马坪背斜为与震旦系有关的异常，前者为强浓度，后者为弱浓度。

(7)分布在下扬子台褶带中方山背斜，大磨山背斜及江南古陆北缘(九宫山、坳背屋)等，与震旦系有关的异常，异常为中—弱浓度。

(8)分布在鄂东南六大岩体区，与已知矿有关的异常，如狮子立山至黄石、铜山口—龙角山、银山、封山洞等，异常多为强浓度。

(9)沿襄樊-广济断裂零散分布的异常，如南漳北、襄阳、耿集、大洪山东南、雷公北等，也都与震旦系有关。

总之，Ag 异常多与震旦系—寒武系密切，由于这些地层都在背斜周围，所以异常往往都沿背斜周缘分布。其中，异常范围大、分级清楚。高强浓度的异常主要有丰溪背斜附近的异常、九道异常、白果园水月寺异常、长阳异常等。此外，还有黄石至韦源口一带与三叠系有关的铅锌异常。

13. V 元素异常特征

根据地质构造、地层岩性，已知钒矿床分布与 V 异常强弱和规模的关系，省内 V 异常的分布特征归纳如下。

(1)沿武当背斜周缘分布，即丹江、杨家堡、上津羊尾、竹山北西向断裂带形成半环状的异常带，异常与上震旦统—寒武系(下部)黑色含碳岩系有关，有已知的杨家堡、羊尾、煤炭沟、四棵树、西沟、田家坝钒矿床。

(2)沿兵营街陆缘斜坡及竹山陆内裂谷分布，异常浓度高、规模大。青峰断裂西段的南北两侧，无论是扬子台区还是秦岭褶皱区，其上震旦统—寒武系(下部)及志留系都是黑色含碳岩系。该区目前无已知钒矿床，但从地层岩性及异常特征看，应该有成型的未知钒矿床。

(3)分布于基性火山岩(耀岭河群)及基性侵入岩的 V 异常，异常比较分散，如丹江口南、随州南、邓村附近、高城、小林、刘升等。这些异常对找钒矿无实际意义。

(4)沿马湾背斜西段及神农背斜梨花坪背斜周缘分布的异常，异常浓度高、分级清楚、规模小，主要与上震旦统、寒武系(下部)关系密切。

(5)集中在大洪山及柳林背斜南侧，形成异常区，异常浓度高、规模大。形成异常的原因为：一是与基性岩基性火山岩有关，二是与寒武系杨家堡组、庄子沟组碳质岩有关。区内已知有青山寨、桐树岭钒矿床。

(6)分布于咸宁通山台褶带中的异常分散、规模小，异常主要与寒武系(下部)有关，其中大磨山异常中有已知的泉山口钒矿床。

(7)分布在上杨子八面山台坪褶皱带中的异常，异常浓度高规模大，几乎都与二叠系龙潭组—大隆组煤系地层有关，目前尚无已知钒矿床，但从异常与地层关系密切及异常的规模大，认为在利川恩施一带能找到成型的钒矿床。

(8)分布于汉江平原南部、公安、监利、洪湖、牌州、天门、汉川等地的片状异常，异常范围大、浓度低，都与湖港渠关系密切，全为第四系冲淤积地层，认为异常与淤积物有关。

14. Ba 元素异常特征

全省已知重晶石或毒重石矿床(点)有沉积型和热液型两种。其中，沉积型重晶石矿床有竹山的西沟小型矿床、随南的柳林大型矿床、京山的香山寺中型矿床，它们的赋矿层位均为寒武系黑色含碳岩系中。热液型矿点分布在鄂西南，主要在川湘黔交界处，为重晶石、萤石共生矿床，赋矿层位为奥陶系，其次为大悟芳畈矿点，其产于变质岩中。

从 Ba 异常的强弱、规模大小及与构造位置地层岩性对比，可见省内 Ba 异常分布特征如下。

(1)沿武当背斜北、西及西南缘分布呈半环形，即杨家堡、卡子、羊尾、大庙、溢水北、竹山、深河一线，其中大庙到深河异常呈北西向带状，形成多个浓集中心。异常处出露的地层全都为寒武系杨家堡组、庄子沟组含碳硅质岩系。Ba 异常同时伴有 V、Mo、Ni、Ag 等异常，属找矿有前景的异常。

(2)分布于兵房街陆缘斜坡构造区的异常区，即泉溪、丰溪、官渡异常。异常规模大、浓度高、分带清楚，出露的地层为上震旦统江西沟组，寒武系杨家堡组、庄子沟组，都是黑色含碳岩系。Ba 异常同时伴有 V、Mo、Ni、Ag 等异常，属有找矿前景的异常。该异常区和上述大庙-深河异常是省内最好的异常。

(3)沿上扬子地台北缘分布的异常带，即从九道向北东经房县南再向东至南漳北。异常呈串珠状，长近 200km，异常带分布在上震旦统—寒武系(下部)上。虽然异常规模不是很大，但对应的地层有利，认为与牛蹄塘组黑色岩系有关，属找矿有前景的异常。

(4)长阳枝城松滋异常区，位于长阳背斜西侧和仁和平向斜南、北两翼，异常浓度高、分级清楚。其中，长阳背斜西侧的异常与寒武系(下部)有关，而仁和平向斜南北两翼的异常与奥陶系有关，且断裂发育。前者可能为沉积型，后者可能为热液型，有找矿前景。

(5)鄂西南区异常很少且弱，只有利川的毛坝、来凤的革勒车、鹤峰的走马坪。本区与川湘黔的构造地层相同，而异常较逊色，已知重晶石都是矿点，寻找成型矿床希望不大。

(6)下扬子通山台缘褶皱带异常区，异常规模小，有的分带清楚。主要有方山背斜翼部、大磨山背斜翼部、江南古陆北缘的大源、九宫山异常。出露地层为上震旦统、寒武系(下部)，可能与牛蹄塘组有关。

(7)大洪山周缘异常区，主要异常有雷公、大洪山西北端、客店坡。这些异常都比较弱，但对应的地层都有找矿前景，与杨家堡组、庄子沟组、牛蹄塘组黑色岩系有关。但该区的香山寺、柳林已知矿床没有异常显示。

(二)区域地球化学异常与断裂构造-岩浆作用成矿关系

1. 长江断裂构造-岩浆成矿带

长江断裂构造-岩浆成矿带其西大体以江汉盆地东缘、北东部新城-黄陂-广济断裂、南部蒲圻—咸宁—毛铺—枫林一线为界，显示为Cu、Pb、Zn、Ag、Au、Fe、As、Hg、W、Sn、Mo、Bi、La富集，但受第四系覆盖影响，总体分布东强西弱。在空间上，富集元素以元素组合进一步分带，大体出现3类组合带。一是Pb、Zn、Ag、As、Sb、Cd组合浓集带，其在整个构造-岩浆成矿带内占有较大比例，形成异常计50余处，分南、北两带。北带发育于黄石—蕲州一线Pb、Zn、Ag富集带上，长90余千米，构成的浓集异常相互连接，而展示的各浓集中心由Pb、Zn、Ag异常组成，外缘有As、Sb、Hg异常环布，其中以铁山岩体东端至黄石-韦源口段异常强度最高，规模最大；南带大体西自金牛始，跨过火山岩区，经灵峰山，沿阳新岩体南、北两侧碳酸盐岩区达富池口，基本连续，有吴伯浩、灵峰山、太子庙、银山等强浓集区，该类异常与重磁异常叠合度好。二是Cu-Fe-Au浓集带，叠合La、Th、Bi、W、As、Pb、Hg等，展布于铁山—大冶—阳新—丰山洞一线，呈北西向，Cu、Au以强异常浓集于中酸性岩体区及边缘围岩中，其中铁山岩体中东部、阳新岩体西北端、阳新岩体中部南北两侧、丰山洞等地区为本类异常最为发育区，其与局部高重高磁异常基本叠合，反映为铜金成矿最为集中的地区。三是Cu-W-Mo-Sn-Bi-Au组合，位于构造-岩浆带南缘，与北部Cu-Fe-Au带并列或交叠，受燕山晚期小斑岩体控制，进一步可分为多类异常组合，包括①Cu、Mo、W、Bi、Au，伴Pb、Zn、Ag、As、Sb、Hg、Ba、F异常类；②以Mo、W为主，伴Cu、Au、Pb、Zn、As、Sb、B、F异常类；③Au-W-As异常类；④以Au为主的异常类。

总体上，本构造-岩浆-成矿带地球化学场内浓集元素分带性明显，形成自北而南的Pb、Zn、Ag-Fe、Cu、Au、Pb、Zn、Ag-Cu、Mo、W、Au的分带，但不同组合浓集带有相交或相叠的特征，反映了浓集成矿的多期次。

2. 桐柏-浠水前缘主冲剪切带

本带处于桐柏-大别强富Na、Sr地球化学区南西边缘，澴水(汉江支流)、麻城-团风断裂将该带分为，即：①桐柏强富Na、K，多富Sr、Ba、P，贫铁族元素；②木兰山富Na而多元素贫乏；③南大别强富Na、Ca、Mg、Sr、Ba、P、Cu、Zn共3个区段，出现的地球化学异常元素包括Au、Pb、Zn、Ag、As、Sb、Hg、Cu、Mo、Bi、W等，大致分为以Cu-Mo-W-Bi为主区段，以Pb、Zn、Ag为主区段，以Sb、Hg为主区段。异常断续成带，出现3个相对密集区段。西段即桐柏主体杂岩区，显示以Au为主和Mo-W-Bi两类组合异常。Au异常部分叠合As、F，发育与强糜棱岩带和边缘脆性断裂，W-Mo-Bi异常主要分布于花岗岩体内小断裂带或糜棱岩带内。中段大悟-红安段，以Au异常为主，其于大悟-红安天台山短轴背斜、大磊山隆起、蔡店岩体北东缘构成3个大小不一的密集区，异常面积较大，异常强度中强，组合较简单，偶伴Ag、Pb、Cu、As、Sb、W、Mo、Bi等异常，此外尚有Pb-Zn-Ag异常或Cu-Pb-Zn-Ag异常伴 As、Sb 见于芳畈、双尖峰、塔耳岗等地。东段贾庙-浠水-黄梅段，广泛分布 Au 异常和以 Au 为主的组合异常、Pb－Zn－Ag 异常、Cu－Mo－W－Pb 异常。其中，Au 异常和以 Au 为主的异常分布于贾庙、浠水东北部，蕲春—梅川等地，以梅川岩体南缘 Au－Ag－Pb－Bi－W－Mo－Hg－Cu 异常最大。Cu－W－Mo－Bi 异常一般分布于中酸性岩体区；Pb－Zn－Ag 异常部分与 Cu－Mo－W－Bi 异常叠合，分布于中酸性岩区内；Cu－W－Mo－Bi 异常与 As－Sb－Hg 异常叠合，分布于黄陂-广济断裂两侧挤压分带内。

3. 随县北部应山褶皱束

随县北部应山褶皱束总体为中元古界富 Na_2O、Sr 而多元素贫乏的地球化学背景，其中有叠合耀岭河群 Fe、Cr、Ni、Ti、V、Co 的局部高值带和七尖峰 Nb、Be、La、Th 的高背景带。相对于武当群（原随县群柳林组、垸子湾组）存在 Au 的富集。主要异常元素 Au、Cu、Pb、Ag、As、Hg 其以单元素或组合形式展布于七尖峰岩体周围和随县群内。岩体西侧显见以吴店为代表的 Cu、Pb、Zn、Ag、As、Mo、Bi 浓集异常；北东侧至新城-黄陂断裂带分布新城、晃山、粟子园、歪垛山等异常区，异常以 Au 为主，分别伴 W、Mo、Bi、Cu、Pb、As、Hg、Ag 等，Au 异常呈局部面状分布，面积 12～40km^2。七尖峰岩体东南缘主要形成黑龙潭、江头店 Au－Ag 或 Au－As－Hg 组合异常，面积 12～16km^2，强度 6.3～7.0ng/g。

4. 武当背斜西缘及北大巴山边缘活动带

地球化学背景分 3 个区：①两郧断裂与竹山断裂之间，Cu、Ni、Ti、Zn、Ag、Mo、U、Ba 强富集区；②两郧北部，CaO、MgO、Pb、Zn、Ag、As、Sb、Hg、Cd 高背景区；③北大巴地区，K_2O、Na_2O、La、Y、Zr、Be、F、Fe、Co、Cr、Ni、Cu、Mn、Ag、V、Mo、Ba、As、Sb 多元素富集—高背景区。主要异常分布情况如下。

Au 异常：见于马头岭穹隆构造内的耀岭河群和陡山沱组、关坊一带志留系及断裂带内、武当隆起边缘中元古界地层区、竹溪中峰关-泉溪基性—碱性火山岩带之内。

Pb、Zn 异常：分布于银洞沟一带上震旦统断裂带内、韩家院一带寒武系上部层区、上津一带两郧断裂带内。

Cu 异常：寒武系—奥陶系黑色含硅质岩区构成 Cu－Ag－Mo－U 组合异常，耀岭河群及陡山沱组局部地区（马鞍、尚家沟）则构成 Cu－Ni－Cr－Zn－Au 组合异常。

Ag 异常：在寒武系—志留系含碳硅质岩系内，广泛发育，形成沉积型 Ag－V－Mo－U 组合异常；在两郧断褶束上震旦统内，形成 Ag－Au－Pb－As 组合异常。

Sb 异常：主要分布于泗峡口—上津泥盆系—石炭系断裂带内。

大体上，武当复背斜西缘及北大巴山边缘活动带内异常自隆起边缘向外侧沉积层区，显示出 Au、Ag、Cu－Cu、Pb、Zn、Ag－Pb、Sb、Hg、As 的分带之势。

5. 江南推覆带

江南推覆带为区域性 W、Sn、Bi、As、Sb、Hg 富集区，以相对强弱分南、北两个亚带：南带为 W、Sn、Bi、La、Be、Th、Nb 高背景—富集亚带，北带为 Sn、As、Hg 富集亚带。

南部通城-九宫山-沙店岩浆内分布数十处 Sn、W－Au、Au－Pb－Zn、Sb－Hg、Li－Bi－Nb－Be、La－Th、V－U 等组合异常。其中，W－Sn－Bi－Au 异常主要发育于岩体边缘及邻近围岩中，Nb－Be－Bi、Th－La－Y－Zr 异常主要分布于通城岩体中，Nb－Be 异常主要分布于岩体西北部并叠合 Pb 异常，Th－La－Y－Zr 异常则形成于岩体中心。

北部方山—大磨山—燕厦构成 Sb、Hg、As、Au 组合异常主带。其中，Sb、Hg、As 组合异常集中分布于方山背斜、大幕山复背斜、燕厦短轴背斜，Au、As、Pb、Hg 组合异常主要分布于羊楼洞-崇阳断裂、大坳背-方山层间断裂、通山-富水断裂带上。

总体上，本隆坳带异常分带明显，岩带、隆起、断裂 3 类构造分别控制 3 类组合异常。

6. 中央隆起区

以黄陵隆起为例，介绍中央隆起区典型地球化学异常特征。

黄陵隆起地球化学背景分 3 种类型：一为原崆岭群区，为 Na_2O、Sr、Ba、Fe_2O_3、Co、Ni、Ti、Au、Cu 富集场，弱 CaO、MgO 富集场；二为中酸性岩区，为 Na_2O、K_2O、La、Th、Be 富集场；三为震旦系、古生界区，为 CaO、MgO、P 富集场，Pb、Zn、Ag、V、Mo、U、Cd、As、Sb、Hg 高背景-富集场。

主要异常元素为 Au、Cu、Pb、Zn、Ag、As、Sb 等，不同元素异常分布特征如下。

Au 异常：主要分布核部原崆岭群和岩体区。震旦系及古生界区零星分布，以北部原崆岭群异常面积最大，以圈椅埫岩体为中心，沿诸断裂构造呈面状或带状分布，南部以板仓河断裂和三斗坪岩体形成带或面状异常，向北西辐射到南部原崆岭群中。

Cu 异常：显示于南、北内原崆岭群区。

Pb、Zn 异常：主要环绕背斜分布于震旦系—寒武系区，尤以西北和北部强浓集。

Ag 异常：环绕背斜分布，形成两种元素组合：一是 Pb、Zn、Ag、Cd 组合，二是 Ag、V、Mo 组合。Ag 异常发育于黑色地层区，以背斜西北—北部最强，南、南东部强浓集。

As、Sb 异常：较分散，分别套合于 Pb、Zn、Ag 组合异常和 Ag、V、Mo、U 组合异常内。南东部寒武系(上部)内的北东向条带异常(叠合 Pb、Zn)较强且独立。

(三)局域地球化学异常与控矿地质体成矿作用关系

1. 控矿断裂构造

以枣阳耿集断裂带、阳新银山断裂、兴山滩淤河断裂、远安断裂为代表，上述断裂带分别控制耿集一带的铅锌矿点、阳新银山银矿床、兴山滩淤河铅锌镉矿床和远安三宝山铜多金属矿点。

所有赋矿断裂部位均有成矿及伴生元素异常。其中，耿集一带为 Pb、Ag、Au、As、Sb、Hg、Cu 异常，由于受网状断裂组控制，异常相对范围大，具多个浓集中心，强度达二级浓度；银山断裂赋矿部位有 Pb、Zn、Ag、Au、Cd、As、Sb、Hg、Cu、Mn 异常，沿断裂略具北西向展布，显示 Pb、Zn、Ag、As、Sb、Mn 浓集中心，Ag、Pb、As 显示三级浓度。滩淤河异常发育于北西向断裂中，Pb、Zn、Ag、Cd、Hg、As、Sb 形成较规则的同一浓集区，Pb、Zn、Ag、Cd、Hg 达三级浓度，Sb、As 较弱。三宝山铜多金属矿沿断裂破碎带展布，异常元素为 Cu、Pb、Zn、As、Ag、Au、Bi、Hg、Mo，异常呈带状，以 Cu 异常值 $80\mu g/g$ 圈出一级异常，异常沿断裂带分布，显示了晕的扩散范围，以 $500\mu g/g$ 划分的二级异常伴 Ag、Mo、Pb 异常，反映矿化范围，三级异常直接指示了矿床。

2. 控矿隆起构造

以竹山银洞岩背斜、通山大磨山背斜、大悟大磊山隆起为代表，控矿隆起分别赋存银金矿床、锑汞矿田、金矿床。

沿隆起带均出现不同元素组合的异常。其中，银洞岩背斜上有 F 异常覆盖整个背斜区，赋矿部位则显示 Au、Ag、Pb、Zn 组合异常，异常较弱，Ag 异常强度二级浓度，Au、Pb、Zn 异常强度三级浓度。大磨山背斜区普遍被 As、Sb、Hg 异常复盖，面积近 $200km^2$，并于坳下、贺家口、徐家山、杨桥等赋矿部位形成浓集区，强度均达三级浓度，Sb 峰值为 10.2～92.4$\mu g/g$，As 峰值为 54～83$\mu g/g$，Hg 峰值为 328～548$\mu g/g$，并伴 Pb 异常。大磊山穹隆区显现 Au、Ag、W、Mo 异常组合，以 Au 为主，呈北西向延伸，Ag、Au 共生，Mo、W 偏弱，范围较小，与 Au、Ag 异常基本叠合。

3. 控矿岩浆-热扩散构造

控矿岩浆主要为中酸性侵入岩，以七尖峰、丰山洞和嘉鱼等岩体为代表，它们分别代表岩浆岩强剥蚀区和隐伏侵入岩体。

七尖峰花岗岩体显有 W－Mo－Bi－Nb－Th－Au、Pb、Ag、As、Hg、Cu 等异常，空间具分带性，表现为：W、Mo、Bi、Nb、Th 异常基本位于花岗岩体之内，Au、Cu、Pb、As、Hg 异常处于岩体边缘及围岩之内，构成环状。丰山洞岩体上方有 Cu、Pb、Zn、Ag、Bi、W、Mo、As、Sb、Hg 各种异常出现，完全套合，强度较高，为封山洞铜矿床的反映。嘉鱼隐伏岩体上方形成 Hg、Au 异常，呈北东向断续分布，受上方断裂构造控制，其中之一处于蛇屋山金矿区之上，异常偏弱。

第三节　区域遥感异常特征与成矿作用

一、区域地层遥感影像特征

（一）地表分布特征

区域遥感影像特征的分区基本可以与地貌分区相对应，一般中山区覆盖类型以高大的乔木为主，并有大片森林，如神农架原始森林。影像色调为绿色，色调均匀。低山区和丘陵区以乔木、灌木为主，影像色调为浅绿色、浅棕色、浅紫色，色调不均匀。平原区基本无覆盖，为农田及人类活动区，影像色调为浅绿色、浅紫色，色调不均匀，纹形图案以大块的方形斑纹状为主。

省内不同岩石类型可以青峰-襄樊-广济断裂带为界，以北为浅—中等程度的变质岩及中生代花岗岩，以南为沉积岩及中生代花岗岩，不同的岩石类型具有不同的遥感影像特征（图 6－2）。

（二）不同岩类特征

1. 沉积岩

沉积岩广泛分布于鄂西及鄂东南地区，影像色调为绿色，纹形图案以长条形为主，小斑块状次之，沉积岩地层走向及层理清晰可见。地貌上多深切沟谷，山势陡峻。植被发育，常有大片森林。

2. 岩浆岩

岩浆岩在湖北省分布不多，影像色调为浅绿色、浅紫色，纹形图案为小斑纹状、小星点状，常见环形构造。与周边其他岩石分界清晰。地貌上多为低山，植被较发育，具树枝状水系。

3. 变质岩

变质岩在湖北省分布广泛，影像色调为浅绿色、浅棕色、浅紫色，色调不均匀，纹形图案以小斑纹状为主，其次为长斑块状。与沉积岩分界较清晰，地貌上多为低山，植被较发育，具树枝状水系。

4. 第四系

第四系主要为农田及人类活动区，为地貌分区中的平原区，影像色调为浅绿色，纹形图案为规则的斑块状，水网密布。

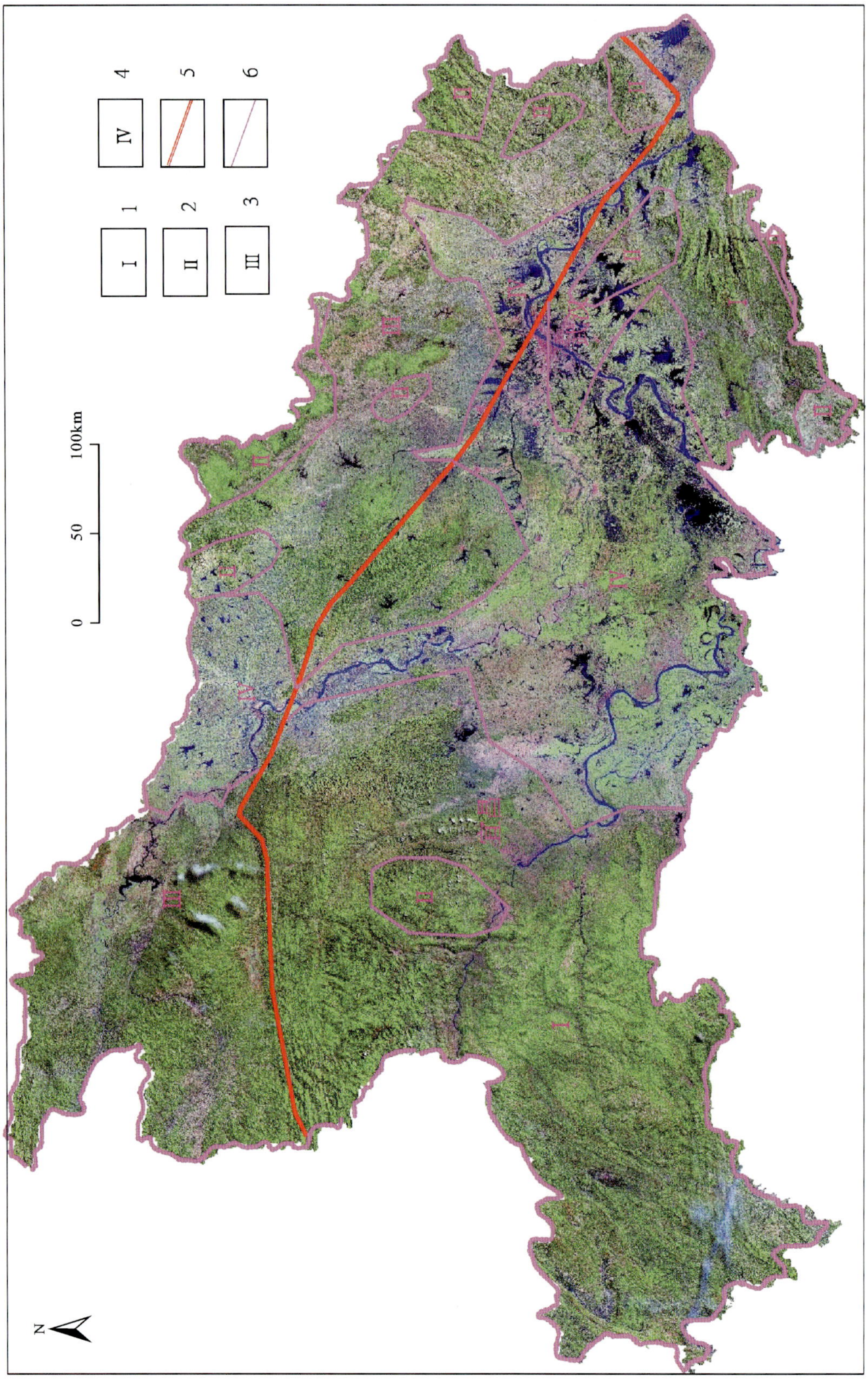

图 6-2　湖北省区域地层遥感影像特征分区图(湖北省地质调查院,2013a)

1.沉积岩分布区;2.岩浆岩分布区;3.变质岩分布区;4.第四系覆盖区;5.青峰-襄樊-广济断裂带;6.分区界线

二、区域遥感异常特征与成矿作用关系

湖北省矿产资源潜力评价工作(湖北省地质调查院,2013a)提取的遥感异常组合共有 175 407 个图斑,其中羟基异常组合有 136 094 个图斑,铁染异常组合有 36 666 个图斑,羟基+铁染异常组合有 2647 个图斑。根据异常集中分布程度、所处的地质构造环境等,圈定出相对集中的异常组合,并根据其所处的地理位置予以命名,并比照已知矿(化)点进行分析说明,此次工作全省共命名羟基异常组合 81 处、铁染异常组合 75 处。遥感异常在全省范围内分布见图 6-3。

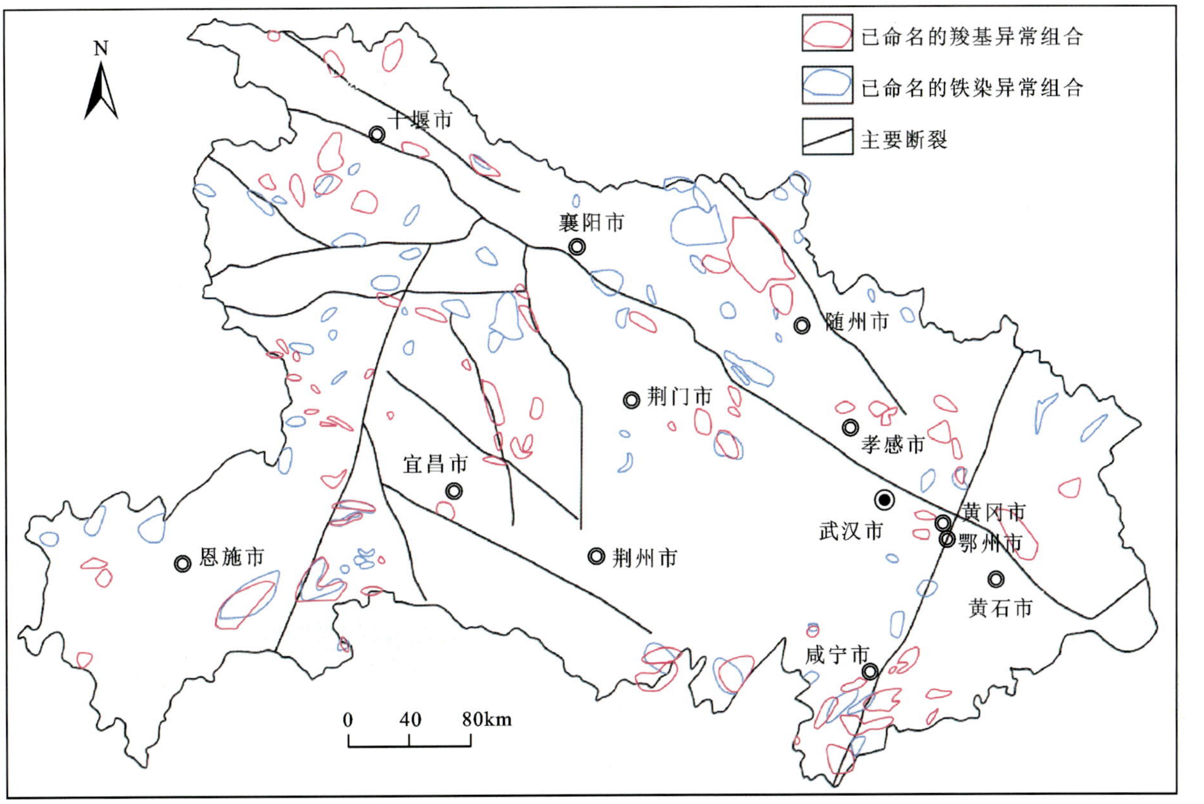

图 6-3 湖北省主要遥感异常分布示意图(湖北省地质调查院,2013a)

区域遥感异常的分布与地质构造有一定的相关性,部分地段沿线性构造展布,白河-石花街断裂西段有明显的相关性,基本与断裂平行分布。随州—枣阳地区沿新城-黄陂断裂与襄樊-广济断裂之间的区域,异常组合明显呈线性分布,应与该区地层及含矿性关系密切。白河-石花街断裂与竹山断裂之间的区域,异常组合分布较为集中,该区域为武当-随南逆冲推覆带之西部,以武当群变沉积岩及变中酸性火山岩为主,异常组合应与岩性组合有一定的相关性。扬子陆块北北东向新华断裂、北北西向通城河断裂均与异常分布有一定的相关性,北北东向的麻城-团风断裂南端,异常分布密集。

异常的分布与已知矿床(点)有一定的相关性,部分异常富集地区矿产分布亦较多,如鄂西南地区铁矿床、嘉鱼蛇屋山金矿床、随州地区金矿床等。

由于湖北省内植被覆盖较严重,水系发育且面积较大,同时已有 ETM 遥感资料多采集于植被生长较好的季节(春、夏、秋季),以上这些因素均对遥感异常提取效果形成较大的影响,也给真假异常识别带来了极大的困难。

第四节　区域重砂异常特征与成矿作用

利用潜力评价预测资料(湖北省地质调查院,2011b),结合自然重砂的矿物组合特征,湖北省共选取24个单矿物或组合矿物,结合地质特征对部分单矿物(族)进行了分带。对铜、铅、锌、钨、金、锑、稀土、铁、铝、磷、锰、镍、钼、银、钒、锶、硫、萤石、重晶石、汞、铋、锆石、硫化砷、黝帘石24个矿种所有异常进行列表解释,其中重点解释Ⅰ级异常。

根据所圈定的各单矿物(族)异常,湖北省自然重砂异常区域上大体可分为4个区带:

①竹溪县-官渡-房县-谷城县沿青峰断裂带的金、铜、铅锌、重晶石异常带;②枣阳-大悟-英山沿桐柏-大别造山带稀土、金、金红石、锆石、黝帘石异常带;③大冶市-通山县-通城县沿鄂东南多金属成矿带西南-幕阜山复背斜-幕阜山岩体的铜、铅锌、钨、锡、铋、钼、金、稀土异常带;④建始县-利川市-咸丰县-鹤峰县八面山台褶带中的铜、铅锌、金、金红石异常带。

一、金矿物自然重砂异常及特征

湖北省金矿物自然重砂异常共圈定252处,其中Ⅰ级异常52处,Ⅱ级异常100处,Ⅲ级异常100处。

1.金矿物自然重砂异常分布特征

从湖北省金自然重砂异常分布看可归纳出以下概略特征,如图6-4所示。

(1)从异常平面分布位置看,金异常大部集中分布于襄樊-广济断裂以北秦岭-大别造山带;在扬子地块区分布稀少,且仅局限于鄂东南及上扬子黄陵台坪、神农架-荆门台坪褶皱带东段和乐乡关断隆区;其他地区异常稀少。

(2)秦岭-大别造山带内南阳断陷、武当陆内裂谷区、桐柏大别基底杂岩分布区异常数量明显少于其他地区。

(3)局部地区异常分布与断裂有关,如东西向青峰断裂、北西向新城-黄陂断裂、近南北向滠水断裂等。

(4)异常与不同时代地层岩性、不同时期侵入岩无明显的对应关系。

2.金矿物自然重砂异常分带

鉴于金自然重砂异常分布特征、分布密集度、异常强度级别及金矿点分布情况,将湖北省金异常圈出17个异常区,简述如下。

(1)上店子-泥沟异常区:位于竹山陆缘裂谷北段,地表分布寒武系—奥陶系并有北东向断裂分布,异常区为北北东向椭圆状,面积约350km²。区内有Ⅰ级异常2处,Ⅲ级异常2处,并有金矿点分布。

(2)羊尾-郧县异常区:为近东西向长椭圆状,西起郧西羊尾,东到郧县,长约70km,宽约25km,面积约1750km²。区内有Ⅰ级异常5处,Ⅲ级异常7处,并有金矿点7处。异常区横跨十堰-随州走滑剪切构造带、沧浪山-柳林推覆构造带和北大巴山推覆构造带3个Ⅳ级构造单元,并有北西向两郧断裂从中穿过,推断东段为寻找沉积砂金矿,西段为寻找与中低温热液型金矿的有利地区。

(3)竹溪-兵营异常区:为西窄东宽的不规则弯月形,面积约2200km²。异常位于兵房街一带,地表主要分布志留系,并有北西向断裂和南部近东西向青峰断裂通过,北西向带状基性侵入体发育。区内

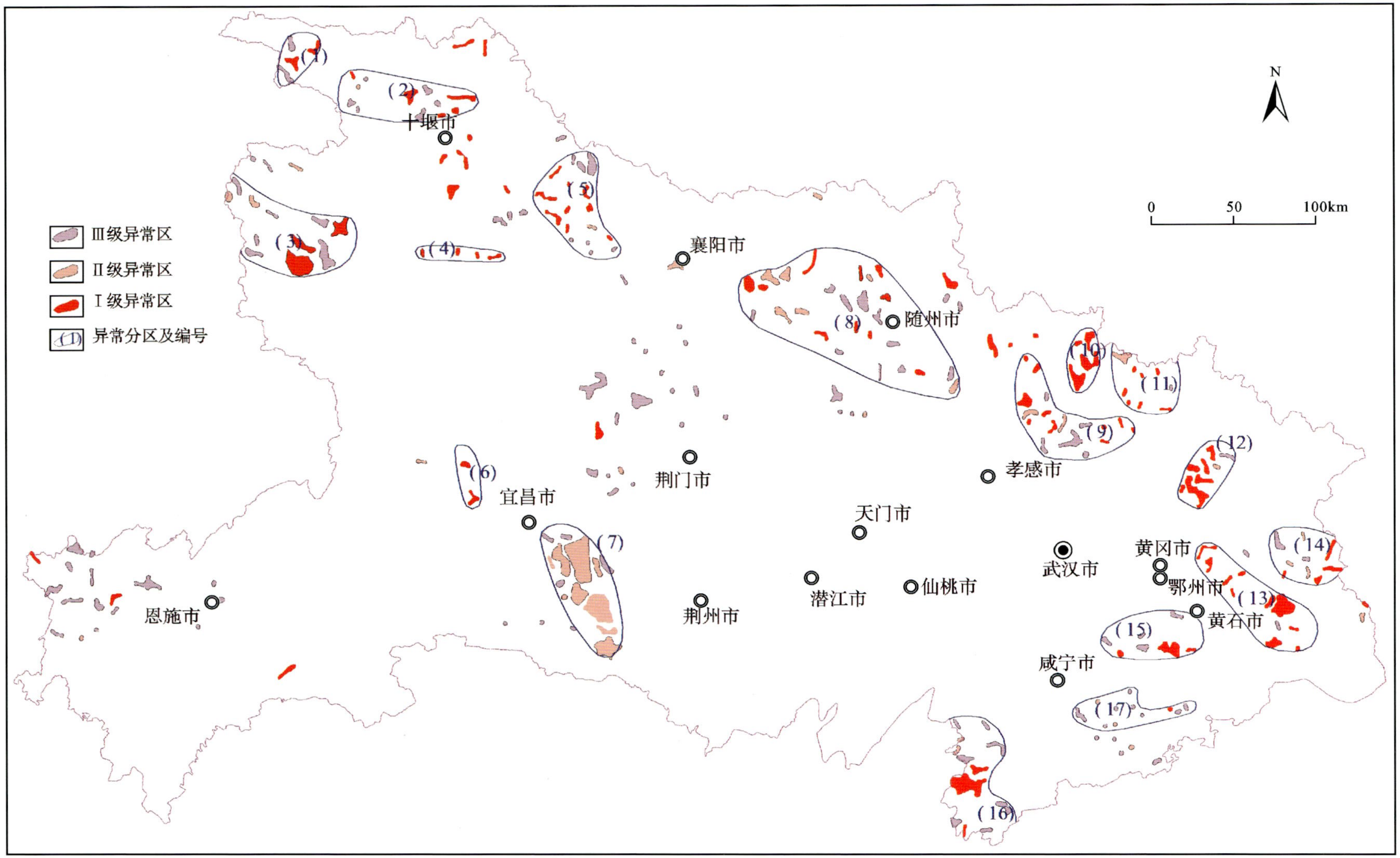

图 6－4　湖北省金矿物自然重砂异常分区图

Ⅰ级异常3处，单个异常面积大且均集中分布于南东部，Ⅲ级异常8处。推断此区是寻找与基性—超基性岩有关金矿床的有利地区，特别是南东部的瓦沧(北)兵营一带更为有利。

(4)草店-青峰异常带：为东西向长条状，长约50km，宽约7km，面积约350km²。异常沿东西向青峰断裂分布，有Ⅰ级异常4处，推测是由沉积型砂金矿床引起。

(5)丹江口-庙滩异常区：呈近北西向长方形，面积约1300km²。区内有Ⅰ级异常8处，二级异常8处，地处武当陆内裂谷与南襄盆地交界区，地表为武当群和第四系掩盖区，并有北西向基性岩脉分布，北西向公路断裂和两郧断裂均延至该区。区内有多处金矿点分布，推断本区是寻找与基性岩有关的热液型金矿床和砂金矿床的有利地区。

(6)太平溪异常区：位于黄陵背斜西南缘中酸性岩体和超基性岩中，异常区为北北西向扁头状，面积约400km²。区内金矿点密集分布，但仅有2处Ⅰ级金自然重砂异常，原因不清，推测为热液型金矿床的成矿有利地区。

(7)鸦鹊岭-松滋异常带：呈北北西向宽带状分布，长80km，宽30km，面积2400km²，处于下扬子陆块江汉-洞庭陆内盆地西缘。单个异常面积大、多个异常紧密分布是其主要特征，内有Ⅰ级金重砂异常3处，Ⅱ级异常6处，Ⅲ级异常5处。推断此带为寻找沉积型砂金矿的有利地区。

(8)大狼山-府君山异常区：分布于鄂北襄樊-广济断裂北侧以武当群为核部的背斜及其周缘地区，呈顶向北东向的帽形，面积约4500km²。区内金重砂单个异常以面积小但数量多、相互间连结不紧密是其主要特征。区中有Ⅰ级异常10处，Ⅱ级异常7处，Ⅲ级异常9处，并有多处金矿点分布，是寻找热液型、破碎带蚀变岩型金矿床的远景地区。

(9)吴店-研子岗异常带：呈北窄南宽的镰刀形，南部呈舌状向东延伸，总体呈北西向，面积约2600km²。异常主体沿北西向新城-黄陂断裂并与十堰-随州-木兰山-四望山中高压型变质岩带吻合，在南部有双峰尖等中酸性岩体分布。沿该带分布有中型白云金矿床及少量金矿点，推断此带是寻找破碎蚀变岩型金矿床的有利地区。

(10)宣化店-河口金异常带：呈北北东向扁豆状，长约40km，平均宽约15km，面积约600km²。异常位于桐柏-大别高压变质折返带中，地表局部出露桐柏大别基底杂岩，其余为红安岩群，沿异常带轴向有近南北向滠水断裂通过，并有同方向串珠状基性、超基性小岩体和少量金矿点。带中有单个异常面积较大的5处Ⅰ级异常紧密相邻分布组成了一个完整的Ⅰ级金异常带，推断此带为寻找与基性岩有关的热液型金矿床的最有利地区。

(11)紫云金异常区：位于红安县七里坪—红安城(东)—顺和集—闵家冲所围限的以北到省界区域，呈半圆形，面积约900km²，区内主要出露桐柏大别基底杂岩，北部省界附近有多处已知金矿点。区内有分散且面积较小的多个金异常，其中Ⅰ级异常8处，Ⅱ级异常1处，Ⅲ级异常1处。该区也是找热液型含矿的有利地区。

(12)大崎山异常带：南起团风县贾庙，北到麻城张家畈，异常区呈北北东向椭圆形，长约40km，宽20km，面积约800km²。区内单个异常面积大，多个异常密集分布，有Ⅰ级异常7处，Ⅲ级异常2处，并有金矿点10余处。异常区出露桐柏大别基底杂岩，异常区西界为北北东向麻城-团风断裂，据物探推断东侧也有北北东向断裂，并推断异常区有偏基性沉积变质岩分布，因此认为此区为寻找与基性岩有关的热液型金矿极有利地区。

(13)上巴河-梅川异常带：沿襄樊-广济断裂北侧呈北西向带状，西起上巴河东到梅川，长约80km，宽20km，面积1600km²，平面位置与十堰-随州-木兰山-四望山中高压型变质岩带吻合。区内分布Ⅰ级异常10处，Ⅲ级异常1处，有金矿点4处。推测北西段可寻找与基性岩有关的热液型金矿床，南东段与中酸、基性岩体有关，可寻找热液型金矿床。

(14)花园异常区：位蕲春县花园、张塝一带，呈圆形，面积约1500km²，属桐柏-大别高压变质折返带。区内地表出露岩体、红安岩群，稀疏分布Ⅰ类异常4处，Ⅱ类异常2处，Ⅲ类异常3处，可寻找热液型金矿。

(15)大冶-金牛异常区:位于下扬子大冶台地裂谷带和金牛陆内裂谷区,异常区平面呈近东西向椭圆形,面积约 $1300km^2$。异常区涵盖阳新岩体中西段、铁山岩体东段、金山店岩体、灵乡岩体区、金牛火山岩盆地,有Ⅰ级异常4处,Ⅲ级异常3处,是矽卡岩型、热液型矿床的成矿区。

(16)通城-方山异常区:沿鄂湘省界呈哑铃状分布,面积约 $1500km^2$。异常区北部为方山背斜区,有已知小型金矿和矿点多处,南部为通城岩体区。区内有Ⅰ级异常3处,Ⅱ级异常2处,Ⅲ级异常6处。方山背斜除震旦系外,出露寒武系—奥陶系,尤其是方山背斜南翼与通城岩体接壤地带是最有利的成矿区。

(17)大磨山异常区:呈西宽东窄的刀把形,面积约 $1000km^2$。异常区与以冷家溪群为核部的大磨山背斜吻合,东部则位于富水背斜。区内异常以数量多、单个面积小、含量低为其主要特征,共有Ⅰ级异常1处,Ⅲ级异常12处,东部有2处金矿点,是值得重视的地区。

二、铜矿物自然重砂异常及特征

湖北省铜矿物自然重砂异常共圈出191处,其中Ⅰ级异常67处,Ⅱ级异常81处,Ⅲ级异常43处。

1.铜矿物自然重砂异常分布特征

湖北省铜矿物自然重砂异常(图6-5)有如下主要特征。

(1)大部分异常集中分布于襄樊-广济断裂以北秦岭-大别造山带前寒武纪变质地层中,断裂以南扬子地块区异常稀少,且仅局限于神农架背斜北东翼至黄陵背斜北翼、乐乡关断隆及鄂赣边境的通山台缘褶冲带。

(2)秦岭-大别造山带中又以武当-随南逆推带武当群地层分布区异常数量最多,异常级别又较低,为其主要特征,如武当陆内裂谷区Ⅱ级、Ⅲ级异常密集无规律分布,数量可达数十个,故推测这种多、乱、低的异常主要是武当群变沉积岩层的反映。麻城-团风断裂以东则以异常面广、级别高为其主要特征,而红安岩群有含铜层位,但很少有异常出现,原因不明。

(3)从引起异常的地质因素而言,除前述前震旦纪变质岩地层外,异常主要与上震旦统、寒武系—奥陶系及部分中酸性岩浆岩侵入体有关。

2.铜矿物自然重砂异常分带

以Ⅰ级异常为主导,又根据异常平面分布的连续性、密集程度及地质构造背景,将省内铜自然重砂异常划分出以下7个异常集中区,分属两个大地构造单元,说明如下。

(1)沿竹山断裂、青峰断裂带西段的异常带:长约85km,平均宽约55km,面积约 $3445km^2$。区内有铜矿物重砂Ⅰ级异常3处,Ⅲ级异常2处。

(2)鄂北随枣一带的含铜矿物重砂异常带:长约132km,平均宽约58km,面积约 $6400km^2$。区内有铜矿物重砂Ⅰ级异常6处,Ⅱ级异常1处,Ⅲ级异常5处。

(3)沿鄂东南多金属成矿带分布的异常带:指示了已知大冶铜山口铜矿床、铜绿山铁铜矿床、鸡冠咀金铜矿床等以斑岩型和矽卡岩型为主的矿床,长约150km,平均宽约56km,面积约 $7870km^2$。区内有Ⅰ级异常7处,Ⅱ级异常8处,Ⅲ级异常15处。

(4)沿秭归盆地周缘分布的异常带:长约74km,平均宽约55km,面积约 $3560km^2$。区内有Ⅰ级异常4处,Ⅱ级异常6处,Ⅲ级异常1处。

(5)沿当阳-远安地堑分布的异常带:长约110km,平均宽约63km,面积约 $5470km^2$。区内有Ⅰ级异常8处,Ⅱ级异常1处,Ⅲ级异常6处。

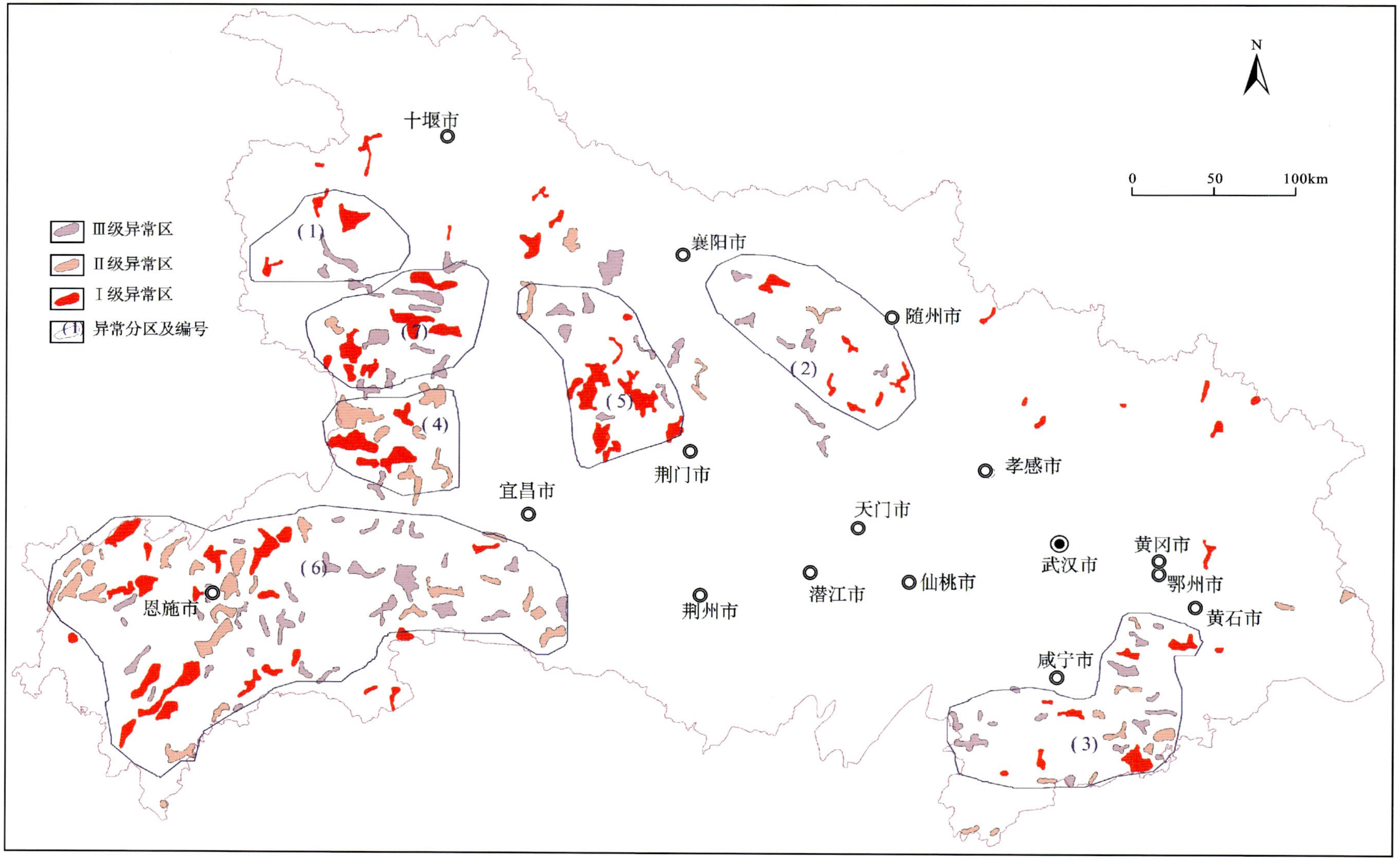

图 6－5　湖北省铜矿物自然重砂分区图

(6)鄂西南沿三叠系嘉陵江组、巴东组含铜砂岩分布的异常带:长约264km,平均宽约127km,面积约24 420km²。区内有Ⅰ级异常16处,Ⅱ级异常24处,Ⅲ级异常31处。

(7)沿神农架阳日断裂分布的异常带:该异常带内有关门山小型铜矿床,且指示了神农架群石槽河组和乱石沟组的含矿性,长约104km,平均宽约61km,面积约4950km²。区内有Ⅰ级异常7处,Ⅱ级异常1处,Ⅲ级异常8处。

三、钨矿物自然重砂异常及特征

湖北省钨矿物自然重砂异常共圈出182处,其中Ⅰ级异常5处,Ⅱ级异常103处,Ⅲ级异常74处。

湖北省钨矿物自然重砂异常分布特征如下。

(1)桐柏-大别异常区带:分布在新城-黄陂断裂及襄樊-广济断裂东段以北的桐柏-大别高压变质折返带,北西向长300km,宽20~70km,面积约15 000km²。圈出异常约90多处,强、中、弱者数量大体一样。区内异常除新州至麻城中—新生代红盆无异常外,分布基本均匀,强弱相间,与构造地层无明显关系。区内无已知有关的矿床(点)。分析认为异常可能与基底杂岩、超高压变质岩系及其生成重熔性花岗岩尤其是斑状二长花岗岩、花岗斑岩有关,在长期地质历史积累中风化副矿物可能形成异常。

(2)崇阳-通山异常带:分布在方山至三溪口一线,构造位置属咸宁褶皱带。地层主要为古生界,另外药姑山及大幕山有中—新元古代浅变质岩出露,通山、崇阳有白垩系—第三系红盆分布。异常带东西长120km,宽20~30km,面积3000km²,圈出异常近20处,基本都为Ⅰ级高值异常。带内无已知有关矿床,异常形成原因尚不清楚,可能与碎屑岩有关。

(3)通城-沙店异常带:分布在通城至沙店一线,地质结构属九宫山后碰撞岩浆杂岩带。异常带东西长130km,宽10~30km,面积约2000km²。带内圈出异常8处,多为中等强度。此带以西被洞庭凹陷所隔,在石首市又出现异常。该带内有燕山期形成的通城花岗岩体、九宫山花岗岩体、沙店花岗岩体。带内在崇阳高枧有多处钨矿化点,系石英脉型白钨矿,多见民采。另在楠林桥南30km江西境内香炉山有一处大型矽卡岩型钨矿床,在矿床及矿化点附近并无异常。该异常带化探W、Au异常明显,为钨矿找矿远景区。

四、稀土矿物自然重砂异常及特征分析

稀土矿物自然重砂异常共圈出173处,其中Ⅰ级异常7处,Ⅱ级异常106处,Ⅲ级异常60处。

根据湖北省稀土矿物自然重砂异常平面分布的连续性、密集程度及其所处的地质背景,将省内自然重砂异常划分成9个异常区,其中秦岭-大别造山带有3个区,扬子地块内有6个区。

(1)殷店-双峰尖稀土钇矿物自然重砂异常区:呈北西走向,长140km,宽20km,面积约2800km²。带内断续分布十几处异常,异常多为Ⅱ级、Ⅲ级,属中低含量。该带内有4处小型钇矿床,主要矿物为硅、铍、钇矿物,伴生组分有镱、铈、铌、镓、锆、镧、金等。构造位置为桐柏-大别高压变质折返带,含矿层为红安岩群下部浅粒岩、白云钠长片麻岩,在含磷岩系之上,属火山沉积变质型。

(2)木子店-黄梅稀土矿物自然重砂异常区:近北北西向长150km,宽40km,面积6000km²,带内紧凑分布有大小30处自然重砂异常。异常Ⅰ级、Ⅱ级、Ⅲ级都有,各级异常数大致相等,该异常区位于桐柏-大别超高压折返带内。稀土矿物自然重砂异常与燕山期生成的正长花岗岩、二长花岗岩有关,岩体中副矿物有形成砂矿床的可能。

(3)石首-沙店稀土矿物自然重砂异常区:位于湘鄂、赣鄂省界处,呈东西向展布,长240km,宽20km,面积约4800km²。带内断续分布有10处异常,多为Ⅰ级,属高含量。其构造位置为华容断隆和九宫山后碰撞岩浆杂岩。带内已探明中型独居石矿床3处(石首石华堰、通城南港、通城琉璃坳)、小型矿床2处(通城隽水、通城大白段)。含矿层为第四系一级、二级阶地的砂砾中,属风化沉积型,砂矿源于

燕山期花岗岩富含副矿物独居石，仍有发现新矿床的可能。

(4)赵李桥-三溪口稀土矿物自然重砂异常区：近东西向，长130km，宽40km，面积约5200km²。带内呈条带状展布近20处异常，基本为Ⅰ级、Ⅱ级，属高、中含量。构造位置为咸宁褶皱带和通山台缘褶冲带，地层为古生界碎屑岩碳酸盐岩。该重砂异常的地质意义尚不清。

(5)竹溪-门古寺稀土矿物自然重砂异常区：呈北西向，长90km，宽40km，面积3600km²。异常呈北西向串珠状分布，大小异常近15处，基本为Ⅰ级、Ⅱ级，属高、中含量，构造位置为竹山陆缘裂谷。该异常区与竹山庙垭碳酸岩-正长岩岩浆型大型铌铈镧矿床不同，故认为区内异常与侵位在志留纪中加里东期的辉石岩及正长岩有关，有可能发现与超基性岩、火山岩有关的新的岩浆矿床。

(6)利川-恩施稀土矿物自然重砂异常区：似东西向，长150km，宽70km，面积10 500km²。区内散布着20多处异常，西部主要为Ⅲ级异常，属低含量；东部主要为Ⅰ级异常，属高含量。构造位置为西侧属川中前盆地，东侧属八面山台坪褶皱带。西部异常处地层为上古生界与中生界($P—T_2$、$T_3—J$)，东部高值异常多落在下古生界上。该区异常的地质意义尚不清楚。

(7)大神农架稀土矿物自然重砂异常区：呈南北向，长80km，宽30km，面积2400km²。带内断续出现5处异常，皆为Ⅱ级异常，属中等含量。构造位置为上扬子古陆块西部的三级构造单元。异常基本出现在盖层的背隆部位，从北向南为大神农穹隆南、北西侧，该异常带的地质意义尚不清楚。

(8)远安-荆门稀土矿物自然重砂异常区：呈三角形，面积约1400km²。区内紧凑分布着9处异常，为Ⅱ级、Ⅲ级，属中低含量。构造位置为神农架-荆门台坪褶皱带。异常集中出现在中三叠统至侏罗系上。该异常区的地质意义尚不清楚。

(9)五峰稀土矿物自然重砂异常区：呈南北向，长100km，宽30km，面积3000km²。带内断续出现5处异常，为Ⅱ级、Ⅲ级异常，属中等含量。构造位置为上扬子古陆块西部，纵跨几个三级构造单元。异常基本分布在寒武系—奥陶系碳酸盐岩区，从北向南为绿葱坡隆顶、长阳背斜西端、走马坪背斜北翼。该异常区带的地质意义尚不清楚。

此外，在郧县附近、保康聚龙山、三斗坪、竹林湾、樟树坪、南漳附近、乐乡关地垒、枣阳附近分布一些零散丰度不同的稀土矿物自然重砂异常。

五、铅锌矿物自然重砂异常及特征

湖北省范围内圈出铅锌矿物自然重砂异常共计302处，其中Ⅰ级异常66处，Ⅱ级异常139处，Ⅲ级异常97处。铅锌重砂异常分布比较集中的地区有随南大洪山一带、崇阳—通山一带。无异常或异常稀少的地区有江汉平原、南襄盆地、黄梅小池地区、桐柏—大别地区、黄陵背斜核部、神农隆起核部、两郧地区北部。

根据异常的分布规律、与地层构造和岩浆岩的关系，湖北省铅锌矿物自然重砂划分为如下7个异常集中区。

(1)武当陆内裂谷的周缘有异常40多处，基本沿青峰-襄樊断裂分布，以中高含量异常为主。尤其是谷城盛康以南的一处异常，面积大且值高，与热液变质矿物有关。

(2)八面山台坪褶皱带和秭归前陆盆地，有异常110多处，基本沿武陵断裂系及长阳背斜分布，落在寒武系—奥陶系之上，与热液作用有关。

(3)黄陵背斜北部及马湾背斜北翼有异常近10处，沿震旦系—寒武系分布，为高值异常，属热液作用矿物。

(4)远安前陆盆地，有异常近20处，主要落在二叠系—中三叠统上，皆为中弱强度异常，与热液作用有关。

(5)随南陆缘裂谷即大洪山地区，有异常近30处，多落于震旦系或中元古界上，与变质作用热液作用有关。

(6)幕阜山被动边缘褶冲带，即崇阳通山地区，有异常约 30 多处，多为中强异常，落于古生界及冷家溪群上。异常排列方向与构造线走向一致，与热液作用有关。其中，方山背斜处异常面积最大，异常值也高，其西南侧为湖南桃源大型铅锌矿床。

(7)鄂东南多金属成矿带，位于鄂东南六大岩体分布范围及江北浠水至蕲春的西南侧，面积约 7300km^2。大地构造位置为大冶上叠侵入岩浆弧、武汉前陆褶冲带及咸宁褶皱带。

已知有阳新银山中型铅锌银矿，赋存于毛铺-两剑桥断裂带内，矿体赋存的围岩为石炭系、二叠系碳酸盐岩。阳城中型铅矿赋存在三叠系灰岩破碎带中。此外还有狮子立山、凤梨山、杨桥、黄石至韦源口等矿床(点)。这些已知矿床(点)上无异常出现。

六、磷矿物自然重砂异常及特征

湖北省磷矿物自然重砂共圈出 174 处异常，其中Ⅰ级异常 20 处，Ⅱ级异常 103 处，Ⅲ级异常 51 处。

1. 磷矿物自然重砂异常分布主要特征

(1)大部分异常集中分布于襄樊-广济断裂以北秦岭-大别造山带前震旦纪变质地层中，断裂以南扬子地块区异常稀少且仅局限于神农架背斜北东翼至黄陵背斜北翼、乐乡关断隆及鄂赣边境的通山台缘褶冲带。

(2)秦岭-大别造山带中以武当-随南逆推带武当群地层分布区异常数量最多和异常级别较低为其主要特征，如武当陆内裂谷区Ⅱ、Ⅲ级异常密集无规律分布，数量可达数十处，推测这种多、乱、低的异常主要是南华系武当群(Nh_1W)变沉积岩层的反映。麻城-团风断裂以东则以异常面广，级别高为其主要特征，而新元古界红安岩群(Pt_3Ha)有含磷层位，但很少有异常出现，原因不明。

(3)从引起异常的地质因素而言，除前述前震旦纪变质岩地层外，异常主要与上震旦统、寒武系—奥陶系及部分中酸性岩浆岩侵入体有关。

2. 磷异常分带

以Ⅰ级异常为主导，又根据异常平面分布的连续性、密集程度及地质构造背景，湖北省内磷自然重砂异常可划分为以下 8 处异常带和 1 处重点异常，现说明如下。

(1)南化-羊尾磷矿物自然重砂异常带：位于武当复背斜北翼，呈倒"L"形，中西部近东西向，东部呈近南北向，长约 90km，宽约 10km，总面积约 900km^2。异常带由 9 处Ⅲ级异常和 1 处Ⅱ级异常组成，推断异常由上震旦统(Z_2)及南华系武当群(Nh_1W)局部富磷沉积所引起。

(2)阳日-樟村坪磷矿物自然重砂异常带：位于马湾背斜东段及黄陵背斜北端，呈不规则椭圆形，走向北西，长约 90km，平均宽约 40km，面积 3600km^2。区内有磷重砂Ⅰ级异常 8 处，Ⅱ级、Ⅲ级异常各 1 处，有已知大、中小型磷矿床和矿点 20 余处，是省内主要的磷矿产地。异常多由产于震旦系中的沉积磷矿引起。

(3)太平溪-刘家场异常带：北起黄陵背斜南西翼，南到鄂湘边界的刘家场，呈北北西向长条状，长约 120km，宽 10km，面积约 1200km^2。带内有重砂Ⅲ级异常 4 处，Ⅱ级异常 1 处，其中北段 157 号(Ⅱ)、158 号(Ⅲ)异常与岩体有关，其余与上震旦统、寒武系、奥陶系富磷有关。尤其 166 号Ⅱ级异常面积大，位于长阳背斜东段核部上震旦地层中，对寻找磷矿极有利。

(4)刁家店(南)-双河口异常带：该带走向北西，长 180km，宽 30km，面积 5400km^2，跨越秦岭-大别造山带和扬子地块两个一级构造单元。带内有Ⅰ级异常 4 处，Ⅱ级异常 10 处，Ⅲ级异常 1 处。南段为省内又一磷矿赋存区，有胡家集大型磷矿及中、小型磷矿产地 9 处；北段Ⅱ级异常推断与武当群有关，其余异常皆由上震旦统—奥陶系中富含磷层所引起。

(5)新市-大洪山异常带：该带位于秦岭-大别造山带中，异常呈走向近南北的带状，省内长100km，宽20km，面积2000km²。带内异常密集分布，计有Ⅱ级异常8处，Ⅲ级异常4处，南端有磷矿点一处。这些异常均与武当群有关，特别是北段含量级别高，范围大，值得注意。

(6)唐镇-广水异常带：该带为北西西向椭圆形，长约90km，平均宽约30km，面积2700km²。区内有单个规模较大的Ⅱ级异常9处，Ⅲ级1处，推断这些异常主要为武当群和桐柏大别基底杂岩局部地段富含磷引起。特别是东段101号、109号两个Ⅱ级异常范围大，富集程度高，值得重视。

(7)胜利-梅川异常带：此异常带包含麻城-团风断裂以东整个大别基底杂岩和其南侧的超高压变质岩系，呈北北西向椭圆形，长约160km，平均宽约60km，面积9600km²。整个带由2处Ⅰ级异常、3处Ⅱ级异常、3处Ⅲ级异常组成。单个异常面积大，多个异常紧密相邻，主要为中酸性岩体和基底杂岩富磷所引起，局部与红安岩群有关。

(8)通城-七冲异常带：省内呈半椭圆形，近东西走向，长约70km，平均宽30km，省内面积约2100km²。带内有Ⅰ级异常3处，Ⅱ级异常4处，Ⅲ级异常1处，其中东部编号为151号、152号两处Ⅰ级异常与寒武系—奥陶系沉积岩含磷富集有关，余者为通城侵入岩体引起。

(9)丰溪-互沧(北)61号Ⅲ级异常(重点异常)：位于青峰-襄樊-广济断裂带西端北侧武当-随南逆推带兵房街一带，异常呈东西向椭圆形，向西未封闭，走向长45km，宽25km，面积1100km²。该异常范围大，含量级别高，平面位置与以武当群和上震旦统为核部的丰溪-互沧(北)背斜相对应，是寻找磷矿床的极有利异常。

七、铁矿物自然重砂异常及特征

全省共圈出399处铁矿物自然重砂异常，Ⅰ级异常69处，Ⅱ级异常213处，Ⅲ级异常117处。铁矿是湖北省的优势矿种，省内有大冶铁矿、火烧坪等大型铁矿及众多中小型规模的矿床或矿点，部分铁矿床或矿点有自然重砂异常响应。根据铁族矿物重砂异常在空间上的分布特征，湖北省铁族重砂异常大致上有16个异常集中区，如图6-6所示。

(1)鲍峡镇-羊尾镇异常带：有13处重砂异常，异常面积大，异常值较高，异常主要与中元古代辉长辉绿岩和少量耀岭河群有关。

(2)青曲镇-白桑关镇异常带：有7处重砂异常，异常面积大，异常值较高，带内少量铁矿点分布，异常主要与中元古代辉长辉绿岩和少量耀岭河群有关。

(3)大庙-门古寺镇异常带：有25处重砂异常，异常面积大，异常值高，异常主要与竹山断裂带有关。

(4)武当山镇-紫金镇异常带：有51处重砂异常，异常面积大，异常值高，铁矿点分布众多，异常主要与中元古代辉长辉绿岩和少量耀岭河群有关。

(5)泉溪镇-瓦沧异常带：有8处重砂异常，异常面积小，异常值低，异常主要与青峰断裂带有关。

(6)新市镇-枣阳市异常带：有8处重砂异常，异常面积小，异常值低，异常主要与中生代二长花岗岩的含矿性有关。

(7)唐县镇-洛阳镇异常带：有46处重砂异常，异常面积大，异常值较高，异常主要与中元古代辉长辉绿岩有关。

(8)广水镇-永佳河镇异常带：有46处重砂异常，异常面积大，异常值较高，异常主要与中生代二长花岗岩和新太古界大别山群的含矿性有关，异常受断裂控制。

(9)三河口镇-木子店镇异常带：有9处重砂异常，异常面积小，异常值低，异常主要中生代二长花岗岩的含矿性有关。

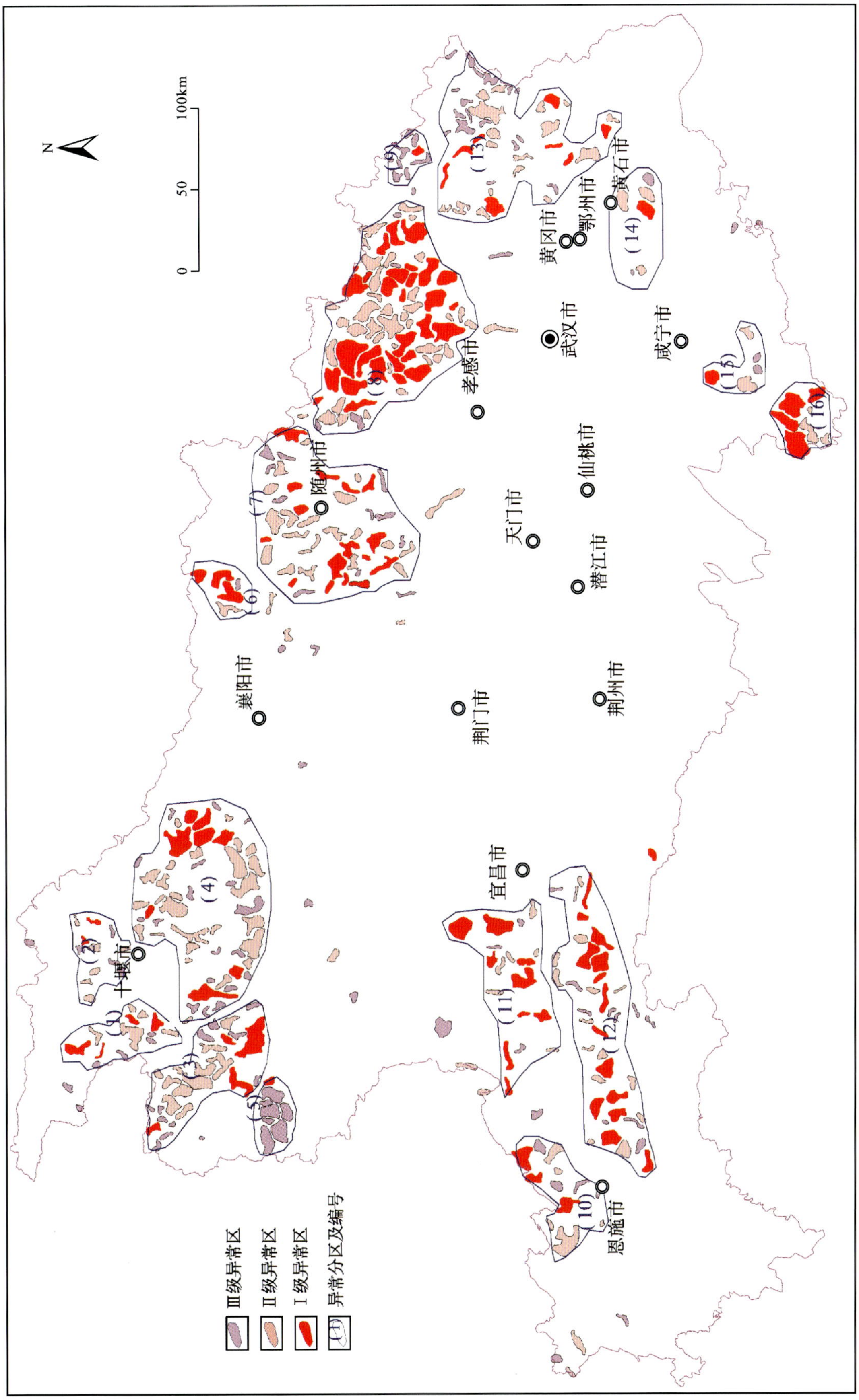

图 6-6 湖北省铁矿物自然重砂异常分区图

(10)太阳区-屯堡区异常带:其与邓村-榔坪镇异常带(11号)、新塘区-龙舟坪镇异常带(12号)所处地质背景类似,这3个带的成矿条件基本一致,异常主要与写经寺组和黄家磴组的含矿性有关。

(11)邓村-榔坪镇异常带:主体位于鄂西南绿葱坡—火烧坪一带,以褐(赤)铁矿为主,分布18处异常,异常强度中等—高,反映区内多处沉积低品位铁矿床。

(12)新塘区-龙舟坪镇异常带:位于鄂西南宣恩—五峰县一带,是3个带中异常最密集带,共分布37处中高强度褐(赤)铁矿、黄铁矿等含铁矿物异常,主要所映了泥盆系沉积铁矿层分布。

(13)夫子河镇-蔡河镇区异常带:有42处重砂异常,异常面积大,异常值较高,异常相对比较分散,异常主要与大别地区各个时代片麻岩、花岗岩的含矿性有关。

(14)太和镇-太子镇区异常带:有6处重砂异常,异常面积较大,异常值较高,区内铁矿点星罗棋布,异常主要与鄂东南的矽卡岩型的多金属成矿带有关。

(15)崇阳县-楠林桥镇异常带:有5处重砂异常,异常面积小,异常值较低,异常与泥盆系、石炭系、三叠系、二叠系等有关。

(16)通城县异常带:有7处重砂异常,异常面积小,异常值较高,异常主要与中生代二长花岗岩的含矿性有关。

湖北省的铁族自然重砂异常分带显示,(1)号、(2)号、(4)号异常反映的是鄂西北的沉积及沉积变质型铁矿所在地;(10)号、(11)号、(12)号异常带与写经寺组和黄家磴组的含矿性有关;(14)号异常带与鄂东南的矽卡岩型的多金属成矿带有关;(3)号、(5)号异常带与构造关系密切;(6)号、(7)号、(8)号、(9)号、(13)号异常带与各岩体的含矿性有关。

铁族自然重砂异常较好地反映了湖北省各种成因类型的铁矿,铁族矿物异常与铁矿的相关性明显,研究湖北省自然重砂铁族矿物异常,对寻找铁矿有一定的指示意义。

八、铝矿物自然重砂异常及特征

全省共圈出78处铝矿物自然重砂异常,Ⅰ级异常7处,Ⅱ级异常47处,Ⅲ级异常24处。铝矿物自然重砂异常主要分布在湖北省的中部(南漳—宜城一带),与区调资料基本吻合。铝矿物自然重砂图上显示,刚玉和水铝矿两种矿物的分布基本不一致,这两种矿物来源是不同源的,其中水铝矿异常主要来源于二叠系梁山组,刚玉异常主要来源于各个时代底层的碎屑沉积岩及构造带附近。根据铝矿物自然重砂异常在空间上的分布特征,湖北省铝矿物重砂异常大致上有9个异常集中区。

(1)胡家营镇-谷城县异常带:有33处重砂异常,呈带状分布,异常面积较大,异常值较高,重砂矿物以刚玉为主。异常与白河-石花街断裂基本一致,反映刚玉与构造的关系密切。

(2)竹溪县-房县异常带:有7处重砂异常,异常面积不大,异常值不高,重砂矿物以刚玉为主。异常与竹山断裂基本一致,反映刚玉与构造的关系密切。

(3)保康县-南漳县-刘猴镇异常带:有52处重砂异常,异常面积大,异常值高,10多处矿点,异常面积大,异常值高。重砂矿物以水铝矿为主,矿点星罗棋布,异常主要来源于二叠系梁山组,部分异常与志留系、三叠系、白垩系碎屑岩及第四系沉积物有关。

(4)兴山县-野三关镇异常带:有17处重砂异常,异常面积小,异常值低,异常来源于二叠系及志留系、三叠系、侏罗系碎屑岩。

(5)利川市异常带:有11处重砂异常,异常面积小,异常值较高。重砂矿物以水铝矿为主,异常来源于二叠系及三叠系、侏罗系碎屑岩。

(6)建始县-宣恩县异常带:有18处重砂异常,异常面积较大,异常值较高,异常主要来源于二叠系及三叠系碎屑岩。

(7)秀峰镇-长乐坪镇异常带:有14处重砂异常,异常面积较小,异常值较低。异常主要来源于二叠系和志留系、三叠系及其他地层碎屑岩。

(8)官桥镇-赵李桥镇异常带:有3处重砂异常,异常面积较大,异常值高。异常主要来源于二叠系及三叠系和志留系碎屑岩。

(9)方集-长岗镇异常带:有9处重砂异常,异常面积小,异常值较高。异常主要来源于异常主要来源于白垩系、志留系等的碎屑岩及第四系沉积物。

九、钼矿物自然重砂异常及特征

湖北省钼矿物自然重砂异常共圈出101处,其中Ⅰ级异常7处,Ⅱ级异常46处,Ⅲ级异常48处。

全省钼自然重砂异常分布零散,面积小,数量不多。异常比较集中的有如下3个区带。

(1)桐柏-大别高压变质折返带:有近40处异常,主要出现在梅川岩体及巴河上游的西侧。在河南的信阳到商城至安徽金寨有与燕山期花岗岩有关的斑岩型钼矿床4处,在湖北罗田北部有钼化点2处,在梅川岩中有钼矿化点1处。故认为在梅川岩体和巴河上游的西侧异常有一定找矿意义。

(2)上扬子台褶带:有异常近30处,分布在以二叠系—中三叠统为主的向斜内。异常面积不大,分布零散,无已知矿化点,认为找矿意义不大。

(3)十堰至随州的武当群:有异常约20处,分布零散,推测与断裂作用有关。异常区无已知矿化点,找矿意义不清。

十、重晶石矿物自然重砂异常及特征

湖北省重晶石矿物自然重砂异常共圈出182处,其中Ⅰ级异常22处,Ⅱ级异常83处,Ⅲ级异常77处(图6-7)。

1.重晶石矿物自然重砂异常分带

湖北省内重晶石矿物自然重砂异常主要集中在西部地区,其次是大洪山及咸宁地区,经与地质图对比分析,异常主要与地层和断裂关系密切,比较集中的有以下7个异常区。

(1)白河羊尾至两郧的北部有10多处异常,且多为Ⅰ级异常,与寒武系—奥陶系有关。

(2)沿竹山断裂、青峰断裂有10多处异常,含量高且范围大,连续性好,伴随震旦系—寒武系—奥陶系而出现。

(3)黄陵背斜北翼有异常近10处,含量高范围大,基本与寒武系—奥陶系及志留系有关。

(4)沿神农架背斜-贺家坪-仙女山断裂带有异常近30处,以Ⅰ级异常为主,呈串珠状分布,与寒武系—奥陶系有关。

(5)八面山台褶带中有异常将近70处,以中低含量为主,伴随寒武系—奥陶系而出现。

(6)大洪山背斜南、北两翼有异常近20处,多为高含量Ⅰ级异常,与寒武系—奥陶系有关。

(7)崇阳方山背斜两翼异常呈弧形分布,也与寒武系—奥陶系有关。

湖北省内具规模的重晶石-毒重石矿床有竹山西沟、随县柳林、京山香山寺等矿床,属沉积型,赋存在寒武系下部碳硅质板岩中。鄂西南也有小型热液型萤石-重晶石矿床或矿点。

2.重晶石矿物自然重砂异常在地质找矿中的指示作用

(1)在青峰断裂带的西段、竹山断裂带及黄陵背斜地区有重晶石自然重砂异常集中分布,重晶石异常面积大、强度高。

(2)通过对全省182处重晶石自然重砂异常内矿化情况进行统计,其中66处异常有金、铜、铅锌、铁、锰等矿化反映。

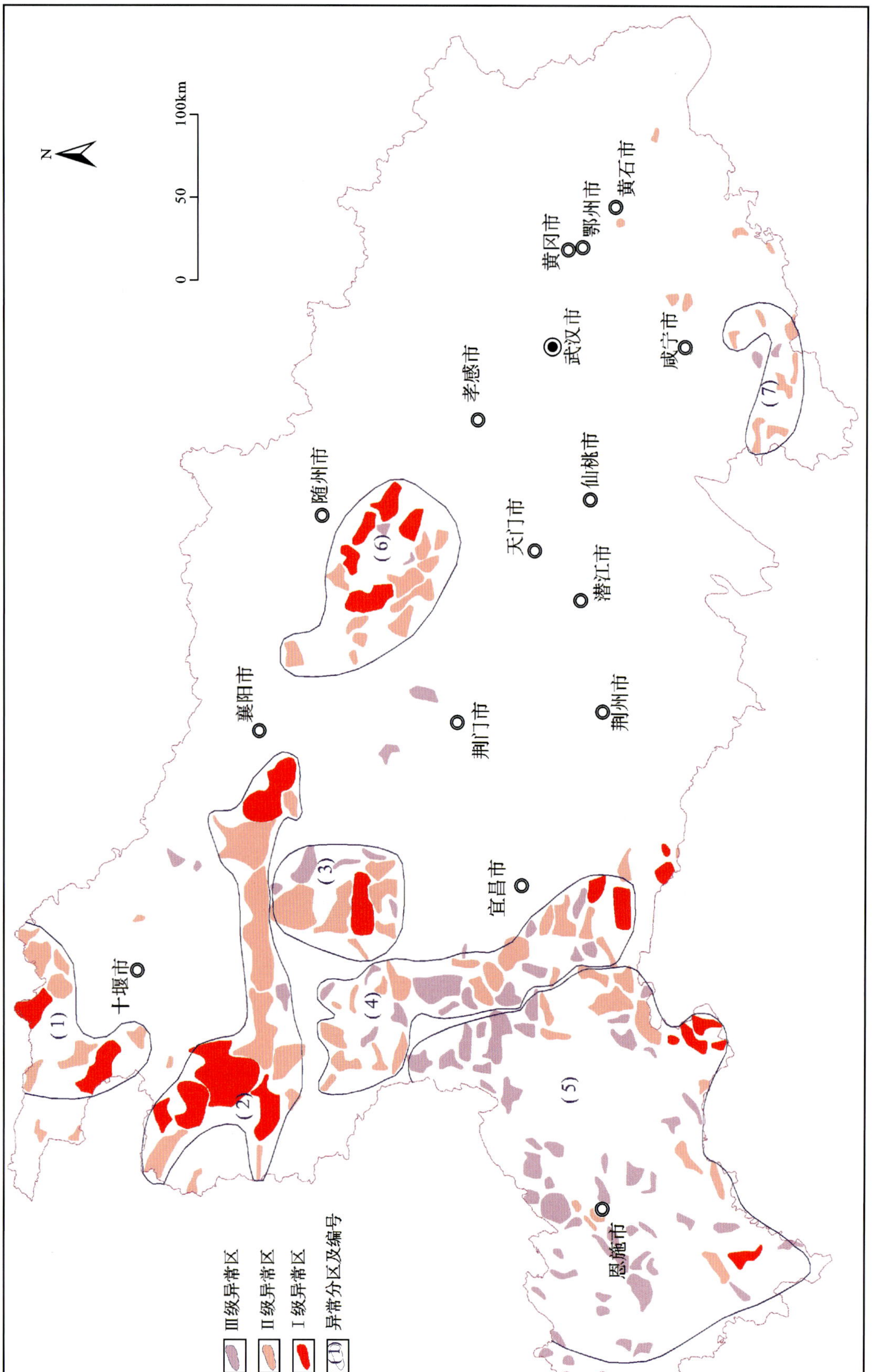

图 6-7 湖北省重晶石矿物自然重砂异常分区图

因此，重晶石矿物自然重砂异常对找矿有明显的指示作用，研究重晶石自然重砂异常的分布规律对地质找矿有一定的指导意义。

十一、锡石矿物自然重砂异常及特征

湖北省锡石矿物自然重砂异常共圈出 104 处，其中Ⅱ级异常 71 处，Ⅲ级异常 33 处。

(1)省内锡石矿物自然重砂异常主要集中在咸宁地区，大地构造位置属幕阜山被动台缘褶冲带，主要为古生代地层构成东西向的褶皱带。区内有异常近 40 处，无已知锡矿床。除位于通城、九宫山、沙店的异常与燕山期花岗岩有关，其他位于沉积岩区的异常原因尚不清楚。

(2)梅川岩体(二长花岗岩)西部有异常 5 处，也与花岗岩有关。

(3)在沿南漳荆门断裂带出现 10 多处异常，十堰附近有异常 4 处，保康附近有异常 4 处，咸丰附近有异常 6 处。这些异常地质原因尚不清楚。

十二、辉铋矿自然重砂异常及特征

辉铋矿和锡石同属高温成因矿物，全省辉铋矿自然重砂异常和锡石自然重砂异常分布较为一致，辉铋矿自然重砂共圈出 69 处异常，其中Ⅱ级异常 46 处，Ⅲ级异常 23 处。

(1)省内辉铋矿自然重砂异常主要集中在咸宁地区，有异常近 30 处，大地构造位置属幕阜山被动台缘褶冲带。主要为由古生界构成的东西向褶皱带，异常与燕山期花岗岩有关。

(2)白果镇—金家铺镇一带有异常 22 处，大地构造位置属桐柏-大别高压变质折返带，也与花岗岩有关。

十三、汞矿物自然重砂异常及特征

湖北省汞矿物自然重砂共圈出 168 处异常，其中Ⅰ级异常 9 处，Ⅱ级异常 105 处，Ⅲ级异常 54 处。

全省汞矿物自然重砂异常主要集中分布于以下 3 个区域，其他区域仅有零散分布。

(1)恩施异常集中分布区：区内分布Ⅰ级、Ⅱ级、Ⅲ级异常共计 40 余处，单个异常多数面积较大，异常相互之间联系不紧密。主要异常多分布于背斜核部寒武系—奥陶系及志留系中，如东西向长阳背斜西段、建始-恩施西侧北北东向背斜及来风(西)北北东的背斜。区内近东西向长阳背斜东段核部有已知钟鼓湾热液型大型汞矿和流溪小型汞矿床分布。

(2)石花-发旺异常区：此区为北北西向长带状，北起谷城石花街向南经南障南到发旺，长约 150km。该区异常紧密分布，共有异常 20 余处。沿异常带有北北西向南障-荆门断裂带穿过，北部为武当群和寒武系、奥陶系分布，向南异常带主要为上震旦统及寒武系、奥陶系，推测该区是寻找热液型汞矿的有利地区。

(3)通山异常分布区：异常呈零散状分布于通山、崇阳、蒲圻地区，其中 163 号、164 号Ⅰ级异常位于崇阳县南东志留系—泥盆系、石炭系等地层中，有北北东向断裂通过，154～156 号、158 号及 159～161 号异常与大磨山背斜中元古界及其周缘寒武系—奥陶系吻合。154 号、157 异常与咸宁-蒲圻北东向断裂带有关。

除上述外尚有一些异常零散分布于秦岭-大别造山带古—中元古代变质岩地层中。

十四、金红石矿物自然重砂异常及特征

湖北省金红石矿物自然重砂共圈出 84 处异常，其中Ⅰ级异常 2 处，Ⅱ级异常 56 处，Ⅲ级异常 26 处。

从省内异常分布的集中度、异常值的高低、异常面积、地质矿产信息综合分析，金红石矿物自然重砂异常具有如下特点。

(1)沿随北、大悟、红安、浠水、英山一带，有异常30多处，异常面积大，异常值高，比较集中。认为与元古宙变质作用形成的榴辉岩、榴闪岩、斜长角闪岩含金红石有关，如枣阳大阜山大型变成型金红石矿。在大悟仙山、红安之北的省界上及枣阳大阜山有金红石砂矿，与该区地质条件相似的还有竹溪南丰溪异常等。

(2)利川一带有异常近10处，多落在二叠系—侏罗系上，可能与碎屑岩含金红石有关。

(3)通城岩体、石首桃花山岩体中有异常3处，可能与岩体中残存的元古宙变质岩有关。

十五、硫化砷矿物自然重砂异常及特征

湖北省硫化砷矿物自然重砂共圈出226处异常，其中Ⅰ级异常8处，Ⅱ级异常143处，Ⅲ级异常75处。省内As异常分布与Hg异常基本一致。砷属热液型成矿，从高温到低温都可成矿。但省内无砷矿床，仅在通山县龙港尖山奥陶系中方解石脉中和九宫山高湖花岗岩体内的石英脉中有矿化现象。省内异常主要分布在以下几个地区。

(1)恩施地区的上扬子古陆块中，有异常50多处，大部分落在古生界中，可能与武陵断裂系及次级断裂有关。

(2)咸宁地区的咸宁台褶带和通山台褶带中，有异常36处，沿南漳荆门断裂及其西侧有异常近20处。大部分出现在古生界中，可能与断裂破碎有关。在尖山已知矿化点处未出现异常。

(3)沿十堰-石花断裂带、青峰断裂带有异常30处，大洪山北侧及枣阳一带有异常20多处，梅川-大崎山有异常10多处，大部分在元古宙变质岩地层内，受断裂控制明显，应属于热液作用有关的异常。

十六、萤石矿物自然重砂异常及特征

湖北省萤石矿物自然重砂共圈出142处异常，其中Ⅰ级异常3处，Ⅱ级异常97处，Ⅲ级异常42处。

省内的萤石重砂异常面积均较小，主要集中在恩施地区上扬子褶皱带中，有异常约80处。该区被认为异常受层位和构造双重控制。萤石与重晶石伴生，常出现在寒武系—奥陶系中。该地区有重晶石萤石伴生矿点多处。

此外，在黄陵背斜北翼有异常近10处，保康附近有异常近10处，认为与恩施地区异常属同类。

两郧有异常约10处，随北至红安有异常10处，这些异常出现在武当群、桐柏群、红安岩群的变质岩系中，与热液作用有关。随县吴店、大悟宣化、红安华河等地有已知萤石矿床。

十七、黝帘石矿物自然重砂异常及特征

湖北省黝帘石矿物自然重砂共圈出49处异常，其中Ⅰ级异常3处，Ⅱ级异常32处，Ⅲ级异常14处。

异常主要分布于武当陆内裂谷区，幕阜山被动边缘褶冲带中的咸宁褶皱带和通山台缘褶冲带。此外，在大别-苏鲁地块东段及其他地区也有少量分布。

黝帘石是一种浅变质热液蚀变硅酸盐矿物。武当裂谷区共有异常21处，其中Ⅰ类异常1处，Ⅱ类异常13处，Ⅲ类异常7处，推测这些异常多与加里东期基性侵入岩和武当群中变基性火山沉积岩有关，次与沿断裂的热液活动有关。幕阜山区分布异常共有12处，其中Ⅰ级异常1处。区内异常单个面积均较大。区内除北北东向断裂较发育外，未见大规模岩浆活动，出现如此大规模黝帘石蚀变矿物原因不清。

大别东段浠水-蕲春以东出现的31～37号异常推测与燕山期侵入岩有关，沿新城-黄陂断裂分布的24号、25号异常与断裂热液活动有关，27号异常与岩体侵入关系密切。

十八、锆石矿物自然重砂异常及特征

全省圈出锆石矿物自然重砂异常49处，其中Ⅰ级异常3处，Ⅱ级异常32处，Ⅲ级异常14处。

锆石矿物自然重砂异常主要分布在桐柏—大别地区，共30多处，异常具范围大、分布集中、异常值高的特点，锆石异常与花岗岩关系密切，如草店、鸡公山、双峰山、夏店、河口、天堂寨、贾庙、英山尖、白莲河、梅川、大同等岩体上或附近都有锆石重矿异常分布，此外还有通城花岗岩体、三斗坪石英闪长岩体也有异常。一般酸性岩特别是碱性岩伟晶岩中含较多的副矿物锆石，富集到一定程度可形成锆石砂矿。其次，分布在变质火山岩地区的异常，如枣阳东北，青峰断裂西端，地层为中新元古界，推测锆石与有火山岩有关。

十九、银矿物自然重砂异常及特征

省内圈出银矿物自然重砂异常共66处，其中Ⅰ级异常5处，Ⅱ级异常15处，Ⅲ级异常46处。异常分布特征如下。银矿物自然重砂异常主要出现在扬子地块、武当-大别造山带，共11处异常，以单点异常为主。

(1)远安前陆盆地周缘，分布13处异常，异常相对比较集中，Ⅰ级异常1处，Ⅱ级异常3处，Ⅲ级异常9处。

(2)通山台缘褶冲带、九宫山后碰撞岩浆杂岩、咸宁褶皱带，分布24处异常，Ⅰ级异常1处，Ⅱ级异常6处，Ⅲ级异常17处。

(3)八面山台地褶皱带，分布有14处异常，Ⅰ级异常1处，Ⅱ级异常2处，Ⅲ级异常11处。

其他地区的异常分布零散，如竹山-竹溪断裂带分布有2处银矿物自然重砂异常，鄂东南多金属成矿带分布有1处Ⅰ级异常，梅川岩体分布有1处Ⅰ级异常。

全省银矿床(点)大部分以伴生银矿为主，银矿物自然重砂异常对找银多金属矿有一定的指示意义。

二十、锰矿物自然重砂异常特征

省内圈出锰矿物自然重砂异常共170处，其中Ⅰ级异常11处，Ⅱ级异常82处，Ⅲ级异常77处。

1. 锰矿物自然重砂

锰矿物自然重砂异常分布特征如下。

(1)在秦岭-大别造山带内，基本没有异常出现，如武当背斜、随县、桐柏—大别地区都是空白状态，仅在两竹一带富集有锰矿物自然重砂异常，在黄陂夏店附近有2处异常，此外就是3处孤零的小异常。

(2)在扬子地块区内，江汉平原因缺资料呈空白状态，除黄陵隆起区没有出现异常外，其他台区内都有异常出现，有的分布比较集中，有的分布比较分散。

(3)在11处已知锰矿床(点)上，有1处呈强异常、4处高异常、4处弱异常、2处低异常。另外，还有的矿床(点)上无异常，如嘉鱼高铁镇、红安岐亭、阳新三溪口等。

(4)异常分布比较集中的地区有两竹、巴东-五峰、保康-南漳、襄阳-宜城、京山、咸宁地区。

2. 锰矿物自然重砂异常分带

根据地质构造、矿床、地层及异常分布特征，湖北省内锰矿物自然重砂异常分为以下8处异常分区。

(1)两竹异常区：位于竹山陆缘裂谷及兵营街陆缘斜坡V1级构造区内，有6号、7号、9号、10号、

17～20号等异常。主要地层有震旦系、寒武系、奥陶系，面积约 1400km²，其中以 7 号、17 号两处异常，尤其是 17 号为找矿最有意义的异常。

(2)神农架-南漳异常区：属于阳日-过渡湾前陆褶冲带及荆门台褶带。主要地层为震旦系—志留系、二叠系—中三叠统，有 8 号、11～16 号、21～26 号、35～42 号、44 号、47 号、48 号、51 号、59 号等异常，面积约 4500km²。其中，8 号、12 号、41 号为Ⅰ类异常，从异常值的大小和所在的地层考虑，该区内有找矿意义的异常有 8 号、41 号两处，较有找矿意义的异常有 12 号～14 号 3 处，对 21 号～23 号、25 号、40 号 5 处异常的找矿意义不清，因异常值虽稍高，但地层为志留系，目前尚未发现有含锰岩系。

(3)襄阳-宜城异常区：属过渡湾-大洪山前陆冲断带，主要地层为震旦系、寒武系、奥陶系。其中，与锰矿关系密切的主要是奥陶系，面积约 1700km²。区内有 27～30 号、45 号异常，其中 28～30 号为Ⅰ级有已知锰矿床(点)异常，5 处异常所处的地层都属含锰岩系地层，但从异常值考虑，29 号、30 号、45 号异常最有找矿意义。

(4)钟祥-京山异常区：属京山台褶，出露地层为震旦系—三叠系，面积约 2000km²。区内有 66 号、67 号、71 号、72 号、75～77 号、79 号、85 号、86 号等异常，区内无已知锰矿床点。根据地层及异常值，认为 66 号、67 号、71 号、72 号、85 号这 5 处具有找矿意义的异常，尤其是 66 号异常异常值极高，又在奥陶系上。

(5)黄陂-红安异常区：属十堰-随州-木兰山-四望山中高压型变质岩带，出露地层原为红安岩群(现为南华系及下古生界)，面积约 600km²。区内仅有两个异常即 68 号、73 号，处于磷锰已知成矿区。其中，73 号为已知团山沟磷锰矿(其西北 10km 处为四方山磷锰矿)，68 号异常位于夏店二长花岗岩体内，异常值是 73 号的 4～5 倍，应属有找矿意义的异常。

(6)蒲圻-咸宁异常区：属下扬子咸宁台褶带，出露地层为新元古界青白口系冷家溪群至三叠系。面积约 2500km²。区内有 126 号、130 号、132～136 号、138 号、140 号、141 号、143 号、144 号、147 号、148 号、166 号、167 号等异常。区内无已知矿床点。从异常强度和地层岩性考虑，认为 134 号、139～141 号、143 号、144 号、147 号、167 号 8 处异常尤其是 139 号、140 号、144 号异常强度很高，应属有找矿意义的异常。

(7)通山异常区：属通山台缘褶冲带，出露南华系—三叠系，面积约 3300km²。区内有 145 号、146 号、150～158 号、160 号、161 号、163～165 号、168～170 号等异常。区内无已知矿床点。从异常强度和地层岩性考虑，认为 146 号、150～153 号、160～163、168 号共 10 处异常应属找矿有意义的异常，尤其是 151 号、152 号、163 号异常强度很高，且出露有震旦系、奥陶系和二叠系等。

(8)巴东-五峰异常区：属上扬子八面山台坪褶皱带。出露地层为震旦系—三叠系，面积约 6000km²。区内有 61 号、65 号、74 号、78 号、81～84 号、88 号、89 号、93～98 号、102 号、104～109 号、112～114 号等异常。区内大型沉积型长阳古城锰矿含矿层位为大塘坡组含锰岩系。根据异常强度及地层时代，认为 81～83 号、88 号、89 号、93 号、95 号为找矿有意义的异常。

二十一、镍矿物自然重砂异常特征

直接与镍矿产有关的自然重砂矿物为镍黄铁矿，省内圈出镍矿物自然重砂异常 2 处，其中Ⅱ级异常 1 处，Ⅲ级异常 1 处。黄陵背斜西缘的 1 处异常可能与侏罗系碎屑岩有关，找矿意义不大；另 1 处异常在咸宁褶皱带，可能与三叠系有关，找矿意义不大。

二十二、钒矿物自然重砂异常特征

湖北省钒矿物自然重砂共圈出 25 处异常，其中Ⅰ级异常 3 处，Ⅱ级异常 11 处，Ⅲ级异常 11 处，自然重砂异常分布特征可归纳如下。

(1)分布在鹤峰走马坪背斜一带的异常,有2处异常,其中Ⅰ级异常1处,Ⅲ级异常1处。异常与寒武系牛蹄塘组有关,其中4号异常分布于鹤峰县李家桥钒矿床,有一定钒矿找矿指示意义。

(2)温泉-高桥异常带,有3处异常,其中Ⅰ级异常1处,Ⅱ级异常1处,Ⅲ级异常1处。7号异常与白垩系有关;8号异常与二叠系有关;9号异常与寒武系有关,分布泉山口钒矿。自然重砂异常面积小,有一定找钒矿床的指示意义。

(3)新店镇-崇阳县异常带,有9处异常,其中Ⅰ级异常1处,Ⅱ级异常5处,Ⅲ级异常3处,异常面积小。异常处在咸宁褶皱带,与二叠系、志留系、奥陶系、寒武系、震旦系等有关,其中17号异常分布石门钒矿床。

(4)石潭镇-洪港镇异常带,有6处异常,其中Ⅱ级异常1处,Ⅲ级异常5处,异常面积小。异常处在通山台缘褶冲带,与二叠系、志留系、奥陶系、寒武系等有关。

二十三、锶矿物自然重砂异常特征

湖北省锶矿物自然重砂组合异常少,面积小,强度低,分布规律性不明显。根据异常的分布规律及其地层、构造及岩浆岩的关系,省内锶矿物自然重砂划分为如下3处异常区。

(1)湖北西部茅塔镇—沧浪一带,南华系武当群分布有2处异常。

(2)鄂东北地区,红安县西南红安杂岩分布1处异常。

(3)在秭归盆地极其周缘分布有3处异常。

二十四、黄铁矿矿物自然重砂异常特征

省内圈出黄铁矿矿物自然重砂异常共226处,其中Ⅰ级异常29处,Ⅱ级异常105处,Ⅲ级异常92处,自然重砂异常分布特征可归纳如下。

省内黄铁矿矿物自然重砂异常西部多,东部少,中部除随南地区零散分布异常外,基本没有黄铁矿矿物自然重砂异常。西部的异常又以鄂西南最多,鄂西北次之,神农架—黄陵地区偏少。

黄铁矿矿物自然重砂异常均与含碳质地层有关。全省含黄铁矿的地层主要为二叠系梁山组、龙潭组、吴家坪组,新元古界红安岩群七角山岩组,南华系耀岭河组顶部的含碳绢云母石英片岩,南华系武当群的绢云母碳质片岩;另外在桐柏-大别造山带也有零星分布的异常,可能与花岗岩或花岗质片麻岩中含黄铁矿矿物有关。

根据地质构造、矿床、地层及异常分布特征,省内黄铁矿矿物自然重砂异常可分为以下6个异常分区。

(1)鄂西南上扬子八面山台坪褶皱带,异常众多,有近70处异常,其中有16处Ⅰ级异常。异常分布相对比较集中,多与二叠系龙潭组和梁山组有关,局部与二叠系吴家坪组有关。此区带内分布有恩施沐抚硫铁矿矿床、建始磺厂坪硫铁矿矿床、黄家营硫铁矿矿床、夏家湾硫铁矿矿床和咸宁锈水沟硫铁矿矿床。这些硫铁矿矿床和自然重砂黄铁矿异常对应较好。

(2)鄂西北一带,有近60处异常,其中有4处Ⅰ级异常。异常与震旦系陡山沱组、江西沟组、鲁家坪组和南华系耀岭河组等含碳地层有关,异常分布比较集中。区内分布的竹山文峪河硫铁矿矿床、圣母山硫铁矿矿床、文峪河硫铁矿矿床与自然重砂异常对应很好。

(3)神农架-保康-黄陵背斜北部,有26处异常,只有1处Ⅰ级异常。异常主要与二叠系梁山组和龙潭组、震旦系陡山沱组和震旦系—寒武系灯影组及黄陵背斜北部的热液活动有关,异常面积较小,分布比较零散。区内分布有保康馆驿沟硫铁矿矿床,与63号自然重砂异常对应。

(4)鄂东南异常带,有24处异常,有6处Ⅰ级异常,异常分布比较集中。东北部异常与鄂东南岩体接触带矽卡岩有关,西南部异常与二叠系有关。带内分布鄂州巷子口硫铁矿矿床和大冶龙角山硫铁矿

矿床，这两个硫铁矿矿床对应自然重砂异常。

(5)桐柏-大别异常带，有33处异常，异常分布比较零散。异常可能与桐柏-大别各类花岗岩含黄铁矿等矿物有关。

(6)随南异常带，有16处异常，没有Ⅰ级异常。异常分布相对比较集中，异常面积小，北部的异常与寒武系杨家堡组和庄子沟组有关，南部异常与震旦系陡山沱组和鄂东南岩体接触带的矽卡岩有关，西南部异常与二叠系有关。

第七章 主要成矿区带及成矿远景区

第一节 成矿区带划分

根据《中国成矿区带划分方案》(徐志刚等,2008),湖北省所属Ⅰ级成矿域为Ⅰ-4滨太平洋成矿域(叠加在古亚洲成矿域之上),南北跨3个Ⅱ级成矿省,即Ⅱ-14华北(陆块)成矿省、Ⅱ-7秦岭-大别成矿省和Ⅱ-15扬子成矿省。其中,Ⅱ-14华北(陆块)成矿省在湖北省境出露范围较小,划分为1个Ⅲ级成矿带,即Ⅲ-63华北陆块南缘Fe-Cu-Au-Mo-W-Pb-Zn成矿带;Ⅱ-7秦岭-大别成矿省划分了2个Ⅲ级成矿带,即Ⅲ-66东秦岭Au-Ag-Mo-Cu-Pb-Zn-Sb-非金属成矿带和Ⅲ-67桐柏-大别-苏鲁(造山带)Au-Ag-Fe-Cu-Zn-Mo-金红石-萤石-珍珠岩成矿带;Ⅱ-15扬子成矿省包括了2个成矿亚省,即Ⅱ-15A下扬子成矿亚省和Ⅱ-15B上扬子成矿亚省,且进一步划分了6个Ⅲ级成矿带(区)。在全国Ⅲ级成矿带(区)划分的基础上,根据省内地质特征及矿产资源特征,湖北省划分为20个Ⅳ级成矿亚带(图7-1,表7-1)。

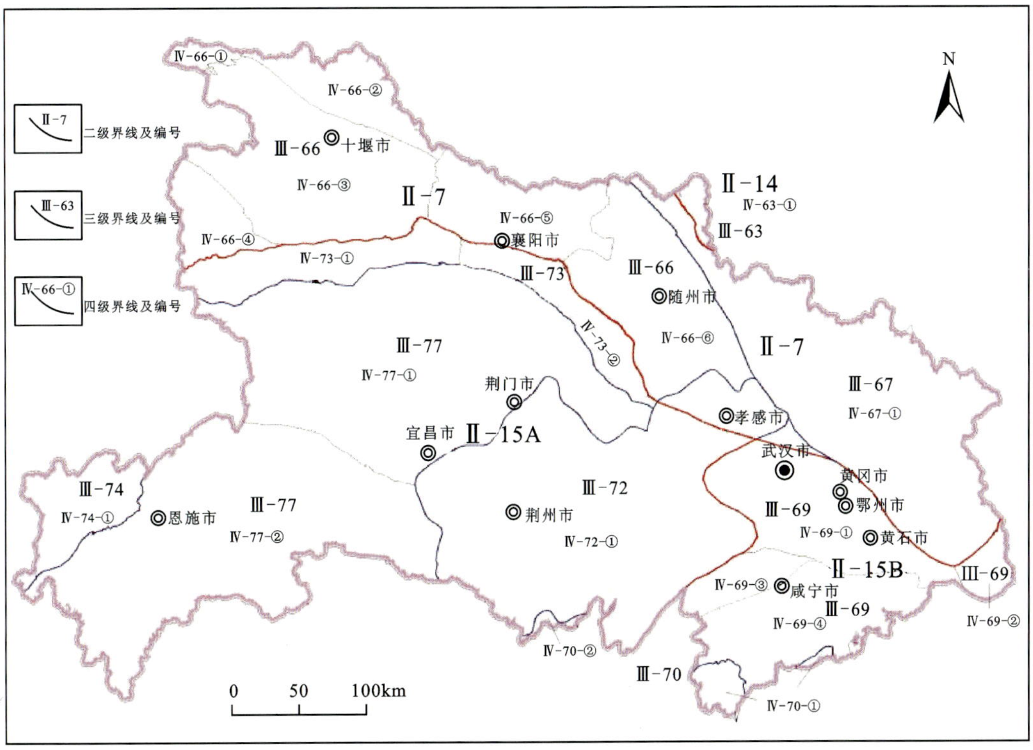

图7-1 湖北省Ⅰ～Ⅳ级成矿带(区)划分图

表 7-1 湖北省Ⅰ～Ⅳ级成矿区带表

Ⅰ级成矿域	Ⅱ级成矿省(亚省)		Ⅲ级成矿带(区)	Ⅳ级成矿亚带(矿带)
Ⅰ-4 滨太平洋成矿域(叠加在古亚洲成矿域之上)	Ⅱ-14 华北(陆块)成矿省		Ⅲ-63 华北陆块南缘 Fe-Cu-Au-Mo-W-Pb-Zn 成矿带	Ⅳ-63-①小林金铁成矿亚带
	Ⅱ-7 秦岭-大别成矿省		Ⅲ-66 东秦岭 Au-Ag-Mo-Cu-Pb-Zn-Sb-非金属成矿带	Ⅳ-66-①湖北口金锑成矿亚带 Ⅳ-66-②湖北郧西-丹江口铁钒贵金属锌成矿亚带 Ⅳ-66-③武当山地区金银铌-稀土绿松石硫磷铜铅锌铁钒成矿亚带 Ⅳ-66-④竹山地区(襄樊-广济断裂带北侧)铁钒铌-稀土成矿亚带 Ⅳ-66-⑤南襄(盆地)石油天然气天然碱石膏成矿亚带 Ⅳ-66-⑥随枣地区金红石金银钼铜钒重晶石萤石钾长石成矿亚带
			Ⅲ-67 桐柏-大别-苏鲁(造山带)Au-Ag-Fe-Cu-Zn-Mo-金红石-萤石-珍珠岩成矿带	Ⅳ-67-①桐柏-大别地区金银磷铜铅锌钼金红石萤石重晶石成矿亚带
	Ⅱ-15 扬子成矿省	Ⅱ-15A 下扬子成矿亚省	Ⅲ-69 长江中下游 Cu-Au-Fe-Pb-Zn-(Sr-W-Mo-Sb)硫铁矿-石膏成矿带	Ⅳ-69-①大冶-阳新铁铜铅锌金钨钼锶石膏膨润土成矿亚带 Ⅳ-69-②黄梅铜铁铅锌银金成矿亚带 Ⅳ-69-③咸宁-嘉鱼金铜多金属成矿亚带 Ⅳ-69-④蒲圻-通山铜金锑多金属成矿亚带
			Ⅲ-70 江南隆起东段 Au-Ag-Pb-Zn-W-Mn-V-萤石成矿带	Ⅳ-70-①幕阜山-九宫山稀有稀土钨矿花岗岩成矿亚带 Ⅳ-70-②石首铅锌铜稀土成矿亚带
			Ⅲ-72 江汉-洞庭(断陷)石膏-盐类-石油-天然气成矿区	Ⅳ-72-①应城-潜江石膏-盐类-石油-天然气成矿亚带
		Ⅱ-15B 上扬子成矿亚省	Ⅲ-73 龙门山-大巴山(陆缘坳陷)Fe-Cu-Pb-Zn-Mn-V-P-S-重晶石-铝土矿成矿带	Ⅳ-73-①神农架-南漳铅锌磷硫成矿亚带 Ⅳ-73-②襄阳-京山锰铜铅(银)铝土耐火黏土灰岩成矿亚带
			Ⅲ-74 四川盆地 Fe-Cu-Au-石油-天然气-石膏-钙芒硝石-盐-煤和煤层气成矿区	Ⅳ-74-①利川煤硫铁矿天然气成矿亚带
			Ⅲ-77 上扬子中东部(坳褶带)Pb-Zn-Cu-Ag-Fe-Mn-Hg-Sb-磷-铝土矿-硫铁矿煤和煤层气成矿带	Ⅳ-77-①宜昌-兴山铅锌铁磷页岩气成矿亚带 Ⅳ-77-②长阳-恩施铁锰铅锌磷页岩气成矿亚带

第二节 东秦岭成矿带

秦岭-大别成矿省的东秦岭 Au-Ag-Mo-Cu-Pb-Zn-Sb-非金属成矿带(Ⅲ-66)在行政位置上主要包括十堰市、襄阳市及随州市部分地区，北、西延出省界，南以襄樊-广济断裂与龙门山-大巴山(陆缘坳陷)Fe-Cu-Pb-Zn-Mn-V-P-S-重晶石-铝土矿成矿带分隔，东以新城-黄陂断裂与桐柏-大别造山带相连。该成矿带内分别以两郧断裂、安康-竹山断裂、南襄盆地边界断裂为界，划分湖北口金锑成矿亚带(Ⅳ-66-①)、湖北郧西-丹江口铁钒贵金属锌成矿亚带(Ⅳ-66-②)、武当山地区金银铌-稀土绿松石硫磷铜铅锌铁钒成矿亚带(Ⅳ-66-③)、竹山地区(襄樊-广济断裂带北侧)铁钒铌-稀土成矿亚带(Ⅳ-66-④)、南襄(盆地)石油天然气天然碱石膏成矿亚带(Ⅳ-66-⑤)和随枣地区金红石金银钼铜钒重晶石萤石钾长石成矿亚带(Ⅳ-66-⑥)，面积约 38 289km^2。

一、成矿地质构造环境

1. 地层控矿性

新元古代晚期—早古生代早期，在超大陆裂解伸展体制下，南华纪陆缘裂谷中海底火山喷发形成的火山-沉积建造，是区内金银贵金属、铜多金属及黑色金属铁等矿产的矿源层；早古生代早期，发育一套深水相“碳、硅、泥”沉积建造，直接构成区内钒、铀、钼、重晶石等与黑色岩系有关矿产的赋矿地层；早古生代晚期在弧后伸展体制下，武当和随枣地区都发生了碱性火山、次火山作用，碱性岩浆作用控制了稀土和稀有矿产的分布；晚古生代，随着华南板块和华北板块的相对运动，裂陷槽北移，仅在湖北口—上津一带保存有晚古生代沉积地层，发育陆屑-碳酸盐岩建造，控制着锑、金矿的展布；中—新生代陆内构造演化阶段形成南襄断陷盆地，发育一套炎热蒸发环境下的陆相沉积岩，控制了区内石膏、天然碱等矿床。

2. 岩浆岩成矿专属性

南华纪—早古生代(泛非—加里东旋回)，该成矿带进入了伸展、裂陷环境，大量基性、超基性岩就位，呈北西向展布，并伴随有碱性岩、碳酸杂岩相继侵入；晚三叠纪至侏罗纪，扬子板块向华北板块俯冲碰撞，进入印支—燕山旋回，随枣地区大量的中酸性岩侵入。

除南华纪海底双峰式火山岩是区内金多金属矿的矿源层和贫磁铁矿的赋矿层位外，基性—超基性岩中主要形成(钛)磁铁矿矿床和金红石矿床，如丹江口市银洞山钛磁铁矿、竹溪县兵营口钒钛磁铁矿、枣阳市大阜山金红石矿皆产于基性和超基性岩体中；碱性岩中主要形成“三稀”(稀有、稀土、稀散金属)矿产，如竹山庙垭铌-稀土矿床、杀熊洞铌稀土矿床产于碱性碳酸岩中，竹溪县杨家垭镓锆钛矿床产于碱性超基性岩体中，竹溪关垭子碱性杂岩体与钍、铌(钽)、稀土元素等矿化关系密切；燕山期花岗岩主要与金及金多金属矿的成矿作用关系密切，如随州市戴家湾钼金矿点、随州鸡鸣山金多金属矿点、随州市陡壁钼多金属矿点及随州市黑龙潭-卸甲沟石英脉型金矿床等这些矿床(点)不是直接产于燕山期花岗岩体中，就是由燕山期花岗岩体提供成矿热液。

3. 断裂体系聚矿性

武当—随枣地区各种金属矿产均受断裂体系的制约，特别是滑脱构造基础上叠加的后期韧性剪切作用及后期构造活动的改造对成矿的制约作用更加明显。两竹地区的银洞沟银金矿床、黑龙潭-卸甲沟金矿床等其成矿作用皆受断裂构造的控制。

二、区域矿产

带内已发现矿床(点)359 处，其中超大型矿产 3 处，大型矿产 15 处，中型矿产 11 处，小型矿产 330 处。代表性矿床庙垭铌-稀土矿床(超大型)、大阜山金红石矿床(超大型)，银洞沟银金矿床(大型)、银洞山钛磁铁矿矿床(大型)、文峪河黄铁矿矿床(大型)，柳林重晶石矿床金桥岭段(中型)、陈家垭铁矿床(中型)，许家坡银金矿床(小型)、白岩沟金矿床(小型)、黑龙潭-卸甲沟金矿床(小型)、郧县云盖寺绿松石矿床(小型)、郧县米黄玉矿床(小型)等。

三、矿床类型

(一)外生矿床

成矿带内外生矿床有风化矿床和沉积矿床两种类型。

1.风化矿床

表生风化矿床以风化淋滤型绿松石矿最有特色，多数赋存于寒武系杨家堡组和庄子沟组的含碳泥质硅质岩建造中，如郧县云盖寺绿松石矿床，还有少量风化淋滤型铁矿，如竹山县南家沟铁矿床。

2.沉积矿床

(1)机械沉积砂矿床：成矿带内砂矿分布较多，以砂金矿为主，其次为金红石和石榴石砂矿等。多数是河床"一河漫滩一低阶地"冲积型，如郧县秦家沟砂金矿、郧阳区茅窝砂金矿、郧西县金钱河砂金矿、郧西县汇河砂金矿、枣阳大阜山金红石砂矿等。砂金主要分布于郧水、淮河等大型江河中，金红石和石榴石砂矿仅分布于枣阳大阜山周缘。此外，在枣北、随州七尖峰岩体周缘分布钾长石砂矿、砂金矿和砂铁矿。

(2)蒸发沉积矿床：成矿带内蒸发沉积型矿产较少，主要赋存于中生代的断陷盆地中，有与中生代陆相碎屑岩有关的矿床有白水河石膏矿点、枣阳王城膏盐矿床。

(3)化学沉积矿床：化学沉积矿产较丰富，主要形成于加里东期，赋矿地层为庄子沟组、大贵坪组，属与黑色岩系相关的矿产，主要产石煤、钒、铀、钼、硫铁矿、锰、重晶石、毒重石、磷等矿种，有竹溪县猫子沟石煤矿、丹江口市杨家堡钒(石煤)矿床、郧县双庙垭-大桑树钒铀矿床、竹山县大剥皮黄铁矿矿床、丹江口市寺山锰矿点、随州柳林重晶石矿床、郧西县赵家峡磷矿床、襄阳市习家池白云岩灰岩矿床等。

(二)内生矿床

(1)岩浆矿床：该类矿产主要形成于印支期—燕山期，矿床(点)有丹江口市银洞山钛磁铁矿、随州市覃家门铁矿、竹溪县兵营口钒钛磁铁矿、郧县纡坪盆河铌钽矿、竹山县庙垭铌-稀土矿、随州花岗岩体花岗石材矿等。成矿带内岩浆热液矿床较少，以小型矿床为主。主要热液成矿时期为燕山期。带内与岩浆热液有关的矿床有吴山铜钼矿。另外，带内赋存少量接触交代型矿床，如枣阳王家大山金铜铁矿等。

(2)海相火山岩型矿床：为竹溪地区赋存于大贵坪组海相火山岩中的铌矿，如竹溪县天宝铌矿点。

(3)浅成中—低温热液矿床：区带内热液矿床星罗棋布，其成矿时间延续长，分布空间广，成矿矿种多，但具规模矿床有限，一般为矿点和矿化点，个别形成了中型、小型矿床。主要热液成矿作用为印支期及燕山期，与断裂关系密切，主要产出有韧性剪切带型金、铜、钼、铅、锌及萤石等矿床，如随州黑龙潭-卸甲沟金矿、竹山银洞沟银金矿。在镇旬盆地边缘的郧西一带有海底喷流沉积地层，经后期构造热液改造成矿。代表性矿床(点)有郧西县高桥坡锑矿床、郧西县三天门金矿床等。

(4)受变质矿床：为含有成矿物质的原始矿源层，经历区域变质作用后，成矿物质富集达到工业品位后形成的矿床，如丹江口市陈家垭铁矿床、郧县元山兰石棉矿床。

(5)变成矿床：主要由华南板块与华北板块碰撞过程中发生的区域变质作用所形成，如基性—超基性岩经变质作用形成枣阳大阜山金红石矿床。

四、代表性矿床

竹山银洞沟银金矿床位于竹山县西北缘的鄂陕交界处，距竹山县县城直线距离41km，行政区划隶属竹山县双台乡银洞沟村。中心地理坐标为东经110°04′09″，北纬32°34′54″。矿区至竹山县城和鲍峡都有公路相通，北距襄渝铁路鲍峡火车站和316国道约9km，交通较为便利。

(一)矿区地质

银洞沟银金矿所处大地构造单元为华南板块(Ⅱ)南秦岭-大别造山带($Ⅱ_1$)武当-随州陆缘裂谷($Ⅱ_1^3$)，位于武当山地区金银铌-稀土绿松石硫磷铜铅锌钛钒成矿亚带(Ⅳ-66-③)。

1. 地层

银洞沟银金矿出露地层主要为下南华统武当群双台组(Nh_1s)，在沟谷及低凹地段分布有少量的第四系全新统松散沉积物。

双台组包括多个火山-沉积旋回，其下段变火山岩组主要由变石英角斑质凝灰岩、变石英角斑质含砾凝灰岩组成，变火山岩组中部夹变泥质粉砂岩夹层，下部具强硅化蚀变，构成了含矿地层。上段为变沉积岩组，主要由变石英角斑质凝灰岩、含碳粉砂质页岩、变泥质粉砂岩组成，局部见白云岩透镜体。

赋矿地层为武当群双台组变火岩组中的硅化变石英角斑质凝灰岩，矿体严格受地层控制。

2. 构造

矿区位于银洞岩-梨树坪倒转背斜的西段，矿区主体构造为银洞岩背斜，核部由武当群双台组变火山岩组组成，两翼地层为武当群双台组变沉积岩组。银洞岩背斜为一短轴斜歪倾伏背斜，自6号勘探线以东向北侧伏，自7号勘探线以西向南侧伏，侧伏角约5°，呈反"S"形展布。核部岩层枢纽自0号勘探线分别向西、向东倾伏，倾伏角4°～10°，但21号勘探线以西倾伏角急剧增大(30°～70°)。

矿区较大的断裂构造有F_1和F_2断层。F_1断层位于银洞岩背斜北翼硅化石英角斑质凝灰岩与变泥质粉砂岩的接触带附近，断层走向近东西，倾向349°，倾角60°～80°，为正断层，延长大于2500m，延深几十至一百多米。地表出现较明显的破碎带，宽0.2～2.5m，常见晚期不含矿的块状石英脉或团块充填。F_2断层位于银洞岩背斜南翼硅化石英角斑质凝灰岩与变泥质粉砂岩接触带，断层走向近东西向，倾向172°～192°，倾角72°～80°，延长约500m，延深仅几十至一百多米，为正断层，断层破碎带宽0.5～2.5m，地表常被浮土掩盖，地貌上表现为沟谷。F_1、F_2断层均为成矿期活动的断层，F_1断层位于背斜北翼，倾向北，F_2断层位于背斜南翼，倾向南，对矿体没有影响，但矿化带却被控制在F_1与F_2断层之间(图7-2)。

银洞岩背斜为含矿构造，多数矿体产状与背斜轴面产状一致，呈陡倾斜状，在后期的矿山开采过程中又发现了少量的缓倾斜矿体。这些缓倾斜矿体的形成可能与后期的顺层滑脱构造有关。

3. 岩浆岩

矿区岩浆活动较强烈。南华纪早期火山喷发-沉积作用，形成了武当群双台组变火山岩组变细碧-角斑岩建造，其中夹陆源碎屑岩(含火山碎屑)，为赋矿地质体；南华纪晚期火山喷发-沉积作用，形成了南华系耀岭河组细碧-角斑岩，发育在矿区周边；加里东早期岩浆侵入，形成了一系列近东西向辉绿岩脉。

4. 变质岩

区内岩石普遍遭受相当于低绿片岩相的变质作用，形成了绢云石英片岩、绢云绿泥石英片岩、绢云绿泥钠长片岩等，以及由石英角斑岩变质所形成的变粒岩、浅粒岩等。

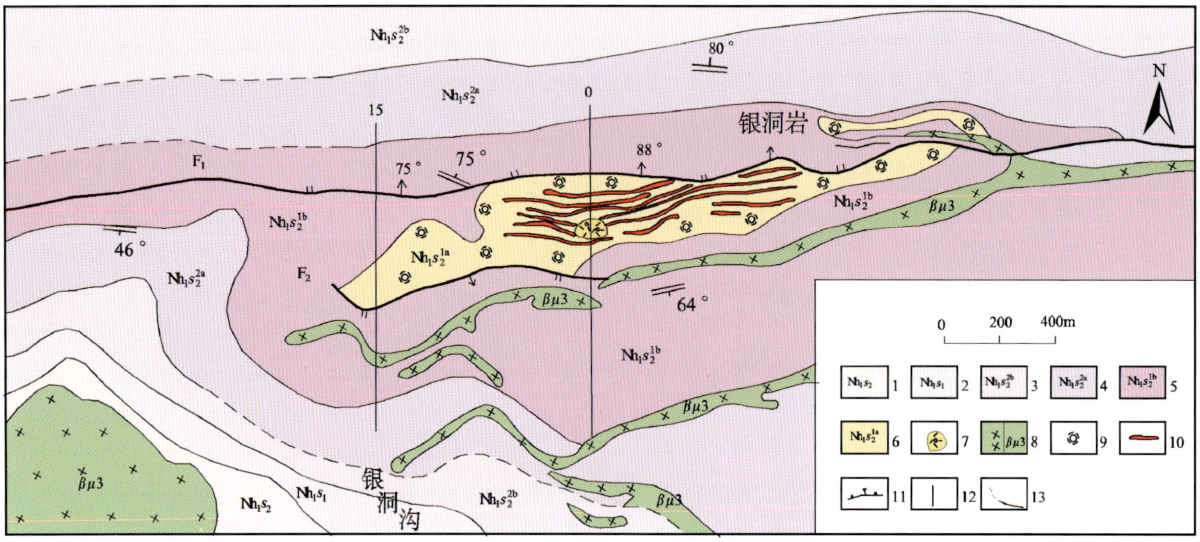

图 7-2　竹山银洞沟银金矿矿区地质图(据湖北省地质局第五地质大队,1985 修改)

1.双台组变沉积岩组上亚组,灰色变石英角斑质凝灰岩、含砾凝灰岩;2.双台组变沉积岩组下亚组,变含碳粉砂质页岩、变泥质粉砂岩;3.双台组变沉积岩组上亚组上段,变石英角斑质凝灰岩;4.双台组变沉积岩组上亚组下段变石英角斑质含砾凝灰岩、凝灰岩;5.双台组变沉积岩组下亚组上段,灰黄色变泥质粉砂岩,凝灰质粉砂岩;6.双台组变沉积岩组下亚组下段,强硅化变石英角斑质凝灰岩、晶屑凝灰岩(赋矿层位);7.变流纹质含砾熔岩(赋矿层位,隐爆角砾岩);8.加里东期变辉绿岩;9.强硅化带;10.含矿石英脉;11.正断层;12.勘查线;13.实测、推测地质界线

(二)矿床地质

1.矿(化)体特征

矿床位于背斜轴部,矿体总体沿近东西向分布,与背斜枢纽方向一致,往西延入陕西境内,沿倾伏方向变深。矿体主要呈脉状或板状,少数呈透镜状。脉体分单脉、复脉和网脉,沿走向和倾向具明显胀缩、尖灭再现或侧现及部分复合特征。

银洞沟银金矿床是以银为主的银金铅锌矿床,共圈定 49 个银金矿体、13 个铅锌矿体和 13 个锌矿体。

银金矿体以银为主,共生金,单矿体呈似层状或脉状,其总体产状与背斜轴面产状近一致。矿体长 247～1079m,延深 91～258m,走向近东西向,倾向 157°～178°。矿体倾角 66°～78°,一般上部倾角相对较缓为 60°～68°,下部变陡,为 70°～80°,矿体赋存标高为+861～+1282m。矿体中 Ag、Au 品位呈密切的正相关关系,Ag 品位为 100.93～587.63g/t,平均为 187.20g/t,品位变化系数为 51%～213%;Au 品位为 0.91～7.26g/t,平均为 1.89g/t,品位变化系数为 53%～189%。银金属量大于 100t 的矿体有 3 个,规模最大的银金矿体为Ⅱ4 矿体。Ⅱ4 矿体呈脉状,属单脉型,赋存标高+992～+1263m,矿体分两段,矿体延长(断续)901m,延深 26～185m,产状较稳定,平均倾向 170°,倾角 75°,自 11 号勘探线向西倾伏。矿体水平厚度为 0.42～13.74m,平均为 2.58m,厚度变化系数 90%。矿体中 Ag 品位为21.98～1 088.7g/t,平均为 214.46g/t,Ag 品位变化系数为 88%;Au 品位为 0.16～17.5g/t,平均为 2.48g/t,Au 品位变化系数为 112%。

铅锌矿体和锌矿体主要赋存在+1080m 标高之下。铅锌矿体长 25～214m,延深 25～158m,厚 1.09～10.82m,Pb 平均品位为 0.71%～3.37%,Zn 平均品位为 1.21%～6.88%;锌矿体长 16～110m,延深 23～84m,厚 0.98～7.81m,Zn 品位为 1%～3.4%。11 号铅锌矿体赋存标高+808～+966m,走向北东东,倾向 167°,倾角 68°,延长 214m,延深 158m,矿体厚 2.61～6.86m,平均厚度为 3.96m,Pb 品

位为0.79%～3.71%，平均品位为1.58%，Zn品位为1.13%～4.49%，平均品位为2.16%。8号锌矿体赋存标高+930～+1011m，倾向163°，倾角61°，延长110m，延深81m，矿体厚2.22～13.4m，平均厚度为7.81m，Zn品位为1.25%～1.39%，平均品位为1.32%。

矿体在空间具垂直分带特征，即自上而下依次形成银金矿体、银铅锌矿体和铅锌矿体。在纵向上，自东向西矿体有变厚变富趋势，各矿体自0号勘探线向西呈侧伏形态，以至在11号勘探线以西矿体全部隐伏于地表以下，其侧伏角与背斜倾伏角一致。在横向上，矿体成群展布，呈似层状或脉状，其总体产状与背斜轴面产状近一致，与平行于矿区背斜轴面的石英脉尤其是糖粒状石英脉有关。一个矿体常由1～2条含矿石英脉及其旁侧支脉及矿化围岩构成。主体矿脉沿走向、倾向分别呈左行斜列展布，其"脱节"部位被后期不含矿的"块状"石英脉充填或"焊接"，间隔长度一至数十厘米不等，这一构造变形使矿脉在空间上呈一欠连续的"石香肠"形态(图7-3)。

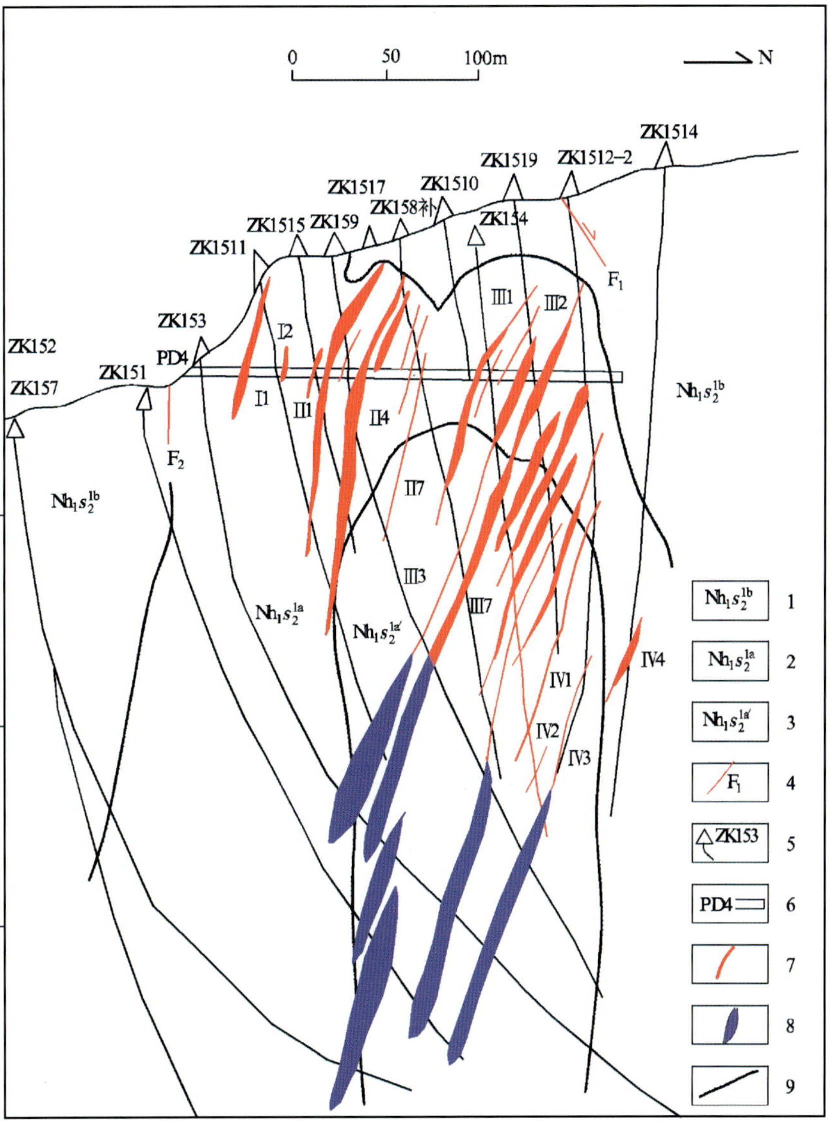

图7-3 竹山银洞沟银金矿床15线剖面图(据湖北省地质局第五地质大队，1985修改)

双台组变火山岩组：1.下亚组上段，变泥质粉砂岩、变凝灰质粉砂岩；2.下亚组下段，强硅化变石英角斑质凝灰岩；3.下亚组下段，强硅化变钾长石英角斑岩；4.断层；5.钻孔及其编号；6.平硐及编号；7.银金矿体；8.铅锌矿体；9.地质界线

2. 矿石特征

矿区银金矿矿石矿物以自然银、银金互化物为主，铅锌矿以方铅矿、闪锌矿、黄铁矿等硫化物为主，脉石矿物主要为石英，次为绢(白)云母、铁白云石、绿泥石等。辉铜银矿是主要银矿物，其次为螺状硫银矿和自然银。银金矿、金银矿是最主要的金矿物。

矿石构造主要为浸染状构造、条带状构造以及块状构造(铅锌矿)，矿石结构主要为他形—自形粒状、固溶体分解结构及各种交代结构。

根据金属矿物的组合特征，矿石的自然类型可分为金银互化物-银的硫化物银金矿石、银的硫化物-金银互化物矿石、含铅锌铜的银金矿石、含铜银的铅锌矿石、锌矿石。矿石工业类型为石英脉型。

有用组分除Ag、Au、Pb、Zn外，在银金矿石中还伴生有Pb、Zn。伴生元素中Pb平均品位为0.3%，Zn平均品位为0.63%；在铅锌矿石和锌矿石中伴有Cd、Ag、Au，伴生元素中Ag平均品位为33.28g/t，Au平均品位为0.48g/t，Cd平均品位为0.99%。

3. 矿体围岩及蚀变

矿体围岩有两种：一是硅化—强硅化石英角斑质凝灰岩，主要是银金矿体的顶底板围岩，其次为铅锌银金矿体的顶底板围岩；二是硅化钾长石英角斑岩(含砾凝灰岩)，主要为铅锌矿体的围岩。

矿体围岩蚀变强烈，以硅化为主，呈面形分布硅化外，次有黄铁矿化、铁白云石化，局部发育绢云母化、绿泥石化、金云母化、重晶石化等。围岩蚀变可分为3个带，由内至外依次为强硅化带→绢(白)云母化铁白云石化硅化带→绿泥石化铁白云石化弱硅化带。

(三)资源储量

截至2018年年底，银洞沟银金矿床累计查明资源储量银金属量1512t，其中111b储量483t，122b储量602t，332储量23t，333储量403t；保有资源储量银金属量507t，其中122b储量246t，332储量23t，333储量238t。

累计查明共生矿产金金属量14 740kg，铅金属量19 305t，锌金属量35 479t，保有共生金金属量4827kg，铅金属量15 155t，锌金属量26 764t。

累计查明伴生矿产储量中，银金属量30t，金金属量796kg，镉金属量90t；保有伴生矿产储量中，银金属量30t，金金属量796kg，镉金属量90t。

(四)矿床成因

银洞沟银金矿划分为气液期、热液期和表生期3个成矿期，主要成矿作用发生在热液期，又分为糖粒石英-铅锌矿化阶段(Ⅰ)、糖粒石英-银金矿化阶段(Ⅱ)、粗粒石英-含铅锌银金矿化阶段(Ⅲ)和块状石英铁白云石-弱矿化阶段(Ⅳ)4个阶段。其中，糖粒石英-铅锌矿化阶段(Ⅰ)形成大量闪锌矿、方铅矿，少量黄铁矿、黄铜矿，微量银黝铜矿、辉钼矿；糖粒石英-银金矿化阶段(Ⅱ)产生大量辉铜银矿、螺状硫银矿，少量自然银、金银矿、黄铁矿、方铅矿、闪锌矿、黄铜矿；粗粒石英-含铅锌银金矿化阶段(Ⅲ)以自然银、金银矿、银金矿为主，次为辉铜银矿、螺状硫银矿、黄铁矿、方铅矿、闪锌矿；块状石英铁白云石-弱矿化阶段(Ⅳ)产生少量辉铜银矿、自然银、黄铁矿、方铅矿、闪锌矿等。

近矿围岩中多硅白云母$^{40}Ar/^{39}Ar$年龄值为(222.6±1)Ma(秦正永和雷世和，1996)，含矿石英脉中白云母$^{40}Ar/^{39}Ar$坪年龄为(231.0±2.0)Ma(朱峰等，2017)，指示成矿作用发生于三叠纪，与武当地区自北向南推覆构造发生时期基本一致，与构造作用密切相关。

银洞沟矿床成矿流体从Ⅰ阶段中温、中低盐度、富CO_2的变质热液，向Ⅲ阶段低温、低盐度、贫CO_2的大气降水热液演化(Yue et al.，2014)，以低盐度、富CO_2的变质流体为主，矿区未发现岩浆岩，成矿温度为中低温，故将其划归为浅成中低温热液型矿床。

南华纪火山喷发-沉积作用，形成了武当群的细碧-角斑岩建造，火山作用后期的火山喷气作用在火山机构附近形成了 Ag、Au、Cu、Pb、Zn 等金属元素的高背景区，形成初始矿源层。印支期武当地区处于挤压向伸展转换的复杂构中造体制下，发育多层次大规模滑脱逆冲推覆构造及其派生的次级韧性剪切带，成矿元素进一步活化，形成成矿热液向上运移，在脆韧性剪切带和脆性断裂破碎带等部位富集成矿。

五、区域矿床空间分布

(1)金银、铜、铅锌矿主要分布于武当隆起西缘的银洞沟银金矿(银洞沟-铺子门矿集区)、新城-黄陂断裂旁侧、青苔-封江断裂的枣园金矿、黑龙潭-卸甲沟金矿(弯杨柳-卸甲沟矿集区)等。

(2)铁矿具两种类型，一种是与基性—超基性岩有关的钛磁铁矿，另一种与变质火山沉积有关的超贫磁铁矿。前者分布较少，目前有丹江口市银洞山钛磁铁矿、随州市覃家门铁矿等;后者主要分布于两郧断裂北部、随枣地区耀岭河组地层中。

(3)锑矿分布于武当隆起的西北缘，属镇旬盆地的东缘，南秦岭铅锌金锑汞多金属成矿带东延部分，赋矿地层以泥盆系为主，产有高桥坡、茅家沟等小型锑矿床，以及板房沟、关防周公山、严家沟等锑矿化点。

(4)铌矿-稀土矿主要分布于武当地区西南缘，仅分布于公路断裂和襄樊-广济断裂间的碱性次火山岩和碳酸岩杂岩体中。从已有具规模的铌、稀土矿产地看，矿床平行房县-竹山断裂分布，代表性的矿床有竹山庙垭大型铌-稀土矿床、竹溪天宝铌稀土矿床等。

(5)金红石矿分布于枣阳鹿头大阜山地区，主要由基性岩浆岩经高压变质作用改造形成金红石矿床，以枣阳大阜山金红石矿床为代表。

(6)钒矿、重晶石矿、石煤产分布于武当隆起周缘、随枣南部地区早古生代的陆缘裂谷中，赋矿地层以庄子沟组为主，次有大贵坪组。重要矿床有丹江口杨家堡钒矿床、随州柳林重晶石矿床等。

六、区域矿床时间分布

区内矿产丰富，种类较多，成矿期较长，从元古宙、古生代、中生代到新生代都有矿产形成，其中比较重要的成矿期为古生代、中生代。

(一)寒武纪

早寒武世形成了化学沉积型钒矿、磷矿、重晶石及石煤。

钒矿、磷矿分布于丹江口市、郧县、郧西县、竹山、随州市、安陆市等地，赋矿地层为庄子沟组。

石煤分布于丹江口、竹山、竹溪等地，赋矿地层为杨家堡组，含石煤岩系主要由碳质千枚岩、硅质碳质板岩和石煤层组成，含 1～6 层石煤矿层，结构复杂。石煤矿层厚 1.11～17.34m。

重晶石含矿层位寒武系杨家堡组和庄子沟组，分布于竹山及随州、京山等地，代表矿床有随州柳林重晶石矿、竹山王家湾重晶石矿。

早寒武世，鄂北地区为一套含钒磷重晶石石煤的灰黑色碳质板岩、含碳粉砂质板岩、含碳质硅质板岩、黏土质板岩，为陆棚边缘盆地(外陆棚滞流盆地)环境。早寒武世，海盆已开始由拗陷向裂陷转化，南秦岭区产生古地理分化，在郧县—丹江口一带和竹溪南部一带形成为北西向水下隆起，并向台地转化，其间依次为斜坡、盆地。在台地初始底部、斜坡及盆地中接受陆棚相含钒、磷、重晶石、铀的黑色泥质碳酸盐岩及泥质碎屑沉积组合(杨家堡组、庄子沟组)，形成了重要的“杨家堡式”和“赵家峡式磷矿”赋矿层位。

（二）志留纪

1. 岩浆型矿产

早古生代武当—随州地区转为陆缘裂谷，发生了岩浆活动，岩浆侵入形成了武当-随州-红安早古生代大陆裂谷基性—超基性侵入岩组合和竹溪-随南早古生代裂谷双峰式侵入岩组合，并伴有火山喷发活动形成了兰家畈组（O_3S_1l），形成了铌-轻稀土矿。

在早古生代基性—超基性岩组合中，岩浆结晶分异作用形成了钛磁铁矿、磁铁矿，铁矿（或钛磁铁矿）成矿母岩为含铁辉石岩，铁矿规模大小不等，TFe品位低（14%～30%），铁矿物颗粒细，矿石难选，以丹江口银洞山钛磁铁矿矿床为代表。

铌矿-轻稀土矿赋存于碱性杂岩体中，为竹溪-随南早古生代裂谷双峰式侵入岩组合中的酸性岩组合，主要岩石类型有正长岩类、次粗面岩、粗面斑岩等。经过岩浆分异结晶作用，碱性正长岩-碳酸岩杂岩体中形成了庙垭大型铌轻稀土矿床和杀熊洞铌-轻稀土矿点，粗面质火山岩中赋存天宝铌矿点。

2. 沉积型矿产

石煤分布于竹山、竹溪，赋矿地层为大贵坪组（$O_3S_1d^2$）中，含煤岩系主要由碳质千枚岩、硅钙质板岩、灰岩、绢云母片岩和石煤层组成，发育1～4层石煤矿层，最多可达16层（竹山县护驾石煤矿区），结构复杂。石煤矿层厚2.85～26.8m。

（三）三叠纪

1. 热液型金银铅锌铜多金属矿

受印支运动的影响，南秦岭发育了以南缘边界为主的推覆构造，分别沿元古宙基底和古生界构造软弱层为滑脱面，发生由北向南多层次大规模滑脱-逆冲推覆，从不同方向构造叠加形成了各种短轴复背斜和一系列韧性—脆性剪切带，并沿不同岩性界面发育了滑脱断层，这些滑脱断层和韧性—脆性剪切带成为银金多金属矿的有利储矿构造。

2. 变质型金红石矿、铁矿

受印支运动的影响，大别地区发生了俯冲-折返作用，发生了高压超高压变质作用及退变质作用，高压—超高压变质年龄为230Ma左右。枣阳早古生代大阜山早古生代基性—超基性岩体经过区域变质作用，其中钛铁矿经角闪岩相中高压变质作用而生成金红石，形成大阜山式金红石矿床。受变质型铁矿陈家垭式铁矿主要分布于丹江口、两郧及两竹地区，赋存于南华系耀岭河组上段（$Nh_{2-3}y^3$）海相火山喷溢形成的变角斑质凝灰岩及变细碧岩中，受变质作用有用元素进一步富集成矿。矿体呈似层状、透镜状、多矿层，矿体厚度变化大，矿石TFe品位不高。

（四）晚侏罗世—早白垩世

晚侏罗世—早白垩世形成一系列以构造变形主导的成矿作用，形成了金银铜钼等矿床。

随州—大别地区印支期—燕山期发育随北逆冲推覆构造，由早到晚出现由韧性剪切向脆性剪切过渡的变化，矿化富集主要在脆韧性—脆性阶段。上震旦统白云质灰岩与硅质岩之间的脆性顺层剪切带在随南控制该区铅锌银矿化。

在随应复背斜应山褶皱带中，最典型矿床是随州黑龙潭-卸甲沟金矿床，该矿床与逆冲推覆构造有关。矿床西侧分布有燕山期的七尖峰花岗岩体，东邻新城-黄陂断裂带。

（五）第四纪

第四纪形成了绿松石、砂金及金红石砂矿矿床。

绿松石分布在武当复背斜西缘、赋存于寒武系杨家堡组和庄子沟组的各类构造破碎带中，为第四纪风化淋滤作用形成的绿松石矿床，以云盖寺绿松石矿床为代表。

汉水流域在河流阶地探明砂金矿。含金母岩经过风化剥蚀后，其中的金进入汉水流域，因其特有的密度，在河流搬运作用下，在河流拐弯处等水动力变小处堆积富集成矿。

金红石砂矿位于枣阳大阜山附近，为枣阳大阜山基性—超基性岩体经风化剥蚀后，其中的金红石性质稳定，被河流搬运，在适宜的位置堆积富集成矿。

七、成矿远景区

在现有地质工作程度的基础上，结合矿产资源的分布特点，将带内划分出 5 个远景区，其展布方向主要为北西-南东向，个别呈北东向展布，多为条带状分布，与所在区域构造线方向基本一致。

1. 庙垭-杀熊洞银铌轻稀土钒矿成矿远景区

庙垭-杀熊洞银铌轻稀土钒矿成矿远景区分布于竹山-房县断裂北东侧，以岩浆型铌稀土矿及沉积型钒矿为特色，面积为 1 156.22km^2。

该区处于武当复背斜南西部，受多期构造运动的影响，构造形态复杂多样。区内出露地层为新元古界南华系武当群和下古生界寒武系及志留系。其中，武当群出露面积达 50%以上，尤其是变火山岩组最为发育；其次是南华系耀岭河组、寒武系等。武当群双台组变火山岩建造被视为银金多金属矿的矿源建造，震旦系陡山沱组为铜和银金矿的有利赋矿层位。区内出露少量辉长辉绿岩脉和钾长花岗岩脉。褶皱轴向为北西向，断裂发育。

区内共有铌稀土矿床 2 处，有铜和多金属矿床 15 处，钒钼矿床 2 处，此外还有铁、铁镍、铂钯、砂金、铅锌、绿松石、重晶石、石棉、石煤、板石矿等矿产。

区内主要有两种成矿类型：①岩浆矿床，主要是指受幔源型碱性岩-碳酸岩体控制的岩浆型铌-稀土矿床，代表性矿床为竹山县庙垭铌-稀土矿床；②沉积矿床，指震旦系、寒武系黑色岩系中沉积矿床，代表性矿床为竹山县四棵树钒矿床。

幔源型碱性岩-碳酸岩体沿两竹断裂分布，是寻找岩浆型铌-稀土矿床的有利地区。

2. 大阜山-王家大山金铜金红石成矿远景区

大阜山-王家大山金铜金红石成矿远景区分布于七尖峰花岗岩体、新城-黄陂断裂西侧，王家大山-青山寺断裂北侧，主要产变质型金红石矿、与岩浆作用有关的铜铁矿和钼矿，面积为 408.91km^2。远景区内有枣阳大阜山金红石矿、枣阳王家大山铜铁矿、随州市陡壁钼多金属矿、随州市黄家沟钼矿。

该远景区属秦岭-大别造山带的东延部分，地处应山褶皱带西段，出露地层有南华系—第四系，北西部为盆地覆盖，中部被七尖峰岩体所占据，其余分布为区域变质岩。

新城-黄陂断裂位于本区北部边缘，南西为新元古界南华系武当群和耀岭河组。耀岭河组在褶皱带之向斜区内分布，为磁铁矿矿源岩。武当群由杨坪组和双台组两个岩组组成。

区内广泛发育不同层次、不同级次和不同时期的逆冲推覆和伸展滑脱构造，对区内花岗岩的形成和银、铜、钼等多金属矿（床）的分布起到重要的控制作用。斜贯全区的北西向同斜及叠加褶皱轴线分别位于吴山、车店、石门、姑嫂岭、封江口等地。断裂构造大体有 2 类 3 组：一类为北西向韧性剪切带，即新城-岩子河(黄陂)和新市-太山庙断裂;另一类为北西、近东西向的顺层断裂和近南北向的后期断裂等。

区内出露燕山期七尖峰二长花岗岩基,尚有稍晚侵入的花岗斑岩、正长斑岩、伟晶岩、细晶岩等。区内基性侵入岩体及岩脉数量较多,但一般规模较小,较大者有大阜山变基性—超基性岩、大横山岭及万和—天河口一带的变辉长辉绿岩等,其侵位时代为晋宁期—加里东期。其中,变基性—超基性岩体隐伏于北西部盆地盖层之下,该岩体北西发现富钛铁矿和含铜镍硫化物,另外还见众多的煌斑岩脉。

区内代表矿床有枣阳王家大山铜铁矿、随州黑龙潭-卸甲沟金矿、随州枣圆金矿、枣阳大阜山金红石矿。其中,枣阳王家大山铜铁矿为接触交代型,大阜山金红石矿为变成型。热液型矿体受断裂构造控制,多为脉状、透镜体,具分支复合、尖灭再现、变化大等特点,少数亦呈似层状出现于层间断裂带内,如随州黑龙潭-卸甲沟金矿床等。

该区为七尖峰中酸性花岗岩、大阜山变基性—超基性岩及其两侧武当群中酸性—中基性变质沉火山岩所覆,受北西向构造影响,在围岩变质地层中金银钼矿床(点)多,成矿条件优越,具有寻找金银钼铁铜等矿床的条件,找矿潜力巨大。

3. 覃家门-余家冲重晶石金铁成矿远景区

覃家门-余家冲重晶石金铁成矿远景区分布于襄樊-广济断裂北侧、青山寨-柳林断裂两侧,以海相沉积型重晶石和钒矿为主,次为加里东期岩浆型磁铁矿,面积为 2 409.55km^2。远景区内有随州市覃家门铁矿床、随州市柳林重晶石矿床田家冲-谢家店矿段、京山县香山寺重晶石矿床。

大狼山复背斜横贯本区中部,背斜轴线为北西西向。受襄阳-广济断裂多期活动所致,断裂发育北西西向为主,北东向次之。区内出露地层有新元古界南华系武当群和耀岭河组、震旦系陡山沱组和震旦系—寒武系灯影组、寒武系—奥陶系、奥陶系—志留系兰家畈组和志留系雷公尖组等。其中,耀岭河组细碧-石英角斑岩属低绿片岩相变质,为该区贵多金属矿主要容矿层之一;陡山沱组及灯影组属逐渐加深的海沟型沉积层,区域上是重要的控矿层位。寒武系—奥陶系由碳硅质页岩-碳酸盐岩构成,为钒、磷、钡、锰等矿床的产出层位;兰家畈组为钠质玄武岩夹生物灰岩,雷公尖组为陆源碎屑沉积的石英岩及石英砂岩、泥质砂岩。东部、西部有较大规模或中—小型的辉绿岩侵入体、碱性岩体及基性火山岩。

本区分布有沉积型锰、钒矿,热液型金银、铜、铅锌矿,岩浆及受变质型铁矿床等类型。区内热液型金银、铜、铅锌矿多沿顺层推覆断裂产出,多呈脉状、网脉状、透镜体、树枝状或团块及浸染状,如荞麦冲、楼子沟等金矿床,耿集、仁和店、王义镇、陶吕寨等铜矿床,柳林铅锌矿床,耿集银多金属矿床。岩浆型铁矿产状与基性侵入岩体大体一致,磁铁矿多产于基性—超基性侵入体及基性火山岩内,如覃家门铁矿床等。受变质型铁矿床中矿体多为透镜体、大团块,铁矿石较贫。

区内贵多金属矿源层即耀岭河组基性火山岩亚建造和含钒、磷、钡、锰等矿床的寒武系—奥陶系炭硅质页岩-碳酸盐岩沿大狼山背斜两翼分布,且有基性—超基性侵入体及基性火山岩分布于次级向斜核部,具有一定的找矿潜力。

4. 三天门-高桥坡成矿远景区

三天门-高桥坡成矿远景区位于郧县湖北口一带,面积为 140.31km^2,位于武当隆起西北、镇旬盆地东缘,以热水沉积的金、锑矿为主。代表矿床为郧西县三天门金矿、郧西县高桥坡锑矿。该区是我国昆仑-秦岭汞锑成矿带的东延部分,区内主要出露中下泥盆统公馆组,中泥盆统石家沟组、大枫沟组和石炭系;构造主要为近东西向高桥坡倒转背斜和近南北断裂带。20 世纪经过地质调查、物探、化探和地质普查工作,本区已发现高桥坡、周公山等锑矿(床)点受断裂和地层的双重控制。邻省陕西省旬阳地区已发现公馆、青铜沟等大型、特大型汞锑矿床。本区与陕西旬阳地区成矿地质背景相似,具有寻找与热液有关的金锑贵多金属矿床的潜力。

5. 偏头山-喇叭山绿松石远景区

偏头山-喇叭山绿松石远景区面积为 4 186.62km²，分布于武当山复背斜西缘南、北两侧，呈北西-南东向带状展布。北带地处武当复背斜与白河褶皱束结合部的两侧，以隆起边缘坳陷部位为主，以云盖寺绿松石矿床最为典型。南带地处武当复背斜与北大巴山褶皱束过渡带的北东侧，以喇叭山绿松石矿床为代表。

带内矿体赋存于寒武系杨家堡组和庄子沟组的各类构造破碎带中，围岩是一套以碳质硅质板岩为主的黑色岩系，富含包括 Cu、P 在内的多种元素，局部有磷质结核出现，为淋积型绿松石的形成提供了物质来源。由于远景区地处稳定板块与活动造山带的接合部，在这个部位区内由南北向应力作用形成了近东西向的挤压带，并产生一系列的次级褶皱、断裂，造成含矿岩系在较大范围内有规则的重复出露（这种现象以南带更为明显）。褶皱之上普遍发育有同褶皱期及后期断裂、拖曳褶皱、层间破碎带，从而构成了绿松石成矿的多级控矿构造。

第三节　桐柏-大别成矿带

桐柏-大别成矿带主要为桐柏-大别-苏鲁（造山带）Au-Ag-Fe-Cu-Zn-Mo-金红石-萤石-珍珠岩成矿带（Ⅲ-67）湖北部分，大地构造位置属华南板块南秦岭-大别造山带。南西以新城-黄陂断裂为界与东秦岭分开，东被郯庐断裂带切错，与苏北胶南地体相连。该带经历了漫长而又复杂的地质发展历史，广泛发育前寒武纪变质地层，遭受了多期次构造变形和变质作用，岩浆活动强烈而频繁。

区内印支期—燕山期构造活动表现明显，对区内现今的构造格局起决定性作用。板块俯冲使区内发生高压变质作用，出现高压相的榴辉岩，产生了蓝晶石、蓝闪石、硬绿泥石、柯石英等高压条件下形成的矿物。碰撞后的陆内造山运动，沿新城-黄陂断裂带、郯庐断裂带有大范围的高钾钙碱性Ⅰ型花岗的侵入，为区内金、银多金属矿产的形成提供了物质、热液和动力的来源。在本省范围内仅涉及桐柏-大别地区金银磷铜铅锌钼金红石萤石重晶石成矿亚带（Ⅳ-67-①）。

一、成矿地质构造环境

（一）地层与成矿

成矿带内主要赋矿地层有新太古界木子店岩组（Ar_3m）、古元古界大别岩群（Pt_1D）、新元古界红安岩群（Pt_3Ha）、南华系武当群（Nh_1W）及第四系。含矿沉积建造主要有含磷、锰沉积建造，含铁沉积建造，碳酸盐岩沉积建造等。在上述含矿沉积建造中，均形成沉积变质矿床，如大悟县黄麦岭磷矿床（新元古代沉积变质型）、团风县贾庙铁矿床（古元古代沉积变质型）等。

1. 含磷、锰沉积建造（新元古代晋宁期含磷、锰变质沉积建造）

含磷、锰地层为新元古界黄麦岭岩组，其西起广水，东至黄梅塔畈，北达大悟丰店，南抵团风回龙—浠水兰溪长江北岸地带。红安岩群黄麦岭岩组由片麻岩、片岩、变粒岩、浅粒岩、石墨片岩、大理岩、磷-锰矿层和钇矿层组成。赋存于该组的变质含磷、锰沉积建造及含钇岩系，是由上、下两段构成，下段为含磷、锰岩系，由锰质磷灰岩、变粒磷灰岩、含磷变粒岩、含磷大理岩、含磷白云石英片岩、含磷钠长石英片岩、石英白云片岩、白云石大理岩、石墨片岩和磷矿层及锰土层组成。磷矿层有 1～4 层，厚 0.39～

11.50m，平均厚度近3m，呈似层状或近于透镜状产出，矿层P_2O_5的平均品位最低为5.15%，最高为15.58%，平均品位为8.01%。锰矿分为上、下两层：上层矿赋存在白云石大理岩中，为主矿层，由锰矿层或磷锰矿层与白云石大理岩构成互层；下层矿赋存在白云石大理岩或二云母片岩中，厚0.5m，工业价值不大。上段为含钇岩系，属变酸性火山岩，由白云钠长片麻岩、含钇浅粒岩及含钇白云石英片岩夹绿泥绿帘钠长角闪片岩组成，厚338～644m。矿体中含重稀土矿2～3层，矿体呈似层状、透镜状产出，产状与围岩一致。

2. 含铁变质沉积建造

主要有新太古代含铁变质沉积建造和古元古代大别期含铁变质沉积建造，含矿地层为新太古界木子店岩组及古元古界大别岩群片麻岩-含铁岩组，单个铁矿体规模小，长5～30m，厚数厘米至1m，呈透镜状、扁豆状产出。矿石矿物为磁铁矿，TFe品位为25%～40%，少数大于40%。

3. 前寒武纪碳酸盐岩变质沉积建造

前寒武纪碳酸盐岩变质沉积建造分布于新城-黄陂-觅儿寺-四望山断裂以北、宣化店-七里坪断裂以南的广水、大悟、红安、黄冈、蕲春等地广大区域。含矿地层为古元古界大别岩群变粒岩-大理岩岩组，碳酸盐岩变质沉积建造主要有白云岩、大理岩等矿产，为区内化工、冶金和建筑材料提供了矿产资源产地。例如浠水县白石山大理岩矿不仅是优质的饰面石材，而且还可精拼出“珍品”——石板壁画。

本成矿带内除上所述含矿沉积建造外，还有：①新元古代晋宁期的含石墨变质沉积建造，如广水芦花湾石墨矿；②含硅质变质沉积建造，如大悟羊角山硅石矿床；③含金红石变质沉积建造，如武穴邢家园金红石矿床等；④第四纪全新世砂矿沉积建造，如红安大悟仙山金红石砂矿床、新洲淘金山砂金矿点等。

（二）岩浆活动与成矿

区内岩浆活动频繁，分布广泛，岩石类型多样，活动时间有新太古代、新元古代（晋宁期）、古生代（加里东期）、中生代白垩纪（燕山期）4个主要时期，其中以新元古代和中生代白垩纪中酸性侵入岩最为发育。大别期、晋宁期和加里东期幔源型超基性岩与铬、镍矿的生成关系密切，基性岩则与铁矿有成因关系，而晋宁期与燕山期幔壳同熔型花岗岩则形成铜、金、银及多金属矿化。

1. 基性—超基性岩体与成矿

本区新太古代、新元古代和古生代均发生了基性—超基性岩浆侵入，岩体多呈透镜状、不规则团块状、豆荚状分布于整个成矿带内，具有成群、成带沿地层和区域构造线方向展布的特点。主要代表岩体有大悟银山寨、操家岗、蕲春铜石山、清水河等岩体。岩体规模不大，一般出露面积仅0.01～4km^2，个别较大，如清水河岩体，出露面积达22km^2。

含铬、镍、铂、钯超基性岩建造：岩石类型为纯橄岩-辉橄岩-橄榄岩-辉石岩-辉长岩组合，岩石中镁铁比值一般较高（$m/f>6.5$），为高镁铁质超基性岩特点，具铬铁矿化、镍矿化等。铬铁矿与纯橄岩、斜辉橄岩关系密切，如麻城水口岩体铬铁矿，Cr_2O_3品位一般为20%～45%，类型多属镁质铬铁矿和镁质铝铬铁矿，与其伴生铂族元素。在铬铁矿石中Pt、Pd含量较高，Os（锇）、Rh（钌）则相对富集在金云母之中。镍矿则与橄榄岩、辉长辉石岩密切相关，如大悟吕王银山寨基性—超基性岩中Ni品位为0.2%～0.3%，平均为0.242%，最高达0.46%，达到伴生元素综合利用的指标。

含铁基性岩建造：岩石类型主要为（变）辉长岩，岩石中TFe品位普遍较高，如蕲春县清水河铁矿区，整个清水河岩体TFe品位为7.95%～11.34%，属超贫磁铁矿。

2. 中酸性—酸性岩体与成矿

成矿带内中酸性—酸性侵入岩主要为新元古代和中生代两个时期，呈岩基状分布极为广泛。

新元古代中酸性侵入岩以大磊山、双峰尖、鲤鱼寨、鲁家寨等岩体与成矿关系最为密切，岩石中主要成矿元素含量一般高于维氏地壳中同类岩石，如大磊山岩体Au、Ag等均高于维氏平均值，该岩体分布区及周围是白云地区金银矿化集中区；双峰尖岩体Ag、Pb、Zn等亦高于维氏平均值，该岩体分布区是小河—青山口一带银、铅、锌、铜多金属矿化集中区；鲤鱼寨岩体中Cu、Zn、Mo等也高于维氏平均值，已知该岩体分布区及周围是大崎山地区金银多金属矿化集中区。

区内中生代中酸性侵入岩以新玉皇顶、祝林、鸡公山、芳畈、夏店、白鸭山、梅川（两路口）、黄梅（垄坪、太阳脑）、白莲（绿杨）、五岳山与成矿关系最为密切，岩体Cu、Pb、Zn、W、Mo、Au等元素背景大多低于维诺格拉多夫世界花岗岩类平均值，Pb普遍高于维氏平均值，在有些岩体中Au有明显的富集，如田家寨岩体中Au出现110×10^{-9}的高值，是值得注意的找金区域。梅川岩体和五岳山岩体铜的浓集系数大于3，有形成铜矿的可能，已知刘元铜矿床、赤铜山铜矿床、陈家山铜矿床、陈家垅铅锌矿床等即位于梅川岩体中。马龙岩体含较高的W、Au、Cu、Pb，有可能形成以钨、金为主的多金属矿化。此外，成矿带内低背景岩体也不能忽视，它们的低背景可能与元素在矿体中富集有关，如芳畈岩体、夏店岩体等。

（三）变质作用与成矿

成矿带内与变质作用有关的矿产主要有锰、磷、钇、铁、铜、金、银、重晶石、黄铁矿、蓝石棉、大理岩等，其中尤以磷、银、金工业矿床意义大。根据本矿带中变质矿床特征，可将变质成矿作用分成4种方式：①原有沉积矿床经变质作用，提高了可利用价值，如变质磷矿床；②原不能利用的火山-沉积型贫铁矿经变质作用形成磁铁矿，成为可供利用的铁矿床；③变质形成了新矿物资源，如蓝石棉矿床、刚玉矿床；④通过动力变质作用，矿源层中成矿元素叠加富集成矿。

（四）区域构造与成矿

该成矿带处于秦岭-大别成矿省的东端，是秦岭复合造山带的东延部分，以断裂构造为特征，按其构造层次可分为浅层次脆性断裂构造组合和中深层次韧性剪切带阵列构造组合，并具有三维地壳结构特征。

1. 穹隆构造与成矿

本区由于受北西向新城-李店-歧亭断裂带与北北东向大悟、麻城-团风、郯庐3条断裂的影响，在其交会部位形成了大磊山、大崎山、太阳脑3个构造穹隆，控制着本区内金银多金属矿的分布。

大磊山穹隆处于北西向新城-李店-歧亭断裂与北北东向大悟断裂交会部位的东侧，穹隆核部主要为新元古代二长花岗岩，周边为红安岩群变质地层。大磊山穹隆在以挤压体制为主的条件下经过多次叠加而成，燕山运动早期形成一系列的不同方向的剪切断裂，为含矿热液的汇集及其运移创造了条件，控制了大磊山地区金矿田的分布。

大崎山穹隆处于北西向新城-李店-歧亭断裂与北北东向麻城-团风断裂交会部位的东侧，呈不规则状。穹隆核部主要为新元古代花岗岩，周边为大别岩群变质地层。穹隆西端被麻城-团风断裂切截，东端有大片的燕山期花岗岩侵入。穹隆内北西向脆性断裂极为发育，规模较大的有盐田河断裂、芦家河断裂、漆家河断裂、望兵寨断裂等，它是本区金银成矿的主要导矿构造。

太阳脑穹隆处于桐柏-大别造山带的最东端，介于北西向新城-李店-歧亭断裂与北北东向郯庐断裂构成的三角地带。由扬子期的太阳脑穹隆二长花岗岩构成，东南边部被燕山期梅川杂岩体侵入，呈北西-南东向展布，长约 17km，宽 9km 左右。穹隆内北西向和北东向断裂发育，规模较大的有刘河断裂、瓮门街断裂，它们是本区金、银、铅、锌多金属矿的主要控矿构造。

2. 断裂构造与成矿

区内发育区域性断裂，有襄樊-广济断裂、新城-李店-歧亭断裂、黄梅断裂、大悟断裂、四姑断裂等，断裂及其次级断裂控制着岩体的空间展布及热液型铁、铜多金属矿产的分布。

在印支期—燕山期造山作用下，区内形成了一系列逆冲推覆剪切、滑脱折离(伸展构造)和走滑剪切带，与金银多金属成矿关系密切。逆冲推覆剪切带由早到晚往往出现由韧性剪切向脆性剪切过渡的特征，矿化富集主要在脆韧性—脆性阶段。顺层滑脱剪切带主要发生于古元古界大别岩群和古老的花岗质片麻岩与新元古界红安岩群之间，在大悟宣化店—麻城大河铺一带、蕲春一带附近均厘定出数条顺层韧性剪切带，控制着该处金银-多金属矿化带的展布，矿床(体)多受其中脆性断裂裂隙控制。走滑剪切带规模大小不一，具有金银多金属元素富集成带的特点，早期以韧性、韧脆性为主，晚期以脆性—韧性、脆性为主的变形特征。矿化常富集在晚期脆性—韧性、脆性断裂裂隙或蚀变带中。

二、区域矿产

截至 2020 年底，成矿带内已发现矿产 69 种，其中查明资源储量的矿种 28 个，已发现但无查明资源储量的矿种 41 个。已发现矿种数为全省(150 个)的 46.00%，查明有资源储量的矿种数为全省(91 个)的 30.77%。在已发现的 69 种矿产中，金属矿产有 18 种，非金属矿产有 51 种。

区内共有矿产地 266 余处，形成大、中、小型矿床及矿点 269 个(包括伴生矿产镍、镓、镉 3 个)。其中，大型矿床 5 个，中型矿床 16 个，小型矿床 68 个，矿点 180 个。分布的主要矿产有铁、铜、金、萤石、稀土、磷及各类建筑用石材和饰面用石材等。其中，磷、饰面石材两种矿产资源储量大，开发利用条件好、市场前景广阔且在国民经济和社会发展中具有重要地位，为本区的优势矿产。

三、矿床类型

1. 浅层中低温热液型矿床

成矿带内与流体作用有关的浅层中低温热液型矿床以金矿、铜矿分布最为广泛，萤石在全省占有重要地位，铁矿、铅矿、锌矿、钼矿、钨矿、银矿、重晶石等热液型矿床在带内有少量分布，矿床(点)受构造控制。

金矿主要分布于大磊山、大崎山、太阳脑 3 个构造穹隆地带，规模较小。矿床类型主要有破碎蚀变岩型金矿和石英脉型金矿两种，前者称为郭家大湾式金矿床，后者称为白云式金矿床。铜矿主要分布于大悟芳畈、武穴梅川等地，代表性矿床为大悟县芳畈铜矿、武穴市刘元铜矿。铜矿主要产于石英脉中，受北西向和北东向断裂控制。萤石主要分布于大悟、红安、随县、广水等地，代表性矿床为红安县华河萤石矿，分布于新元古界红安岩群的白云斜长片麻岩出露区。

2. 受变质型矿床

带内与变质作用有关的受变质型矿床主要为磷矿，其次为锰矿。

磷矿主要分布于广水、大悟、黄陂、红安、武穴、黄梅等地，代表性矿床为大悟黄麦岭磷矿床、黄梅塔畈磷矿床。磷矿赋存层位为新元古界红安岩群黄麦岭岩组下段。

锰矿主要分布于红安、大悟、黄陂、蕲春等地。代表性矿床为黄陂团山沟锰矿床，锰矿层主要赋存在黄麦岭岩组下段(Pt_3h^1)含磷锰岩系中。

3. 变成型矿床

成矿带内与变质作用有关的变成型矿床有铁矿、钛(金红石)、铌矿、钇矿(重稀土)、石墨、刚玉、透闪石、大理岩、石英岩、花岗岩、蛇纹岩。其中，铁矿在带内分布较为广泛，钇矿(重稀土)是省内唯一的矿床类型。

铁矿主要分布于麻城、罗田、团风、浠水、蕲春等地，含矿地层为新太古界木子店岩组和古元古界大别岩群片麻岩-含铁岩组。钇矿(重稀土)主要分布于广水等地，典型矿床为广水殷家沟重稀土矿床，矿床赋存于新元古界红安岩群黄麦岭岩组上段浅粒岩、变粒岩中。

4. 岩浆型矿床

成矿带内与岩浆作用有关的岩浆型矿床主要为花岗岩、脉石英等非金属矿产，尤其是饰面用花岗岩在带内分布极为广泛，主要分布在大悟、麻城、团风等地。代表性矿床为大悟县松林饰面用花岗岩矿区、麻城市白鸭山饰面用花岗岩矿区，成矿时代为中生代白垩纪。脉石英矿以蕲春县灵虬山脉石英矿床最具代表性，成矿时代均为中生代白垩纪。

四、代表性矿床

(一)大悟县黄麦岭磷矿

矿区位于大悟县城区 175°方位直距 9km 处，行政区划隶属大悟县阳坪镇，距大悟县城约 11km，有公路通县城，与京广铁路广水站直距约 24km，交通方便。

1. 矿区地质

区内出露为新元古界红安岩群黄麦岭岩组(Pt_3h)，该岩组是本区磷矿的赋矿地层(图 7-4、图 7-5)，分上、下 2 段 8 个亚段。

下段第一亚段(Pt_2h^{1-1})：底部普遍夹一层厚 1～2m 的锰土层或石英云母片岩；下部由Ⅰ、Ⅱ磷矿层(下含磷层)及锰土层、含石墨片岩、石英云母片岩、大理岩、浅粒岩、变粒岩组成，Ⅰ、Ⅱ磷矿层是区内重要的工业磷矿层；中部为石英云母片岩夹一层厚约 10m 的白云钠长片麻岩；上部由含磷变粒岩、变粒磷灰岩及含磷石英云母片岩(上含磷层)组成，上含磷层由于厚度小、不连续、品位低，一般不具工业价值。

矿区北东为新元古代大磊山侵入岩，呈岩基产出，经区域变质作用，主要岩性为一套花岗质、花岗闪长质片麻岩。此外，区内尚有闪长岩脉等呈北西向、近南北向分布。

矿区处于大磊山穹隆的南西翼，构造比较简单，除西端有倾伏倒转背斜外，其余均为单斜构造，地层倾向南西，倾角 20°～52°。区内脆性断裂构造主要有北西向和北东向两组，其规模较小，对矿层起破坏作用。

2. 矿体地质

区内发现Ⅰ矿层和Ⅱ矿层，均赋存于新元古界红安岩群黄麦岭岩组下段第一亚段(Pt_2h^{1-1})中，西起晏家桥(10 号勘探线)，东到徐家河(74 号勘探线)，沿走向呈弧形分布，自地表向深部呈有规律的变陡或变缓。磷矿石中 P_2O_5 平均品位为 11.1%。

Ⅱ矿层：为区内主要工业矿层，呈层状或似层状产出，主要分布于 20～74 号勘探线间，长 2100m，36 号勘探线以西厚度为 1.13～35.87m，一般 8～20m；44 号勘探线及以东为 4.73～72.20m，一般厚 5～30m，变化较大。矿层斜深一般大于 750m，最大为 1260m。矿层底板标高一般为－200m，最低为

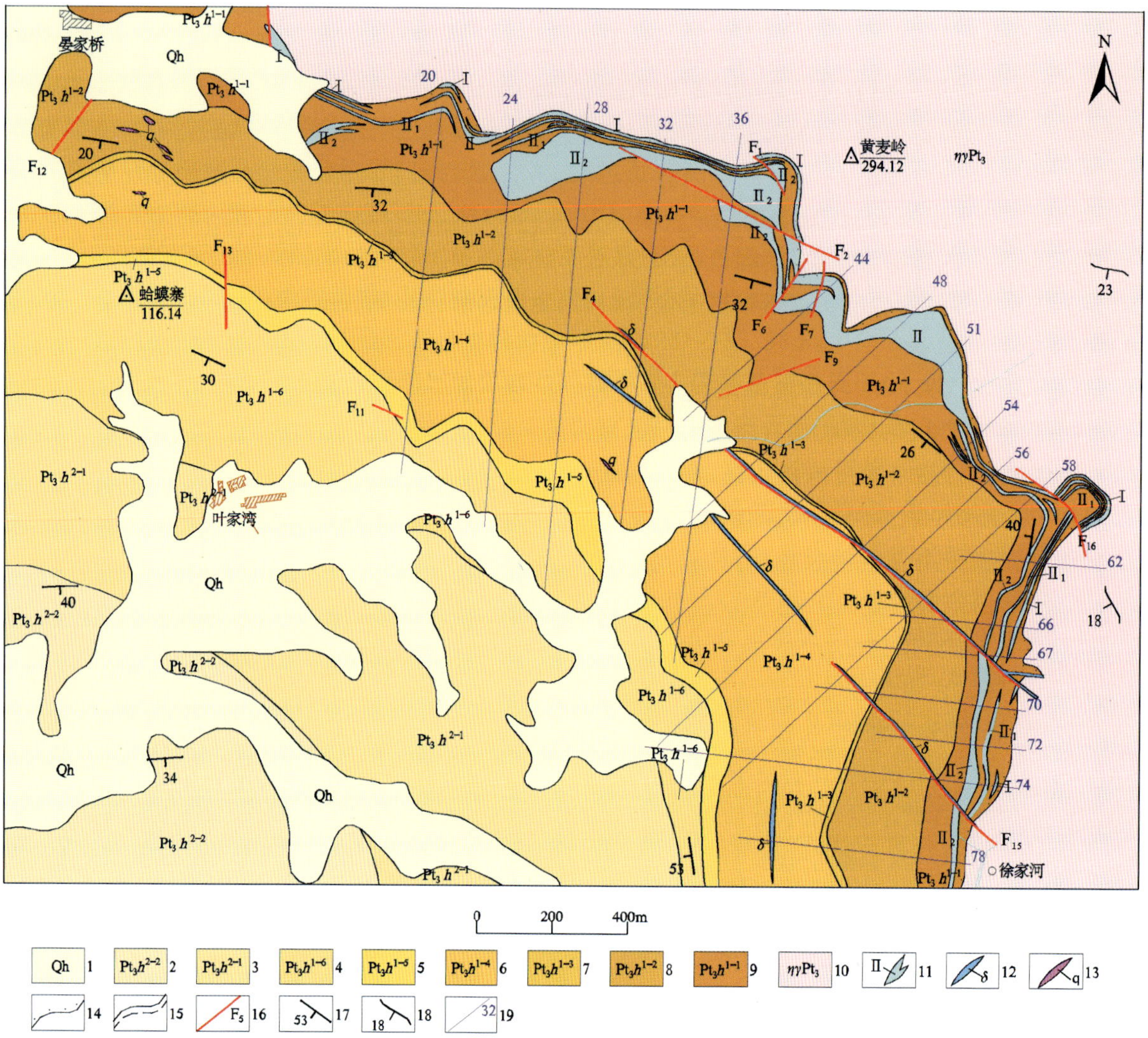

图 7-4　大悟黄麦岭矿区黄麦岭矿段磷矿地质略图(据湖北省鄂东北地质大队,1986 修改)

1.第四系冲积物;2.黄麦岭岩组上段第二亚段;3.黄麦岭岩组上段第一亚段;4.黄麦岭岩组下段第六亚段;5.黄麦岭岩组下段第五亚段;6.黄麦岭岩组下段第四亚段;7.黄麦岭岩组下段第三亚段;8.黄麦岭岩组下段第二亚段;9.黄麦岭岩组下段第一亚段;10.新元古代花岗闪长质片麻岩;11.矿体及编号;12.闪长岩脉;13.石英脉;14.不整合地质界线;15.实测及推测地质界线;16.断层;17.岩层产状(°);18.片麻理产状(°);19.勘查线及编号

—433m。按其矿层对比,分为下部Ⅱ$_1$ 矿层和上部Ⅱ$_2$ 矿层,其中Ⅱ$_2$ 矿层厚度大而稳定,Ⅱ$_1$ 矿层厚度小,仅分布于 54~66 号勘探线之间。自地表向深部,矿层厚度呈有规律地变厚→变薄→再变厚→再变薄,并有逐渐变薄的总趋势。

Ⅰ矿层:为区内次要工业矿层,规模小,不连续,主要分布于矿段西部 12~41 号勘探线的地表和浅部,长 1500m,倾斜延伸 115~460m,厚 0.55~17.62m 不等,一般厚 2~6m。

其余呈 9 个小透镜体零星分布在 20~54 号勘探线深部—100m 标高以上,厚度小,变化大,最大厚度为 7.85m,一般厚 2~5m。

矿石呈粒状结构、胶状结构、交代结构和交代残余结构,呈层纹状构造、土状构造、块状构造、角砾状构造。

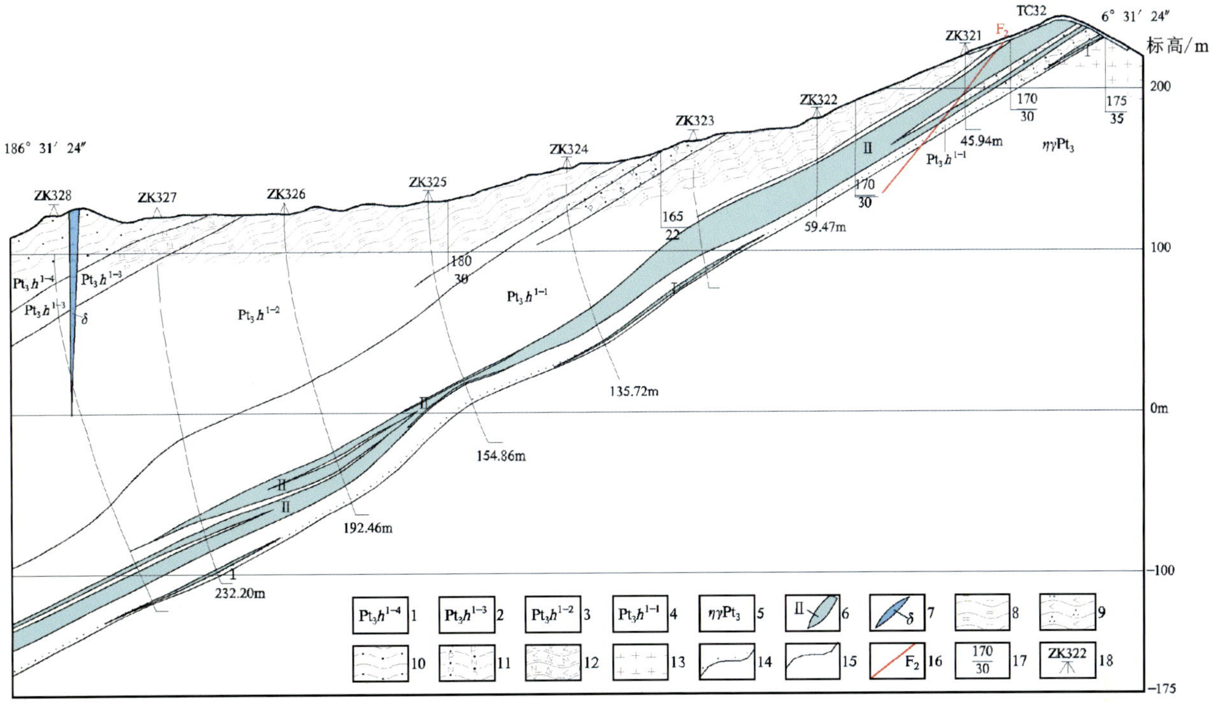

图 7-5　黄麦岭矿区黄麦岭矿段 32 号勘探线剖面图(据湖北省鄂东北地质大队,1986 修改)

1.黄麦岭岩组下段第四亚段;2.黄麦岭岩组下段第三亚段;3.黄麦岭岩组下段第二亚段;4.黄麦岭岩组下段第一亚段;5.新元古代花岗闪长质片麻岩;6.矿体及编号;7.闪长岩脉;8.二云片岩;9.白云母石英片岩;10.浅粒岩;11.黑云钠长变粒岩;12.绿泥绿帘角闪片麻岩;13.花岗闪长质片麻岩;14.不整合地质界线;15.实测地质界线;16.断层;17.岩层产状(°);18.钻孔位置及编号

矿石矿物为氟磷灰石、黄铁矿、软锰矿,脉石矿物为石英、微斜长石、白云母、方解石、白云石,微量矿物有锆石、透闪石、石榴石、胶磷矿。风化带中还有微量高岭石、黑云母、闪锌矿、电气石、葡萄石、锆石、重晶石等。

区内磷矿石的化学成分为 SiO_2、Al_2O_3、Fe_2O_3、CaO、MgO、CO_2、P_2O_5、S、F 等,其他元素含量甚微。矿石有用组分为 P_2O_5,伴生有益组分为 K_2O 和 S。

磷矿石的自然类型主要有锰质磷灰岩、浅粒磷灰岩、条带状变粒磷灰岩、变粒磷灰岩 4 种类型。区内可见风化和原生两种矿石。

Ⅱ矿层顶板主要岩性为含磷石英云母片岩,次为含磷浅粒岩、含磷变粒岩及含石墨片岩。Ⅰ矿层底板主要岩性为含磷浅粒岩,次为含磷变粒岩、条带状含磷变粒岩、石英云母片岩、大理岩。地表常见一层厚 1～2m 的锰土层。局部地段Ⅰ矿层直接与下伏花岗质片麻岩呈不整合接触。

Ⅰ矿层与Ⅱ矿层间为夹石层,主要岩性为大理岩,次为石英云母片岩、含磷浅粒岩、含磷变粒岩、条带状含磷变粒岩等,厚 4～8m。

3. 资源储量

根据《湖北省矿产资源储量表》(截至 2018 年底),累计查明矿区 111b+122b+332+333 磷矿石资源储量为 10 881.3 万 t,保有 111b+122b+332+333 磷矿石资源储量为 7 873.9 万 t,另估算 122b+331+332+333 低品位磷矿石资源储量为 1 518.2 万 t。

4. 矿床成因

黄麦岭磷矿床划分为化学或生物化学成矿、机械富集成矿和变质重结晶成矿 3 个阶段。

化学或生物化学成矿阶段：在新元古代，当气候转暖时，海水发生对流，引起洋流循环，将海盆深处的磷酸盐、碳酸盐带到洋流上升的陆棚区或盆地斜坡，并以化学或生物化学方式沉积下来。

机械富集成矿阶段：沉积在陆棚区或盆地斜坡上的磷酸盐层和碳酸盐层经浪底冲刷或海流侵蚀被搬运到浅水的近滨地带，进一步被簸选富集成矿。

变质重结晶阶段：由于晋宁运动，而使红安岩群及其沉积的磷锰矿均经历了区域变质作用，页岩变成二云母片岩，白云质灰岩重结晶成大理岩，胶磷矿变成磷灰石，原生锰矿物经脱水和重结晶变成褐锰矿和黑锰矿，或转变为锰的硅酸盐矿物（蔷薇辉石、钙蔷薇辉石、锰石榴石等）形成沉积变质磷锰矿床。

黄麦岭磷矿床的成矿时代为新元古代，为沉积变质型磷矿床。

（二）红安华河萤石矿

红安华河萤石矿位于红安县，距县城北西约 10km，有公路通往县城，交通方便。区域构造位于华南板块（Ⅱ）南秦岭-大别造山带（$Ⅱ_1$）桐柏-大别超高压变质折返带（$Ⅱ_1^1$）。截至 2018 年底，该矿床累计查明萤石（CaF_2）资源储量为 256.7 万 t，属大型萤石矿床。

1. 矿区地质

矿区内出露地层为新元古界红安岩群七角山岩组和第四系冲积物（图 7-6）。

红安岩群七角山岩组（Pt_3q）为一套低角闪岩相的变质岩组合，岩性以白云斜长片麻岩为主，夹绿泥斜长片麻岩、黑云斜长片麻岩、角闪斜长片麻岩的透镜体。

第四系冲积物（Qh^{al}）分布于矿区内沟谷之中，主要为黏土、亚黏土、亚砂土、冲积砂等。厚度小于 40m。

矿区内与成矿有关的岩浆岩主要为正长斑岩脉，该岩脉沿北东向断裂带分布；其次为石英脉，分布于许晶山、曹家岗一带，多数沿张扭性断裂破碎带分布，呈透镜状或脉状产出。

矿区内褶皱构造简单，为一单斜构造，地层倾向南西，倾角 25°～42°。脆性断裂构造较为发育，以北东向断裂为主，北西向次之。北东向断裂为矿区内主要控矿和储矿构造，分布于矿区中部，构成许晶山-寨山成矿构造带，长大于 3km，宽 2～45m，总体走向 30°，倾向北西，倾角 50°～85°，断裂性质属压扭性。

2. 矿体地质

矿床之主矿脉（寨山矿体）赋存于许晶山-寨山构造破碎带中，由萤石-石英脉组成。矿体在平面上呈简单分支复合脉状，总体产状变化不大，倾向 310°左右，倾角 50°～75°；在剖面上呈“入”字形分支脉状（图 7-7），分为主矿体（Ⅰ）和分支矿体（$Ⅰ_1$、$Ⅰ_2$）。Ⅰ矿体沿破碎带上盘分布，地表可见长约 330m，南段隐伏长 670m，总长约 1000m，平均厚度为 6.7m，以 104～106 号勘探线间较厚达 10m，向两端变窄趋于尖灭；矿体北东端尖灭于 104 号勘探线附近，并被分支矿体（$Ⅰ_2$）取代。$Ⅰ_1$ 分支矿体沿破碎带下盘分布，在与主矿体复合处其出露水平厚度最大为 14m 左右，向两端急骤变窄。$Ⅰ_2$ 分支矿体分布于 103 号勘探线两侧，长 180m，平均厚度为 2.2m。矿体主要赋存于－200～＋80m 标高段，最大控制深斜 250m，控制埋藏最深部位标高为－200m。

矿石结构主要为粗粒结构，其次为不等粒花岗结构、似斑状结构。矿石构造主要有块状及似条带状构造，次为角砾状构造、云雾状构造。

矿石中矿石矿物主要为萤石，一般占 70%～85%；脉石矿物主要为石英，次为玉髓，有时含围岩碎屑，石英一般占 25%～30%。

矿石的主要组成成分为 CaF_2、SiO_2，占矿石总含量的 95%。Al_2O_3、Fe_2O_3、CaO、MgO、$BaSO_4$ 等成分含量较少。

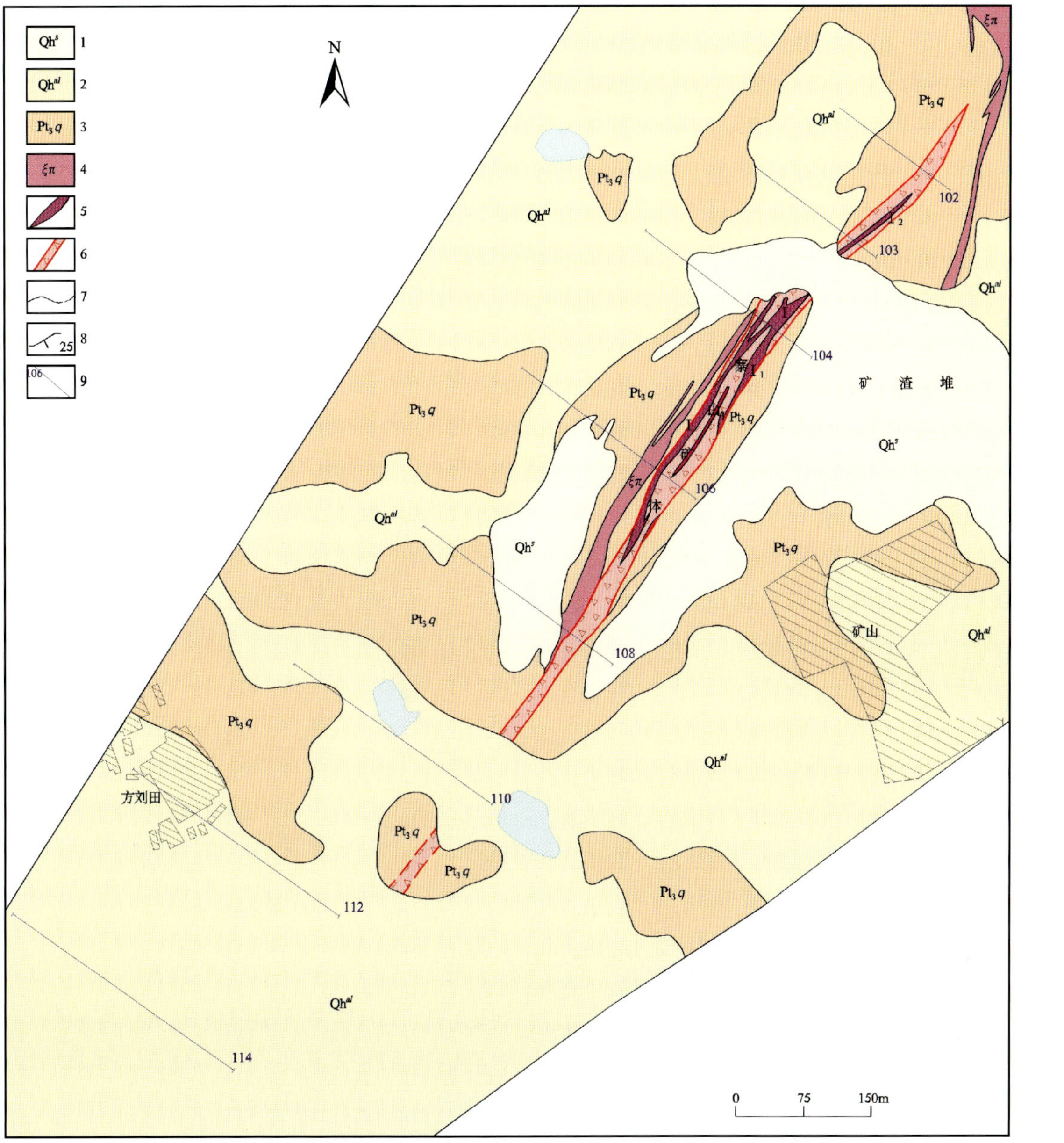

图 7-6　红安华河萤石矿地质略图(据中南冶金地质勘探公司 604 队,1972 修改)

1.人工堆积物;2.第四系冲积物;3.红安岩群七角山岩组;4.正长斑岩脉;5.萤石矿体及编号;6.断层破碎带;7.地质界线;8.片麻理产状(°);9.勘探线及编号

矿石有益组分为 CaF_2,一般含量为 70%～80%,最低为 20%,最高可达 95%以上。主要有害杂质为 SiO_2,其含量变化与 CaF_2 含量变化大致呈反相关关系。其他有害杂质中 S 的含量变化幅度一般介于 0.04%～0.08%之间,P 的含量一般均很低。

按矿石的主要矿物组分可分为萤石型矿石、石英-萤石型矿石,按矿石的构造特征可分为块状矿石和角砾状矿石。

萤石型矿石主要由萤石构成,仅含少量石英等其他杂质。石英-萤石型矿石主要矿物成分为萤石和石英,萤石含量大于石英。该类型矿石见于各矿体中。

块状矿石矿石品位较高,主要由粗粒或细粒萤石集合体(含少量石英)构成致密块状。角砾状矿石

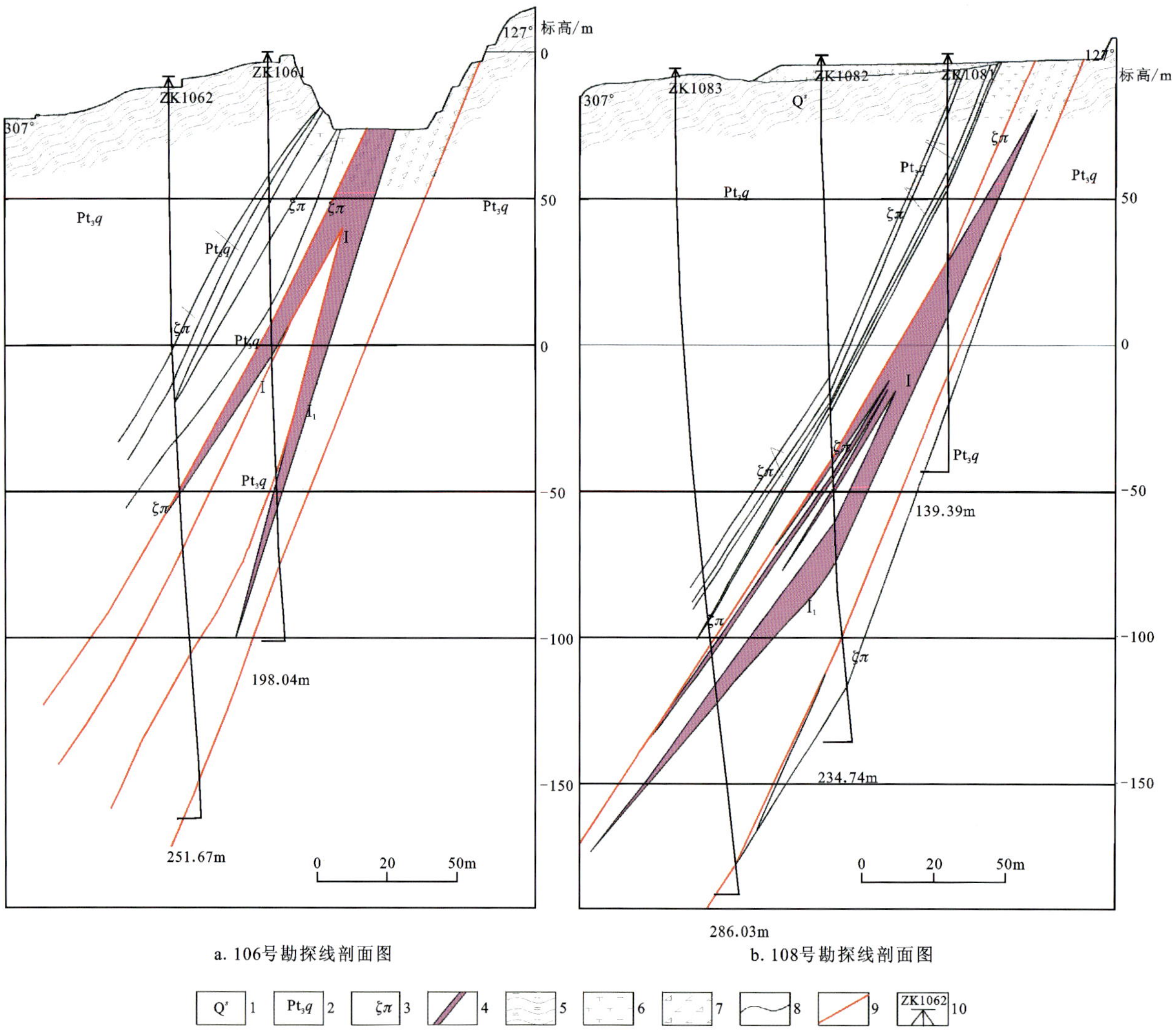

图 7-7 红安华河萤石矿区寨山矿体 106 线、108 线剖面图（据中南冶金地质勘探公司 604 队，1972 修改）

1. 人工堆积物；2. 红安岩群七角山岩组；3. 正长斑岩脉；4. 萤石矿体及编号；5. 白云钠长片麻岩；6. 正长斑岩脉；7. 断层角砾岩；8. 地质界线；9. 断层；10. 钻孔位置及编号

呈角砾状构造，角砾成分有萤石、石英和萤石、石英与绢云母的集合体。

围岩蚀变主要有硅化、绢云母化等，其次有高岭土化、绿泥石化及黄铁矿化等。

3. 资源储量

截至 2018 年底，红安华河萤石矿区累计查明萤石（CaF_2）资源储量为 256.7 万 t，其中 122b 资源储量为 187.2 万 t，2S22 为 64.7 万 t，333 为 4.8 万 t；保有萤石（CaF_2）资源储量为 72.0 万 t，其中 122b 为 2.5 万 t，2S22 为 64.7 万 t，333 为 4.8 万 t。

4. 矿床成因

华河萤石矿成矿方式以热液充填为主。在晚侏罗世—早白垩世期间喷发的熔岩、火山碎屑岩及中酸性侵入岩遭受风化剥蚀后，由于大气降水下渗作用，在下伏前寒武纪结晶基底岩石中循环，并汲取了 F^-、Ca^{2+} 等组分，形成含矿热液，上升后在浅部断裂带中沉淀成矿。

五、区域矿产空间分布

1. 隆起构造控制区内三大金银多金属矿田分布

区内北西向新城-李店-歧亭深大断裂与北北东向大悟、麻城-团风、郯庐三大断裂带交会部位的穹隆构造控制了区内大磊山、大崎山及太阳脑3个金银多金属矿田的展布。各穹隆内构造、岩浆活动频繁，混合岩化作用和重熔岩浆作用十分强烈，金银多金属矿床(点)及化探、重砂异常密布，是鄂东北地区的主要金银成矿远景区。

本区穹隆构造除控制三大金银多金属矿田展布外，还对其内金银矿的成矿具有一定的控制作用。

2. 铁锰磷钇等矿产受变质地层控制

带内大别岩群含铁沉积建造，分布在桐柏-大别中间隆起(造山带)的核部，位于罗田骆驼坳，团风铁冶、贾庙、回龙山、总路咀、浠水福主庙及蕲春茅山等地。

红安岩群黄麦岭岩组下段含磷、锰沉积建造及上段含钇岩系，分布于广水大山口、大悟、红安、黄陂、蕲春一带，并向东延至安徽省宿松等地。磷锰矿层产于黄麦岭岩组下段下部，锰矿层位于磷矿层之下，磷锰矿与碎屑沉积密不可分。钇矿赋存于黄麦岭岩组上段，与酸性火山岩有关。

3. 北西-北北西向与北东-北北东向断裂破碎带控制区内金、铜、萤石矿体分布

穹隆、构造岩浆穹隆及其次一级的北西向、北北东向、近东西向断裂和不整合层间剥离断裂带等控制了区内金银多金属矿体的分布。如大磊山穹隆构造内的①、②、④、⑥、⑧、⑩号等北西向断裂分别控制了白云金矿的Ⅰ、Ⅱ、Ⅳ、Ⅵ、Ⅷ、Ⅹ号脉等金银矿体的分布，而北东向不整合层间剥离断裂带控制了201号脉金银矿体的分布。再如大崎山穹隆构造内的金矿主要集中于盐田河—牛车河一带相互平行的一系列北西向断裂中，处于太阳脑穹隆内的石人寨金矿亦是受北西向断裂构造控制。

铜矿也受北西向断裂带控制。如芳畈铜矿床受控于新城-李店-歧亭断裂的次级北西向邓店-仙姑洞断裂，它控制了矿区主要工业矿体的展布及规模。

六、区域矿产时间分布

区内主要矿产可以划分以下4个成矿阶段，主要地质特征概述如下。

1. 晋宁期成矿阶段

古老变质岩群带来丰富的幔源火山物质及成矿金属组分，广泛形成金、铜、银、铅、锌等矿源建造，成为后期改造成矿的物质基础。同时，木子店岩组及红安岩群等变质岩中赋存有铁、锰、磷、石墨、重稀土、大理岩等变质矿产。

2. 印支期成矿阶段

印支期成矿地域大，矿产种类复杂，扬子板块与华北板块俯冲碰撞，大别地区发生俯冲及折返，使矿源建造和高背景地层遭受褶皱、断裂和重熔岩浆改造，发生中高压变质作用，形成了金红石等矿产。

3. 燕山期成矿阶段

侏罗纪，在滨太平洋构造影响下，桐柏—大别地区一方面受到华北陆块与扬子地块持续碰撞后的挤压；另一方面，太平洋板块向北西俯冲，出现中酸性花岗岩侵位，岩浆期后热液及构造热液携带成矿物

质，并萃取围岩中的有用成分，在北西向断裂次级断裂交会部位等构造有利部位富集成矿，形成中低温热液型金银铜多金属矿。白云金矿（又被称为大磊山金矿）被后期含金石英脉充填。其中，煌斑岩脉LA－ICP MS锆石U－Pb年龄为(126.8±2.0)Ma(曹正琦等，2017)，罗田片麻岩穹隆内的陈林沟金矿矿石矿物流体包裹体Rb－Sr同位素年龄和郭云坳金矿矿体围岩的钾长石K－Ar同位素年龄分别为(123.0±11)Ma和103.0Ma(杜建国等，2000)。这些矿床的测年数据指示了金矿成矿时代为燕山期。

4. 喜马拉雅期成矿阶段

喜马拉雅期形成淋积型、残余型和冲积型金、金红石、铁等砂矿。

七、成矿远景区

桐柏－大别地区金银磷铜铅锌钼金红石萤石重晶石成矿亚带（Ⅲ－67－①）以岩浆热液型金、铜、萤石和沉积变质型磷、锰等矿产为主，可划分为4个成矿远景区。现将其主要远景区的成矿地质特征概述如下。

1. 大磊山－芳畈金铜磷锰钇(重稀土)成矿远景区

大磊山－芳畈金铜磷锰钇(重稀土)成矿远景区位于广水保安寨—大悟大磊山—孝昌青山口一带，面积为$2192km^2$。大地构造位置属华南板块（Ⅱ）南秦岭－大别造山带（$Ⅱ_1$）桐柏－大别高压变质折返带（$Ⅱ_1^1$）。

区内以磷、钇(重稀土)、金、铜矿为主，探明铜、铅、磷、锰、石墨、萤石、重晶石等矿产，还有未探明资源储量的铁、锰、铜、铅、锌、钨、金、银、铍、石墨、萤石等矿床和矿点多处。

本区受桐柏－大别中间隆起、新城－李店－歧亭北西向断裂构造控制，出露地层主要为古元古界大别岩群及新元古界红安岩群天台山岩组、七角山岩组和黄麦岭岩组，属一套绿片岩相－低角闪岩相变质岩石组合。其中，黄麦岭岩组是本区主要的赋磷层位。

区域构造处于北西向新城－李店－歧亭断裂与北北东向大悟断裂交会部位，构造及岩浆活动强烈，形成了独特的大磊山穹隆构造特征。它是本区主要控岩控矿构造，控制了大磊山穹隆金银矿的分布及其周围磷矿的分布。穹隆核部的北西向断裂、环状断裂是本区金银矿的主要容矿构造。

区内岩浆活动有：一是新元古代大磊山岩体($\eta\gamma Pt_3$)和双峰尖岩体($\eta\gamma Pt_3$)，前者分布于大磊山穹隆的核部，后者分布在矿集区的南部；二是分布矿集区北部和中南部的燕山期鸡公山岩体($\eta\gamma K_1$)和夏店岩体($\eta\gamma K_1$)；三是分布在矿集区中部的加里东期芳畈岩体(斑状石英正长岩体)，其岩石学特征表明属富钾钙碱性岩类，是本区铜矿成矿热液的重要来源，尤其是芳畈铜矿区与其关系甚为密切。

本区在大地构造上位于桐柏－大别中间隆起带西南边缘断陷带中部，又是北西向新城－李店－歧亭断裂与大悟断裂交会部位，构造和岩浆活动强烈，形成了独特的穹隆构造(大磊山穹隆)特征。同时，与成矿关系密切的大磊山、芳畈、双峰尖3个岩体均处在新城－李店－歧亭断裂上，呈北西向展布，具有良好的成矿地质条件。

在大磊山穹隆核部，Au、Ag、Cu、Pb、Zn等成矿元素较为丰富，为成矿提供了物质来源。同时，由于混合岩化热液与围岩进行充分交代，促使Au、Ag成矿元素活化、迁移、富集成矿创造了有利条件。已知白云金矿达中型以上矿床规模，其深部尚未圈定，成矿远景较为可观。

在大磊山穹隆周围分布为一套红安岩群黄麦岭岩组地层，是本区主要赋磷、锰、钇(重稀土)层位，共有上、下两个磷矿层。目前，已发现大型磷矿床1处，中型磷矿床1处，小型磷矿床3处，磷矿点9处；中型重稀土矿床1处，重稀土矿点3处；锰矿点1处。前人在该区圈出磷A类找矿区1处，显示在黄麦岭磷矿外围具有寻找大型磷矿床和重稀土矿床的基础条件。

预测本区主要是寻找燕山期碱性岩浆后期热液、与断裂构造热液活动有关的改造层控型铜矿床及变质热液破碎蚀变岩型金、铜、铅、锌多金属矿床和沉积变质型磷锰矿床的有利位置。

2. 宣化-华河金、萤石矿集区

宣化-华河金、萤石矿集区位于大悟宣化—红安华河一带，面积为 $2105km^2$。区内矿产主要为萤石和金，有萤石矿床大型 1 处，中型 1 处，小型 3 处，矿点 7 处；有银矿床小型 1 处，金矿点 9 处，砂金矿点 1 处，金银矿化点多处；除此之外，还有铜、铅、锌、大理岩、云母、蛇纹岩等矿床(点)多处。

本区位于红安-南河高压低温型变质岩带(低温榴辉岩带)。沿该带主要岩石类型有石榴角闪岩、含蓝闪石石榴辉石岩、蓝晶石榴辉岩、柯石英榴辉岩等。其中，榴辉岩、榴闪岩类是本区榴辉岩型金红石矿主要赋矿岩石。

区内出露地层主要为古元古界大别岩群及新元古界红安岩群天台山岩组、七角山岩组和黄麦岭岩组，属一套绿片岩相-低角闪岩相变质岩石组合。断裂构造以北西向及北北东向两组尤为发育，它们组成了区内网格状的断裂构造格架。岩浆活动主要为两个时期：第一个时期为晋宁期，以七里坪-军师岭剪切带为界，以南主要为超基性—基性岩浆侵入，以北主要为中酸性岩浆侵入；第二个时期为燕山早期片麻状含榴二长花岗岩，见霓石，反映了造山期后地壳快速抬升的特点。

本区处于桐柏-大别山造山带中部、北西向商城-丹凤断裂带以南、七里坪-军师岭韧性剪切带(七里坪断裂)与北北东向四姑断裂带的交会部位。区内构造岩浆活动及混合岩化作用十分强烈，分布基性—超基性岩及花岗岩等，具有古老变质岩系中 Au、Ag、Cu、Pb、Zn 及 F 等成矿元素活化、迁移、富集的地质条件，其岩浆期后含矿热液活动十分普遍，同期的北西向、北西西向大断裂为本区控矿的主要构造，形成了规模较大的含矿硅化岩带和矿化蚀变破碎带。形成的主要含矿带有枣林畈-晏家湾断裂构造(金银)成矿带、大河铺-陡山坡断裂构造(铜银金)成矿带和光宇山-郑家塘金成矿区，即“两带一区”。3 个地区地表已发现有较大规模的金银铜多金属矿体，其外围仍然显示出较好的找矿远景。

已发现萤石、金银矿床(点)多处，伴有 Au、Ag、Cu、Pb、Zn 及 F 等化探异常与复合异常多处，又有Ⅰ级、Ⅱ级、Ⅲ级黄金重砂异常。上述这些矿床(点)、化探及重砂异常均沿断裂破碎带展布，均反映了本区萤石及金银金属矿成矿地质条件较好。预测本区沿北东向和北北西向断裂破碎带是寻找热液充填型脉状萤石矿床的重要构造部位，也是寻找岩浆期后热液-地下水热液，断裂充填蚀变构造岩型金矿床的有利构造部位。沿红安-南河高压低温型变质岩带(低温榴辉岩带)，是寻找榴辉岩型金红石矿重要地段。

3. 大崎山金银成矿远景区

大崎山金银成矿远景区位于麻城盐田河-团风大崎山一带，面积为 $1020km^2$。区内以金矿为主，还有铁、铜、铅、大理岩、花岗岩等多处矿点。

出露地层主要为古元古界大别岩群，为一套角闪岩相-麻粒岩相的变质岩组合。岩性以黑云斜长片麻岩、变粒岩、斜长角闪岩为主。

区域构造处于桐柏-大别山造山带中部，为麻城-团风断裂以东、新城-李店-歧亭断裂北缘、大崎山构造岩浆穹隆内。该区断裂构造极为发育，以一系列相互平行的北西向脆性断裂为主。断裂总体走向表现为逆断裂性质，具多期活动特点，各断裂带之间的次级断裂相互配套，形成了较复杂构造格架。断裂中不仅次生断裂、伴生断裂可以成矿，而且主断裂也可以在适当部位成矿。

区内岩浆活动频繁，主要集中于两个时期：一是新元古代侵入岩，经变形变质作用改造，主要为一套二长花岗质-花岗闪长质-英云闪长质片麻岩；二是中生代白垩纪龙井脑花岗岩岩体群($\eta\gamma K_1$)。成矿规律研究表明，中生代白垩纪花岗岩是区域上金及多金属矿的主要成矿物质来源。

远景区内多种矿床类型共生，以石英脉型金矿为主，脉状金、多金属矿次之，蚀变岩型金矿也已发现多处。矿田内以芦家河断裂为界，分为南、北两个区，两个区的矿石建造、矿床类型和化探异常组合特点有着明显的差异。北区矿物组合以金属硫化物为主，属金-多金属矿石建造，以脉状金、多金属为主，化探异常组合为 Ag、Au、Pb、Cu、As；南区贫硫化物，属金-石英-黄铁矿建造。石英脉型金矿占主导地位。化探异常以 Au、As 为主，Ag、Pb、Cu 等元素异常表现微弱。

本区处于桐柏-大别山造山带中部，北西向新城-李店-歧亭断裂与北北东向麻城-团风断裂交会部位的东侧。北西为大崎山构造岩浆穹隆，有晚期侵入岩体存在，金矿点、矿化点较多。与成矿关系密切的北西向和北北东向断裂。带内岩普遍发育硅化、绿泥石化褐铁矿化或黄铁矿化，为直接的储矿和导矿构造，属成矿极为有利的构造岩浆活动区。

据湖北省大崎山地区金成矿条件研究及靶区筛选（湖北省鄂东北地质大队，1998），进行了 1∶5 万成矿预测，共圈出金 A 类找矿靶区 4 处，金 B 类找矿靶区 7 处。故认为本区是寻找岩浆期后热液和重熔岩浆热液的构造蚀变岩型及石英脉型金矿床的有利地段。

4. 梅川金铜多金属成矿远景区

梅川金铜多金属成矿远景区位于蕲春刘河—武穴梅川一带，面积为 $800km^2$。区内以铜、金为主，还有中型超贫磁铁矿矿床 1 处，中型磷矿床 1 处。

区内出露地层主要为古元古界大别岩群、新元古界红安岩群天台山岩组和黄麦岭岩组，属一套绿片岩相-低角闪岩相变质岩石组合，其中黄麦岭岩组是本区赋磷层位。

区域构造处于桐柏-大别山中间隆起带东南边缘，北北东向郯庐断裂带与北西向襄樊-广济断裂带交会部位，太阳脑构造岩浆穹隆内。该区断裂构造极为发育，以一系列相互平行的北西向脆性断裂为主，断裂为成矿气液上升到地表以及沉淀提供了空间，是本区金铜成矿的主要导矿构造。

区内岩浆活动频繁，主要集中于两个时期：一是新元古代侵入岩，岩石类型从基性—超基性、中酸性—酸性岩浆岩均有出露，经变形变质作用改造，主要为一套二长花岗质-花岗闪长质-英云闪长质片麻岩；二是中生代白垩纪梅川杂岩体（$\pi\delta\eta o K_1$）和黄梅岩体（$\pi\eta\gamma K_1$）。成矿规律研究表明，梅川杂岩体是区内金、铜及多金属矿的主要成矿物质来源。

本区位于桐柏-大别中间隆起带东南边缘，为北东向郯庐断裂带和北西向襄樊-广济断裂带所夹持的构造-岩浆岩区内，又是桐柏-浠水断裂与蕲水断裂交会的西南部位，构造岩浆活动十分强烈，形成了较多的铜、金、银、铅锌等多金属矿产。已探明的有石人寨金矿、赤铜山铜矿、刘元铜矿、花桥金矿、松阳磷矿，以及铜、金、银、铅锌等矿点多处，均分布在太阳脑一带构造岩浆穹隆和梅川岩体内外接触带或周围的断裂破碎蚀变带上，形成了以在梅川岩体为轴心的铜、金、银、铅锌等多金属矿密集区。

该区燕山期中酸性岩浆活动十分强烈，有利 Au、Ag、Cu、Pb、Zn 等成矿元素的活化、迁移、富集成矿。该区属成矿极为有利的构造岩浆活动区，找矿远景较好。预测本区是寻找岩浆期后热液、地下水热液的断裂构造蚀变构造岩型金矿床、矽卡岩型铜矿床、石英脉型脉状铜矿床及黄麦岭式磷矿的较好地段。

第四节　龙门山-大巴山成矿带

龙门山-大巴山成矿带为龙门山-大巴山（陆缘坳陷）Fe－Cu－Pb－Zn－Mn－V－P－S－重晶石-铝土矿成矿带（Ⅲ－73）湖北部分，位于湖北省中北部，跨十堰市（竹溪县、竹山县、房县）、神农架林区、襄阳市、随州市(随县)、荆门市(钟祥市、京山县),呈向北北东向凸出的弧形带状,面积约 9590km^2。大地构造位置为大巴山前陆褶冲带。

一、成矿地质构造环境

(一)地层与成矿

地层发育较齐全,出露有中元古界—第四系。受地层控制的沉积矿产中,金属矿产主要有锰矿、钒矿、铜矿等,非金属矿产主要有磷矿、灰岩、白云岩、石英岩、耐火(铝土)黏土等,能源矿产主要有煤、石煤等。锰矿、钒矿、磷矿、灰岩、白云岩、石英岩、耐火黏土等,沉积矿产具较大经济价值。

青白口纪大洪山地区南部沉积以碎屑浊积岩为主夹玄武岩、辉长岩等岩块,为大洪山岩群;前人曾在大洪山岩群(原花山群)砂砾岩中发现一颗金刚石。金刚石晶体呈浅黄色,三角二八面体,伴生镁铝榴石。这是湖北省重要的金刚石矿化信息,值得寻因追源。

区内南华纪—中三叠世为扬子陆块区稳定型陆块台地沉积,总体上南华纪为陆相(大陆冰川)沉积,震旦纪—中三叠世为海相沉积。南华系—中三叠统主体由陆源碎屑岩与碳酸盐岩交替沉积构成陆块台地(海相沉积)盖层。

南沱期,在京山一带冰缘冰水-冰前滨岸交替相区和冰前冰岸-冰前陆棚相区普遍发育有一层含铜页岩、含铜砂岩,局部有工业矿体产出。

早震旦世(陡山沱期),区域主要为台地碳酸盐岩夹含磷和含锰层,在房县上龛—保康观音坪一带开阔陆棚相的碳酸盐岩台地含磷岩系发育,主要工业矿层有两个磷矿层(Ph_1、Ph_2),台地沉积的碳酸盐岩局部已被工业利用。

晚震旦世(灯影期),全区大部为开阔台地相,形成碳酸盐岩台地,房县西蒿坪一带白云岩蒸发裂纹、裂隙及角砾之胶结物内普遍具有铅锌矿化。在房县与保康交接地带及大洪山地区开阔台地相的碳酸盐岩台地发育有含磷岩系,在房县木家湾—谷城盛糠—随县双河一带开阔陆棚相石英岩(硅质岩、玉髓)发育,局部已构成工业矿床。始寒武世(牛蹄塘期),在开阔台地相的碳酸盐岩台地发育有含磷岩系,局部构成工业矿床如房县木家湾磷矿(小型),台缘浅水缓斜坡沉积的含碳黑色页岩,局部构成工业煤层。在台缘浅水缓斜坡相局部存在潟湖,在宁静的潟湖沉积了一套含锰页岩,局部形成工业锰矿层,如江南沟-栗子坪锰矿床。随后潟湖变迁为深水盆地,普遍发育有一套富含 P、U、V、Ag、Zn、Cu、Cr、Ni、Co、Mo、Se 等的黑色岩系,局部形成工业钒矿层,如房县九道钒矿床。牛蹄塘期沉积建造富含有机质,是潜在的页岩气勘查目标层。

中奥陶统为一套青灰色、灰色及紫灰色薄至中厚层状灰岩与瘤状泥质灰岩互层(牯牛潭组)。在宁静的潟湖沉积了一套含锰灰岩,宜城、襄阳扁山至观山一带含锰灰岩局部形成工业锰矿层,如襄阳小观山锰矿床。

二叠纪梁山期,南漳—宜城地区为滨岸海滩相,由下往上沉积了一套底砾岩、石英砂岩及含煤铝土质砂泥质岩,在滨岸海滩相普遍沉积了一层富铝黏土岩,为优质耐火黏土,局部铝满足工业要求形成铝土矿床,富铝黏土岩层普遍伴生 Ga。梁山期沼泽环境沉积了薄层煤系硫铁矿,下部石英砂岩中可夹透镜状鲕状赤铁矿,规模小。栖霞期谷城以东已相变为碳酸盐岩台地,沉积了一套厚层—巨厚层优质灰岩,现已查明大中型灰岩矿床。龙潭期,竹溪丰溪—房县桥上一带为沼泽相,沉积了一套含煤地层。

早三叠世(大冶期),全区大部为开阔台地相,沉积了一套厚层—巨厚层优质灰岩,已被开发利用。

(二)构造与成矿

该成矿带位于扬子地块中段,北接秦岭-大别造山带,向西延伸进入陕西省和重庆市,南与鄂中台褶带相邻，东至江汉中—新生代上叠断陷盆地。区内经历过多次强烈的构造变动，以晋宁(黄陵)运动、加里东(广西)运动、印支运动和燕山运动表现最为强烈，形成了一系列颇具特色的构造形迹。北部边界的区域性深大断裂青峰-襄樊-广济断裂带及南部边界阳日-盘石砚断裂是区内的重要断裂构造，控制了该带构造格局，对区域岩相古地理、岩浆活动及成矿作用有明显的控制作用。

青峰-襄樊-广济断裂带为扬子地块与秦岭-大别造山带的分界断裂，在地表由一系列逆冲断层组成，在剖面上呈叠瓦状产出。断层面波状起伏向北倾斜，呈犁状，向下逐渐变缓，倾角25°～70°。次级断裂对热液型重晶石矿(如椿树堂重晶石矿)、叠加(复合/改造)型铅锌矿(如朝阳铅锌矿)、断裂深循环型矿泉水(如两河口饮用天然矿泉水)、隆起断裂型地热(如樱桃谷地热田)等具有明显的控制作用。非岩浆-非变质构造热液作用于硅质岩，使其局部发生玉化，形成荆山玉。

在华北与扬子板块碰撞造山背景下，受强烈南北向挤压应力场作用，该带前侏罗纪地层发生大规模的褶断变形，形成马湾、大洪山两个复背斜构造。马湾复背斜核部控制了(荆襄式)磷矿田分布如房县保康磷矿床，翼部由灯影组构成的背斜控制了石英岩矿体分布如谷城盛糠石英岩矿床，由寒武系构成的背斜控制了钒、锰及铅锌等矿床分布，如房县九道三甲垭钒矿床、房县江南沟-栗子坪锰矿床、房县阮家湾铅锌矿床等；由二叠系—三叠系构成的向斜控制了灰岩白云岩、硫铁矿、耐火黏土及煤等矿床分布如襄阳隆中灰岩、耐火黏土、煤矿床，保康管驿沟硫铁矿床等。大洪山复背斜核部控制了(邓家崖式)磷矿床、锰矿床及铜矿床分布如随县张三坡-田家湾磷矿床、随县自生城锰矿床、京山县铁炉冲铜矿点，翼部以寒武系构成的背斜控制了锰及白云岩灰岩等矿床分布，如襄阳小观山锰矿床、襄阳刁家池白云岩灰岩矿床；由二叠系—三叠系构成的向斜控制了铝土矿、耐火黏土及灰岩等矿床分布，如宜城市双寨子式铝土矿床、宜城市西山耐火黏土矿床、宜城市西山灰岩矿床等。

二、区域矿产

该成矿带查明矿产地94处，其中大型矿产地8处，中型矿产地34处，小型矿产地52处。已查明矿种28种(不含亚种)。主要矿种有煤、石煤、地热、铁、锰、钒、铜、金、银、铅、锌、硫铁矿、磷矿、铝土矿、灰岩、白云岩、石英岩、耐火黏土、地下水、矿泉水等。大洪山穹隆核部还有金刚石矿化信息。

三、矿床类型

区内南华纪—中三叠世以海相沉积为主，其间有几次短暂的海进海退；晚三叠世—第四纪为陆相沉积，形成了大量沉积型矿产。

化学沉积型：主要有磷矿、石英岩、锰矿、铝土矿、铁矿、硫铁矿、铜矿、耐火黏土、灰岩等矿产。代表性矿床有保康县洞河磷矿床、襄阳县小观山锰矿床、宜城市双砦子铝土矿床，宜城市双砦子铁矿床、保康县管驿沟硫铁矿床、京山县铜家冲铜矿床、宜城市西山耐火黏土矿床、襄阳县程家冲灰岩矿床、襄阳县刁家池白云岩灰岩矿床、襄阳县隆中灰岩矿床、谷城县万里山灰岩矿床等。

生物化学沉积型：主要有煤矿及石煤，代表性矿床(产地)有竹溪县洞滨煤矿、竹山县碾子坪石煤矿。

机械沉积型：代表性矿床有襄阳县程家冲黏土矿床。

蒸发沉积型：代表性矿点有房县白台峡石膏矿床。

砂矿型：代表性矿点有随县大洪山金刚石重砂出露点等。

浅层中—低温热液型：主要是指由构造控制的、由非岩浆非变质含矿热液形成的矿产，主要有铅锌矿、重晶石、地热、矿泉水等。代表性矿床有竹溪县朝阳铅锌矿床、谷城县孔家山重晶石矿床、房县樱桃谷地热田、钟祥市长寿矿泉水、竹溪县两河口饮用天然矿泉水、襄阳市城关地下水。

风化型：由表生风化作用形成的矿床，代表性矿床有保康县严家沟铁矿床、襄阳县刘家营黏土矿床。

四、代表性矿床

(一)保康县洞河磷矿

矿区位于保康县城区 265°方向直距 52km 处,行政区划隶属马桥镇。区内有矿山公路与马桥镇至保康县城公路相接,交通条件尚属便利。

1. 矿区地质

矿区位于阳日湾-京山前陆褶冲带南缘孙溪滩复式倒转背斜的北翼,出露地层有神农架群矿石山组(Pt_2k)、大窝坑组(Pt_2d),南沱组(Nh_3n),陡山沱组(Z_1d)、灯影组($Z_2\in_1dn$)。磷矿层赋存于陡山沱组中。矿区内总体为一单斜构造,地层倾向北,倾角 15°～40°,向深部局部变陡达 45°。矿区由尧治河、堰垭和林川 3 个矿段组成。

2. 矿体地质

尧治河矿段位于矿区西部。由 Ph_2 和 Ph_1 矿层组成,上、下两层之间为含磷泥岩或含磷白云岩,顶板为含磷泥岩或含磷泥质白云岩,底板为白云岩。矿层走向近东西向,倾向北,倾角 15°～35°。

尧治河矿段 Ph_2 矿层:由 3 个矿体构成。西矿体长约 1000m,矿体平均厚度为 1.78m,P_2O_5 平均品位为 25.67%;中矿体长约 750m,矿体平均厚度为 2.63m,P_2O_5 平均品位为 21.58%,呈透镜状产出;东矿体长约 250m,矿体平均厚度为 1.69m,P_2O_5 平均品位为 22.78%。

尧治河矿段 Ph_1 矿层:长约 5500m,由两个矿体构成。西矿体长约 3700m,矿体平均厚度为2.32m,P_2O_5 平均品位为 29.32%,向深部具厚度变薄及品位降低之趋势;东部矿体长约 380m,矿体平均厚度为 2.99m,P_2O_5 平均品位为 26.46%。

堰垭矿段位于矿区中部,亦由 Ph_2 和 Ph_1 矿层组成,矿层走向近东西向,倾向北,倾角 15°～40°,

堰垭矿段 Ph_2 矿层:地表平均厚度为 2.31m,P_2O_5 平均品位为 22.98%,顶板为深灰色含磷泥岩、泥质白云岩,底板为含磷泥岩、含磷白云岩,深部大部分工程无矿或不可采。

堰垭矿段 Ph_1 矿层:走向长约 300m,平均厚度为 1.7m,P_2O_5 平均品位为 26.77%。

林川河矿段位于矿区东部,由 Ph_2 矿层组成。矿体为隐伏矿体,赋存在陡山沱组二段,矿层呈藕节状产出。

林川河段 Ph_1 矿层:平均厚度为 2.11m,P_2O_5 平均品位为 23.82%。

林川河段 Ph_2 矿层:厚度 0.1～0.4m,品位低,不具工业意义。

矿石矿物为胶磷矿,脉石矿物有白云石、泥质、褐铁矿,以及少量的石英、方解石、玉髓、水云母等。矿石 P_2O_5 平均品位为 29.21%。

矿石具胶状结构、胶状-团粒结构、粉砂屑结构,块状构造、条带状构造。

矿石自然类型为块状磷块岩、白云质条带磷块岩、泥质条带磷块岩,矿石工业类型为混合型、碳酸盐型及硅酸盐型。

3. 资源储量

根据《湖北省矿产资源储量表》(截至 2018 年底),累计查明矿区 122b+332+333 磷矿石资源量为 7 568.1 万 t,P_2O_5 平均品位为 26.09%,保有 122b+332+333 磷矿石资源量为 5 704.8 万 t。另估算 334 磷矿石资源量为 936.3 万 t。

4. 矿床成因

矿床主要受古地理与地层控制，磷质来源主要为海底火山喷发，由洋流携带磷质通过深水台沟到成矿区，在适合的条件下沉积成矿。本矿区区域上属于台地潮间带沉积，矿床成因类型为沉积型，成矿时代为早震旦世。

五、区域矿产空间分布

(一)沉积建造控制了沉积矿产分布

1. 南华纪含锰铜建造

含锰建造为南华纪间冰期陆源碎屑滨海沉积建造，由一套灰黑色、黑色含碳粉砂质泥岩、粉砂质黏土岩、水云母黏土岩、含锰质条带粉砂质黏土岩及锰层组成。含铜建造为上南华统南沱组含铜碎屑岩，铜矿体赋存于南沱组顶部灰绿色含铜页岩及灰绿色砂岩上部。

2. 震旦纪含磷银钒沉积建造

区内下震旦统陡山沱组沉积建造带控制了磷矿的分布。在空间上，陡山沱组沉积建造带主要分布于西嵩坪-马桥断裂、九道-阳日断裂北侧，新华断裂东侧，受阳日断裂印支期由北往南的挤压作用，发育近东西向叠瓦状逆冲断层及与之伴生的由斜歪、倒转同斜褶皱组成的叠瓦状冲断-褶皱组合，褶皱和断裂控制了磷矿的分布。在谷城南河、南漳邓家崖及大洪山地区，探明震旦系—寒武系灯影组含磷建造为一套含磷白云岩、泥质白云岩建造。

3. 古生代含锰、铝、硫、煤沉积建造

古生代含锰、铝、硫、煤沉积建造主要有寒武系牛蹄塘组含煤钒磷石英岩灰岩建造，奥陶系牯牛潭组含锰建造，奥陶系—志留系大贵坪组含煤建造，二叠系梁山组和龙潭组中的煤、硫铁矿、铝土矿及各类黏土矿等。

石煤、钒矿分布于青峰断裂南侧的竹山—竹溪地区，赋存于寒武系及志留系中。在牛蹄塘组含煤钒磷石英岩建造中，煤产于中部碳质页岩中，石英岩产于上部，钒(银)产于下部碳质页岩与薄层硅质岩互层部位。矿体呈层状、似层状、透镜状单层或多层产出。

牯牛潭组局部沉积有含锰生物灰岩层，呈透镜体状产出，底板为中粗粒含锰(生物)灰岩，顶板为含锰细晶生物灰岩或沿走向相变为含锰细晶生物灰岩，顶、底板界线基本清晰。

梁山组和龙潭组含煤、硫铁矿、铝土矿及各类黏土矿沉积建造受襄樊-广济断裂控制，自西向东呈东西—北东向展布，硫铁矿分布于保康，煤矿分布于襄阳隆中。

另外，古生代地层中赋存灰岩、石英岩矿产，分布于襄阳、宜城地区。

(二)断裂构造控制低温热液型矿床分布

成矿带位于受襄樊-广济断裂及九道-阳日断裂之间，为南大巴山前陆褶皱逆冲带，以浅层次的脆性变形为特点，主要构造为一系列北西向的脆性冲断裂，由一系列近于平行的主干逆冲断裂和次级逆冲断裂组成叠瓦式逆冲断裂组合型式，具由北向南逆冲的特点，同时伴随一系列北西向紧闭线性褶皱(冲褶)的形成。平面上，由北向南褶皱形态为倒转→紧闭→正常，变形逐渐减弱。一般背斜呈北缓南陡的不对称状，指示应力方向为由北向南逆冲。本成矿带为印支期—燕山期构造，喜马拉雅期有活动。

断裂和地层共同控制了铅锌、铜矿体的分布。铅锌矿、铜矿、银矿分布于青峰断裂带南侧竹溪—房县一带以及宜城地区，以竹溪县朝阳铅锌矿床和宜城市银铜山银铅多金属矿床为代表。受地层和襄樊-广济断裂（青峰断裂）及其次级构造控制。赋矿层位有下震旦统陡山沱组、灯影组及寒武系下部。铅锌铜银多金属矿床主要受近东西向、北北东向及北西向构造带控制，朝阳、贵子沟等铅锌矿床位处近东西向的青峰断裂带，赋存于以灯影组为核部的倒转背斜中，严格受断裂破碎带控制。襄樊-广济断裂及其次级断裂是重要控矿构造，断裂导矿性好，本身及其旁侧次级断裂成为良好的配矿、容矿构造。区内矿床为浅成中低温热液型铅锌矿。

六、区域矿产时间分布

区内主要矿产可以划分以下 3 个成矿阶段。

1. 南华纪

鄂西地区上南华统南沱组（Nh_3n）沉积了一套陆相冰碛砂砾岩，顶部为灰绿色含铜页岩及灰绿色砂岩，局部富集形成了砂岩型铜矿，如京山县铜家冲小型铜矿床。

磷矿受岩相古地理控制，区内磷矿赋存于陡山沱组及灯影组中。早震旦世陡山沱期，区内西部为陆棚相，东部为鄂中碳酸盐岩台地台缘斜坡相，马桥地区局部为台缘斜坡相，沉积了一套含磷建造，形成了马桥磷矿床。灯影期大部分地区为开阔台地相，局部为台地前缘斜坡相及开阔陆棚相，沉积了磷矿，如谷城南河磷矿、南漳邓家崖磷矿、张三坡-田家湾磷矿等。

2. 古生代

古生代主要形成石煤、钒、锰、硫铁矿等矿产。

早寒武世早期，区内发生大面积海侵作用，成矿带位于鄂中开阔台地北西部，保康—随州地区为陆棚边缘盆地（外陆棚滞流盆地），形成硅质、碳泥质沉积，伴有磷、钒、石煤、铀和重晶石的富集并成矿，如竹溪县洞滨石煤矿床、房县九道钒矿床。

中奥陶世，局部沉积了一套泥质岩-泥灰岩-碳酸盐岩-含锰碳酸盐岩建造，并富集成锰矿，如襄阳小观山小型锰矿床。

早志留世早期，区内为较深水陆棚外缘盆地，沉积了大贵坪组（O_3S_1d）和梅子垭组（S_1m）黑色碳质、硅质板岩，局部夹（次）粗面岩等，产劣质石煤，伴有钒、钼、铀、铌矿化，如竹山县碾子坪石煤矿。

二叠纪时，区内普遍沉降，接受了海陆交互相沉积，沉积了梁山期煤系及龙潭期煤系，并形成了煤矿、铝土矿、硫铁矿及黏土矿。

3. 中生代

铅锌铜矿有两个主要成矿时期：早中三叠世和早侏罗世—晚白垩世。

中三叠世末期，印支运动致使扬子板块向华北板块俯冲，形成以襄樊-广济断裂为主推覆断层、由北向南多层次大规模逆冲推覆，附近的铅锌铜矿床受控于襄樊-广济断裂，地下热液萃取地层中的成矿物质，在构造有利部位富集成矿，如朝阳铅锌矿。

受燕山运动影响，本区再次发生了由北向南大规模逆冲推覆构造，并叠加改造了印支期构造运动，形成了热液型铅锌矿床，如房县材口峪铅锌矿床。

七、成矿远景区

龙门-大巴山成矿带以沉积型磷锰铜煤黏土灰岩和热液型铅锌矿产为主，可划分出小观山锰矿床成矿远景区。

远景区处于大巴山-京山前陆褶冲构造带中东部、神农架-钟祥成矿带中段。行政区划属襄阳市、枣阳市。远景区呈北西西向带状，长约51km，宽约11km，面积约561km^2。

地层分褶皱基底和沉积盖层两套。褶皱基底地层主要为青白口系土门岩组/大洪山增生杂岩、茶棚组。沉积盖层地层主要为震旦系—志留系，缺失南华纪及早寒武世沉积。已知矿产均分布在沉积盖层内，牯牛潭组是区内重要赋锰层位。

区内前南华系构造变形主要为面理及褶皱，面理主要发育于杂岩带基质中，属非透入性剪切面理，褶皱多为露头尺度的同斜、斜歪褶皱。盖层构造格架定型于印支期，主要褶皱有鹰儿岩背斜、黑马山背斜、霸王山背斜、猫儿顶倒转背斜等，主要断裂有排山-余家湾断裂等。襄樊-广济断裂旁侧次级断裂十分发育，近东西向走向断裂被北西、北东向两组断裂切割致岩层呈大小不等的菱形块状，将沉积型矿产同一矿体分割成数段，对区内金铜、铅锌多金属成矿具有明显控制。

主要矿种为锰、铜、铅锌、白云岩灰岩矿等，其中锰矿具有重要意义。

已发现锰矿点(床)4处，主要有小观山、肖家山锰矿点，次要为扁山、覃湾锰矿点，均为产于奥陶系牯牛潭组中的碳酸锰矿，经地表氧化形成氧化锰矿。矿田内白云岩灰岩量大质优，已查明习家池白云岩灰岩矿床和襄阳隆中大型灰岩矿，发现有铁帽山磷矿点1处。

区内已知有白云岩灰岩大中型矿床、小型锰矿床及铜铅银多金属矿点和Ag、Au、Pb、Cu、Zn、Mn、Co、W元素异常信息。区内成矿地质条件有利，预测有大型磷白云岩灰岩矿床、中型铅锌银多金属矿和锰矿成矿远景区，隐伏化学沉积型磷矿有找矿潜力。

第五节　上扬子中东部成矿带

上扬子中东部成矿带包括上扬子中东部(坳褶带)Pb-Zn-Cu-Ag-Fe-Mn-Hg-Sb-磷-铝土矿-硫铁矿煤和煤层气成矿带(Ⅲ-77)和四川盆地Fe-Cu-Au-石油-天然气-石膏-钙芒硝石-盐-煤和煤层气成矿区(Ⅲ-74)两个Ⅲ级成矿带(区)，位于湖北省中西部和西南部，包括宜昌市、神农架林区、恩施市和荆门市西部。

一、成矿地质构造环境

(一)地层与成矿

该带沉积矿产资源丰富，地层控制沉积矿产的分布。金属矿产主要有铁矿、钒矿、铜矿、铅矿、锌矿、铝土矿、银矿等，非金属矿产主要有磷矿、硒矿、硫铁矿、石膏、累托石黏土、高岭土、灰岩、白云岩、砂岩、页岩、含钾岩石、耐火黏土、其他黏土等，能源矿产主要有煤、石煤、页岩气等。煤、页岩气、铁矿、钒矿、铜矿、铅矿、锌矿、铝土矿、银矿、磷矿、硒矿、硫铁矿、石膏、累托石黏土、高岭土、灰岩、白云岩、砂岩、页岩、含钾岩石、耐火黏土等具较大经济价值。

古元古界黄凉河岩组形成于类似较稳定陆缘的坳陷带，其原始沉积物中富含铝、铁、硅及有机质，为变质作用形成晶质石墨、红柱石、矽线石、石榴石、石英岩等提供了丰富的物质基础。

中元古代晚期待建纪，神农架地区沉积了厚达4000余米的神农架群，主体为一套碳酸盐岩夹碎屑岩建造，上部夹赤铁矿矿层。

中南华世古城期，区内进入冰球时代，在长阳古城一带局部存在棚盆相，沉积了古城组黑色薄层—

中层状碳质粉砂岩与粉砂质黏土岩互层，中部夹锰矿层，于长阳古城村形成中型锰矿床。鹤峰走马坪背斜古城组岩性为灰黑色和灰绿色条带状含砂质泥岩、水云母黏土岩、黑色碳质页岩夹薄层含砾粉砂岩，顶部夹含锰白云岩透镜体，局部有工业锰矿层产出如鹤峰王家界，锰矿层地表断续出露长约 1km，沿走向含锰岩系相变为含氧化锰团块泥岩。

早震旦世（陡山沱期），宜城、宜昌、荆门、长阳、五峰、松滋一带为鄂中台地，有开阔台地、台地浅滩、潮坪等地貌单元，沉积了陡山沱组，控制了磷、铅锌、银钒、灰岩等矿产的分布。

震旦系—寒武系灯影组为浅海陆棚碳酸盐岩，沉积形成的白云岩厚度大质纯，一般含 MgO 约 21%，是优质冶金用白云岩。灯影组中段石板滩段是湖北省西部又一重要含磷层位，主要分布于南漳邓家崖、大红脑一带。上段白马沱段白云岩角砾岩中常含闪锌矿和方铅矿，在远安凹子岗一带发育纹层状闪锌矿矿层，局部形成工业矿床。

始寒武世（牛蹄塘期），海水加深，普遍沉积了一套深灰色中厚层状碳质灰岩夹碳质页岩。牛蹄塘组在开阔台地相的碳酸盐岩台地赋存含磷岩系，局部构成工业矿床。台缘浅水缓斜坡沉积的牛蹄塘组黑色页岩含碳量高，局部构成工业煤层如竹溪洞滨煤矿（小型），在房县仙家坪、九道及神农架林区木鱼、长阳等地可能存在深水盆地，普遍发育有一套富含 P、U、V、Ag、Zn、Cu、Cr、Ni、Co、Mo、Se 等牛蹄塘组黑色岩系，局部形成工业钒矿层如保康县龙洞河钒矿床（小型）。牛蹄塘期沉积建造富含有机质，是潜在的页岩气勘查目标层。

早寒武世—奥陶纪，区内主要为台缘浅滩相-开阔台地相，灰岩、白云岩质优，已开发利用。在神农架东缘及黄陵北缘中奥陶世沉积了一套含锰灰岩，兴山古井坪一带地表可见厚达米余的锰土层，锰含量小于 5%。

奥陶系—志留系龙马溪组为建南气田海相页岩气勘查重点目标层。纱帽组局部有煤或石煤产出，已查明宜都市猴子洞井田跑马岭石煤矿小型矿床 1 处，在恩施太阳河等地纱帽组夹含磷砂岩或砾状磷块岩局部有工业矿体。

中上泥盆统云台观组为灰白色中层—厚层或块状石英岩状细粒石英砂岩，厚度大质纯，可用作冶金原料。

晚泥盆世—早石炭世（黄家磴期—写经寺期），鄂西为长轴呈北东向展布的陆缘成铁盆地，黄家磴组一般可见 1～3 层赤铁矿矿层，以顶部一层较好；写经寺组一般可见 1～2 层鲕状赤铁矿矿层，以下部一层较好。矿层呈似层状或透镜状，一般厚 1～3m，沿横向变化大，常相变为铁质砂岩。

下石炭统和州组在松滋一带相变为黑色含炭岩系，有煤和黄铁矿产出。石炭系黄龙组灰岩已被开发利用，同时黄龙组是建南气田主要储气层之一。

二叠系梁山组、龙潭组为滨海沼泽相沉积，是湖北省煤矿、铝土矿、硫铁矿、黏土矿（高岭土、累托石、耐火黏土等）重要产出层位。在长阳—建始地区，同期在台盆相主要沉积了孤峰组灰黑色薄层状硅质岩夹碳质硅质岩，在恩施一带发育有石煤层，局部有钒、钼、硒等矿体产出。

二叠系吴家坪组在钟祥一带底部相变为硫铁矿、累托石黏土层，在当阳一带底部相变为煤、高岭土层，在秭归、长阳、五峰三县交接地带发育有含煤岩系，局部有工业煤、泥炭层产出。二叠纪沉积形成的灰岩被开发利用。

下三叠统大冶组—中下三叠统嘉陵江组为开阔台地相沉积，是湖北省西部重要灰岩产出层位。大冶组（原飞仙关组）是湖北省建南气田油气藏的主要成储层。建南盆地和利川盆地嘉陵江组中沉积了岩盐等矿产，嘉陵江组是建南气田主要储层。中三叠世，全区大部为局限台地相，巴东组主要为细碎屑岩与碳酸盐岩互层，在秭归盆地和荆当盆地普遍发育有 1～3 层含铜岩系。

晚三叠世，区内为前陆盆地沉积。三叠系—侏罗系九里岗组—王龙滩组在荆门—当阳一带为沼泽沉积，荆当盆地赋存煤，局部煤质变差，煤层相变为高岭土。在利川福宝山地区沉积 3 层铁矿，其中九里岗组二层俗称下矿层和中矿层，王龙滩组一层俗称上矿层，均为探明工业矿体。

下侏罗统桐竹园组为碎屑岩，含煤、耐火黏土，是秭归盆地和荆当盆地重要赋煤层位。

中晚侏罗世，区内为三角洲-古陆沉积，蓬莱镇组石英砂岩是优质玻璃原料。

白垩系跑马岗组为杂色砂岩、粉砂岩、粉砂质泥岩和泥岩，上部夹泥灰岩含2～3层含铜页岩，中、下部夹石膏层。

（二）构造与成矿

区内经历过多次强烈的构造变动，以吕梁（白竹）、晋宁（黄陵）运动、加里东（广西）运动、印支运动和燕山运动表现最为强烈。南部边界区域性深大断裂——天阳坪-监利断裂及其内雾渡河断裂、新华断裂、通城河断裂、远安断裂、南漳-荆门断裂、胡集-沙洋断裂是区内的重要断裂构造，控制了构造格局，对区域岩相古地理、岩浆活动有明显的控制作用，断裂及其次级断裂对金银、铅锌、汞、铜、铁、重晶石等矿产成矿作用具有控制作用。

在华北与扬子板块碰撞造山背景下，受强烈南北向挤压应力场的作用，该带前白垩纪地层发生大规模的褶断变形，形成神农架、黄陵复背斜，秭归、荆当向斜，远安地堑、荆门凹陷、乐乡关隆起、汉水凹陷、永隆河隆起构造，以及巴东、聚龙山、京山、利川、恩施、长阳褶皱束等褶皱构造，控制了金、银、铅、锌、铜、汞、重晶石、石墨、煤、硫铁矿、高岭土、石英岩、灰岩等矿产的分布。

（三）岩浆岩与成矿

岩浆岩主要出露于黄陵—杨坡地区及神农架穹隆。古元古代偏碱性—碱性花岗岩组合形成于后碰撞-后造山环境，成荒率高，花纹丰富，色彩斑斓，为优质饰面用原料，开发生产的三峡红、三峡浪品种闻名世界。

中元古代太平溪岩体中的超基性岩是优质化肥原料和耐火材料，已查明化肥用橄榄岩、铬铁矿等矿产。岩体北部伴随铬铁矿体有铂、钯矿化现象。黄陵中元古代花岗岩组合形成于岛弧环境，可作为优质饰面用原料。

新元古代青白口纪后碰撞环境中生成的花岗岩为优质饰面用原料，同期花岗岩内有岩浆热液型硫铁矿，外有接触交代型硫铁矿产出。

（四）变质作用与成矿

带内变质岩主要分布于神农架基底窟隆核、黄陵基底窟隆核和钟祥胡集—杨坡一带。

黄凉河高温变质岩以一套角闪岩相-麻粒岩相高级变质岩系为特征，发育石墨、红柱石、十字石、蓝晶石、矽线石、石榴石、紫苏辉石、堇青石等特征变质矿物，显示该变质岩带具有低中压过渡型高温变质作用特点。在高温变质环境，铁、石墨、石榴石等局部富集成矿，石榴石矿床伴生的矽线石可综合利用。

二、区域矿产

该成矿带查明矿产地894处，其中超大型矿产地8处，大型矿产地107处，中型矿产地174处，小型矿产地431处，已发现矿点和矿化点174处。查明矿种94种，主要矿种有天然气、页岩气、煤、地热、铁、铬、锰、钒、铜、铅、锌、汞、金、银、硒、石墨、硫铁矿、磷、石榴石、重晶石、石膏、方解石、灰岩、白云岩、石英岩、砂岩、含钾页岩、黏土矿、花岗岩、地下水、矿泉水。

三、矿床类型

本区以沉积矿床为主，矿床类型主要有以下几种。

岩浆型矿床：分布于黄陵穹隆，主要有花岗岩、铁、铬、镍、橄榄岩、蛇纹岩等，代表性矿床有松树崖花岗岩矿床、楼子湾铁矿床、梅子厂铬铁矿矿床、梅子厂化肥用橄榄岩矿床。

接触交代型(矽卡岩型):分布于黄陵穹隆,主要有铁矿,代表性矿床(点)有双龙山铁矿床。

受变质型:分布于黄陵穹隆,主要有铁矿,代表性矿床(点)有清溪沟铁矿床。

变成型:分布于黄陵穹隆,主要有石墨、石榴石、矽线石等,代表性矿床有三岔垭石墨矿床、彭家河石榴石矿床。

机械沉积型:主要有砂岩、粉砂岩、页岩等,代表性矿床有杉树垭含钾砂页岩矿床、卡子沟粉砂岩矿床、官庄砂岩矿床、蔡家沟石英砂岩矿床。

化学沉积型:主要有铁、磷、锰、钒、钼、银钒、铅锌、铝土矿、硫铁矿、灰岩、黏土矿等矿产,代表性矿床有神农架主峰铁矿床、流溪钒矿床、古城锰矿床、胡集磷矿床、白果园银钒矿床、凹子岗锌矿床、狮子岩铝土矿床、仙居硫铁矿床等。

蒸发沉积型:分布于江汉平原应城、荆门一带以及利川等地,代表性矿床有革集-子陵铺石膏矿床。

生物化学沉积型:主要有煤矿、石煤、泥炭、天然气、页岩气,代表性矿床(点)有宜昌页岩气、天马-百里荒煤矿床。

浅层中低温热液型:主要有金、铜、铅锌、汞、锡、重晶石、硫铁矿、方解石、地热、矿泉水、地下水等矿产,代表性矿床有韩家河铜锡矿床、冰洞山锌矿床、花岩钼多金属矿床、拐子沟金矿床、罗家淌硫铁矿床、石门地热田、十里牌地热田、长滩矿泉水、漳河地下水水源地等。

四、代表性矿床

(一)钟祥市胡集磷矿区大峪口矿段

钟祥市胡集磷矿区大峪口矿段位于钟祥市城区 311°方向直距 45km,行政区划隶属胡集镇,面积为 13.32km²,其西有焦枝铁路和 207 国道,距焦枝铁路线胡集站 4km,交通方便。

1.矿区地质

区内出露地层(图 7-8)有中元古界打鼓石群(Pt_2D)、震旦系陡山沱组(Z_1d)、震旦系—寒武系灯影组($Z_2\in_1dn$)。其中,打鼓石群为一套区域变质岩,岩性为石英片岩、云母片岩等,陡山沱组为含磷岩系,灯影组为一套白云岩建造,厚度大于 150m。

区内构造基本形态为平缓的背斜(图 7-9)、向斜褶皱构造,主要有除皮山向斜、滴水背斜和张家冲向斜,褶皱轴走向为北北西向,两翼地层倾角 10°~35°,在主要背斜和向斜间发育有次级小褶皱。区内断裂少见,且对矿体(层)的破坏程度中至微。

区内含磷岩系为下震旦统陡山沱组(Z_1d),总厚度约 131.5m,主要由一套典型的海相沉积磷块岩、页岩和白云岩组成。区内可见 4 个含磷层,即 Ph_1、Ph_2、Ph_3、Ph_4,其中 Ph_4 厚度小,且 P_2O_5 含量一般在 10%以下,不具工业价值。

(1)含磷泥质白云岩、泥灰岩(Z_1d^{1-2d}),上部为第四含磷层(Ph_4),厚 0~2.48m;下部为泥质白云岩,厚 10~45m。

(2)砂状磷块岩(Z_1d^{1-2c}),即第三磷矿层(Ph_3),为主要磷矿层,厚 3~36m。

(3)含磷硅质白云岩(Z_1d^{1-2b}),含有较多的黑色硅磷质结核及硅质结核,叠层石发育,厚 15~22m。

(4)细粒磷块岩(Z_1d^{1-2a}),即第二磷矿层(Ph_2),为次要工业矿层,厚 2~6m。

(5)含磷白云岩(Z_1d^{1-1c}),含有较多的黑色硅磷质结核及硅质结核,叠层石发育,厚 3~80m。

(6)磷块岩(Z_1d^{1-1b}),即第一磷矿层(Ph_1),为主要工业矿层,厚 3~7m。

(7)底砾岩、含锰白云岩(Z_1d^{1-1a}),含较多的白色燧石团块及条带,厚 12~19m。

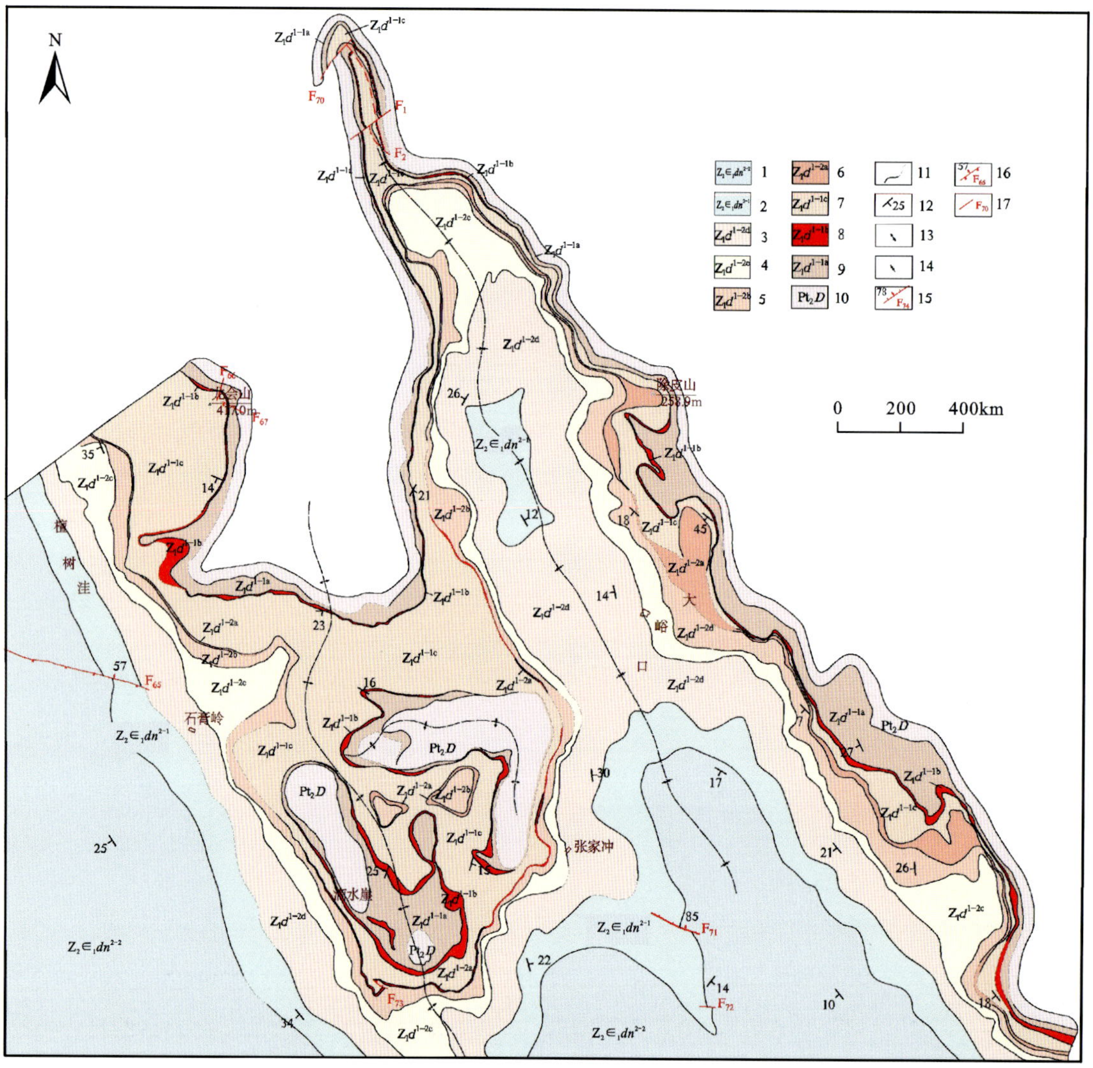

图 7-8 钟祥市胡集矿区大峪口矿段地质简图(据湖北省地质局第八地质大队,1979 修改)

1.灯影组含燧石条带白云岩、含磷白云岩、白云岩;2.灯影组含燧石条带白云岩、白云岩;3.陡山沱组白云岩泥灰岩;4.陡山沱组砂状磷块岩;5.陡山沱组含磷硅质白云岩;6.陡山沱组细粒磷块岩;7.陡山沱组含磷白云岩;8.陡山沱组磷块岩;9.陡山沱组底砾岩;10.打鼓石群石英、云母片岩;11.实测、推测地质界线;12.岩层产状(°);13.背斜轴部位置;14.向斜轴部位置;15.实测、推测正断层编号及产状(°);16.实测逆断层编号及产状(°);17.性质不明断层及编号

2.矿体地质

1)磷矿体(层)特征

(1)矿体(层)数量及其分布:区内共发育 Ph_1、Ph_2 和 Ph_3 三个工业磷矿层,其中 Ph_1、Ph_3 为主要工业矿层,Ph_2 为次要工业矿层。在空间位置上,自下而上依次为 Ph_1、Ph_2、Ph_3。

(2)形态与规模:①Ph_1 矿层呈层状、似层状产出,长 3200~3400m,平均厚度为 3.38m,控制最大埋深一171m;②Ph_2 矿层呈层状、似层状产出,长 1400~3400m,厚 1.59~3.48m;③Ph_3 矿层呈层状产出,长 4000m,平均厚度为 10.15m。

(3)矿体产状:矿层产状与地层产状基本相同,因区内褶皱发育,矿层产状随地层变化较大,矿层倾向北东或南西,倾角 10°~35°。

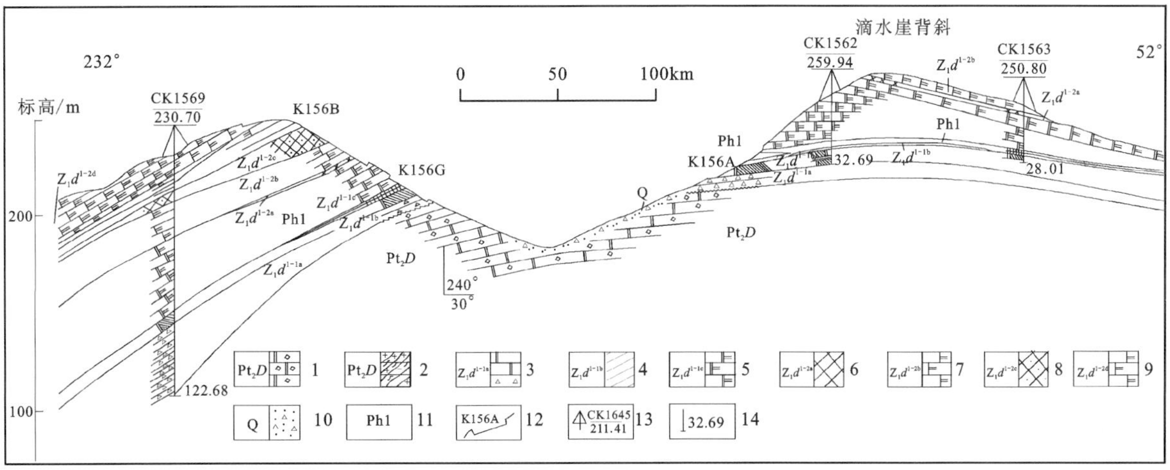

图 7-9 大峪口矿段 W156 勘探线剖面图(湖北省地质局第八地质大队,1979)

1.中元古界打鼓石群粗晶白云岩;2.中元古界打鼓石群片麻状花岗岩;3.下震旦统陡山沱组底砾岩、含锰白云岩;4.下震旦统陡山沱组磷块岩;5.下震旦统陡山沱组含磷白云岩;6.下震旦统陡山沱组细粒磷块岩;7.下震旦统陡山沱组含磷硅质白云岩;8.下震旦统陡山沱组砂状磷块岩;9.下震旦统陡山沱组含磷泥质白云岩、泥灰岩;10.第四系残坡积物;11.第一磷矿层;12.探槽位置及编号;13.钻孔位置、编号及孔口标高(m);14.钻孔孔深(m)

2)磷矿石质量

(1)矿石组分:①矿物成分,矿石中主要有益矿物成分为微晶磷灰石(品位 30%~97%)。脉石矿物有方解石、白云石、石英、褐铁矿、黄铁矿、黏土矿物、长石及有机质等;②化学成分,矿石中主要有益化学组分为 P_2O_5,Ph_1 矿层 P_2O_5 品位为 21.76%~38.20%,平均为 25.12%,Ph_2 矿层 P_2O_5 品位为 15%~22%,Ph_3 矿层 P_2O_5 品位为 15.17%~23.04%,平均为 17.46%。

(2)结构构造:矿石具隐晶质结构、显微纤维状结构,具致密块状、蠕虫状、条带状构造。

(3)矿石类型:区内磷块岩分为致密块状磷块岩、条带状磷块岩等自然类型。致密块状磷块岩按颜色分为肉红色致密块状磷块岩、灰白色致密块状磷块岩和黑色致密块状磷块岩等,其中肉红色致密块状磷块岩质量最好,P_2O_5 品位最高。

Ph_1 矿层致密块状磷块岩属混合型,黑色条带状磷块岩属硅质型,Ph_2 矿层矿石属硅质型,Ph_3 矿层矿石属混合型、硅质型。

Ph_3 矿层矿石为硅—钙(镁)质磷块石,原矿 P_2O_5 品位为 18.53%。以碳酸钠为调整剂,以 S-808(磺化相菲)为抑制剂,以纸浆废液为捕收剂。磨矿细度达到 200 目粒径通过 95%,经一次粗选、一次精选、精选尾矿返回粗选的简单闭路流程,获得磷精矿 P_2O_5 品位为 31.08%,回收率为 93.68%。

Ph_1 矿层矿石为钙质磷块岩,原矿 P_2O_5 品位为 24.97%,采用上述浮选流程和药剂,获磷精矿 P_2O_5 品位为 31.07%,回收率为 86.38%。

3)白云岩矿体

区内圈定一个共生白云岩矿体,位于滴水崖背斜南西翼。矿体呈层状、透镜状产出,走向长 379m,倾向延深大于 100m,厚 10~20m,平均为 11.30m。矿体位于灯影组中,仅见于大峪口矿段 W156 号勘探线及其附近。矿层倾向 240°,倾角 30°。

4)白云岩矿石质量

白云岩矿物主要由白云石组成,白云石粒径为 0.1~0.2mm,晶体中含有泥质、铁质白云石。MgO 含量为 21.58%~21.62%,SiO_2 含量为 0.06%~1.27%,CaO 含量为 30%~30.38%。矿石具粗晶结构,块状构造,粗晶白云石系原生白云石经重结晶作用形成。矿石质量符合钙镁磷肥原料质量要求。

3. 资源储量

根据《湖北省矿产资源储量表》(截至2018年底)(湖北省自然资源厅,2019),累计查明区内磷矿石资源储量为35 236.4万t,资源储量规模属超大型,P_2O_5平均品位为19.81%。保有磷矿石资源储量为30 327.6万t。

4. 矿床成因

陡山沱期炎热干燥温暖的古气候适宜藻类生物繁衍,利于磷质析出和聚沉;古构造运动属脉动式缓慢升降利于沉积成矿;古地理环境为浅海台地,水深较浅属潮下-潮间带,以潮汐作用为主,是成磷有利场所;藻类古生物繁盛,叠层石十分发育,促使磷质聚沉、富集及保存;水介质条件为弱碱性,适合于磷质析出对酸碱度的要求(pH为7.5~8)。

成矿作用方式有藻生物光合作用、藻生物的黏结捕陷作用、藻生物的阻滞抗浪作用以及颗粒再沉积与成岩淀晶作用等。区内磷矿成因类型为浅海沉积型磷块岩矿床,其中Ph_1、Ph_3矿层为化学、生物化学沉积型。

区内白云岩为局限海台地潮上带沉积产物,成因类型为浅海沉积型矿床。

(二)长阳县火烧坪铁矿床

矿床位于长阳县火烧坪乡,在县城北西西方向直线距离约45km处,有公路通往长阳、宜昌。矿区南侧的清江,由资丘经长阳、宜都注入长江,全程105km,可通航2~20t船只,交通条件一般。

该铁矿床为典型的"宁乡式"海相化学沉积型铁矿床,鲕状赤铁矿赋存于上泥盆统黄家磴组和上泥盆统—下石炭统写经寺组中。截至2018年底,该矿床累计查明铁资源储量为11 910.0万t,保有储量为11 882.8万t,为大型铁矿床。

1. 矿区地质

矿床所处大地构造单元为华南板块(Ⅱ),扬子陆块($Ⅱ_2$),上扬子陆块($Ⅱ_2^2$),恩施褶皱区($Ⅱ_2^{2-3}$)。矿区包括罗家冲、流沙口、蒋家坡、火烧坪、打磨场、小峰垭等地段,东西长14km,南北宽1.5km,面积约$20km^2$。

1)地层

矿区出露志留系纱帽组、泥盆系云台观组、泥盆系黄家磴组(D_3h)、泥盆系—石炭系写经寺组(D_3C_1x)、石炭系黄龙组、二叠系栖霞组和茅口组及三叠系大冶组等。岩层走向北西西,倾向南或北,倾角30°左右。铁矿赋存于黄家磴组(D_3h)和写经寺组(D_3C_1x)(图7-10、图7-11)。

赋矿地层黄家磴组、写经寺组剖面叙述如下。

上覆地层:黄龙组(C_2h):灰色、灰白色和肉红色中厚层—厚层细至粗晶灰岩、生物碎屑灰岩,局部夹厚层块状白云质灰岩。

———————— 整　合 ————————

写经寺组(D_3C_1x)

⑱紫色页岩及含铁页岩,夹结核状和薄层状赤铁矿(Fe_4)。本层在矿区东、西边缘变为0.15~0.2m深灰色、灰黑色页岩、薄层砂岩及菱铁矿互层,往西局部缺失。　厚0~22.4m

⑰紫红色白云岩或泥质白云岩、白云质灰岩。矿区西部本层缺失。　厚0~5.2m

⑯紫红色、灰色泥质白云岩,上部偶见紫红色钙质页岩。　厚0.2~6.3m

⑮暗红色、黄色白云岩或泥质白云岩、白云质灰岩。　厚0~4.5m

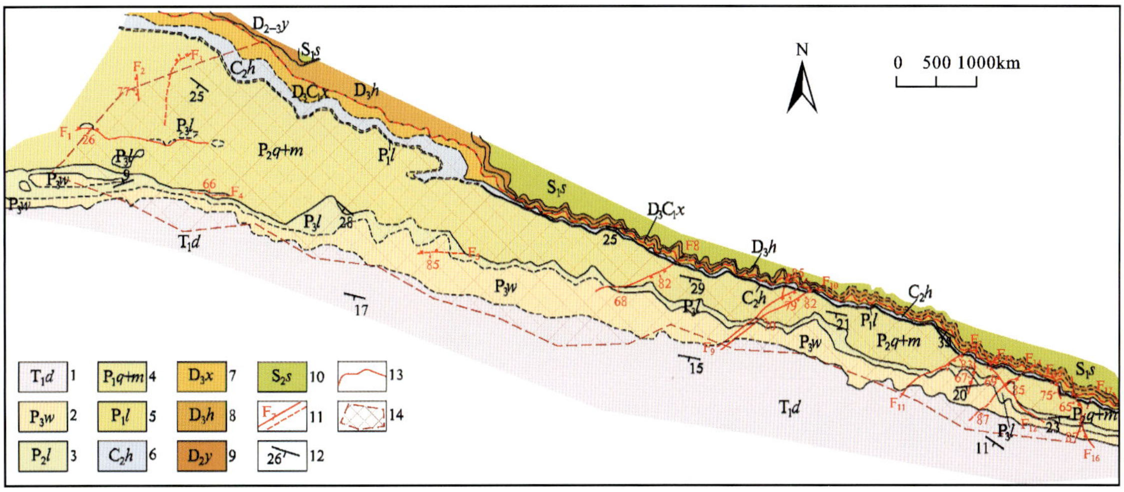

图 7-10 长阳县火烧坪铁矿床地质略图(据中南冶金地质勘探公司 607 队,1966 修改)

1.三叠系大冶组;2.二叠系吴家坪组;3.二叠系龙潭组;4.二叠系栖霞组和茅口组;5.二叠系梁山组;6.石炭系黄龙组;7.泥盆系—石炭系写经寺组;8.泥盆系黄家磴组;9.泥盆系云台观组;10.志留系纱帽组;11.实测、推测断层及编号;12.岩层产状(°);13.铁矿层出露线;14.深部铁矿体圈定范围

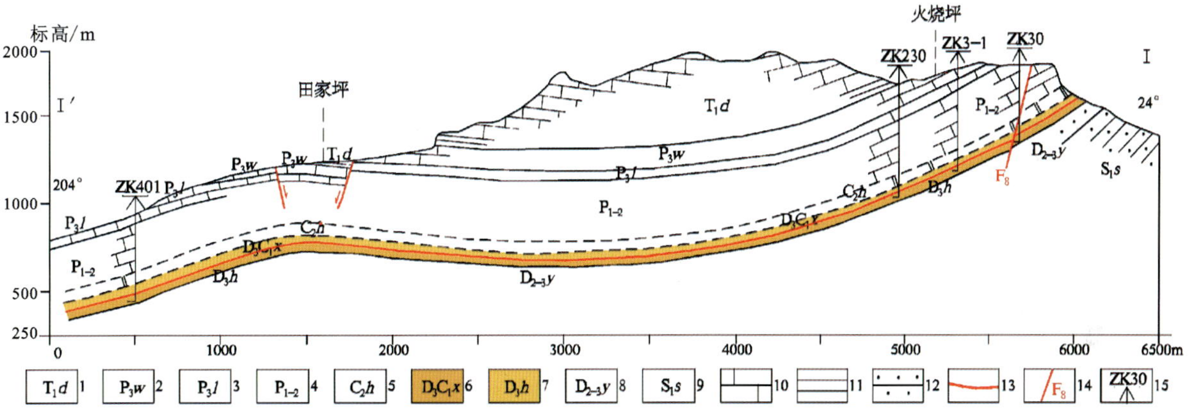

图 7-11 长阳县火烧坪铁矿床Ⅰ—Ⅰ′号勘探线剖面图(据中南冶金地质勘探公司 607 队,1966 修改)

1.三叠系大冶组;2.二叠系吴家坪组;3.二叠系龙潭组;4.二叠系栖霞组和茅口组;5.石炭系黄龙组;6.泥盆系—石炭系写经寺组(含矿层);7.泥盆系黄家磴组(含矿层);8.泥盆系云台观组;9.志留系纱帽组;10.灰岩;11.页岩;12.砂岩;13.铁矿层;14.断层及编号;15.钻孔位置及编号

⑭灰色灰岩,泥质灰岩与灰质页岩互层,偶夹薄层白云岩、白云质灰岩。 厚 5.7~23.7m

⑬灰色灰质页岩或灰绿色页岩,偶夹薄层泥质灰岩、灰岩及白云岩。 厚 0.9~5.2m

⑫灰色灰质页岩,偶夹泥质灰岩,顶部夹 0.05~0.35m 紫红色含铁介壳灰岩或鲕状赤铁矿。 厚 2.2~4.9m

⑪钢灰色鲕状赤铁矿(Fe_3)夹灰色、灰绿色页岩,向西变薄至尖灭。 厚 0.4~6.8m

⑩灰色页岩,含微量砂质,底部偶见 0.05~0.2m 的深灰色菱铁矿。 厚 1.2~3.7m

———————— 整 合 ————————

黄家磴组(D_3h)

⑨灰色、深灰色细砂岩,多夹浅色薄层石英砂岩,或为石英砂岩、砂质页岩、泥质砂岩、粉砂岩。 厚 0.2~2.5m

⑧上部灰色灰质页岩,夹不连续薄层灰岩;下部灰绿色页岩,偶夹不连续薄层砂岩。 厚 1.2~3.0m

⑦紫红色鲕状赤铁矿及紫红色含鲕状赤铁矿页岩(Fe_2)。 厚 0.4~3.5m

⑥灰绿色、灰色页岩夹条带状砂岩。 厚 0~2.7m

⑤灰白色石英砂岩夹灰黑色泥质砂岩或砂质页岩。 厚2.3～12.1m

④灰色、灰绿色页岩。矿区中部在本层顶、底部偶夹0.4m的含铁粉砂岩。 厚0.9～8.4m

③紫红色鲕状赤铁矿或含鲕状赤铁矿页岩(Fe_1)，局部顶部有一层厚0.1m含绿泥石菱铁矿灰岩。 厚0.1～2.1m

②灰绿色、灰色页岩。 厚0.5～8.9m

①上部为灰黑色中厚层泥质砂岩，下部灰白色中厚层石英砂岩，底部黏土质砂岩或泥质砂岩，矿区西部偶见厚0.3～0.4m的鲕状赤铁矿或褐铁矿。 厚5～6m

——————— 整 合 ———————

下伏地层：云台观组($D_{2-3}y$)：灰白色、灰黄色中厚层—厚层细粒石英砂岩，局部夹页岩。

2)构造

矿区为一向斜构造，断裂构造较发育，且对含矿地层的连续性、赤铁矿体形态的完整性有一定的破坏作用。

褶皱：矿区主体褶皱为马连向斜，矿体分布于该向斜北翼。该向斜呈东西向展布，其东段为向斜仰起端，属青岗坪铁矿区。向斜两翼由志留系纱帽组、中上泥盆统云台观组、上泥盆统黄家磴组、上泥盆统—下石炭统写经寺组、上石炭统黄龙组等组成，向斜轴部为下三叠统大冶组。向斜北翼岩层倾向180°～230°，倾角20°～35°；南翼岩层倾向320°～360°，倾角30°～60°。

断裂：矿区内断裂较发育，其中以斜向的正断层最多见，横向的正断层次之。区内断层对矿体具有一定破坏作用。

斜断层：多呈北西向或北东向延伸，其中以F_{133}、F_{19}、F_{24}、F_{54}、F_{66}、F_{71}、F_{112}、F_{120}等为代表，断层倾角一般较陡，多在50°以上，长度在300m以上，最长者超过4000m，垂直断距为20～250m。

横断层：多呈近南北向延伸，主要有F_{34}、F_{113}、F_{125}、F_{126}等，断层倾角55°～68°，走向延伸长320～1800m，垂直断距为40～100m。

3.矿体地质

1)(含)矿体(层)规模、形态与产状

该矿床发育有Fe_1、Fe_2、Fe_3和Fe_4共4层含铁矿层，其中以Fe_3矿层为最大，且进一步被两层页岩分隔成3个单矿层Fe_3^1、Fe_3^2和Fe_3^3。含铁矿层产状与岩层产状一致，已控制含铁矿层产于向斜北翼，倾向180°～230°，倾角20°～35°。

(1)Fe_1含矿层(第一含矿层)：赋存于黄家磴组下部，与灰色页岩互层，呈扁豆体状，厚0.1～1.25m，沿走向常相变为含鲕状赤铁矿页岩。矿石TFe品位为19.58%～29.82%，由于厚度小、变化大、品位低，无工业意义。

(2)Fe_2含矿层(第二含矿层)：赋存于黄家磴组上部，下距第一矿层12m左右，呈透镜状、扁豆状沿层分布，一般为单层产出，局部夹页岩而分叉。透镜体厚度为0.3～1.5m，长度不超过200m。矿区仅西部有可采矿层出现，一般不可采。矿石TFe品位为30%～35%，因此工业意义不大。

(3)Fe_3矿层(第三矿层)：赋存于写经寺组底部页岩、砂质页岩中，为本区工业矿层。矿层沿走向延长10.5km，宽0.6～2.4km，地表露头标高最高为+1800m，斜深至+1100m标高尚未尖灭。矿层总厚3m左右，被两层页岩分隔成3个单矿层，即Fe_3^1、Fe_3^2、Fe_3^3。

Fe_3^1单含矿层厚0.02～0.62m，一般0.2m，距$Fe_2$0.5～0.8m。矿层由于薄，又不能合并开采，不具工业意义。

Fe_3^2单矿层厚0.45～1.96m，一般1～1.5m。矿层东部及下部为鲕状赤铁矿，含铁量高；矿层西部及上部以砾状赤铁矿为主，CaO含量高。故矿层由东向西、由下至上以酸性矿石向自熔性矿石过渡。矿石TFe品位为39.07%～40.13%，SiO_2品位为9.23%～14.5%，Al_2O_3品位为4.08%～7.06%，

CaO 品位为 7.89%～14.19%，MgO 品位为 1.67%～1.92%，P 品位为 0.82%～1.22%，S 品位为 0.47%～0.09%。

Fe_3^3 单矿层厚 0.59～3.31m，平均为 1.26m，分布稳定，由砾状、鲕状赤铁矿及含铁灰岩组成。矿石 TFe 品位为 31.44%～44.32%，SiO_2 品位为 6.27%～10.15%，Al_2O_3 品位为 3.43%～5.15%，CaO 品位为 14.3%～18.97%，MgO 品位为 1.05%～2.8%，P 品位为 0.7%～0.84%，S 品位为 0.06%～0.17%，酸碱比大于 0.8。

Fe_3^2 和 Fe_3^3 间夹层不超过 0.4m，两矿层厚度互为消长，总厚 2～2.5m，平均为 2.4m。由于两矿层间夹层薄，可以合并开采。合并后的矿石大部分属自熔性矿石，或属碱性高磷、低硫中品位自熔性鲕状赤铁矿石。

(4)Fe_4 含矿层(第四含矿层)：赋存于写经寺组上部，下距 Fe_3 矿层 20m 左右。赤铁矿、菱铁矿呈透镜状、结核状分布于紫色或灰色页岩中，断续可见，矿层薄，无工业意义。

2)矿石矿物成分及特征

火烧坪铁矿矿石矿物主要有鲕状赤铁矿、豆状赤铁矿，其次为鲕状绿泥石、菱铁矿等，脉石矿物有方解石、白云石、石英、绿泥石、黄铁矿、玉髓、胶磷矿、黏土矿物及少许的磷灰石等，其中含铁矿物占 70%以上。

鲕状赤铁矿多呈鳞片状集合体或胶状，隐晶或微晶，部分与胶磷矿、玉髓构成鲕粒同心环带，部分呈分散状作为胶结物分布于其他矿物之间，占矿石矿物的 80%～90%。

胶磷矿呈隐晶质集合体与玉髓伴生，构成生物构造外形或作凝胶鲕粒状，占 5%。

石英多以鲕粒核心或碎屑粒状形式产出，呈次棱角或半滚圆状，粒径 0.1～0.5mm，占 3%。

玉髓呈隐晶或纤维状集合体，与胶磷矿伴生，占 5%～7%。

海绿石或鲕绿泥石分布于赤铁矿之间或与石英构成鲕粒核心。

3)矿石品位

鲕状豆状赤铁矿：TFe 品位为 37.8%～50.15%，平均品位为 43.63%；SiO_2 品位为 5.24%～22.55%；Al_2O_3 品位为 4.23%～13.5%；CaO 品位为 0.3%～10.72%；MgO 品位为 0.53%～1.60%；P 品位为 0.73%～2.08%，平均品位为 1.16%；S 品位为 0.017%～0.597%，平均品位为 0.08%；酸碱比为 0.1～0.77，平均为 0.52。

钙质鲕状赤铁矿：TFe 品位为 24.30%～50.80%，平均品位为 39.02%；P 品位为 0.505%～1.82%，平均品位为 1.19%。

混合矿石：TFe 品位为 35.58%，其中，SFe(可溶铁)品位为 35.38%；SiO_2 品位为 11.23%；CaO 品位为 10.72%；MgO 品位为 4.15%；Al_2O_3 品位为 5.32%；P 品位为 0.99%；S 品位为 0.107%。

4)矿石结构、构造

(1)区内赤铁矿矿石结构主要有鲕状结构、鲕状豆状结构、碎屑结构。

鲕状结构：鲕粒多为鲕状赤铁矿、鲕绿泥石、胶磷矿、玉髓等，构成同心圆层纹，鲕粒呈椭圆形、圆形，鲕径一般为 0.5～2mm。同心圆纹层数多者无明显圆核，纹层数少者一般以石英、绿泥石、赤铁矿或菱铁矿碎屑组成圆核。鲕粒多以接触式颗粒支撑，次为基底支撑，胶结物为铁质、绿泥石质、菱铁矿质及钙硅泥质。鲕粒含量一般为 50%～80%，局部为 30%～60%，胶结物含量为 20%～70%。

鲕状豆状结构：呈椭圆形、圆形，豆粒粒径为 2～7mm，个别达 13mm，鲕粒粒径为 0.05～2mm。豆粒、鲕粒一般具明显的不规则核心和同心圆层纹。豆粒、鲕粒多以接触式支撑，次为基底式支撑，胶结物为铁质、绿泥石质及菱铁矿质。豆粒、鲕粒含量为 40%～70%，胶结物含量为 30%～60%。

碎屑结构：为次要的矿石结构类型，碎屑(含复碎屑)呈不规则粒状、棱角状和次棱角状、次圆状及少量滚圆状。碎屑粒径大小不一，一般在 0.01～2mm 之间，个别可达 4mm。碎屑间呈颗粒支撑或基底支撑，铁泥质胶结。碎屑含量为 40%～70%，胶结物含量为 30%～60%。

(2)矿石构造主要有块状构造、条带状构造。

块状构造:是矿区矿石构造的主要类型之一,由鲕状赤铁矿聚集为块状矿石,构成矿层(体)的厚层或中厚层状构造。其中,鲕粒、豆粒结构紧密者构成致密块状构造。矿石断面呈贝壳状,质地坚硬。

条带状构造:是矿区较多见的矿石构造类型。鲕状赤铁矿矿石、鲕绿泥石菱铁矿矿石及砂质菱铁鲕绿泥石鲕状赤铁矿矿石等不同矿石类型的组合和沉积韵律的变化构成了矿石中不同矿物集合体的条带状,且显示出明显的条带或条纹构造。

5)矿石类型

矿石类型按自然类型大体上可分为两大类:鲕状豆状赤铁矿矿石和钙质鲕状赤铁矿矿石。矿石自然类型细分则较为复杂,常见鲕绿泥石菱铁矿矿石、鲕绿泥石鲕状赤铁矿菱铁矿矿石、鲕绿泥石菱铁矿鲕状赤铁矿矿石、鲕状赤铁矿矿石、砂质菱铁鲕绿泥石鲕状赤铁矿矿石等。

鲕绿泥石菱铁矿矿石:多见于矿层上部,或夹于鲕状赤铁矿之中。矿石一般呈灰色、暗灰色、蓝灰色,或深灰色—灰黑色,具鲕状结构或碎屑结构。矿物组成主要有鲕绿泥石、绿泥石、石英、胶磷矿、黄铁矿,以及少量水云母、锆石、电气石等。其中,鲕绿泥石呈椭圆状、星点状或稀疏团块状分布,菱铁矿晶体具玻璃光泽,呈星点状分布。常见黄铁矿沿层理产出,或成不规则的结核出现。

鲕绿泥石鲕状赤铁矿菱铁矿矿石:多出现于矿层上部,或作为夹层产出,呈暗红色—绿灰色、灰黑色,鲕状结构或碎屑结构。矿物成分主要是褐铁矿,次为赤铁矿、鲕绿泥石、绿泥石、石英、黄铁矿、胶磷矿等。其中,鲕绿泥石及鲕状赤铁矿呈稀疏状、扁豆状、团块状、条带状及似层状聚集排列。褐铁矿则是在地表次生氧化而成。

鲕绿泥石菱铁矿鲕状赤铁矿矿石:多见于矿层上部,呈红色、钢灰色,风化剧烈时呈褐色,呈鲕状结构或碎屑结构。主要成分为褐铁矿、赤铁矿、石英、云母,另含微量鲕绿泥石等。

鲕状赤铁矿矿石:一般分布于矿层中部,呈似层状产出。矿石呈钢灰色、暗红色,鲕状结构或碎屑结构。主要矿物成分为赤铁矿,次为绿泥石,以及少量鲕绿泥石、石英、胶磷矿、黑云母、磷灰石等。鲕状体赤铁矿颗粒呈椭圆形,长轴定向排列呈似层状产出。绿泥石多呈胶结物产出或呈鳞片状分布。石英呈碎屑颗粒形式产出。

砂质菱铁鲕绿泥石鲕状赤铁矿矿石:分布于矿层下部,常产于砂质页岩、页岩及粉砂岩中,呈似层状、薄层状产出。矿石呈暗绿灰色、灰黑色、紫红色,在地表经氧化呈褐红色,鲕状结构或碎屑结构,鲕粒由赤铁矿、绿泥石组成,胶结物为菱铁矿、绿泥石等。矿石矿物主要有鲕状赤铁矿、鲕绿泥石、菱铁矿(次生氧化成褐铁矿)及胶磷矿等。

4. 资源储量

截至2018年底,累计查明铁矿石资源储量为11 910.0万t,其中查明331储量为299.2万t,332储量为3 409.0万t,333储量为8 201.8万t,TFe平均品位为38.67%,P品位为0.9%,S品位为0.069%,SiO_2品位为9.12%。铁矿石保有储量为11 867.8万t,其中331储量为259.5万t,332储量为3 406.5万t,333储量为8 201.8万t。

5. 矿床成因

鄂西南宜昌—恩施地区赋存于上泥盆统中的Fe_1、Fe_2和Fe_3矿层形成于海侵沉积旋回岩系中,而Fe_4则形成于海侵末期或海退沉积旋回岩系内。鄂西地区处于古华南海盆地,长阳县火烧坪铁矿床中Fe_3为主矿层,Fe_1、Fe_2和Fe_4为贫矿层,反映了该矿区处于古海盆的北东缘;而在古海盆中心的官店、黑石板、伍家河、龙角坝和长潭河等地矿床不仅规模巨大,而且矿石含铁品位也相对较高(TFe品位为39%~47.5%),多为富矿。

在相对温和、湿润的古气候条件下，上扬子古陆的含铁岩石发生了红土化作用，为宜昌—恩施地区的火烧坪、官店等矿床的成矿提供了充足的铁质来源。含矿岩系中富含腕足类、珊瑚、鱼类、苔藓虫以及植物茎、碎片等化石，反映出湿热气候条件下沉积比较缓慢及局部存在海水交替进退现象。半封闭古华南海北部的海湾盆地或潮坪的浅海环境，水温较高，氧化条件较好，海洋的大风大浪不易侵袭到这个内陆盆地中来，海水比较平静，有利于铁矿沉积作用的进行。成矿物质可能以胶体、细悬浮凝胶或呈吸附氧化物的形式通过古河流及潮汐搬运而来，在相对较封闭的内陆古海湾盆地中沉积于处于海侵序列的细碎屑岩中，形成一套含铁细碎屑岩(灰岩)建造，并形成了鲕状赤铁矿矿层(体)。

五、区域矿产空间分布

(一)黄陵基底穹隆分布石墨石榴石金钼硫花岗岩蛇纹岩矿体

石墨石榴石矿床分布于黄陵基底穹隆北部，赋矿地层为黄凉河岩组，属沉积-变质作用形成的变成型石墨矿床。石榴石矿为古陆壳增生期、火山喷发间隙正常沉积的富铁的粉砂质泥岩经高角闪岩相变质形成。

金、钼和硫铁矿主要分布于黄陵基底穹隆中，多为断裂控矿，为热液型矿床。

黄陵基底岩体中的花岗岩作为饰面用石材已被开发利用。

铬、镍、蛇纹岩矿床布于黄陵基底穹隆西南部宜昌太平溪一带，矿体赋存于庙湾蛇绿岩中，矿体规模较小。

(二)含磷银钒沉积建造控制磷矿银钒分布

1. 磷矿

区内磷矿主要赋存于震旦系陡山沱组，其次为震旦系—寒武系灯影组，少量赋存于志留系纱帽组，为生物化学沉积型。陡山沱组和灯影组主要分布于宜昌市夷陵区、远安、兴山、神农架林区、保康、南漳、宜城、钟祥、恩施、鹤峰、建始，少量志留纪磷矿分布于恩施。磷矿体分别受控于钟祥台褶束乐乡关断凸、黄陵断穹、青峰台褶束高桥复式背斜、神农架断穹、长阳台褶束走马坪背斜，形成了荆襄磷矿田、宜昌磷矿田、保康磷矿田、神农架磷矿田和东山峰磷矿田 5 个磷矿田。

2. 银钒矿

银钒矿主要赋存于扬子地层区的神农架、宜昌、长阳一带陡山沱组四段黑色碳质页岩和含碳粉晶灰岩之中。该岩性段由南向北含矿性具有如下变化：南部长阳背斜周缘碳质页岩夹细晶白云岩，厚38.85m，仅于背斜西端向家岭形成银钒矿床，达到工业品位的矿层仅厚 1.60m；中部黄陵背斜周缘，本段下部为含碳微晶白云岩与含黄铁矿碳页岩互层，上部主要为碳质页岩，厚 24.39～40.34m，碳质页岩中常普遍含银钒矿化，并于金家沟、白果园形成银钒矿床，其中金家沟矿层厚 18.81m，白果园下部为银钒矿，上部为钒矿，矿层厚 40.34m；北部神农架地区碳质页岩中含矿性较差。上述特征说明，缺失碳质页岩的地区已上升至近陆或露出水面，而导致沉积缺失，凸显北浅南深、东浅西深的古地貌沉积格局。

3. 铅锌矿

灯影组含铅锌沉积建造分布于远安—兴山一带，主要赋矿地层为灯影组四段石板滩段、白马沱段。

黄陵断穹北缘震旦纪灯影期发育一套藻礁白云岩，闪锌矿与藻粒呈互层产出，构成明显的层纹状构造，因此藻礁对铅锌矿矿物的富集具有重要作用。白云石化作用与初始矿源层中的铅锌再次富集有着密切的关系。

(三)含铁沉积建造分布于神农架及宜昌—恩施地区

区内沉积型铁矿主要有两个赋矿层位:一为中元古界神农架群矿石山组,为主峰式铁矿,分布于神农架;第二个赋矿层位为上泥盆统黄家磴组和上泥盆统—下石炭统写经寺组,发育“宁乡式”铁矿,主要分布在上扬子台坪八面山台褶带,局部可延至黄陵断穹南东缘,该矿分布广泛,规模巨大。

1. 主峰式铁矿

神农架主峰式铁矿赋存于神农架群矿石山组下部,与砾岩和粉砂泥岩互层,一般为一层矿,局部出现两层矿。主要矿产地有神农架铁厂河矿区、卷蓬湾矿区等。铁矿层形成于滨海相前滨-远滨亚相环境沉积,主要受陆源碎屑滨海作用之前滨环境控制。成矿物质来源主要来自陆源碎屑,成矿作用以胶体化学作用为主,成矿环境为氧化环境。

2. “宁乡式”铁矿

“宁乡式”铁矿赋存于上泥盆统黄家磴组和上泥盆统—下石炭统写经寺组,主要分布于鄂西南地区。

黄家磴组岩性主要为黄褐色和灰绿色中厚层状细粒石英砂岩、粉砂岩,由下向上分别夹1～3层长条状透镜体鲕状赤铁矿矿层。黄家磴组铁矿层主要沉积于陆源碎屑滨海环境,与细碎屑岩或泥质岩相伴出现,成矿物质来源主要来自于陆源,属氧化气候环境,成矿方式以胶体化学作用为主。沉积于滨海临滨-前滨亚相环境。

写经寺组发育两个矿层,皆沉积于陆源碎屑-碳酸盐岩滨海环境,与细碎屑岩或钙泥质岩相伴出现,成矿物质来源主要来自于陆源,成矿方式是以水体小幅振动的鲕状颗粒之胶体化学沉积作用为主,沉积于前滨-远滨亚相环境。

写经寺组铁矿层的品位和厚度皆优于黄家蹬组铁矿层。

(四)含锰沉积建造分布于长阳地区

区内发育南华纪间冰期陆源碎屑滨海沉积型锰矿,分布于长阳地区。含锰岩系为一套灰黑色、黑色含碳粉砂质泥岩、粉砂质黏土岩、水云母黏土岩、含锰质条带粉砂质黏土岩及锰层组成。上部和下部以粉砂质泥岩或黏土岩为主夹锰质透镜体或扁豆体,中部以锰层为主夹水云母黏土岩,顶部和底部为含砾粉砂岩。

(五)含煤铝硫黏土硒菊花石沉积建造分布于宜昌—荆门—恩施地区

区内的煤矿主要分布在两个沉积时期:一是二叠纪受滨海沼泽相控制的煤,常有铁、黄铁矿及各类黏土矿床(铝土矿、累托石矿、耐火黏土矿等)相伴,均产于二叠系梁山组和龙潭组,主要分布于恩施地区;二是晚三叠世—早侏罗世受陆相沉积盆地中河流-河漫湖泊相沉积控制,主要分布于鄂西利川、兴山、秭归、巴东、当阳、远安、荆门、南漳等地。

1. 二叠系含煤铝硫黏土硒菊花石沉积建造

区内含煤岩系为二叠系梁山组和龙潭组,构造位置位于下扬子台坪秭归台褶束、远安台褶束、八面山台褶带等,分布在恩施沐抚—宣恩长潭河—鹤峰太平镇一线以东和以北、保康两峪—南漳板桥一线以南的鄂西南、鄂西地区。硒矿分布于恩施。菊花石分布于恩施、建始等地,赋存于二叠系栖霞组灰岩段的生物碎屑灰岩中,为一套浅海-滨海相沉积建造。

2. 上三叠统—下侏罗统含煤铁含膏盐建造

上三叠统—下侏罗统含煤建造主要分布于在荆当盆地、利川盆地和秭归盆地中，构造位置处于上扬子陆块八面山台褶带、利川台褶束、秭归台褶束及远安台褶束。鄂西盆地基底地势是东高西低，盆地最低处在荆门西部。在以河流作用为主的三角洲成煤环境中，沼泽和泥炭沼泽主要发育于下三角洲的废弃河道和河道的岸堤，其次是分流间湾(如九里岗组、王龙滩组)。上三角洲则是以岸后沼泽和泛滥盆地沼泽是重要的聚煤场所，也可出现在废弃的河道上(如桐竹园组)。

三叠系含石膏沉积建造分布于利川市福宝山盆地，赋矿地层为嘉陵江组和巴东组，主要为一套浅海台地碳酸盐岩和碎屑岩。侏罗系含卤水建造位于建南，位于齐岳山和方斗山背斜之间的建南向斜槽部，赋矿地层为千佛崖组及桐竹园组，砂岩节理、裂隙发育，为地下盐水提供了储存和径流条件。盐水层自上而下共分为3套，并具承压性，储层岩性为砂岩，盐水产量主要受岩石裂缝发育程度控制。高产区集中在建南—黄金坝一带，位于枫相坝低背斜的轴部和近轴部。

(六)天然气含气构造分布于利川建南地区

建南地区位于川东褶皱带与湘鄂西褶皱带的结合部，发育有鄂西-渝东区石柱复向斜、齐岳山复背斜齐西潜伏构造带及方斗山复背斜北段，已查明8个层系获工业气流，即下侏罗统、上三叠统须家河组、中下三叠统嘉陵江组、下三叠统飞仙关组(大冶组)、二叠系长兴组(吴家坪组)、二叠系茅口组、上石炭统黄龙组、志留系。

(七)构造控制热液型铅锌汞重晶石矿分布于神农架、兴山—长阳、宣恩—鹤峰地区

热液型铅锌矿主要分布于神农架、兴山—长阳、宣恩—鹤峰等地，由北往南赋矿地层逐渐由老变新，由震旦系、寒武系变为奥陶系，矿体受地层和构造控制。燕山期，华北地块与扬子地块发生陆陆碰撞，叠加改造了印支期构造，扬子陆块南西部受雪峰山由南东向向北西逆推及黄陵基底的影响，形成了燕山(早)期八面山弧形构造带，新华断裂、阳日断裂、雾渡河断裂和天阳坪断裂使台地形成数个隆起和凹陷，台地中间基底隆起并伴生隆起过程中的层间滑动拆离，顺层滑脱断层发育，断裂控制了热液活动、地表水和地下水运移，控制了成矿流体的运移，并提供了有利的容矿空间。铅锌矿多沿断裂和断裂的交会部位分布，如阳日与新华断裂、新华与雾度河断裂交会部位是区内铅锌矿最主要的矿化集中部位，并分布于台地中凹陷和隆起的交界部位，形成了神农架、黄陵背斜北翼等矿化集中区。

汞矿主要分布于长阳地区，受地层及构造的双重控制，灯影组为最主要赋矿地层，其次为陡山沱组，矿体赋存于与东西褶皱轴平行的系列叠瓦式逆掩断裂带中，汞矿主要充填与逆掩断层破碎带中及断层两侧的碳酸盐细脉和蚀变带内。在长阳背斜中段，汞矿化出现在东西向断裂和褶皱共同形成的顶封闭断裂中。

重晶石矿分布于来凤—五峰—长阳—松滋一带，位于八面山台褶带、长阳台褶束，多赋存于下奥陶统中，受燕山期垂直褶皱轴向的北北西—近南北向断裂控制，矿体为北北西—近南北向脉状，呈东西向带状分布。下奥陶统中Ba的丰度值为地壳的4倍。因此，可以认为，下奥陶统为矿源层，经燕山期构造改造沿断裂富集形成脉状矿体，为浅成中低温热液型矿床。

(八)现代地貌控制热液型地热矿泉水于神农架、长阳、宣恩—鹤峰地区

矿泉水、地热地下水受构造及现代地貌控制，主要分布于神农架、长阳、宣恩—鹤峰地区。

六、区域矿产时间分布

区内主要矿产形成可以划分以下3个成矿阶段。

(一)太古宙—新元古代青白口纪

1. 太古代—古元古代

太古宙为变质岩系,发现矿床(点)较少。

古元古代主要形成岩浆型花岗岩、变质型石墨及石榴石矿。

石墨和石榴石矿分布于黄陵基底穹隆核北部,为黄凉河岩组岩石经变质作用形成的优质大鳞片晶质石墨及石榴石矿。花岗岩产于圈椅埫隆起构造中部,呈岩基产出,为饰面花岗岩,代表性矿床为宜昌圈椅埫岩体松树崖花岗岩(习称三峡红)。

2. 中元古代

中元古代主要形成铁矿和铬铁矿、橄榄岩。

神农架林区主峰铁矿床位于神农架基底穹隆,赋矿地层为矿石山组,矿石矿物主要为赤铁矿,次为磁铁矿、褐铁矿,肾状、自形粒状结构,块状、条带状、浸染状构造,属海相化学沉积型赤铁矿床。

铬铁矿和橄榄岩分布于黄陵穹隆中部,赋存于中元古代侵入的超基性岩体中。

3. 新元古代青白口纪

新元古代青白口纪在黄陵基底穹隆形成了金矿、钼矿、硫铁矿等热液矿床以及花岗岩等岩浆矿床。

金矿体受北西、北东向韧脆性剪切带控制,主要赋存于韧性剪切带中韧脆性—脆性破碎带中、主干断裂旁侧"入"字形或羽张破碎带、岩体(脉)的内外接触带。

新元古代青白口纪在黄陵地区侵入的花岗岩基可作为饰面用石材被开发利用。

(二)南华纪—中三叠世

1. 中南华世大塘坡期

长阳古城锰矿形成于中南华世大塘坡期,赋矿地层为大塘坡组(Nh_2d)。大塘坡期为间冰期,滨岸带分布于鄂中古陆外侧之兴山、长阳、松滋等地,呈弧形展布,陆棚带位于滨岸带之南的恩施、鹤峰、长阳一线,由大塘坡组上部碳质页岩夹含锰页岩或锰矿层组成,陆棚相区内皆不同程度地含有原生锰质,并于长阳古城等地形成锰矿床,碳质页岩、泥质岩与锰质层三者组成稳定型沉积韵律。在神农架、长阳一带的海湾状陆棚区,陆屑供给不足时形成碳酸锰质岩。

2. 震旦纪

(1)磷矿及银钒矿:震旦纪为湖北省重要的磷矿成矿期,主要成矿期为早震旦世陡山沱期,陡山沱期晚期局部形成银钒矿,其次为晚震旦世灯影期。早震旦世,受台地相与浅海陆棚相过渡带或局限海台地相与开阔海台地相过渡带控制,磷块岩多沉积于浅海台地的潮坪通道内,浅海台地波浪和潮汐作用强,潮坪通道有上升洋流带来的丰富磷源供给及大量陆源碎屑物质的供给。在温暖、低压、少CO_2、洁静的碱性条件,缓慢的沉积速度有利于磷酸盐沉积富集成矿。陡山沱期晚期,区域局部为凹陷区沼泽-潟湖沉积环境,沉积了一套黑色岩系,为银钒矿赋矿地层。

晚震旦世灯影期,台地向两侧扩展,盆地范围则相对萎缩,扬子区仍以原鄂中台地为沉积中心,并于灯影峡期石板滩亚期沉积阶段形成典型台地碳酸盐岩,台地内部南漳一带以含磷为特色,沉积磷质岩、磷块岩类。

(2)铅锌矿:灯影组赋存沉积型铅锌矿。主要赋矿地层为黄陵地区灯影组四段石板滩段、白马沱段。四段白云岩蒸发裂纹、裂隙及角砾之胶结物内普遍具有铅锌矿化,铅锌矿以胶结物形式沿白云岩角砾岩间隙呈环状充填,如白鸡河、凹子岗等。角砾与胶结物是同成分的,角砾最大可达数米,多呈现棱角状、次棱角状。该沉积型铅锌矿床以锌为主,凹子岗、白鸡河是锌矿床,有很少的铅;铅多为后期沿裂隙呈脉状充填,脉体稀疏,少见,其形成晚于闪锌矿。

3. 泥盆纪—石炭纪

泥盆纪—石炭纪在鄂西地区沉积形成了"宁乡式"铁矿,含铁岩系赋存于黄家磴组和写经寺组,二者为连续沉积。矿层多达 4 层,Fe_1、Fe_2 矿层产于建造下部(黄家蹬组)的中段和上段,Fe_3、Fe_4 矿层分别赋产于建造上部(写经寺组)的下段及上段的底部。其中,以 Fe_2、Fe_3 矿层常具工业意义。主要由鲕状赤铁矿、鲕绿泥石菱铁矿组成,矿石含 TFe 品位一般在 40%左右,部分在 45%以上。

4. 二叠纪

二叠纪沉积形成了煤、铝土矿、黏土、硒、菊花石、白鹤玉等矿产。煤和黄铁矿紧密共生,主要受江南古陆北缘滨海沼泽相控制;铝土矿主要受梁山期滨海潟湖相控制,累托石等黏土矿受浅海陆棚相控制。中二叠世梁山期,围绕江南古陆北缘,随沉积环境变化,由南向北依次为古陆-滨岸沼泽相-滨岸潟湖相,形成矿化分带。内带在恩施—宜昌—蒲圻一带,以煤、黄铁矿为主,外带在宜城、南漳、保康等地,以铁、铝土矿(含黏土矿)为主。

菊花石赋存二叠系栖霞组灰岩段的生物碎屑灰岩中。

从中二叠世冷坞期开始,鄂西裂陷盆地分布范围小,形成局限、滞流盆地环境,页岩和硅质岩均具有平静、缺氧、深水沉积特征,在恩施双河形成了硒矿。

晚二叠世龙潭期,含煤沉积建造主要由页岩、粉砂岩、细砂岩及长石石英砂岩或硬砂岩夹煤层、黄铁矿和碳质页岩组成,底部有时含铝土质岩或黏土岩(或累托石矿)。一般含煤 1~2 层,局部有时多达 5 层。黄铁矿与煤共生,或赋产其顶、底板碳质页岩或黏土岩中。黏土岩、累托石矿产于建造底部。

(三)三叠纪—古近纪

1. 晚三叠世—早侏罗世

晚三叠世—早侏罗世,含煤地层是内陆湖泊河控三角洲沉积体系,为河流-河漫湖泊相沉积形成了九里岗组、王龙滩组和桐竹园组含煤建造,所含薄煤层形成于三角洲平原相沼泽亚相沉积环境中。利川福宝山盆地晚三叠世—早侏罗世沉积形成铁矿。

早中三叠世,利川福宝山盆地沉积形成石膏矿。早中三叠世,后河地区为一个次级局限洼地,封闭条件好,有利于卤水的聚集、蒸发和浓缩,沉积了一套碳酸盐岩和蒸发岩建造,沉积洼地中心发育条带状石膏和纹层状石膏,其沉积特征为潮间-潮上萨布哈环境。

侏罗纪,福宝山盆地沉积形成盐水,主要为湖泊三角洲相沉积,湖泊呈东西向,沉积了桐竹园组含砾碎屑岩夹碳泥质岩,含盐水层;中侏罗世,湖泊基本保持稳定,主要沉积千佛崖组、沙溪庙组以长石石英砂岩为主的含砾碎屑岩夹碳泥质岩类,含盐水层,为前三角洲亚相。

2. 晚侏罗世—早白垩世

受燕山运动影响,晚侏罗世—早白垩世在鄂西地区形成热液型铅锌、汞、重晶石矿床。铅锌矿化集中区受沉积岩相带(潮坪相、藻礁相、萨布哈相等)和构造隆起区(断穹、背斜等)或深大断裂联合控制。在赋矿地层上,有由北向南逐渐抬升趋势,在竹溪丰溪—长阳一带,赋矿地层为灯影组和陡山沱组;鹤峰、咸丰经湘西至桂北，赋矿地层为下古生界。赋矿岩石多为碳酸盐岩，或碳酸盐岩与碎屑岩之互层。矿化集中区的地球化学异常组合主要为 Pb－Zn－Ag、Ag－Pb－Zn－Cu－Sb、Cu－Pb－Zn－Ag－As 等。矿体受地层中层间破碎带或断裂裂隙带控制，呈层状、似层状、透镜状、囊状，常可形成大中型矿床。围岩蚀变一般为硅化、碳酸盐化、重晶石化等。矿石品位中等，Pb＋Zn 品位一般在 4%～6%，局部可达 20%以上。

汞矿化分布在长阳背斜西段，受震旦系—寒武系灯影组和断裂裂隙带联合控制，以长阳钟鼓湾汞矿床为代表。

重晶石矿体受地层和断裂双重控制，赋矿地层为下奥陶统，受燕山期构造作用沿断裂富集成矿。

（四）古生代—中生代形成天然气

石炭系气藏位于建南构造北高点，总体为地层-构造复合气藏。储集物性中等—好，孔隙度平均为 3.8%，渗透率平均为 $0.69\times10^{-3}\mu m^2$，自东向西逐渐变好。白云岩微裂缝相当发育，短小细密成网状，形成微裂缝-溶孔储集类型。已发现 5 口井，获得了工业气流并投产。

二叠系长兴组（吴家坪组）是天然气的重要产层之一，储层主要是白云岩、生屑灰岩，储集空间以晶间孔、晶间溶孔和晶内溶孔为主。

飞仙关组（大冶组）鲕滩气藏存在 3 种成藏模式。岩性-构造气藏成藏模式受构造和岩性双重控制作用，岩性主要控制了原始气藏的分布范围，构造的叠加使气藏进行了后期的调整分配。飞三气藏的气源主要来自二叠系乐平统烃源岩。

（五）第四纪

第四纪主要形成与风化作用有关的黏土矿产，以及与流体作用有关的矿泉水、地热、地下水矿床。

七、成矿远景区

根据神农架-恩施上扬子中东部成矿区的矿产资源分布特征及地质特征，圈定了以下成矿远景区，建议进一步开展相关地质工作。

1. 神农架铅锌铜银钒磷矿成矿远景区

神农架铅锌铜银钒磷矿成矿远景区位于鄂中褶断区之神农架背斜东北缘，宜昌-兴山铅锌铁磷页岩气成矿亚带（Ⅳ－77－①）西部，属神农架林区管辖。远景区呈三角形，长约 37km，宽约 20km，面积约 $740km^2$。

本区位于神农架背斜北缘，出露地层为南华系莲沱组、南沱组，震旦系陡山沱组、灯影组，寒武系牛蹄塘组、石牌组、水井沱组、石龙洞组、覃家庙组、娄山关组，奥陶系—志留系。

岩浆岩不发育，仅在神家架地层中有辉绿岩出露。

区内断裂以东西向九道-阳日断裂为主。

锌矿床出露的地层主要有中元古界神农架群石槽河组（Pt_2s）、南华系南沱组（Nh_3n）、震旦系陡山沱组（Z_1d）和震旦系—寒武系灯影组（$Z_2\in_1dn$）。矿体赋存于陡山沱组四段第二岩性层（Z_1d^{4-2}）中。

区内铅锌多金属矿主要属层控-改造型矿床，严格受地层和构造双重控制。陡山沱组为重要的含矿层位，绝大部分具工业价值的铅锌矿床分布在此，含矿岩性主要为角砾状、碎裂状富镁碳酸盐岩，它们既是多金属矿的矿源层，也是有利的赋矿围岩。浅海碳酸盐岩控制了陡山沱期铅锌矿及磷矿的沉积。

铁矿主要集中分布于寒武系水井沱组底部，形成沉积型褐铁矿。古庙垭铁矿产于水井沱组底部碳质页岩中，呈似层状、扁豆状，断续长 400m，厚 4m，Fe 品位为 44.67%，矿石矿物为赤铁矿、褐铁矿，蜂窝状、块状构造。

已知有3处以宋洛磷矿为代表中型磷矿床及一批小型磷矿床或磷矿点，是磷矿重要矿田。区内有中型铅锌矿床、镁矿点，以及P、Ag、Zn、V、Mo、Cu元素异常，Cu、Fe、Mn、Al、稀土、P、重晶石重砂矿物异常信息。成矿地质条件有利，有大型磷、铅锌矿床成矿远景，并叠加型铜、化学沉积型镁、银钒有找矿潜力。

2.邓家崖磷铅锌粉砂岩成矿远景区

邓家崖磷铅锌粉砂岩成矿远景区处于鄂中褶断区中段北部、九道-阳日断裂南侧、宜昌-兴山铅锌铁磷页岩气成矿亚带（Ⅳ-77-①）中北部，属南漳县管辖。远景区呈三角形状，长约30km，宽约15km，面积约450km^2。

本区位于南漳西部，出露地层为震旦系陡山沱组、灯影组，寒武系牛蹄塘组、石牌组、水井沱组、石龙洞组、覃家庙组、娄山关组，奥陶系—志留系。

岩浆岩不发育，仅在神农架地层中有辉绿岩出露。

区内断裂以北西向南漳-保康断裂为主。

本区灯影组磷块岩赋存于灯影组中段下部。矿层单一，结构简单。上覆厚层砂状白云岩磷矿层与顶部泥质条带状磷块岩接触，界线明显，下伏含磷屑团块白云岩与磷矿层底部白云磷块岩或白云质条带磷块岩呈过渡关系。

本区志留系磷块岩赋存于纱帽组中部石英砂岩中，有稳定层位，但规模较小。

本区铅锌赋存于灯影组上部白云岩中，层位不稳定且规模较小。

海相化学沉积型磷矿主要分布于上扬子中东部成矿带，赋存于陡山沱组、灯影组中。

已知有中型磷、粉砂岩矿床，以及Co、Cr、Mo、P、Pb、Zn、Cu、Ag、Be、Ba、Mn、Ni、V、W、Sn、Nb元素异常，Cu、Pb、Zn、Mn、Al、Hg、稀土、重晶石重砂矿物异常信息。成矿地质条件有利，有大型磷、粉砂岩矿床成矿远景，有铅锌找矿潜力。

3.高岚银钒铅锌硫铁矿成矿远景区

高岚银钒铅锌硫铁矿成矿远景区处于鄂中褶断区之黄陵背斜西北缘、新华断裂南东侧、宜昌-兴山铅锌铁磷页岩气成矿亚带（Ⅳ-77-①）中西部，地跨夷陵区、兴山县。远景区呈北东向带状，长约37km，宽约7km，面积约259km^2。

出露地层有古元古界黄凉河岩组，南华系南沱组、震旦系陡山沱组、震旦系—寒武系灯影组及寒武系牛蹄塘组。

本区地处黄陵断穹西北翼，位于扬子陆块上扬子陆块鄂中褶断区、黄陵背斜北西翼近核部洋坪河向斜南东翼转折端。

洋坪河向斜是一个轴向约40°、向北东倾状的平缓开阔对称向斜，东西宽约6km，两翼倾角平缓，倾角为3°～15°。轴部为寒武系下部地层，两翼为震旦系，次级褶曲不发育。北北西向樟村坪断层切割了向斜南缘部分，破坏了向斜的完整性。

樟村坪断裂为贯穿宜昌磷矿东西、走向长度大于30km的区域性大断层，走向北西西，倾向北北东，断距大于100m，南西盘相对上升多出露结晶基底，北东盘相对下降出露盖层为主。本矿区内樟村坪断裂出露长度达4km，茅草坪一带倾角72°～75°。除樟村坪大断裂外，本区也发现小的正断层。除少数断层通过银钒岩系破坏了矿体完整性外，大部分断层对银钒矿层无影响或影响较小。

牛蹄塘组（$\in_{1-2}n$）：上部灰黑色中厚层状生物碎屑粉晶灰岩夹灰黑色页岩；中部为黄绿色水云母黏土岩；下部为黑色页岩及泥质砂岩夹粉晶灰岩透镜体；底部为含磷硅质条带（Ph_6）。

灯影组（$Z_2\in_1dn$）分上、中、下3段。

上段：上部浅灰色、灰白色中厚层状层纹石泥晶白云岩夹砂屑泥晶白云岩和少量薄层状泥质泥晶白云岩；中部浅灰色、灰白色厚层状砂屑泥晶白云岩与球粒泥晶白云岩互层；下部灰白色厚层状粉晶白云岩及中厚层状细晶白云岩夹中晶硅质白云岩；底部为灰色厚层状亮晶粒屑白云岩。

中段：上部深灰色—灰黑色中厚层状细晶—粉晶白云岩及薄层状泥晶砂砾屑白云岩；下部灰黑色薄层状含沥青质含泥细晶—中晶粒屑灰岩；底部为灰黑色页岩夹砂砾状泥质泥晶磷块岩透镜体或条带。本段地层总厚为23.76～61.94m，平均为42.10m。

下段：上部浅灰色中厚层状砂砾屑泥晶白云岩及亮晶-泥晶白云岩；中部浅灰色厚层状细晶白云岩及核形石硅质白云岩夹藻黏白云岩；下部浅灰色—灰白色厚层状藻黏白云岩；底部为厚层角砾状白云岩或泥质细晶白云岩或条带状硅质白云岩。本段地层厚102.88～135.96m，平均122.60m。

陡山沱组(Z_1d)：为含磷岩系，顶部属银钒岩系。其下部含磷建造第一旋回（Ⅰ级），沉积岩相和旋回结构稳定，可划分为底砾岩-硅质白云岩、黑色含钾页岩-磷块岩、白云岩-磷块岩3个含磷沉积Ⅱ级旋回，属半开阔海台地内潮坪鲕滩（亚）相-潮坪潟湖（亚）相-潮间潟湖（亚相）-滩缘、海湾（亚相）；第二旋回由浅色泥质云岩、粉晶云岩-黑色泥粉晶云岩组成，其岩石类型、厚度十分稳定，属浅水盆地-深水盆地相；第三旋回由硅质岩、浅色泥质泥晶云岩、粉晶云岩-黑色页岩组成，属后期浅水盆相-浅海陆棚相-陆棚潟湖（亚）相，可分为硅质岩-浅色泥质泥晶云岩、粉晶云岩-黑色页岩两个Ⅱ级旋回。

化学沉积型银矿主要分布于兴山一带，代表性矿床有兴山白果园银钒矿，矿床赋存于下震旦统陡山沱组中。赋矿地层为陡山沱组四段，赋矿岩系为一套黑色中层—薄层状含碳黏土岩、灰黑色中层—薄层状泥质白云岩岩相组合，具块状构造，水平层理发育，以含黄铁矿及炭质为其特征，主要分布于黄陵背斜周缘的轴部兴山白果园—青树包，总体上黄陵背斜西翼及南缘厚度大，东翼薄甚至缺失，西部较薄。

已知有大型银钒矿床，中型铅锌矿床，小型白云岩（镁）、硫铁矿床，以及一批铅锌矿点，另有P、Ag、V、Pb、Zn、Au、Mn、W元素异常，Pb、Zn、Mn、Al、W、Hg、稀土、P、重晶石、萤石重砂矿物异常信息。区内成矿地质条件有利，有大型银钒、铅锌矿床成矿远景。

4. 长阳锰银钒铅锌汞灰岩页岩成矿远景区

长阳锰银钒铅锌汞灰岩页岩成矿远景区位于恩施-鹤峰台褶束之长阳背斜，处长阳-恩施铁锰铅锌磷页岩气成矿亚带（Ⅳ-77-②）北东部，属长阳土家族自治县管辖。远景区呈北东向矩形状，东西长约38km，南北宽约18km，面积约684km^2。

该成矿远景区处扬子陆块（$Ⅱ_2$）中部，Ⅲ级构造单元为上扬子陆块（$Ⅱ_2^2$），Ⅳ级构造单元为恩施褶皱区（$Ⅱ_2^{2-3}$），为扬子地台区沉积盖层，主要出露南华系—下侏罗统，为一套海相及海陆交互相沉积，另古近系主要分布于盆地边缘，第四系主要分布于清江河谷两岸及现代河谷。

区内无侵入岩分布，基底埋藏较深，仅在走马坪一带深切谷底见有零星出露。

构造具薄皮构造变形特征，主要表现为：①由西向东，褶坡带轴向有北东向→北东东向→近东西向变化，处于长阳背斜带；②以褶皱变形为主，背斜和向斜具过渡型褶皱特征，并在横向上呈现有规律的组合，即由南东向北西，由隔槽式褶皱变为隔档式褶皱；③构造线方向除北东和近东西两组外，还出现一组北北东向的构造线，与前两组构造线为交叉状。构造轴线表现形式多样，其中“S”状或反“S”状弯曲现象最为普遍。

同褶皱期的断裂多发育在褶皱的陡翼，并随褶皱轴向的变化而呈北北东向、北东向或近东西向。断面一般倾向南东，多具压剪性质。此外，以仙女山断裂为代表的北北西向断裂切割区域构造线，具右行扭性特征。

区内两组构造线重叠现象比较典型，这种现象在五峰以西特征明显。该区与我国太行-武陵深层构造变异带在空间位置和方向上吻合，深层构造对表层构造的制约有待研究。一般认为北北东向构造形成在后，主体构造格架定型于燕山期。

(1)本区锰矿集中分布在含锰岩系为中南华统大塘坡组(Nh_2d),均以黑色粉砂质泥岩、含浸染状黄铁矿及锰质条带为主,局部夹黑色碳质页岩,上部以含结核状黄铁矿、下部以含线理状黄铁矿为其特征。

全区含锰岩系形态为似层状,东西长 2900m,南北宽 1800m,呈东西方向展布,主体倾向北。受古构造运动影响,含锰岩系凹凸起伏,厚度变化大,最薄 0m,最厚 19.54m。含锰岩系厚度与产状与锰矿层有一定关系:含锰岩系厚度大处一般锰矿层也较厚;含锰岩系岩层倾角变缓处,锰矿也较好。大塘坡组含锰岩系上、下均为冰碛岩,因此属南华纪冰期间冰期沉积。

南华纪中期,长阳古城地区处于长阳断陷盆地古城凹陷内。断陷盆地内为滨浅海环境,开始形成冰水冰碛岩(古城组),在间冰期则发育一套由黑色页岩、粉砂岩和菱锰矿组成的含锰岩系(大塘坡组)。近年来研究成果表明,锰质可能来自海底热水的喷溢,在外生条件下锰以化学和生物化学方式沉淀。

(2)沉积型银钒矿主要分布于长阳一带,代表性矿床有长阳县向家岭银钒矿床,矿床赋存于下震旦统陡山沱组中。赋矿地层为陡山沱组第四岩性段,赋矿岩系为一套黑色中层—薄层状含碳黏土岩、灰黑色中层—薄层状泥质白云岩组合,具块状构造,水平层理发育,以含黄铁矿及碳质为其特征。

钒矿层赋存于陡山沱组白果园段上亚段,即含银钒岩系(Z_1d^{4-2})的下部,银钒矿层严格地受白果园段上亚段层位控制,呈层状与顶底板整合产出。矿层总体走向大致呈东西向,向南倾,不同矿体倾角略有差异,总体具有浅部较缓,深部较陡的特征。钒矿层受到北东东向、近南北向断层的的切割破坏,南北向断裂将银钒矿层分割为向家岭矿段(东部)和胡家湾矿段(西部),叠加北东东向断裂后矿层被分为Ⅰ号、Ⅱ号、Ⅲ号、Ⅳ号和Ⅴ号 5 个矿体。主要工业钒矿体呈层状,分布较连续稳定,既有 V、Ag 品位皆达到工业要求的银钒复合矿体(向家岭矿段Ⅰ号矿体与胡家湾矿段Ⅴ号矿体),也有 Ag 以伴生有益组分出现的钒矿体(向家岭矿段Ⅱ号矿体、胡家湾矿段Ⅲ及Ⅳ号矿体)。代表性的主要矿体Ⅰ号矿体,厚 0.80~2.44m,平均厚度为 1.80m,厚度变化系数为 32.74%;V_2O_5 品位为 0.511%~3.172%,平均品位为 1.368%,品位变化系数为 23.76%;Ag 品位为 67.0~148.5μg/g,平均品位为 112.6μg/g,品位变化系数为 17.36%,不论是 V_2O_5 还是 Ag 都分布均匀。矿层内部结构简单,横向上矿石自然类型、工业类型对应。矿层厚度及品位具有明显的方向性,矿层内部结构简单,无明显的夹石层。矿体规模为大型。矿石中主要矿物为水云母或黏土、黄铁矿、重晶石、石英、白云石和碳酸盐、胶磷矿及有机质。矿石类型有富银钒黑色页状泥岩型矿石和含银钒泥质云岩或云岩型矿石,前者主要为显微鳞片变晶结构,后者主要为花岗变晶结构。矿石有浸染状构造、纹层或线理状构造、条带状构造和周边假象构造 4 种。矿石中银主要存在于黄铁矿中,在其他矿物中含量极低。伴生有益元素有 Se、Ga、Ge。

(3)长阳背斜区段为铅、锌、汞成矿区。成矿构造有两个基本类型:其一为发育于长阳背斜南翼的次一级短斜背斜、似穹隆状背斜及与之相伴出现的东西向或近东西向走向的逆断层(或其组合),对汞的成矿控制明显;其二为次一级的短轴背斜及与之相伴出现的层间破碎带和破碎带附近的小断层、张节理,对汞铅锌矿之控制明显。

铅、锌、汞有着密切的成因联系,在各矿床(点)中,金属组分基本相同,主要为方铅矿、闪锌矿、辰砂,次为雄黄、黄铜矿、黄铁矿。但由于在具体矿床(点)中金属矿物富集程度相差悬殊、主从地位不同,在空间上有着明显的分带性。以七垭为界,其东主要为铅锌矿段,仅见少量辰砂(如何家坪),七垭一带为混合成矿段,铅、锌、汞均达到工业要求(如七垭);其西演变为以汞为主的成矿段(如天柱山)。

成矿围岩为灯影组白云岩。围岩蚀变简单,在成因上与铅、锌、汞成矿关系密切者主要为白云石化、重晶石化、黄铁矿化、角砾岩化,与汞矿关系密切者主要为白云石化、方解石化、硅化。

铅锌矿体赋存于灯影组石板滩段和白马沱段断裂带中。矿体形态简单,大致顺层产出,较大的呈层状,小的为透镜状。矿石成分较简单,主要矿石矿物为方铅矿、闪锌矿、黄铁矿、褐铁矿,脉石矿物为白云石、石英、重晶石、方解石等。矿石结构为自形晶—半自形晶结构、固溶体分解结构、交代结构。矿石构造为脉状构造、块状构造、浸染状构造、角砾状构造。

矿石自然类型分为原生矿石、混合矿石和氧化矿石。

晚南华世，随着冰川的消融，本区由北向南海侵，处于陆表海沉积环境，接受海进型沉积序列。继滨、浅海相碎屑岩沉积之后，转变为台地碳酸盐岩沉积，沉积了陡山沱组、灯影组，也就是本区铅锌矿主要赋矿层位(矿源层)。在陡山沱组、灯影组的部分地段，铅锌富集形成了铅锌矿体。

已知有1处以古城锰矿为代表中型锰矿床及一批小型的锰矿床或锰矿点，是湖北省锰矿的重要矿田；有1处以钟鼓湾汞矿床为代表的中型汞矿床及一批汞矿点，是湖北省汞矿的重要矿田；有小型铅锌、银钒、钼、灰岩、页岩矿床，以及Mn、Ag、Pb、Zn、V、Mo、Hg、P、Ba、Cr、Ni、Be元素异常，Ag、Cu、Pb、Zn、Fe、Mn、Hg、P、重晶石、萤石重砂矿物异常信息。成矿地质条件有利，有大型锰、银钒钼、汞、灰岩矿床成矿远景，叠加型铅锌有找矿潜力。

5. 恩施硒远景区

远景区位于恩施-鹤峰台褶束之三里向斜，处长阳-恩施铁锰铅锌磷页岩气成矿亚带(Ⅳ-77-②)中部，地跨恩施市、建始县。远景区呈椭圆状，南北长约50km，东西宽约40km，面积约2000km^2。

远景区处于上扬子陆块($Ⅱ_2^2$)恩施褶皱区($Ⅱ_2^{2-3}$)恩施褶皱束太山岭复式背斜中次级双河向斜之北西翼中段。该向斜轴向北东东，核部为三叠系大冶组灰岩，两翼为二叠系—志留系，地层倾角30°～70°，南西端扬起，属基本对称的紧密向斜构造。矿区地层走向北东东，倾向南南东，倾角40°～70°。

赋矿层为二叠系孤峰组含碳硅质岩(P_2g)，含矿岩系沿走向长数至数十千米，沿走向呈波状起伏，沿倾向出现层间滑动、挠曲，发育的北北东向、北东向和北西向3组节理对硒的风化、淋滤和富集起一定的作用。矿区划分为马井坳、渔塘坝、下坝3个矿段，其中渔塘坝矿段长1700余米。

Se含量受岩性控制相当明显。Se含量最高者为含炭硅质岩与含硅质碳质页岩互层(厚度比近于1∶1)，其中含硅质碳质页岩Se含量又显著高于含碳硅质岩，即Se主要富集于含硅质碳质页岩中。赋硒层中V_2O_5、Mo含量较高，V_2O_5平均含量为0.21%～0.46%，Mo平均含量为0.011%～0.03%，其中以孤峰组含碳质硅质岩段第二岩性层含矿性较好。矿体赋存于孤峰组含碳质硅质岩段第二岩性层下部，次为第一岩性层之上部，受地层层位、岩性及层间滑动和节理裂隙构造的控制，呈透镜状，少数呈扁豆状产出，其产状基本与围岩一致，即倾向南东，倾角55°～61°。渔塘坝矿段共圈定9个矿体(工业指标采用边界品位≥0.05%，工业品位≥0.08%，可采厚度≥0.7m)，走向长30～150m，延伸14～35m，极值厚度为0.7～5.19m，向两侧迅速变薄，厚度变化系数为50%～70%，矿体连续性差，属不稳定型。矿体硒品位极值范围为0.08%～0.715 8%，平均为0.13%，品位变化系数为50%～95%，属不均匀变化类型。矿石化学成分主要为SiO_2、有机质、Al_2O_3，其次为Fe_2O_3、FeO、K_2O、S、CaO、MgO等，除主元素Se含量较高外，V、Mo等伴生元素亦可综合利用。

已知有双河硒矿床1处，这是湖北省甚至全国乃至世界唯一的独立硒矿床。成矿地质条件有利，预测有大型硒矿床成矿远景，与硒伴生的钼、钒可进行综合评价。

第六节　江汉盆地成矿区

江汉-洞庭(断陷)石膏-盐类-石油-天然气成矿区(Ⅲ-72)位于长江中游，汉江下游，湖北省中南部，其范围为整个江汉盆地。江汉盆地因其地跨长江和汉江而得名，盆地西起宜昌，东到黄石，北至随州，南与洞庭盆地相连，行政区划主要包括武汉、孝感、荆州、天门、仙桃、潜江以及荆门和宜昌等部分地区，地理坐标为东经111°24′—114°17′，北纬29°45′—31°16′，面积约31 250km^2。

一、区域矿产

成矿区内主要有盐(岩盐、卤水)、石膏(纤维石膏、硬石膏)、芒硝等盐类矿产和石油、天然气等油气矿产，其中，岩盐、石膏、芒硝矿产资源储量大，开发利用条件好，市场前景广阔，且在国民经济和社会发展中具有重要地位，为本区的优势矿产。除此之外，盐类矿产中还含有 Li、Rb、Cs、B、I、Br 等多种有益元素，以及一定厚度的杂卤石、钾芒硝和无水钾镁矾矿层。其中，硼、碘、溴矿产探明储量居全国第一或第二位。

区内共有矿产地 44 处，形成大、中、小型矿床 52 处(包括共生岩盐 1 处、芒硝 7 处)，其中，超大型矿床 6 处(共生芒硝 1 处)，大型矿床 8 处(共生芒硝 3 处)，中型矿床 4 处，小型矿床 34 处(共生岩盐 1 处，芒硝 3 处)。

江汉盆地地层自下而上分别为白垩系红花套组、跑马岗组、渔洋组，古近系沙市组、新沟咀组、荆沙组、潜江组、荆河镇组，新近系广华寺组及第四系(图 7－12)。

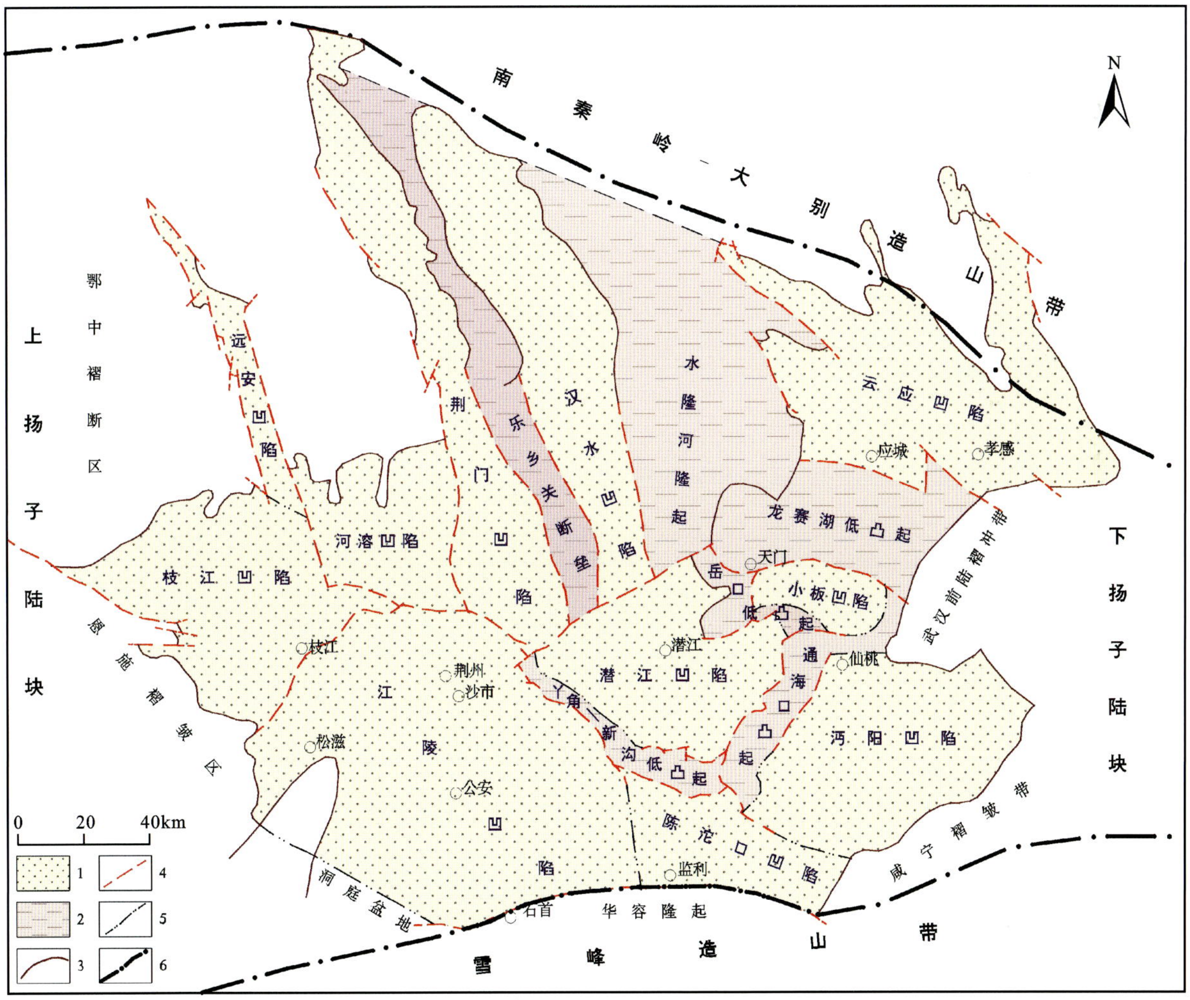

图 7－12 江汉盆地二级构造单元划分图

1. 凹陷分布范围；2. 凸起分布范围；3. 盆地边界线；4. 断层线；5. 二级构造单元划分线；6. 造山带与江汉盆地边界

1. 白垩系(K)

盆地内仅发育上白垩统，具有断陷盆地充填沉积特征，为一套以棕红色、紫红色泥岩为主的砂岩、泥岩互层，夹含膏泥岩和薄层暗色泥岩，与下伏地层呈不整合接触。根据岩性特征，盆地边缘地层划分为红花套组和跑马岗组，在盆地中心划分为渔洋组。

2. 古近系(E)

沙市组(E_1s)：分布于江陵、沙市以北地区，分上、下两段。下段(E_1s^{1-1})主要为盐岩、棕红色及灰色含膏泥岩、钙芒硝泥岩夹砂岩，厚度大于1000m。上段(E_1s^{1-2})主要为灰黑色泥岩，含膏、芒硝泥岩，夹紫红色泥岩和粉砂岩及灰黑色玄武岩，厚300～500m。

新沟咀组($E_{1-2}x$)：在盆地内广泛分布，是重要的含油、盐地层。岩性主要为杂色泥岩、泥膏岩、含膏泥岩，下部夹砂岩，上部夹泥灰岩和少量粉砂岩。按岩性可分为上、下两段，下段($E_{1-2}x^{1-1}$)是凹陷内主要生油层段，自下而上可进一步划分为Ⅲ油组、泥隔层、Ⅱ油组和Ⅰ油组。全组厚500～700m。

荆沙组(E_2j)：为一套棕红色、紫红色泥岩夹薄层浅灰、浅棕色粉砂岩、含膏泥岩，下部砂岩及玄武岩较发育。全组厚600～1000m。

潜江组($E_{2-3}q$)：分布于潜江凹陷、江陵凹陷、沔阳凹陷、小板凹陷和云应凹陷。岩性组合主要为灰色—灰黑色和灰绿色泥岩、泥膏岩、油浸泥岩、岩盐夹粉砂岩及黑褐色油页岩，在江陵一带夹多层玄武岩。本组为江汉盆地主要含油层及主要盐岩矿层，其中包括160多个含盐韵律。组内岩性由潜江向西至江陵一带变为泥岩、砂岩夹油页岩，向东至小板一带为泥岩、膏泥岩夹少量油页岩，厚1370～2634m。

荆河镇组(E_3j)：主要分布于潜江凹陷、江陵凹陷及丫角-新沟低凸起的部分地区。岩性主要为泥岩，下部夹粉砂岩、泥膏岩、盐岩及油页岩。该组为江汉盆地含油层位之一。厚50～150m。

3. 新近系广华寺组(Ng)

该组在盆地内普遍存在，岩性以灰黄色及杂色泥岩为主，夹砂岩、砂砾岩。地层具上下细、中部较粗沉积特点，底部常为砾岩，在钟祥一带底部夹两层泥灰岩，厚740m。

4. 第四系(Q)

第四系为灰色黏土、杂色砾石、夹未成岩松砂层，厚50～100m。

二、矿床类型

本成矿区内矿床类型主要是外生沉积作用形成的蒸发沉积型矿床和生物化学沉积型矿床。

1. 蒸发沉积型矿床

区内与沉积作用有关的蒸发沉积型矿床主要为盐(岩盐、卤水)、芒硝及石膏(纤维石膏、硬石膏)。

成矿区内固体岩盐与钙芒硝、无水芒硝互为共生，二者为相变关系。沉积相带清楚，平面上呈环带状分布，具典型的牛眼式沉积特征。这两类矿产在盆地内分布十分普遍，而且品质优良，赋矿构造单元为江汉断陷内的四级构造单元，主要是潜江凹陷、小板凹陷、云应凹陷和江陵凹陷。赋矿地层为古近系沙市组、新沟咀组、潜江组，以潜江组中盐岩和芒硝层分布广、厚度大、发育完整为最佳。

江汉盆地内的卤水主要分布于潜江凹陷和江陵凹陷中。潜江凹陷为岩盐与油气、卤水共生盆地，卤水分布在凹陷北部边缘临近物源区的沉积湖水相对淡化的砂岩之中，含卤水层为潜江组，共划分为5个含卤水砂岩组(深部第五卤水组未开展工作)，属氯化物型高浓度富钾卤水。

江汉盆地内石膏矿层分布十分普遍，从上白垩统跑马岗组到古近系沙市组、新沟咀组、荆沙组、潜江组、荆河镇组及盆地西北部周缘的龚家冲组均有石膏层分布，但具有经济意义的工业石膏矿层主要分布在盆地北部周缘的河溶凹陷、荆门凹陷和云应凹陷内，赋存地层为上白垩统跑马岗组、古近系龚家冲组和潜江组。

盆地内的钾盐矿床发现在潜江凹陷潜江组中，分布面积约 $100km^2$，矿层厚 1m 左右，埋深为 1643～3040m，资源量为 2000 万 t。由于埋深大、厚度薄，该钾盐矿床目前尚不能开采。

2. 生物化学沉积型矿床

江汉盆地内属生物化学沉积型矿床为石油，共有中型油田 2 个，小型油田 27 个。赋油构造单元为江汉断陷内的江陵、潜江、沔阳、小板、陈沱口 5 个凹陷和丫角-新沟、岳口、通海口 3 个(低)凸起共 8 个构造单元，以潜江凹陷和江陵凹陷最佳。含油层系有新近系广华寺组，古近系潜江组、荆沙组、新沟咀组和白垩系等，其中以潜江组和新沟咀组两套生储油层系最为发育。

三、代表性矿床

天门小板凹陷盐矿位于天门市城区东南的滨湖地区，矿区有公路与随岳高速公路(随州至岳阳，S49)相接，交通十分便利。1994 年 4 月至 1995 年 5 月，江汉石油管理局勘探开发研究院在小板凹陷内盐矿资料综合整理和部分补充地质工作的基础上，提交了《湖北省天门市小板凹陷潜江组盐矿普查研究及评价报告》，其普查评价范围覆盖了 1989 年湖北省地质局第八地质大队提交的《湖北省天门市小板盐硝矿永合-吴家台区段地质普查报告》的普查区和 1990 年湖北省地质勘察基础工程公司提交的《湖北省天门市小板盐矿区灌市采区详查地质报告》的详查区范围(图 7－13)。

1. 矿区地质

矿区处于江汉盆地北部小板凹陷内，地表全为第四系冲积物覆盖，基岩地层自下而上为古近系新沟咀组、荆沙组、潜江组、荆河镇组，新近系广华寺组及第四系。其中，潜江组为小板凹陷内主要含盐地层，从上而下由 5 个盐组组成。每个盐组上部为岩盐段，由 6～53 个含盐韵律组成，厚 0.5～16.5m；下部为钙芒硝泥岩段或硬石膏泥岩段，由泥质钙芒硝岩，钙芒硝质泥岩、白云质泥岩、油页岩、油浸钙芒硝泥岩组成，厚 3～12m。凹陷内潜江组地层总厚为 800～1500m。

2. 盐层特征

小板凹陷盐矿区共有盐矿层(盐群)89 层，组成 5 个盐组，Ⅰ～Ⅳ盐组共有盐矿层(盐群)39 层(工业盐层 38 层，非工业盐层 1 层，为Ⅳ－1 盐层)，Ⅴ盐组有 53 层盐矿层(盐群)，均为非工业盐层。矿区内盐层均呈层状分布，形态受小板凹陷形态控制，南北延展 9.6km，东西延展 18km。盐层分布面积从最下的Ⅴ盐组到最上的Ⅰ盐组逐渐缩小，分别为 $198.59km^2$、$136.7km^2$、$135km^2$、$101.8km^2$、$57.5km^2$。盐层产状与上、下围岩一致，走向北东东向，倾向北北西，倾角 2°～10°。Ⅰ～Ⅳ盐组中的 38 个工业盐层(盐群)累计厚度为 216.52m，单盐群厚 0.63～13.92m，一般厚 2～9m，埋深 413～1 293.5m。盐层含矿率一般为 62%～91%，最低为 53%，最高达 100%。

本矿床石盐矿石的自然类型主要有块状岩盐矿石、条带状岩盐矿石和团块状岩盐矿石 3 种。矿石呈半自形晶粒状结构、紧密镶嵌结构，块状构造、条带状构造。矿物主要由石盐组成，其次为无水芒硝、钙芒硝、硬石膏和白云石、黏土、白钛石等。

矿石的主要有用组分为 NaCl 和 Na_2SO_4，盐群中 NaCl 品位一般为 56.5%～94.67%，平均为 71.8%；钙芒硝[$Na_2Ca(SO_4)$]品位为 1.69%～14.76%，平均为 9.94%；无水芒硝(Na_2SO_4)品位为 0%～

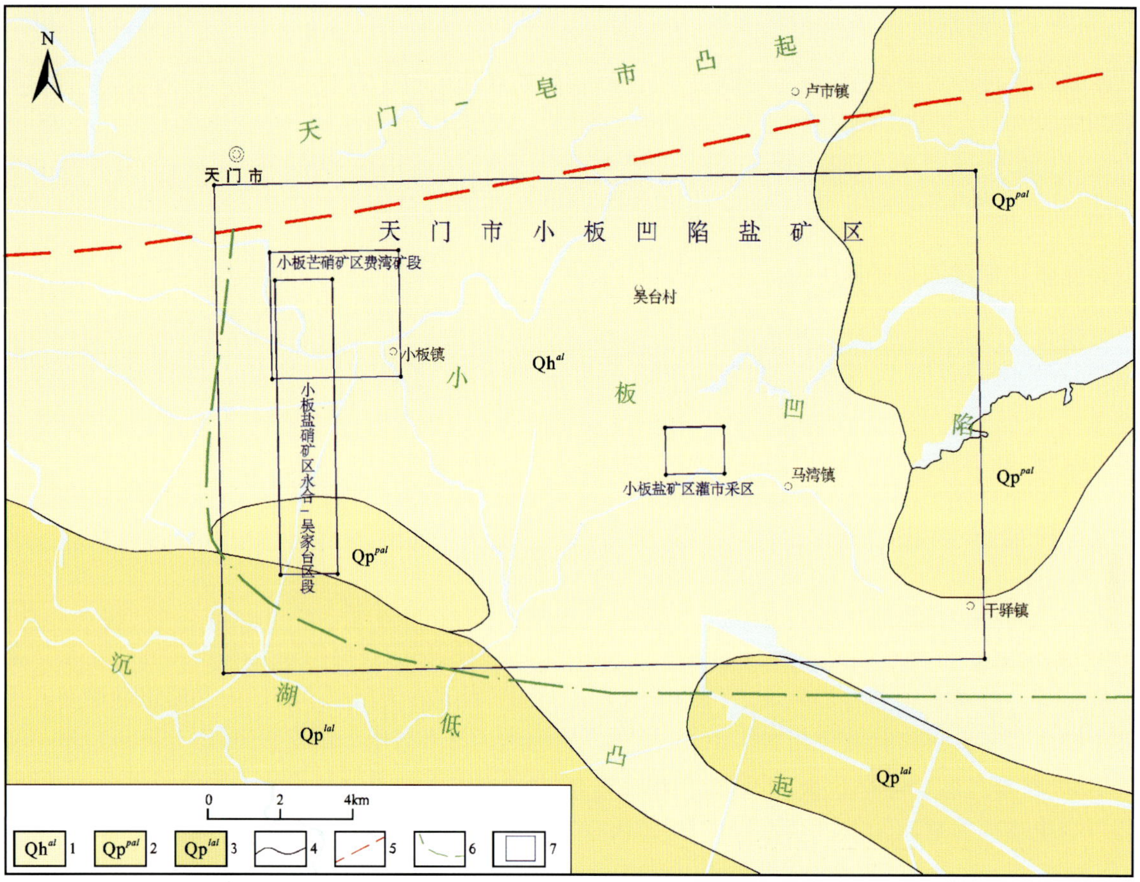

图 7－13　天门市小板盐矿区平面地质与矿段分布图(据江汉石油管理局勘探开发研究院,1995 修改)

1.第四系全新统洪冲积物;2.第四系更新统洪冲积物;3.第四系更新统湖积物;4.地质界线;5.推测断层界线;6.凹陷构造边界线;7.矿区范围界线

9.78%间,平均为 1.07%;水不溶物含量为 5.63%~28.52%,平均为 16.93%。矿石中有害元素 Pb、As、Ba、F、Zn、Mg 等水溶后的卤水成分均未超标,符合工业质量要求。

3.资源储量

截至 2018 年底,矿区盐矿(固体 NaCl)累计查明和保有资源储量为 581 092.5 万 t,芒硝(Na_2SO_4)为 54 687.9 万 t,矿床尚未开发利用。

4.矿床成因

天门小板盐矿形成于古近纪,矿床成因类型属内陆湖泊相沉积型,成矿物质一部分来自沉积盆地周边流域中岩石化学风化的产物,另一部分为溶解的古沉积盐类及沿断裂上升至盆地的深部盐卤水。在干旱的气候条件下,这些物质在湖泊盆地中大多不能排泄出,当蒸发量大于淡水补给量且长期保持的净蒸发量使盆地水的盐度不断增大,导致石膏、钙芒硝、芒硝、石盐、天然碱及钾、镁盐类矿物依次达到过饱和而沉淀成矿。同时,在成岩过程中由于温度及压力的变化,盐类矿物发生重结晶和重组合等变质作用,矿石的矿物组合及结构构造发生变化形成的。因此,天门小板盐矿属于陆相蒸发型盐矿床。

四、区域矿产空间分布

江汉断陷盆地内共划分有16个次级构造单元，其中与成矿关系极为密切的是云应凹陷、潜江凹陷、小板凹陷、江陵凹陷、沔阳凹陷5个凹陷。

固体石盐主要分布在云应凹陷、潜江凹陷、小板凹陷和江陵凹陷。其中，潜江凹陷岩盐分布面积约1600km^2，最大累计厚度为1800m左右，资源量为5600亿～7900亿t，埋深900～3200m；小板凹陷岩盐分布面积约330km^2，最大累计厚度为500m左右，资源量大于184亿t，埋深700～1200m；云应凹陷岩盐分布面积约260km^2，累计厚度为280m左右，资源量为228亿t。应城盐矿自20世纪60年代末以来已进行大规模开采。

钾盐分布在潜江凹陷潜江组，分布面积约100km^2，矿层厚度为1m左右，埋深1643～3040m，资源量为2000万t。由于埋深大、厚度薄，钾盐目前尚不能开采。

钙芒硝、无水芒硝主要分布在潜江凹陷、小板凹陷和云应凹陷，主要层位也在潜江组。

石膏矿床分布在云应凹陷及江汉断陷盆地西部边缘当阳、荆门一带。应城地区的石膏早在明朝嘉靖年间就已被发现和开采，至今已有400多年的历史。

五、区域矿产时间分布

成矿带内含膏盐沉积建造时期有中生代晚白垩世和新生代古近纪两个时期，这两个时期是湖北省含膏盐沉积建造的最佳时期。

（一）晚白垩世含石膏沉积建造

该期含矿沉积建造在带内分布于江陵、当阳、荆门、钟祥一带，是湖北省含盐类矿产的主要沉积时期及沉积建造之一。区内共有石膏矿床4个，其中超大型3个，小型1个。此时期建造以含石膏为主，赋存于建造的上部，共有5个工业膏组，每个工业膏组由数层石膏组成。

（二）古近纪含石膏、岩盐（卤水）、芒硝沉积建造

该期含盐类矿产沉积建造分布于整个江汉盆地，以应城、云梦、潜江等地发育完整，含矿性好，是湖北赋产膏、盐、芒硝及石油、天然气等矿产的产出胜地。例如誉名全国的云应盐矿、江汉油田等，在湖北省的经济建设中具有举足轻重的地位。区内该时期含盐类矿产沉积建造共有矿床20个，其中超大型3个（共生芒硝1个），大型8个（共生芒硝4个），中型2个，小型7个（共生芒硝3个）。

古近系含盐类矿产沉积建造，其地层相当于江汉盆地中部分布的古近系沙市组、新沟咀组、荆沙组、潜江组、荆河镇组。在江汉盆地中部，整个沉积建造由两个大的沉积旋回构成。下旋回始自晚白垩世渔洋期至古近纪古新世沙市期、早始新世新沟咀期止；上旋回自中始新世荆沙期、晚始新世潜江期至渐新世荆河镇期。

1. 古近纪沙市期含石膏、岩盐（卤水）、芒硝沉积建造

该期含矿沉积建造主要分布于江陵、沙市以北地区。据沙市盐矿区丁家台矿段的相关地质资料，该期含矿地层为古近系沙市组下段，由3个Ⅱ级韵律（亚段）8个Ⅲ级韵律（岩群）61个Ⅳ级韵律（盐层）组成，盐群总视厚约643.5m，盐层累计厚约227m。盐层中NaCl品位为60%～70%，Na_2SO_4品位为3.24%～7.04%。

2. 古近纪新沟咀期含石膏、岩盐（卤水）、芒硝、石油沉积建造

该期含矿沉积建造在江汉盆地内广泛分布。据南湖峪盐矿区和石子滩盐矿区的相关地质资料，该

期含矿地层为古近系新沟咀组下段，经钻孔控制的主要盐群有6～12个，其中4个工业盐群。每个盐群有1～5层盐，盐群厚0.22～5.3m，盐层厚0.22～4.31m，盐群间间隔层厚1.70～68.21m。盐层含矿率一般为61%～94%，NaCl品位为82.62%～89.19%，Na_2SO_4品位为3.11%～7.69%。

据江汉石油管理局油田勘探资料，新沟咀组是江汉盆地内重要含油层位，油层主要赋存在下段中，该段自下而上分为Ⅲ油组、泥隔层、Ⅱ油组和Ⅰ油组。

3. 古近纪荆沙期含石膏、岩盐、芒硝沉积建造

该期含矿沉积建造主要埋藏于江陵凹陷、潜江凹陷内，王深2号井的钻进厚度为895.31m，未见底。该沉积建造上部夹有13个含盐韵律，盐层累计厚度77m。

4. 古近纪潜江期含石膏、岩盐(卤水)、芒硝、石油沉积建造

该期含矿沉积建造分布于潜江凹陷、江陵凹陷、沔阳凹陷、小板凹陷和云应凹陷。该建造为江汉盆地主要盐岩矿层和含油层，其中包括160多个含盐韵律，在各凹陷内均有所不同。

潜江组为高盐度、强蒸发环境下的氯化钠型盐湖沉积，沉降、沉积和浓缩中心位于盆地中部的潜江凹陷，也是富烃凹陷。盐间多油层组含油，含油井段长，纵向油气分隔，由于含盐韵律层的分隔油气纵向运移条件差，以分层段横向运移聚集为主，在24个油层组中已发现22个油层组含油，含油井段长达2735m。盐湖浓缩中心控制了油气分布与富集，蚌湖、周矶浓缩中心盐韵律地层最为发育，与砂岩较发育区叠置，其周缘断层多、盐构造多、岩性圈闭多、含油层组多、油藏类型多、含油丰度高，油气最为富集。远离盐湖浓缩中心油田少、含油层组少、含油丰度变低。岩性油藏十分发育，并具有分带性，在已发现的油田储量中，岩性油藏储量约占40%。断层小、构造幅度小、含有面积小的“三小”构造油藏多成群成带分布。盐间非砂岩油藏油气资源十分丰富，盐韵律层中的非砂岩是良好生油层，生成的油气被上、下盐岩层阻隔，初次运移条件很差，滞留其中，形成“自生自储”式油藏。盐间非砂岩油藏具有单层薄、层数多、分布广而稳定、累计厚度大(＞200m)的特点，但其储集层物性差，属特低渗透层，非均质性强，具孔隙和裂缝双重介质，开采难度大。

5. 古近纪荆河镇期含石膏、岩盐、芒硝沉积建造

该期含矿沉积建造主要分布于潜江凹陷、江陵凹陷及丫角-新沟低凸起的部分地区。含矿层位为荆河镇组下部，岩性主要为灰绿色、深灰色泥岩，下部夹粉砂岩、泥膏岩、盐岩及油页岩。此建造也是江汉盆地含油层位之一。

值得提出的是，古近系沉积建造除上述含岩盐、石膏、钙芒硝等矿产外，该沉积建造还赋含卤水、富钾卤水、杂卤石、钾芒硝、钾石膏等，是湖北赋产钾盐的重要含矿沉积建造。

第七节　长江中下游成矿带(湖北段)

长江中下游成矿带(湖北段)包括Ⅲ-69长江中下游Cu-Au-Fe-Pb-Zn-(Sr-W-Mo-Sb)硫铁矿-石膏成矿带，因Ⅲ-70江南隆起东段Au-Ag-Pb-Zn-W-Mn-V-萤石成矿带范围较小，将其并入长江中下游成矿带一起论述(图7-14)。本矿带属长江中下游铁铜成矿带的重要组成部分，主要成矿特点是：与燕山期中酸性侵入岩有关的矽卡岩型、斑岩型矿床密集分布、与燕山期陆相火山岩有关的非金属矿产集中分布以及大型红土型金矿形成。

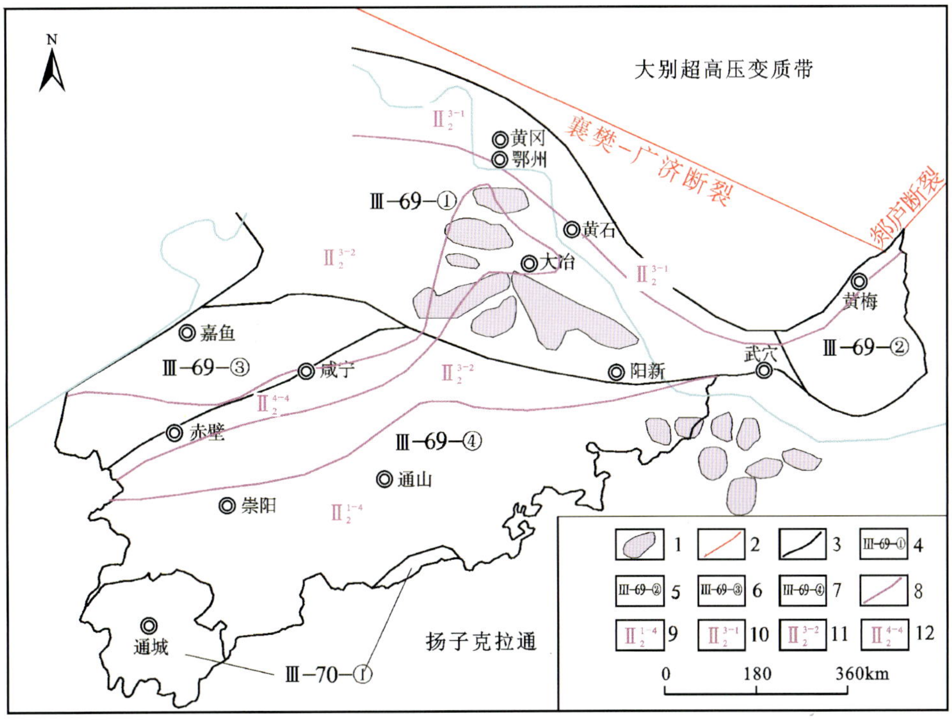

图 7-14　长江中下游成矿带(湖北段)成矿分区简图

1. 中生代晚期侵入岩；2. 区域性断裂；3. Ⅳ级成矿亚带界线；4. 大冶-阳新铁铜铅锌金钨钼锶石膏膨润土成矿亚带(Ⅲ-69-①)；5. 黄梅铜铁铅锌银金矿成矿亚带(Ⅲ-69-②)；6. 咸宁-嘉鱼金铜多金属成矿亚带(Ⅲ-69-③)；7. 蒲圻-通山铜金锑多金属成矿亚带(Ⅲ-69-④)；8. 四级构造单元界线；9. 幕阜山基底穹隆($Ⅱ_2^{1-4}$)；10. 武汉前陆褶冲带($Ⅱ_2^{3-1}$)；11. 咸宁褶皱带($Ⅱ_2^{3-2}$)；12. 赤壁盆地($Ⅱ_2^{4-4}$)

一、成矿地质构造环境

区内与中生代中酸性岩浆侵入有关的铁、铜、铅、锌、金、银、硫、钨、钼、硅灰石矿床主要分布在鄂城—大冶—阳新地区。成矿受岩浆岩、地层和构造控制，一般铁矿受中三叠统下部含膏盐的碳酸盐岩与岩浆岩的接触带控制，铁铜或铜铁矿受下三叠统碳酸盐岩与岩浆岩的接触带控制，铜矿受石炭系—下三叠统碳酸盐岩与岩浆岩的接触带控制，钨钼矿多受奥陶系—二叠系碳酸盐岩与岩浆岩的接触带控制。在空间分布上，以铁为主的矿床主要分布在中生代坳陷盆地和火山岩盆地及其边缘，受富碱的中浅成闪长岩-石英闪长岩-花岗岩类控制；以铜、金、钨、钼为主的矿床，主要分布在矿带中部中生代隆起区，主体受殷祖复式背斜控制，其次为丰山洞复式向斜，受中深—中浅成的石英二长闪长岩、石英二长闪长玢岩-花岗闪长斑岩及超浅成的石英闪长玢岩-花岗闪长斑岩体控制。在时间分布上，大致以大冶湖为界，南部成矿较早，以形成铜、金、钨、钼为主，主要由黑云角闪辉长岩、闪长岩类、花岗闪长岩和花岗闪长斑岩成矿，其中花岗闪长斑岩多为小岩体成矿；北部成矿较晚，以形成铁矿为主，由南向北，由铁山岩体等燕山早期的黑云辉长岩、闪长岩类、花岗闪长斑岩成矿，演变为鄂城岩体、金山店岩体等燕山晚期的闪长岩、二长闪长岩、石英二长岩、花岗岩、花岗斑岩成矿。

与原地或近源风化作用有关的金矿床包括与表生风化有关的红土型金矿床、风化型铁矿床、砂矿型独居石砂矿床等。红土型金矿床主要分布在咸宁-嘉鱼金铜多金属成矿亚带(Ⅲ-69-③)及蒲圻-通山铜金锑多金属成矿亚带(Ⅲ-69-④)中，以嘉鱼一带矿化最好，次为通山—阳新一带，矿化发育在中更新统残积亚黏土中；风化型铁矿床主要分布在大冶-阳新铁铜铅锌金钨钼锶石膏膨润土成矿亚带(Ⅲ-69-①)

中，与各类金属矿产的地表氧化铁帽有关，以铁东地区及灵乡、殷祖、阳新三大岩体交接部位矿化较发育，但一般规模很小。

与中生代地下热水作用有关的金锑铅锌铁矿床主要为地下热水改造的层控型矿床，矿体赋存在一定矿源层的层间断裂裂隙带中，形成矿床以中小型为主。其中，铅锌矿主要分布在黄石—广济一带，受太子庙台褶束东北缘早三叠世陆缘同沉积断裂控制的斜坡相滑塌角砾岩带控制，由武穴市阳城铅锌矿床与黄石黄荆山一带的一系列铅锌矿床（点）组成一个北西向的铅锌成矿带；锑矿主要分布在南部咸宁台褶束中，主要与灯影组和陡山沱组的层间破碎带有关；铁矿分布在黄梅马鞍山一带，该处位于郯庐断裂带之西侧，矿床受北东向马鞍山背斜控制，矿体赋存在石炭系—二叠系层间破碎带中，以菱铁矿为主，地表浅部常风化成褐铁矿，主要矿床有马鞍山菱铁矿床。

与中生代陆相中基性—酸性、碱性火山岩有关的膨润土、珍珠岩、沸石、含碱玻璃原料等非金属矿床局限分布于矿带西缘金牛火山岩盆地中，其中下白垩统大寺组六段中珍珠岩质量优良，富碱玻璃原料分布在熔结凝灰岩中，可作为带色玻璃原料，规模可达大型。在火山岩盆地中尚分布有后期热液型铅锌矿点。

受滨岸潮坪潟湖相蒸发沉积控制的石膏矿主要分布在武昌—黄石地区，主要赋存在下—中三叠统碳酸盐岩段。热液交代型和接触交代矽卡岩型硬石膏在本区也有分布，主要矿床有金山店硬石膏矿、张敬简石膏矿等。

二、区域矿产

区内已发现 65 个矿种、81 个亚矿种，分别占湖北省已发现 146 个矿种、183 个亚矿种数的44.52%和 44.26%，查明铁、铜、铅、锌、金、银、钨、钼、锑、硫铁矿、石膏、水泥用灰岩、熔剂用灰岩、大理岩、天青石、煤等矿床（点）计 700 余处。区内上表金属矿床 161 处（大型 12 处，中型 26 处，小型 123 处），其中铁矿床 53 处，铜铁矿床 24 处，铜矿床 25 处，铜钼、铜钨、铁钨矿床 18 处，金、铜金矿床 18 处，铅锌矿床 5 处，铜硫矿床 1 处，锑矿床 3 处，锰矿床 7 处，钒矿床 7 处。矿床类型主要为接触交代矽卡岩型，少量斑岩型、岩浆期后热液型、沉积-改造型、风化淋滤型等。

三、矿床类型

岩浆型矿床：主要有花岗岩，代表性矿床有通城县九房大型饰面用花岗岩矿床。

接触交代型（矽卡岩型）矿床：主要分布于鄂州—阳新地区，主要有铁、铜、金、钨、钼、硅灰石、硫铁矿、石榴石、石膏、方解石等矿产，代表性矿床有黄石市大冶铁矿。

斑岩型矿床：主要分布于鄂州—阳新地区，主要有铜、金、钼等矿产，代表性矿床有大冶市铜山口铜钼矿床、阳新县丰三洞铜矿床等。

伟晶岩型矿床：分布于幕阜山地区，主要有钽铌矿，代表性矿床有断峰山钽铌矿。

岩浆热液型矿床：主要分布于鄂州—阳新地区，主要有铅锌、铁、铜、金、钨、钼、硫铁矿等矿产，代表性矿床有阳新县银山铅锌矿床。

陆相火山岩型矿床：主要有膨润土等矿床，代表性矿床有武汉市江夏上熊中型膨润土矿床。

浅成中低温热液型矿床：主要有铁、钨、锑、金、矿泉水、地热、地下水等矿床，代表性矿床有黄梅铁矿床。

砂矿型矿床：主要有独居石砂矿，代表性矿床为隽水独居石砂矿。

机械沉积型矿床：主要有石英岩，代表性矿床有江夏区八分山石英岩矿床。

化学沉积型矿床：主要有钒、钼、银钒、硫铁矿、灰岩、白云岩、页岩、黏土等矿产，代表性矿床有阳新县枫林硫铁矿、大冶市岩峰灰岩白云岩矿床等。

蒸发沉积型矿床：主要有石膏，代表性矿床有武汉江夏五里墩石膏矿。

生物化学沉积型矿床：主要有煤矿、石煤，代表性矿床(点)有阳新县七约山煤矿田。

风化型矿床：主要有金、锰、铁等矿床，代表性矿床有嘉鱼县蛇屋山金矿。

四、代表性矿床

大冶市铜绿山铜铁矿床位于大冶市城区西南约 3km，行政区隶属大冶市金湖街道管辖。矿区内有公路与 106 国道和武(昌)-九(江)铁路相连接，交通便利。矿床处于扬子陆块($Ⅱ_2$)下扬子陆块($Ⅱ_2^3$)咸宁褶皱带($Ⅱ_2^{3-2}$)大冶湖复式向斜南翼，在阳新侵入体的西北端。该矿床为一大型铜铁矿床。

(一)矿区地质

铜绿山矿区南起喻家山(28 号勘探线)，北止大冶湖南(55 号勘探线)，东起熊家湾，西止柯锡太，面积约 $3.5km^2$。

1. 地层

矿区内地层分布较为简单，主要为呈隐伏残留状态赋存的下三叠统大冶组、中下三叠统嘉陵江组碳酸盐岩地层以及下白垩统大寺组凝灰岩地层。第四系冲积层在矿区地表广泛分布。与成矿关系密切的是大冶组、嘉陵江组碳酸盐岩地层(图 7－15)。

2. 岩浆岩

矿区岩浆岩主要为阳新杂岩体西北端的铜绿山岩株体($\pi\delta o K_1$)，主要岩性为石英二长闪长玢岩，为燕山早期第三次岩浆侵入形成。铜绿山岩株体在平面上东西长约 4km，南北宽约 3.5km，呈不规则短轴椭圆状，面积约 $11km^2$，为一向南超覆向南东倾斜的偏心蘑菇状岩株体，属中浅成相，剥蚀深度较浅。

矿区晚期岩脉较为发育，主要有钠长斑岩脉、细晶岩脉、煌斑岩脉及少量闪长玢岩脉，岩脉均产于石英二长闪长(玢)岩体及矿体中，系成矿后岩浆活动的产物。

3. 变质作用

(1)热接触变质作用：岩浆侵入围岩中，使碳酸盐岩变质为大理岩和白云石大理岩。矿区碳酸盐岩地层被岩浆岩分割包裹，普遍遭受强烈的大理岩化。变质产物与原岩成分有关，原岩为灰岩者均变质为中粗粒大理岩，白云岩变质为中细粒白云石大理岩。

(2)接触交代变质作用：当岩浆侵入围岩后，在岩体与碳酸盐岩地层接触带两侧，形成不同形态、规模及类型的矽卡岩。矽卡岩岩石类型主要有石榴石矽卡岩、透辉石矽卡岩、金云母矽卡岩、金云母透辉石矽卡岩、石榴石透辉石矽卡岩及斜长石岩等。这些矽卡岩分带明显与成矿关系密切，往往构成矿体的直接围岩。

4. 构造

区内褶皱构造主要为北西西向和北北东向，北西西向褶皱为大冶复向斜南翼的次级褶皱，北北东向叠加褶皱为控制矿床的主体构造，即柯家山-仙人座横跨背斜。背斜核部地层为大冶组三段、四段，翼部地层为嘉陵江组一段至三段。由于受岩体侵入的影响，背斜保留不全，呈半岛状残留体形式发育在岩体中，背斜的中、北段仅保留其东翼部分，矿床中的矿体(群)沿背斜的两翼及核部分布。

区内断裂主要有北西西向、北北东向、北东向 3 组。北西西向铜绿山-李家山断裂深切基底与山坡-枫林超壳断裂直接连通，贯通地幔与地壳。北北东向马叫-铜绿山断裂是姜桥-下陆断裂带中下段的组

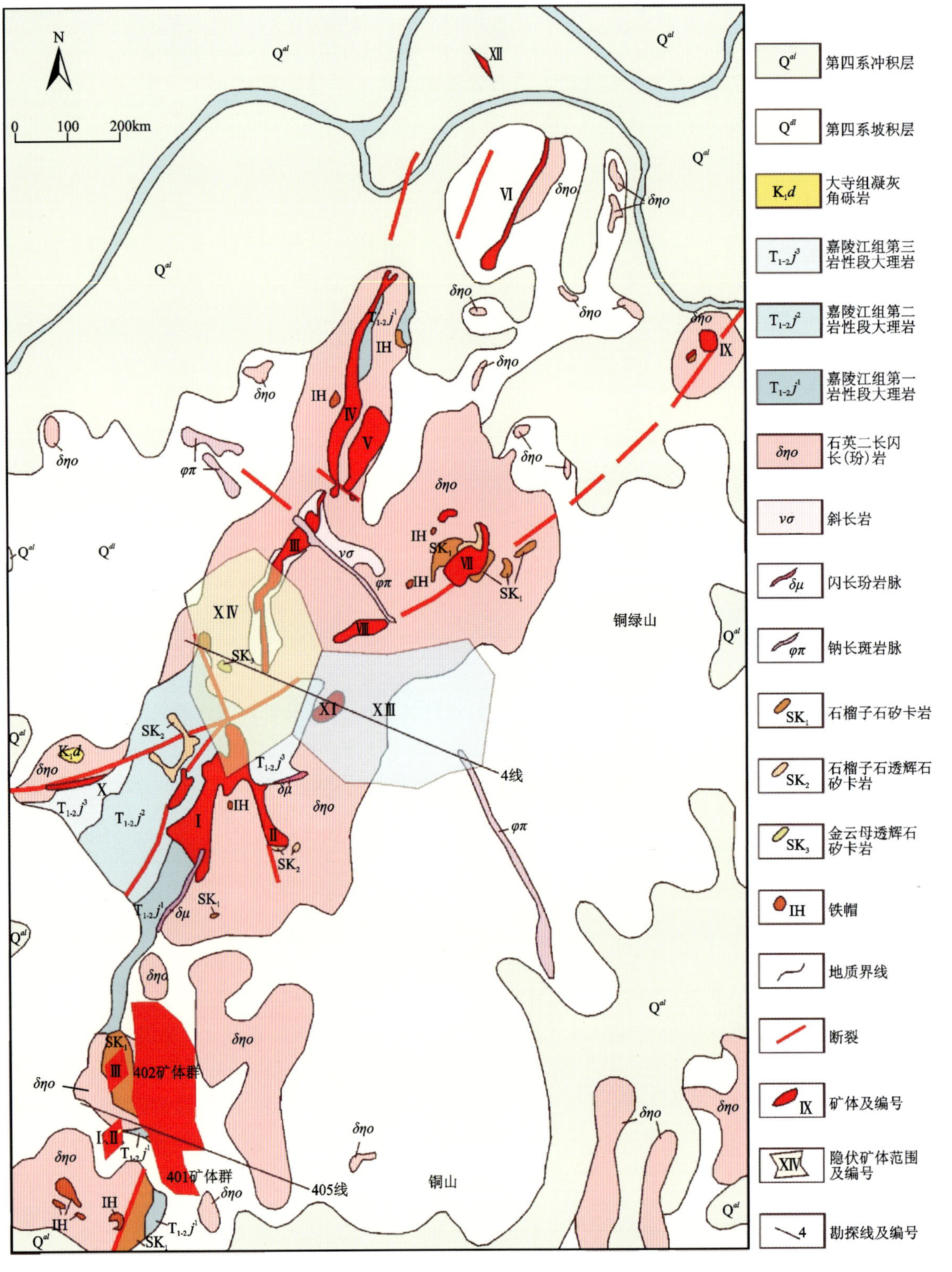

图 7-15　大冶市铜绿山铜铁矿床地质略图(据湖北省鄂东南地质大队,2010 修改)

成部分,具成矿前、成矿期、成矿后多期活动特征,为重要的控矿断裂。由于受岩体侵入的影响,断裂多以残留片段显示,很难连续追索。因此,断裂的延伸不大,一般只数十米至数百米。区内破碎带甚为发育,主要分布于接触带、矿体的顶底板、背斜的轴部以及断裂带的局部。破碎带大致呈带状分布,角砾成分单一,与围岩基本一致。破碎带的展布方向主要有北北东向和北东向两组。

岩体侵入与围岩形成的接触构造是区内最基本的控矿构造。根据接触带的形态，接触构造可分为半岛状接触构造、悬垂体接触构造和捕虏体接触构造。接触构造常与其他构造类型复合而形成复合接触构造，如接触破碎带构造、接触断裂带构造。复合接触带对成矿有利，往往形成大矿体和主矿体。接触带的形态、产状与矿体的发育关系密切，陡倾斜、转折部位有利于矿体的发育，多形成大矿体、主矿体，缓倾斜、锯齿状接触带多只形成小矿体。除上述构造类型外，还有构造裂隙、层间剥离、层间破碎等构造。

（二）矿体地质

1. 矿体形态、规模及产状

铜绿山铜铁矿床圈定13个大小不等的铜铁矿体（Ⅰ～ⅩⅢ），以Ⅰ、Ⅲ、Ⅳ、ⅩⅢ号矿体为主，以Ⅱ、Ⅴ、Ⅶ、Ⅺ、Ⅻ号矿体等为次。除Ⅸ号矿体外，均分布在南北长约2100m、东西宽约600m范围内。矿体的分布主要受北北东、北东东向两组构造控制，排列成两个带（图7-16）。其中，北北东向矿带沿北东22°延伸，长约2100m，宽300～350m，包括Ⅰ、Ⅱ、Ⅲ、Ⅳ、Ⅴ、Ⅵ、Ⅺ、Ⅻ、ⅩⅢ号矿体；北东东向矿带沿北东68°延伸，长约1850m，宽约10m，包括Ⅹ、Ⅷ、Ⅶ、Ⅸ号矿体。这些矿体规模小，分布零星，互不连续。上述矿体在剖面上呈透镜状或似层状，主要赋存于石英二长闪长（玢）岩与大理岩的接触带上，其次赋存在接触带附近的大理岩层间，极少赋存于接触带附近的岩体内。因此，接触构造是本矿床矿体连接与对比的主要依据。

在Ⅰ、Ⅱ、Ⅲ、Ⅳ、Ⅴ、Ⅵ、Ⅶ、Ⅺ、Ⅻ、ⅩⅢ十个矿体中，除Ⅱ、Ⅻ号矿体外，其余矿体都是由两个到数十个呈雁行排列的不同类型矿石组成的矿体群。矿体在平面上表现为一组出露深度不等的平行脉，剖面上呈雁行式斜列，具尖灭再现现象（图7-16），单个矿体呈狭长透镜状，倾角50°～80°不等。各矿体长一般为200～520m，延深较大，一般为105～650m，局部可达－1000m以下。Ⅲ号矿体在－820m以下，ⅩⅢ号矿体在－1200m以下仍未尖灭。此外，在Ⅰ、Ⅲ、Ⅳ、Ⅺ等矿体的顶、底板及附近分布单钼矿体，在远离接触带的大理岩（或矽卡岩）及岩浆岩中分布小的铜矿体。这类矿体规模小、变化大，但都分布在主矿体的周围。

2. 矿石特征

氧化带和混合带中的矿石结构主要为胶状结构、他形粒状结构、假象结构、纤维状结构、球粒结构等；原生带中矿石结构主要为他形、半自形、自形粒状结构，固溶体分解结构，熔蚀交代结构，压力结构等。氧化带和混合带中矿石构造主要为致密块状构造、蜂窝状构造、泥质粉砂状构造，次为粉末状构造、角砾状构造及脉状构造；原生带中矿石构造主要为致密块状构造、半致密块状构造、浸染状构造、星点状构造、角砾状构造，次为脉状构造、网脉状构造及粉粒状构造。

矿石中矿物成分较多的是硫化物，硅酸盐次之。主要矿石为铜铁矿石，金属硫化物占5%左右，以黄铜矿较多，其次是黄铁矿、斑铜矿、辉铜矿，再次是砷黝铜矿、闪锌矿；金属氧化物占42%～88%，主要是磁铁矿，其次是赤铁矿。矿石矿物的含量关系是磁铁矿＞黄铜矿＞黄铁矿＞斑铜矿＞辉铜矿。脉石矿物在铜铁矿石中占34%～47%，在铜矿石中占90%，主要有方解石、白云石、石英、玉髓、石榴石、透辉石、金云母等，其次为钠长石、钾长石、蒙脱石、绿泥石、多水高岭石、石膏、重晶石等。

矿石主要有用组分是Cu、Fe、Mo，伴生可综合利用组分为Au、Ag、S、Co、In、Se、Te、Ga、Re等，矿石的主要伴生有益组分为Au、Ag、S，有害元素为As、Zn、Mg、F，但有害元素在矿石和精矿中都低于规定要求。

矿石Cu品位一般为1%～5%，最高品位达41.69%。矿体Cu平均品位一般为1%～3%，以Ⅰ、Ⅱ、Ⅺ号矿体最富，平均品位均在2%以上。矿床Cu平均品位为1.59%。矿石TFe品位为30%～55%，矿体TFe平均品位为30%～50%，以Ⅰ号矿体最富，TFe达51.24%。矿石中Mo品位一般为0.060%～0.300%，最高达1.180%。矿体Mo平均品位为0.033%～0.441%，以Mo-10矿体最富，达0.441%。

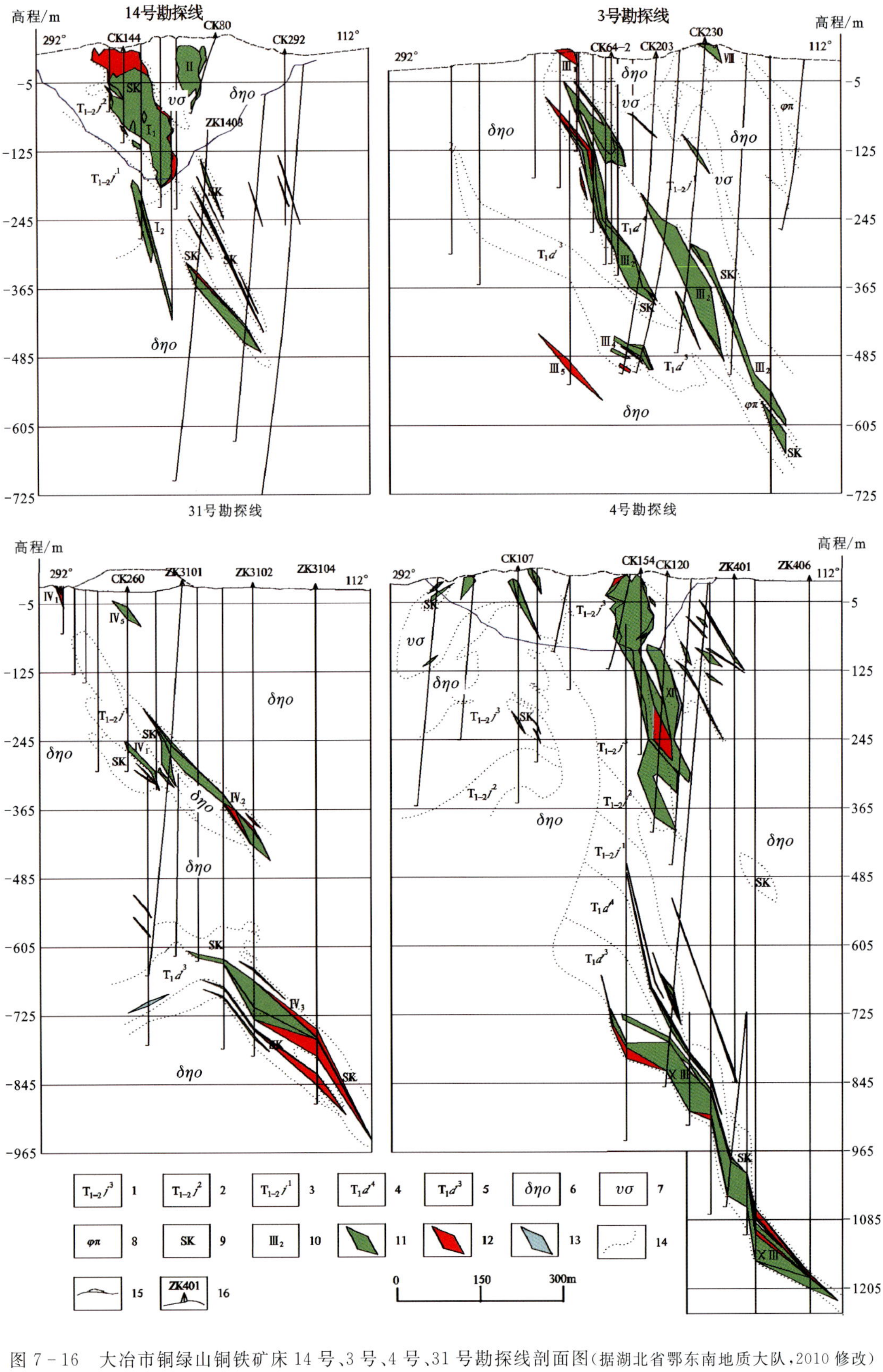

图 7-16　大冶市铜绿山铜铁矿床 14 号、3 号、4 号、31 号勘探线剖面图(据湖北省鄂东南地质大队,2010 修改)

1.嘉陵江组三段;2.嘉陵江组二段;3.嘉陵江组一段;4.大冶组四段;5.大冶组三段;6.石英二长闪长玢岩;7.斜长岩;8.钠长斑岩;9.矽卡岩;10.矿体编号;11.铜铁矿体;12.铜矿体;13.铁矿体;14.地质界线;15.地形线;16.钻孔位置及编号

3. 矿石类型

本矿床矿石类型复杂，矿石可划分为铁矿石、铜铁矿石、铜矿石、钼矿石、铜钼矿石 5 种工业类型，以及氧化铁矿石、原生铁矿石、氧化铜铁矿石、混合铜铁矿石、原生铜铁矿石、氧化铜矿石、混合铜矿石、原生铜矿石、原生钼矿石、原生铜钼矿石 10 种自然类型。

矿区围岩蚀变主要有硅化、透辉石化、金云母化、钠化、绿帘石化、碳酸岩化、钾长石化等，其中钠化与铁矿化关系密切，钾长石化、硅化与钼矿化关系密切，钾长石化、碳酸岩化与铜矿化关系密切。

（三）资源储量

截至 2018 年底，大冶市铜绿山铜铁矿床累计查明资源储量为：查明铜资源储量为 1 302 851t，保有铜资源储量为 360 246t；查明铁矿石资源储量为 7 262.6 万 t，保有铁矿石资源储量为 2 525.6 万 t；查明钼资源储量为 813t，保有钼资源储量为 759t；查明伴生金资源储量 81 771kg，保有伴生金资源储量 24 084kg；查明伴生银资源储量为 660t，保有伴生银资源储量 239t；查明伴生硫资源储量 142.4 万 t，保有伴生硫资源储量 52.4 万 t。

（四）矿床成因

1. 成矿阶段划分及成矿时代

根据矿体的相互穿插关系、矿石中的矿物共生组合及矿物的穿插交代关系，本矿床成岩成矿作用具有多期多阶段的特点，成矿作用过程可划分为 3 个成矿期 5 个成矿阶段（表 7－2）。

表 7－2 大冶市铜绿山铜铁矿成矿期与成矿阶段划分表（据湖北省鄂东南地质大队，2010 修改）

成矿期	矽卡岩期		石英硫化物期		表生作用期
成矿阶段	矽卡岩阶段	气化高温氧化物磁铁矿阶段	高中温石英硫化物阶段	中低温碳酸盐硫酸盐阶段	次生富集阶段
矿物	早期岛状和链状无水硅酸盐矿物（石榴石、透辉石等）	高温富铁气液交代透辉石、金云母、石榴石等，形成浸染状-致密块状磁铁矿石，伴随广泛钠化及蛇纹石化	主要为大量石英晶出和硫化物大规模沉淀，依次晶出含镍黄铁矿、黄铁矿、黄铜矿、斑铜矿、辉铜矿、铜蓝等，叠加于铁矿体之上，铜矿化过程伴随广泛的钾长石化、硅化、绿泥石化、碳酸盐化等热液蚀变	形成硬石膏、重晶石、萤石、白云石、方解石等，仅有微量黄铁矿呈星点状晶出	水、气氧化淋滤使磁铁矿被氧化，形成赤铁矿、褐铁矿；硫化物被分解形成次生矿物，如赤铜矿、自然铜、孔雀石、蓝铜矿等铜矿物
	晚期带状和复杂链状含水硅酸盐矿物（金云母、阳起石等）				

铜绿山岩体年龄为 144～138Ma（Xie et al.，2011；黄圭成等，2013；Li et al.，2010a；Wang et al.，2013；Li et al.，2010b），铜绿山铜铁矿床成矿年龄为 140～136Ma（谢桂青等，2009；Li et al.，2014），表明了成矿作用紧随与岩浆岩成岩之后，成岩成矿为一连续演化阶段。

2. 成矿控制因素及成矿作用

矿床矿体受构造、岩浆岩、围岩等条件控制。其中，构造是控制矿床的主导因素，岩浆岩是成矿作用的前提，碳酸盐类围岩是形成铜铁矿体的重要条件。褶皱与断裂构造控制矿体的空间展布，而接触构造控制矿体的规模、形态与产状，矿床中规模较大的矿体均赋存于接触带中。矿体严格受岩体与三叠系碳酸盐岩类围岩接触带的控制，而接触带、矽卡岩及矿体的空间分布、形态、产状和规模明显受岩体的分布、形态等特征制约。铜绿山岩体成岩与铜铁矿成矿在时间上具有密切联系，成矿作用紧随于岩浆岩成岩之后，即岩浆岩→矽卡岩→铁、钼、铜、硫矿化，为一完整的连续演化过程。在其他地质条件类似的情况下，不同层位的围岩，对成矿作用强度有较大的影响，如矿床内铜矿体主要产于嘉陵江组一段、二段。质纯富钙或适度富镁的碳酸盐岩对成矿有利，较纯的白云岩及酸不溶物高的岩石对成矿不利。

矿床为铜铁复合矿床，区域岩浆演化到特定阶段的含矿岩浆在一定控矿构造带与不同的碳酸盐类围岩接触，在接触带的各类矽卡岩中或两侧被高一中温含矿气液多期次多阶段脉动式交代，Cu、Fe 等成矿元素富集沉淀形成矿体。矿床成矿作用方式以接触交代作用为主，次为充填交代作用。以岩浆岩与碳酸盐岩侵入接触且渗滤-扩散交代作用形成矽卡岩体及矿体为主。矿化作用形式以晶隙交代为主，交代强烈者形成块状矿石，稍弱者形成浸染状矿石。

矿床为接触交代(矽卡岩)型铜铁矿床。

五、区域矿产空间分布

本区北部为长江中下游成矿带大冶-阳新铁铜铅锌金钨钼锶石膏膨润土成矿亚带，矿产具空间分带性，由北向南分为鄂城-金山店-灵乡铁矿带和大冶-阳新铜钼金矿带。鄂城-金山店-灵乡铁矿带位于隆拗过渡区，矿带主导构造为北北东向，其西侧为金牛火山岩盆地。在这个盆地边缘虽有类似庐枞地区铁矿那样的次火山热液型铁矿(如王豹山、新屋下)，但并不发育，只有一些小型矿床和矿点。铁矿带中有多期次岩浆活动，在 160～90Ma 均有，但以燕山晚期为主。含矿岩体主要为石英闪长岩、正常闪长岩和花岗岩等。主要铁矿为矽卡岩型、矿浆型和矿浆-热液过渡型。矿体较厚大，岩体的接触带和超覆部位控矿明显，著名的程潮、铁山、金山店、灵乡等铁和铁铜矿床都集中在鄂城-金山店-灵乡铁矿带上。

大冶-阳新铜钼金矿带的主体在丰山洞—武山—城门山一带，向西至大冶。该带处于隆起区及其边缘，隐伏的北西西向岩石圈断裂是主要的导岩导矿构造，而北西西向断裂与次级的北东向和北西向断裂的结点是岩体和矿床的赋存部位，各含矿岩体间大体等距分布。矿床类型以斑岩型和矽卡岩型为主，也有部分层控型矿床。除 Cu 外，Au 也是重要成矿元素，带内已知有鸡冠咀、鸡笼山等铜金矿床。在该铜矿带与鄂城-金山店-灵乡铁矿带的交接部位，小岩体密集，矿化强度大，矿床数量多，其中包括铜绿山铜铁(金)矿床为代表的复合型矿床，是寻找铜、金矿床的有利地段。

本区西部围绕嘉鱼隐伏岩体以及近东西向构造破碎带，形成了金、锰风化型矿床，经风化淋滤作用迁移、富集成矿；本区南西部围绕方山背斜东倾伏端及南东翼，出露层控热液型锑、金等多金属矿床；本区南东部围绕大幕山背斜核部，出露层控热液型锑、铅、锌、汞等多金属矿床；在咸宁大磨山复式背斜北翼分布化学沉积型钒矿；本区最东部黄梅一带，出露层控热液型铁矿床。

六、区域矿产时间分布

1. 古生代

始—早寒武世，在鄂东南地区崇阳县—通山县一带形成钒矿。寒武纪初期(始世)，扬子海域普遍沉降，全区转变为陆棚海环境，崇阳—通山地区为缓斜坡沉积环境，接受碳质钙泥岩、碳质岩的沉积组合，形成了以黑色岩系为特征的含 V、U 等成矿元素的“走马坪式”钒矿赋矿地层——牛蹄塘组。

中晚泥盆世云台观期，区内以宽广的滨岸相发育为特征，远陆区以近滨细砂岩-粉砂岩相为主，沉积形成了云台观组。云台观组($D_{2-3}y$)厚层状细粒石英砂岩可作为石英砂岩开发利用。

晚石炭世海侵，黄龙组为开阔台地沉积相。黄龙组灰岩质优，可开发利用。

中二叠世罗甸期发生海侵，南部通城—石首一带仍呈古陆，大冶—阳新等地为近陆沼泽相区，形成煤矿层——梁山煤系。至祥播期—冷坞期，随着海平面较快上升，区内转变为开阔台地环境，沉积了一套含燧石结核泥粒灰岩、含碳灰岩地层体（栖霞组和茅口组）。晚二叠世发生海退，南部扬子区再次转为海陆交互环境，大冶—阳新地区为沼泽相区，形成煤矿层及硫铁矿（龙潭煤系）。二叠纪沉积形成的碳酸盐岩可被开发利用。

2. 中生代

三叠纪，鄂东南地区为台地碳酸盐岩沉积环境，沉积形成大冶组和嘉陵江组碳酸盐岩，其灰岩被开发利用。晚三叠世九里岗期和王龙滩期沉积期，海陆交替作用发生，三角洲平原相出现多处沼泽亚相，沉积形成了“香溪煤系”。

白垩纪，武昌五里墩为内陆湖泊相，灵乡组沉积了一套灰黄色、黄绿色及紫红色内陆湖相碎屑沉积，中下部含可采石膏达180m。

侏罗纪—白垩纪，受造山运动及滨太平洋运动影响，鄂东南地区发生了燕山期强烈岩浆活动，导致了鄂东南地区Fe、Cu、Au金属元素爆发性成矿，形成了长江中下游成矿带。通城幕阜山地区燕山期岩浆作用形成稀有稀土矿床。燕山期形成的一系列构造在咸宁地区形成了热液型金锑多金属矿床。

3. 新生代

第四纪风化作用形成了红土型金矿、风化型锰矿铁矿黏土等矿产。第四纪机械沉积作用形成了多个独居石砂矿床。在现代地貌控制下，流体成矿作用形成了矿泉水、地热和地下水。

七、成矿远景区

1. 黄梅小池铜金成矿远景区

全区为第四系覆盖，在覆盖层下部主要发育古生代—中生代地层及燕山期浅成—超浅成侵入岩。大地构造位置位于阳新-双港口断裂与怀宁-宿松断裂交会部位，为黄石-武穴铅锌矿带向东的延伸部分，并受其次级褶皱和断裂构造控制，属成矿构造极为有利地区。区内岩体呈岩筒、小岩株、岩枝、岩瘤产出，岩性主要为花岗闪长斑岩，接触部位以矽卡岩化为主的蚀变岩发育。据1∶20万航磁和1∶50万重力测量资料，龙坪、分路两处存在低磁异常，分路北部存在重力高，航磁异常特征与已知矿区可进行类比，显示本地区具有一定的找矿潜力。在该远景区西、西南部大冶-阳新铜金成矿区内先后探明了李家山铜金矿、鸡笼山铜金矿、丰山洞铜矿、阳城铅锌矿，在远景区南部江西省九瑞成矿区内先后探明了武山铜矿、城门山铜矿、洋鸡山铜金矿。从区域成矿构造表明，各矿区总体控矿构造线均指向本区，说明该区存在同类型矿床的可能极大，是寻找鸡笼山式铜金矿的有利地段。

2. 蛇屋山金矿田远景评价

蛇屋山金矿田位于嘉鱼-赤壁弧形构造带的北缘，鄂南滑脱折离构造的最前缘。弧形构造带在南凸弧形中段是压应力最集中的地段，由此产生的断裂构造非常发育，为导矿、容矿创造了良好的构造前提条件。

嘉鱼隐伏岩体为成矿物质提供了热液来源。

二叠系、石炭系、奥陶系、寒武系碳酸盐类岩石中发育的裂隙、溶洞及破碎带对聚矿提供了十分有利的空间。

普遍强烈发育的硅化、重晶石化、高岭土化、黄铁矿化、雌雄黄化等低温蚀变，为金矿化提供了较好的围岩蚀变条件。

红土型金矿的成矿物质源于硅化破碎带的金矿化，原生金赋存于破碎带的黄铁矿中，呈包体状态。经过红土化作用黄铁矿被氧化为褐铁矿。金离子脱离载体呈游离状态，随着淋滤作用的发生游离的金随褐铁矿水溶液沿红土中的网纹状裂隙向下渗透，停积于地下水面，富集成层状矿体。

综上所述，在蛇屋山金矿田地表氧化矿找矿工作告一段落的同时，深部围绕嘉鱼-高铁-蛇屋山-九毫堤倒转背斜、东西向断裂及嘉鱼隐伏岩体三大成矿因素，具有较大的找矿潜力。

3. 方山金锑多金属成矿远景区

方山金锑多金属矿田，包括方山金锑矿床、小水金矿床、泉冲锑矿床、拓坪锑矿床、石门钒矿床、双港桥铅锌矿点。

本矿田 Au、Sb 元素主要来源于沉积-浅变质岩地层。印支期至燕山早期，形成了先期无成矿元素热液。燕山期Ⅱ幕构造活动加剧，北部蒲圻一带小岩体侵入及方山一带普遍形成与岩浆岩同源的煌斑岩脉，岩浆热液、构造热液及部分热卤水形成方山地区混合含矿热液。通过断裂构造，热液活动总体从北西向南东运移，演化为地下热液往复循环，同时将地层中的 Au、Sb 元素淋滤或溶解出来，增加了热水溶液的成矿元素浓度，形成$[Au(AsS_3)]^{2-}$、$[Au(Sb_2S_4)]^{-}$类型的金、砷、硫和金、锑、硫络合物的形式随热水溶液沿层间破碎带及附近裂隙运移。由于溶液的 pH 值和氧化还原电位发生变化，金络合物被破坏，一部分金或锑自溶液中沉淀并被黏土矿物吸附，另一部分金呈类质同象形式赋存于毒砂中，在方山背斜南东翼小水一带及背斜核部柘坪一带形成金、锑矿床。

金、锑多金属矿床主要分布在方山背斜东倾伏端及南东翼次级弯曲部位，明显受方山背斜构造的的控制。陡山沱组中的层间破碎带或北西向断裂本身的形态、产状、性质对矿化富集的影响较大，即由窄变宽、由直变弯、由陡变缓、由分支到聚合、由压扭性转为张扭性、挤压破碎程度较高等部位，矿体厚度和品位变好。由于方山背斜在东倾伏端收敛，因而应力集中，造成在乌泥塘—大石门沟—占山冲一带各类构造裂隙发育，而且容易形成层间滑动、虚脱及构造间隙，为成矿创造了良好的空间。而在背斜南东翼，如天井坡、宝林、曾家冲、石门一带，除可能在宝林、曾家冲、石门等弯曲部位存在横跨褶皱（或边幕式褶皱）而应力相对集中，各类构造裂隙发育外。导矿构造应家畈断裂带（F_3）通至天井坡（雷家湾），柘坪-双港东西向挤压破碎带（F_8）向东可能延至曾家冲至石门一带。同时，发育层间破碎带（AP2）及北西向张扭性含锑矿破碎带（F_{15}、F_{16}），这些因素对成矿均较有利，因而在天井坡至石门一带，也形成了较好的金、锑矿床。

第八章 矿床成矿系列与区域成矿规律

根据成矿地质环境、地质演化历史及与之相应的区域成矿作用，湖北省划分为Ⅲ-69长江中下游Cu-Au-Fe-Pb-Zn-(Sr-W-Mo-Sb)硫铁矿-石膏成矿带等9个Ⅲ级成矿带(区)，进一步划分为Ⅲ-69-①大冶-阳新铁铜铅锌金钨钼锶石膏膨润土成矿亚带等20个Ⅳ级成矿亚带(矿带)。不同的成矿区带在不同的地质历史时期成矿规模、强度存在差异。根据矿床形成的地质环境、时代及成矿作用划分了矿床成矿系列，本书建立了区域成矿模式和矿床成矿谱系，总结了区域成矿规律。

第一节 矿床成矿系列

矿床成矿系列是在研究区域成矿规律的过程中，用系统论、活动论观点研究在地质历史发展各阶段、各特定地质构造环境中成矿作用的过程及形成的矿床组合自然体。在程裕淇等(1979)、陈毓川等(1998)等关于矿床成矿系列论述的基础上，李均权等(2005)经过全面研究湖北省成矿地质背景、典型矿床及成矿规律，系统划分了湖北省矿床成矿系列。

近年来，在系统研究全国及各省(自治区，直辖市)成矿地质环境、成矿单元划分、矿床成矿系列区域成矿规律和区域成矿评价的基础上，"矿床成矿系列"概念得到了进一步完善(陈毓川等，2007，2015，2016；王登红等，2020)。经过10多年来的地质找矿工作，湖北省新发现一大批矿产地，综合研究工作也取得了突破性进展，因此有必要在经过详细研究湖北省矿产地地质特征，总结成矿规律后，进一步完善湖北省矿床成矿系列，以指导地质找矿工作。

矿床成矿系列，是指"在一定的地质历史时期或构造运动阶段，在一定的地质构造单元及构造部位，由一定的成矿地质作用形成的一组具有成因联系的矿床的自然组合"(陈毓川等，2006)。每一个矿床成矿系列均是由同时间段、同地质构造环境、同成矿作用和有成因联系的矿床组合自然体等四要素组成(图8-1)，是同时间段、同地质构造环境、同成矿作用下形成的有成因联系的矿床组合自然体(陈毓川等，2016)。

矿床是地质环境中的组成部分，在自然界并非单个存在，而是以有成因联系的矿床组合自然体存在，在时空域中具有一定的演化规律和分布规律，具有成因联系。在同一地区先后形成的矿床成矿系列具有一定的继承性及演变性，并可出现对早期矿床成矿系列的叠加和改造。

在一个地质构造旋回的各类矿床成矿系列，具有一定的演化规律、分布规律及内在联系，可组成矿床成矿系列组。同类地质成矿作用形成的矿床成矿系列可组成矿床成矿系列组合。不同时代、不同地区但具有类似地质构造环境和同类成矿作用，可形成类似的矿床成矿系列，但又各具特色，组成矿床成矿系列类型。

矿床成矿系列所研究的对象是地球时空域中的矿床成矿系列、成矿体系、成矿规律和与地球演化的联系。通过对这些客观规律的研究、探索和掌握，应用于指导区域找矿，提高找矿效率，并在此过程中进一步提高对全球成矿规律的认识及深化对地球科学的探索。

矿床成矿系列是将在一个区域中与某一地质成矿作用有关的，在空间、时间、成因上有联系的一组矿床，可作为一个整体加以研究。

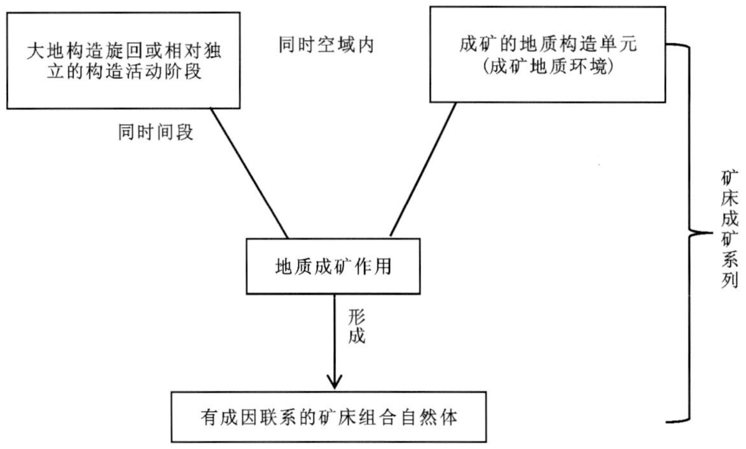

图 8-1 矿床成矿系列组成结构(陈毓川等,2016)

1. 时间因素

时间因素是形成一个相对独立的成矿地质构造环境的时间段,相当于一个相对独立的构造旋回或构造旋回中与成矿有关的时间段(陈毓川等,2015)。

2. 空间因素

空间因素是在一定时间段内大地构造运动(旋回)所涉及的三维区域范围,三级构造单元以其相对独立的地质构造环境及所包含的空间规模较适宜于作为划分矿床自然类型基本单元。

3. 成矿作用因素

成矿作用因素是指在上述时间、空间域中所发生的地质成矿作用。其分为5种成矿作用,即岩浆成矿作用、沉积成矿作用、变质成矿作用、表生成矿作用及与岩浆变质作用无关的流体成矿作用(包括成因不明成矿作用)。

4. 形成的矿床因素

形成的矿床因素是指在此时间空间范围内由成矿作用将成矿物质汇集形成的,有一定时空分布规律的各种矿床所组成的矿床组合自然体。

根据时间因素、空间因素、成矿作用因素和形成的矿床因素组成形成的矿床成矿系列又分为5级序次(图8-2)。

第一序次分别为矿床成矿系列组合、矿床成矿系列类型和矿床成矿系列组。

矿床成矿系列组合是由不同地质成矿作用形成的矿床成矿系列之组合,分为与岩浆作用、沉积作用、变质作用、表生作用和含矿流体作用有关的5种矿床成矿系列组合。

矿床成矿系列类型是不同时代、不同地区、在类似的地质构造环境,同类成矿作用形成的各具某些特色的相似的矿床成矿系列,组成矿床成矿系列类型。各个时期、不同地区的这类矿床成矿系列在很大程度上具有相似性,但又各具时代及地域的特色,而有所差异。

矿床成矿系列组是在一个成矿区带内,同一个大构造旋回活动过程中,在不同阶段、不同地质构造环境条件中形成的各种矿床成矿系列的组合。一个大地构造旋回的各阶段的地质构造成矿活动之间,存在着某些内在和必然的联系,亦应具有规律性,探索它们之间存在的时空结构与演化规律将有助于指

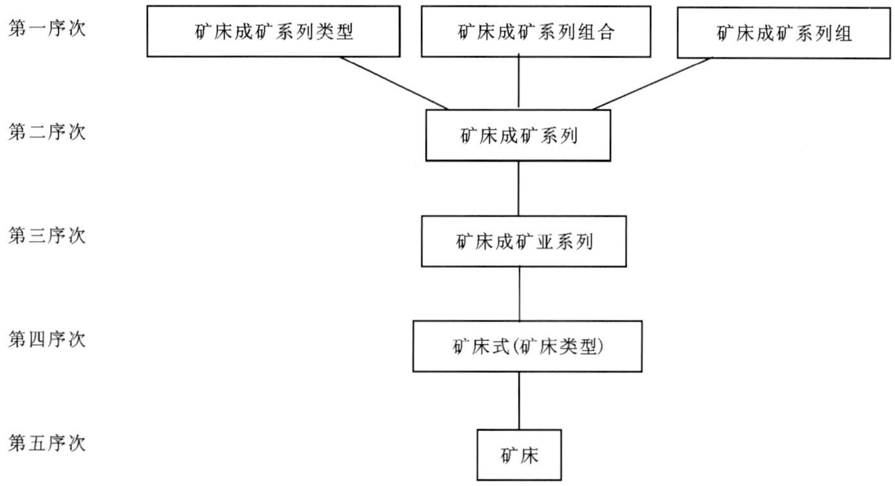

图 8-2 矿床成矿系列五级序次体系图(陈毓川等,2006)

导区域找矿。

第二序次为矿床成矿系列,是核心组成部分,是时空域中基本的矿床组合自然体。

第三序次是矿床成矿亚系列,属于矿床成矿系列的组成部分。有的矿床成矿系列中不同地段的地质构造条件有一定差异,成矿作用除具有共性外,亦具有某些特性,这些地段形成的矿床组合构成矿床成矿系列内的亚系列。

第四序次是矿床式(矿床类型)。矿床成矿系列中的矿床组合由各种具有相同成因和相似的矿物构成的矿床类型组成,各个矿床类型的代表性矿床为矿床式,每个矿床成矿系列至少由一个或一个以上矿床式组成。

第五序次是矿床。矿床成矿系列最基础的组成单位,在工作程度较低地区,一些有资源前景的矿点、矿化点亦应列入研究的范围。

一、成矿系列分类

根据构造演化阶段、构造环境及成矿作用等因素,将湖北省矿床成矿系列进如下划分。

1. 矿床成矿系列组合

湖北省矿床成矿系列组合划分为 5 种:与岩浆作用有关的矿床成矿系列组合、与沉积作用有关的矿床成矿系列组合、与变质作用有关的矿床成矿系列组合、与表生作用有关的矿床成矿系列组合、与非岩浆非变质或成因不明含矿流体作用有关的矿床成矿系列组合。

2. 矿床成矿系列类型

在地质历史演化过程中,在不同的构造演化阶段,同一区域会具有不同的构造环境。湖北省构造环境可归纳为 8 类:古陆块、板块边缘陆缘裂谷、板块边缘海盆、板块碰撞造山带、活动陆缘岩浆弧、陆内坳/断陷盆地、陆块、现代风化壳。可划分为与断陷盆地有关的矿床成矿系列类型等 8 种矿床成矿系列类型。

3. 矿床成矿系列组

根据湖北省大陆发展演化,分析不同时期沉积建造、岩浆事件、变质作用与变形组合特征,综合不同时期构造层改造、复合、叠加的特点和区域不整合界面等因素,可将湖北省构造演化分为 3 个阶段 6 个构造旋回(表 8－1)。因此,湖北省矿床成矿系列可划分为喜马拉雅旋回矿床成矿系列组、燕山旋回矿床成矿系列组、印支旋回矿床成矿系列组、加里东旋回矿床成矿系列组、晋宁旋回矿床成矿系列组和吕梁旋回矿床成矿系列组 6 个矿床成矿系列组。

表 8－1　湖北地质构造演化阶段及构造旋回划分表(湖北省地质调查院,2021)

构造演化阶段	地质时代	构造旋回*	矿床成矿系列组
陆内盆山演化阶段	中生代晚三叠世—新生代第四纪(227Ma 至现代)	⑥喜马拉雅旋回(23Ma 至现代)	喜马拉雅旋回矿床成矿系列组
		⑤燕山旋回(227～23Ma)	燕山旋回矿床成矿系列组
洋陆转换-统一大陆形成演化阶段	新元古代南华纪—中生代中三叠世(780～227Ma)	④印支旋回(416～227Ma)	印支旋回矿床成矿系列组
		③加里东旋回(780～416Ma)	加里东旋回矿床成矿系列组
扬子地台基底-初始陆壳形成阶段	太古宙—新元古代青白口纪(2800～780Ma)	②晋宁旋回(1800～780Ma)	晋宁旋回矿床成矿系列组
		①吕梁旋回(>1800Ma)	吕梁旋回矿床成矿系列组

注:* 构造旋回划分据《中国区域地质志·湖北卷》(湖北省地质调查院,2021)。

二、矿床成矿系列

地质时代为矿床成矿系列的决定因素之一,同一构造旋回时期内形成的矿床具有一定的共性,将地质构造演化历史中同一构造旋回内形成的矿床成矿系列称为矿床成矿系列组。在同一矿床成矿系列组内,根据不同的成矿构造环境及成矿作用,划分为矿床成矿系列及亚系列。

根据湖北省构造旋回(地质时代)、成矿作用及成矿构造环境,湖北省共划分为 6 个矿床成矿系列组,26 个矿床成矿系列及 15 个亚系列。

(一)与吕梁构造旋回成矿作用有关的矿床成矿系列组

中太古代—古元古代为初始陆壳形成阶段,属吕梁旋回,大地构造单元属Ⅰ扬子古板块,划分为Ⅰ$_1$北秦岭陆块、Ⅰ$_2$南秦岭陆块及Ⅰ$_3$扬子陆块。湖北省太古宙—古元古代地质体零星出露于黄陵地区和大别地区,主要为一套为绿岩-花岗地体。

太古宙—古元古代(吕梁旋回)主要形成了铁、石墨、石榴石及花岗岩等矿产。

铁矿以团风县贾庙铁矿床为代表,赋矿围岩为秦岭岩群(Pt_1Q)表壳岩系、木子店岩组(Ar_3m)和大别山岩群(Pt_1D)表壳岩系以及黄凉河岩组(Pt_1h)孔兹岩系。变质作用导致赋矿围岩中的铁质进一步富集成矿,分别构成了桐柏-大别古陆块与变质作用有关的铁矿白云岩成矿亚系列(LL－M1－1)和黄陵古陆块与变质作用有关的石墨石榴石花岗岩大理岩矿床成矿亚系列(LL－M1－2)(表 8－2,图 8－3)。

表 8－2　与吕梁构造旋回成矿作用有关的矿床成矿系列组

构造环境	成矿作用	矿床成矿系列	矿床成矿亚系列
古陆块	岩浆成矿作用	LL－I1 黄陵古陆块与岩浆侵入作用有关的花岗岩矿床成矿系列	
	变质成矿作用	LL－M1 古陆块与变质作用有关的铁矿石墨石榴石花岗岩大理岩矿床成矿系列	LL－M1－1 桐柏-大别古陆块与变质作用有关的铁矿白云岩成矿亚系列
			LL－M1－2 黄陵古陆块与变质作用有关的石墨石榴石花岗岩大理岩矿床成矿亚系列

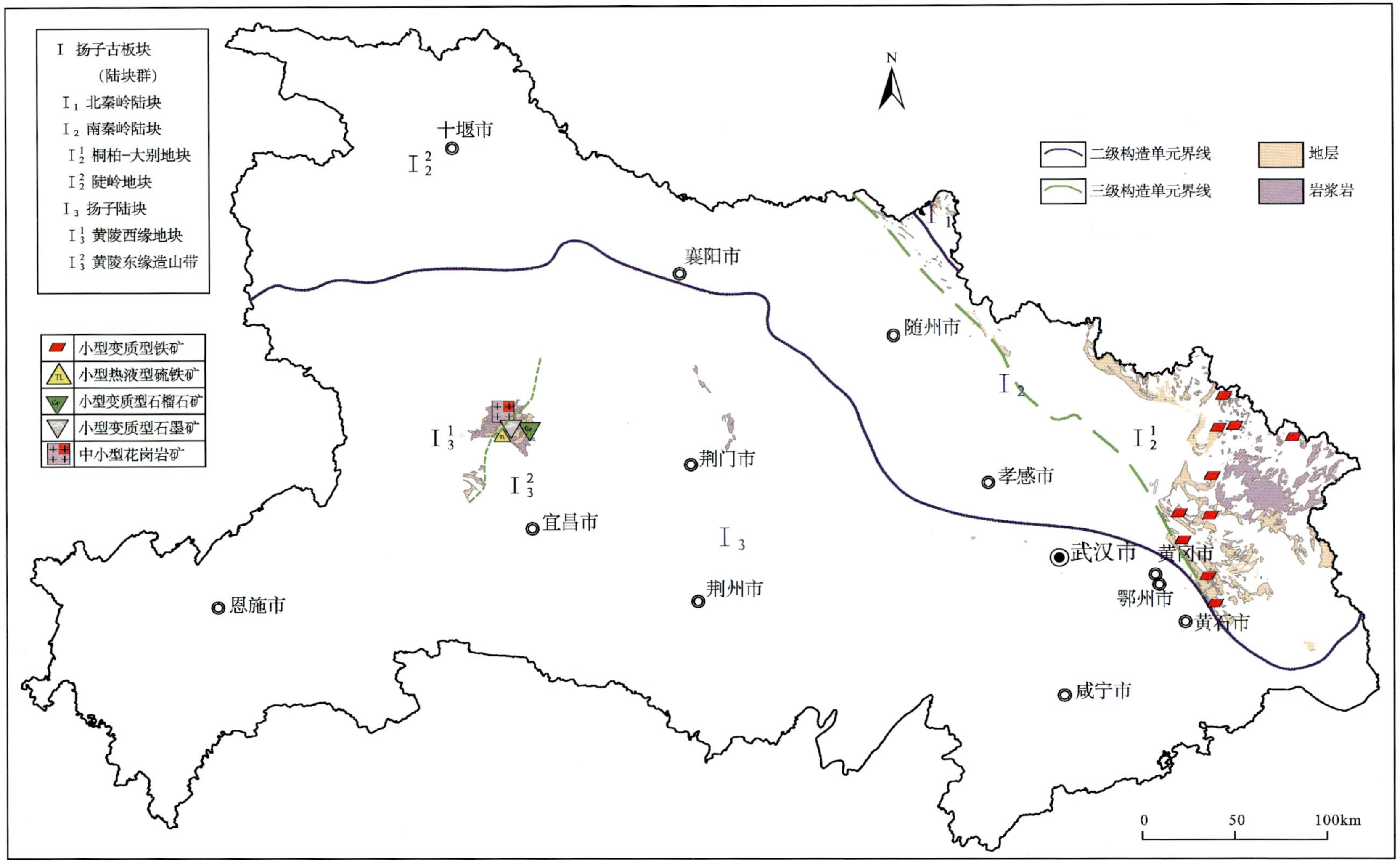

图 8-3 湖北省太古宙—古元古代构造单元划分与矿产分布图(李红梅等,2020)

黄陵地区碰撞后伸展环境花岗岩侵位于 1.8Ga 左右(熊庆等,2008),作为形成圈椅垴饰面用花岗岩,为优质饰面用石材,构成黄陵古陆块与岩浆侵入作用有关的花岗岩矿床成矿系列(LL－I1)。

(二)与晋宁构造旋回成矿作用有关的矿床成矿系列组

中元古代—新元古代青白口纪为扬子台地基底形成阶段,属晋宁构造旋回,大地构造单元划分为Ⅰ$_1$ 北秦岭陆块、Ⅱ$_1$ 南秦岭造山带、Ⅱ$_2$ 扬子陆块及Ⅱ$_3$ 江南造山带(主体在江西省境内)。中元古代—新元古代青白口纪早期表现为板块裂离,晚期为板块汇聚环境,青白口纪末期多陆块增生、汇聚形成了扬子统一克拉通基底。

青白口纪晋宁运动造成庙湾古洋盆向北东俯冲-关闭,江南弧盆系与扬子陆块拼合,形成了扬子统一克拉通基底(湖北省地质调查院,2021)。造山运动形成了大洪山缝合带和庙湾蛇绿混杂岩,导致大量青白口纪弧后基性—超基性岩、岛弧 TTG 花岗岩及同碰撞花岗岩侵位,形成了岩浆型铬矿、蛇纹岩、花岗岩,以及热液型金矿、钼矿、硫铁矿和脉石英,构成了黄陵古陆块与岩浆侵入作用有关的花岗岩蛇纹岩铁矿铬矿床成矿亚系列(JN－I1－2)和黄陵—神农架地区与热液成矿作用有关的金铜钼硫铁矿硅质岩矿床成矿系列(JN－N1)。

"神农架式"铁矿赋存于神农架群矿石山组(Pt_2k),为化学沉积而成,构成了神农架地区与沉积成矿作用有关的铁、铜、白云岩矿床成矿系列(JN－S1)。

桐柏-大别地区基性—超基性岩体赋存了岩浆型铁矿,以蕲春县石鼓冲钒钛磁铁矿床为代表,赋矿围岩为青白口纪基性—超基性岩体,形成于弧后盆地的拉张环境,矿石类型主要是含磁铁角闪岩、磁铁斜长角闪岩、钒钛磁铁矿等,为变基性岩浆岩型钒钛磁铁矿床,构成了桐柏大别古陆块与岩浆侵入作用有关的铁矿床成矿亚系列(JN－I1－1)(表 8－3,图 8－4)。

表 8－3　与晋宁构造旋回成矿作用有关的矿床成矿系列组

构造环境	成矿作用	矿床成矿系列	矿床成矿亚系列
古陆块	岩浆成矿作用	JN－I1 古陆块与岩浆侵入作用有关的铁矿铬矿花岗岩蛇纹岩矿床成矿系列	JN－I1－1 桐柏大别古陆块与岩浆侵入作用有关的铁矿床成矿亚系列
			JN－I1－2 黄陵古陆块与岩浆侵入作用有关的花岗岩蛇纹岩铁矿铬矿床成矿亚系列
	流体成矿作用	JN－N1 黄陵—神农架地区与热液成矿作用有关的金铜钼硫铁矿硅质岩矿床成矿系列	
	沉积成矿作用	JN－S1 神农架地区与沉积成矿作用有关的铁、铜、白云岩矿床成矿系列	

(三)与加里东构造旋回成矿作用有关的矿床成矿系列组

新元古代南华纪—志留纪为扬子地台早期盖层形成和陆内裂谷盆地演化阶段,属加里东构造旋回,大地构造单元划分为Ⅰ华北板块Ⅰ$_1$ 北秦岭陆块、Ⅱ华南板块Ⅱ$_1$ 武当-随州陆内裂谷和Ⅱ$_2$ 华南板块扬子陆块。

南华纪—志留纪,襄樊-广济断裂北侧南秦岭—随州—红安地区进入陆内裂谷盆地演化阶段,其南侧则表现为扬子克拉通盖层演化。南华纪,扬子陆块为陆表海,在黄陵、神农架等基底出露区零星出现基性岩-碱性花岗岩,震旦纪则演变为陆缘陆棚碳酸盐台地,早古生代为扬子陆缘陆棚盆地稳定型沉积,大洪山地区出露板内钾镁煌斑岩。北部南秦岭地区南华纪为裂谷盆地,震旦纪为陆缘陆棚沉积,早古生代再次进入裂谷活动时期。

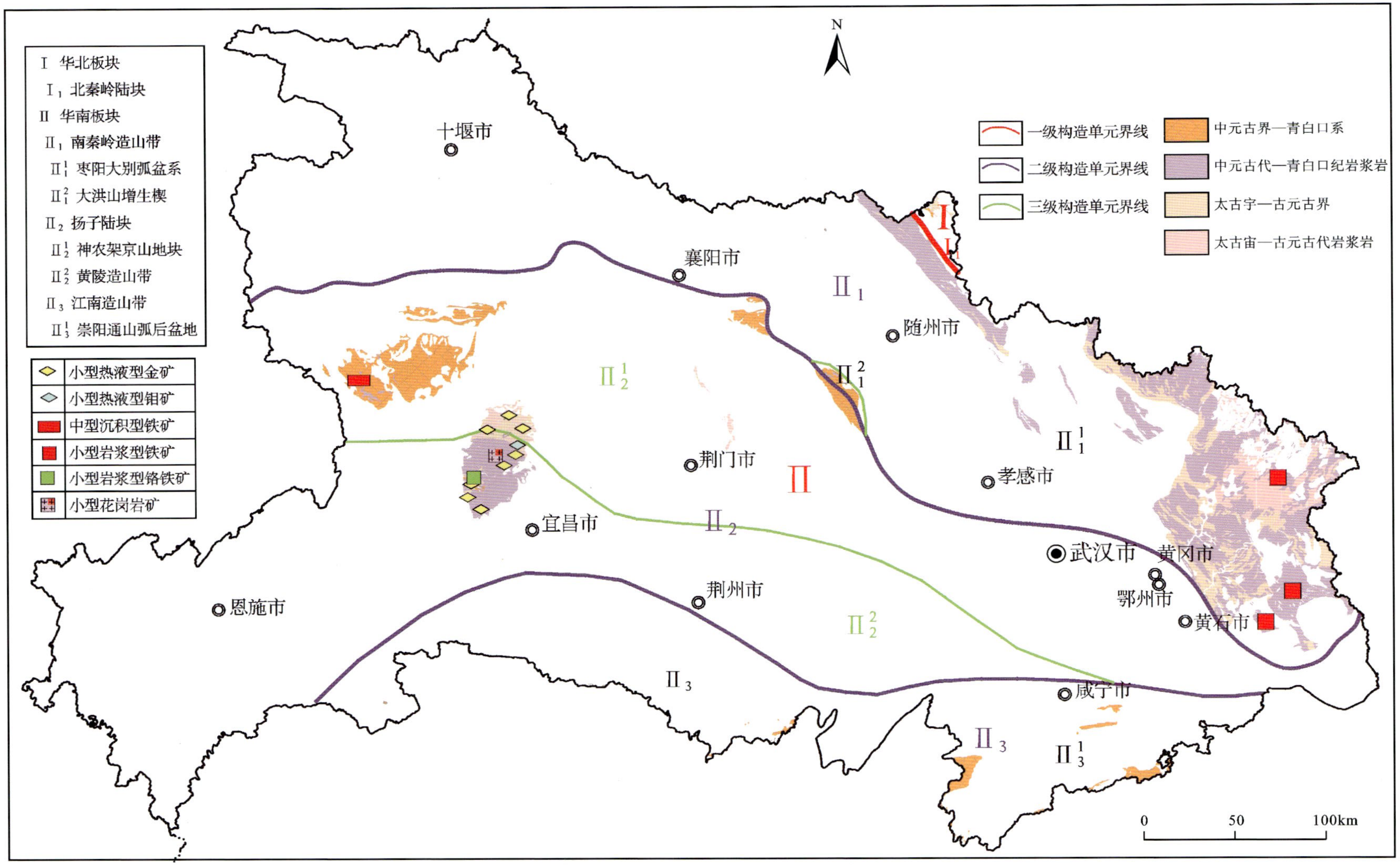

图 8-4 湖北省中元古代—青白口纪构造单元划分与矿产分布图

加里东构造旋回期间湖北省由陆相(南华纪陆相冰川沉积)过渡到海相(震旦纪—志留纪海相沉积),以海相沉积为主,主要为扬子陆缘陆棚盆地/鄂北陆棚边缘盆地,为省内重要沉积矿产的形成时期。震旦纪—寒武纪,省内为陆棚浅海盆地,磷块岩主要形成于浅海台地边缘潟湖-潮坪亚相及浅海台地台坪亚相,沉积了大量磷块岩,在震旦纪末期黑色页岩中赋存银钒矿,构成了保康—鹤峰—钟祥地区与震旦纪—寒武纪沉积作用有关的磷银钒矿矿床成矿系列(JLD-S2);寒武纪及志留纪在黑色岩系中沉积形成的石煤、钒、铀、重晶石、硫铁矿等矿产,构成了湖北全境与寒武纪及志留纪黑色岩系沉积作用有关的石煤钼钒铀磷重晶石硫铁矿灰岩矿床成矿系列(JLD-S1);南华纪—志留纪陆相冰川及海相碳酸盐岩台地-碎屑岩台地沉积形成了锰、铜、铅锌、银磷、白鹤玉、白云岩等矿产,构成了宜昌—黄石地区与南华纪及早古生代沉积作用有关的锰铜铅锌银磷白鹤玉白云岩石英岩粉砂岩砂页岩矿床成矿系列(JLD-S3)(表8-4,图8-5)。

襄樊-广济断裂北侧南秦岭地区经历了南华纪及早古生代两次裂谷活动。南华纪为裂谷火山盆地沉积,沉积了一套双峰式火山岩组合,发育基性—超基性岩体侵入;震旦纪转化为稳定的陆缘陆棚环境,早古生代为裂谷盆地沉积伴随双峰式侵入岩组合及火山岩喷发。陆缘裂谷活动形成了铌-轻稀土、铁、蛇纹岩等矿产,构成了竹山—随州地区与南华纪及志留纪岩浆侵入-火山喷发作用有关的铌稀土铁蛇纹岩辉绿岩矿床成矿系列(JLD-I1)。

南秦岭经历变质作用后,形成了磷、锰、重稀土、石墨、铁和大理岩等矿产,构成了大悟—孝感地区与新元古代南华纪—震旦纪沉积-变质作用有关的磷锰重稀土石墨云母透闪石矿床成矿亚系列(JLD-M1-1)及竹溪—随州地区与南华纪—早古生代变质作用有关的铁大理岩板石矿床成矿亚系列(JLD-M1-2)。

表8-4 与加里东构造旋回成矿作用有关的矿床成矿系列组

构造环境	成矿作用	矿床成矿系列	矿床成矿亚系列
扬子陆缘陆棚盆地/鄂北陆棚边缘盆地	沉积成矿作用	JLD-S1 湖北全境与寒武纪及志留纪黑色岩系沉积作用有关的石煤钼钒铀磷重晶石硫铁矿灰岩矿床成矿系列	
		JLD-S2 保康—鹤峰—钟祥地区与震旦纪—寒武纪沉积作用有关的磷银钒矿矿床成矿系列	
		JLD-S3 宜昌—黄石地区与南华纪及早古生代沉积作用有关的锰铜铅锌银磷白鹤玉白云岩石英岩粉砂岩砂页岩矿床成矿系列	
武当-随州陆内裂谷	岩浆成矿作用	JLD-I1 竹山—随州地区与南华纪及志留纪岩浆侵入-火山喷发作用有关的铌稀土铁蛇纹岩辉绿岩矿床成矿系列	
	变质成矿作用	JLD-M1 武当—大别地区与早古生代变质作用有关的铁锰重稀土磷石墨云母透闪石花岗岩大理岩板石矿床成矿系列	JLD-M1-1 大悟—孝感地区与新元古代南华纪—震旦纪沉积-变质作用有关的磷锰重稀土石墨云母透闪石矿床成矿亚系列
			JLD-M1-2 竹溪—随州地区与南华纪—早古生代变质作用有关的铁大理岩板石矿床成矿亚系列

(四)与印支构造旋回成矿作用有关的矿床成矿系列组

泥盆纪—中三叠世为扬子地台晚期盖层形成和南秦岭俯冲折返阶段,属印支构造旋回。大地构造单元划分为Ⅰ华北板块Ⅰ$_1$北秦岭陆块、Ⅱ华南板块Ⅱ$_1$武当-随州陆内裂谷和Ⅱ$_2$扬子陆块(克拉通)。武当-随州陆内裂谷仍是秦岭活动带的一部分;扬子陆块属稳定区,海侵始于中泥盆世,二叠纪有所扩大,形成陆源碎屑岩-碳酸盐岩建造。中三叠世末,全区脱离海相环境,统一大陆形成。

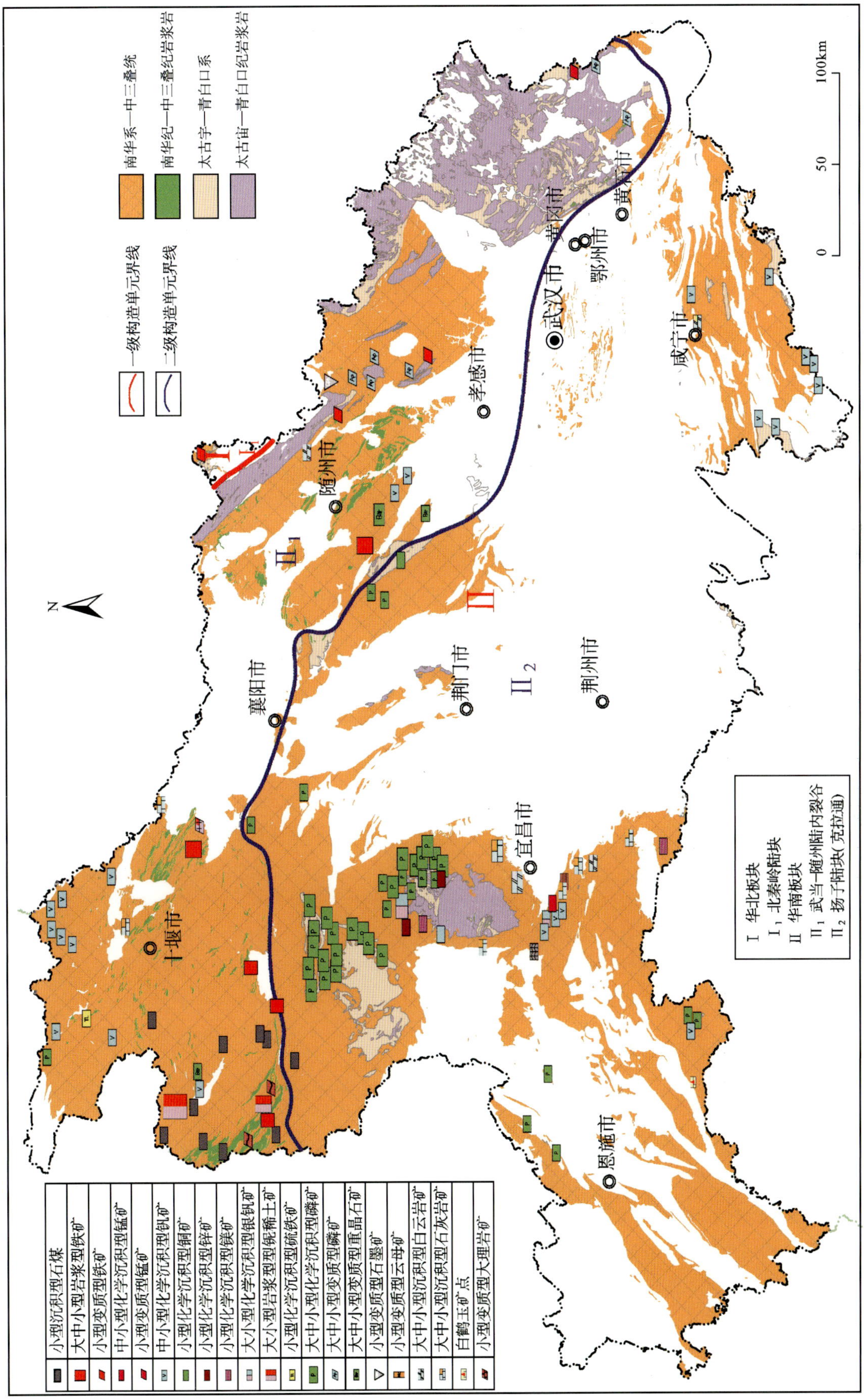

图8-5 湖北省南华纪—志留纪构造单元划分与矿产分布图

湖北省石炭纪—中三叠世仍以滨海碎屑岩-浅海台地碳酸盐岩沉积为特征，形成了一系列沉积矿产。中泥盆世，华南海海侵向鄂西、湘西北扩大，晚泥盆世—早石炭世沉积了海陆交互相的黄家磴组(D_3h)和写经寺组(D_3C_1x)，为一套海相沉积的陆缘碎屑岩和碳酸盐岩建造，为滨海近滨-远滨亚相。在湿热的古气候条件下，通过胶体化学作用，区内沉积了丰富的鲕状赤铁矿夹鲕绿泥石和菱铁矿薄层，形成了“宁乡式”铁矿，以长阳县火烧坪铁矿床为代表，构成宜昌—黄石地区与泥盆纪—石炭纪沉积成矿作用有关的铁矿硫铁矿石英砂岩灰岩矿床成矿亚系列(YZ-S1-1)(表8-5，图8-6)。中二叠世早期海侵，扬子区转变为陆表海盆地，接受了海陆交互相沉积，长阳马鞍山、大冶—阳新等地为近陆沼泽相区，形成梁山煤系，伴生硫铁矿，南漳、保康、咸丰等地为后滨亚相接受陆缘铝质碎屑形成铝土矿层，潟湖相形成含煤炭泥质岩建造。随着海平面上升，扬子区主体为开阔台地，沉积了含燧石结核、含碳碳酸盐岩建造(栖霞组和茅口组)，在鹤峰—建始以北为浅海滞留盆地，沉积了碳硅质岩组合(孤峰组)，局部地段形成鱼塘坝式硒矿。晚二叠世海退，扬子区再次转为陆表海环境，沉积了一套含煤、铝土矿碎屑岩系(龙潭组)，在沼泽相形成龙潭煤系，伴生硫铁矿，在半封闭的潟湖、海湾等的有利环境中，来自于古风化壳中的铁、有机质分解和细菌还原海水硫酸盐产生的硫的相互作用下，形成硫铁矿。晚二叠世中期，海侵作用使扬子地区转为碳酸盐岩台地，形成灰岩矿床。这些沉积矿产构成了恩施—宜昌—黄石地区与二叠纪—中三叠世沉积作用有关的煤炭石煤铁铝土矿铀硒硫铁矿黏土矿石膏灰岩石英岩累托石菊花石矿床成矿亚系列(YZ-S1-2)。

表8-5　与印支构造旋回成矿作用有关的矿床成矿系列组

构造环境	成矿作用	矿床成矿系列	矿床成矿亚系列
武当-大别造山带	流体成矿作用	YZ-N1 武当—大别地区与热液作用有关的银金铜铅锌钼大理岩(米黄玉)矿床成矿系列	
	变质成矿作用	YZ-M1 武当—大别地区与变质作用有关的铁金红石云母矿床成矿系列	YZ-M1-1 武当地区与变质作用有关的铁矿矿床成矿亚系列
			YZ-M1-2 随州—大别地区与变质作用有关的金红石云母矿床成矿亚系列
扬子陆表海盆地/鄂北陆缘浅海陆棚盆地	沉积成矿作用	YZ-S1 湖北全境与泥盆纪—中三叠世沉积成矿作用有关的煤炭石煤铁铝土矿铀硒硫铁矿黏土矿石膏灰岩石英岩累托石菊花石矿床成矿系列	YZ-S1-1 宜昌—黄石地区与泥盆纪—石炭纪沉积成矿作用有关的铁矿硫铁矿石英砂岩灰岩矿床成矿亚系列
			YZ-S1-2 恩施—宜昌—黄石地区与二叠纪—中三叠世沉积作用有关的煤炭石煤铁铝土矿铀硒硫铁矿黏土矿石膏灰岩石英岩累托石菊花石矿床成矿亚系列

中三叠世末期，印支运动致使扬子板块与华北板块碰撞，武当—大别地区形成以襄樊-广济断裂为主推覆断层、由北向南多层次大规模滑脱逆冲推覆构造。南襄盆地以西的武当地区形成以青峰断裂为主推覆界面的推覆构造系，大别地区则发生了俯冲-折返作用，发生了高压超高压变质作用及退化变质作用，高压—超高压变质年龄为230Ma左右(大别山超高压变质作用与碰撞造山动力学编写组，2005)，印支运动导致武当—大别地区发生了区域变质作用，形成了武当地区与变质作用有关的铁矿矿床成矿亚系列(YZ-M1-1)和随州—大别地区与变质作用有关的金红石云母矿床成矿亚系列(YZ-M1-2)。

印支运动导致武当地区由元古宙基底和古生界构造软弱层构成的滑脱面，发生滑脱逆冲推覆，形成一系列脆性—韧性剪切带，控制了银金多金属矿的形成和空间分布，形成以银洞沟银金矿床为代表的武

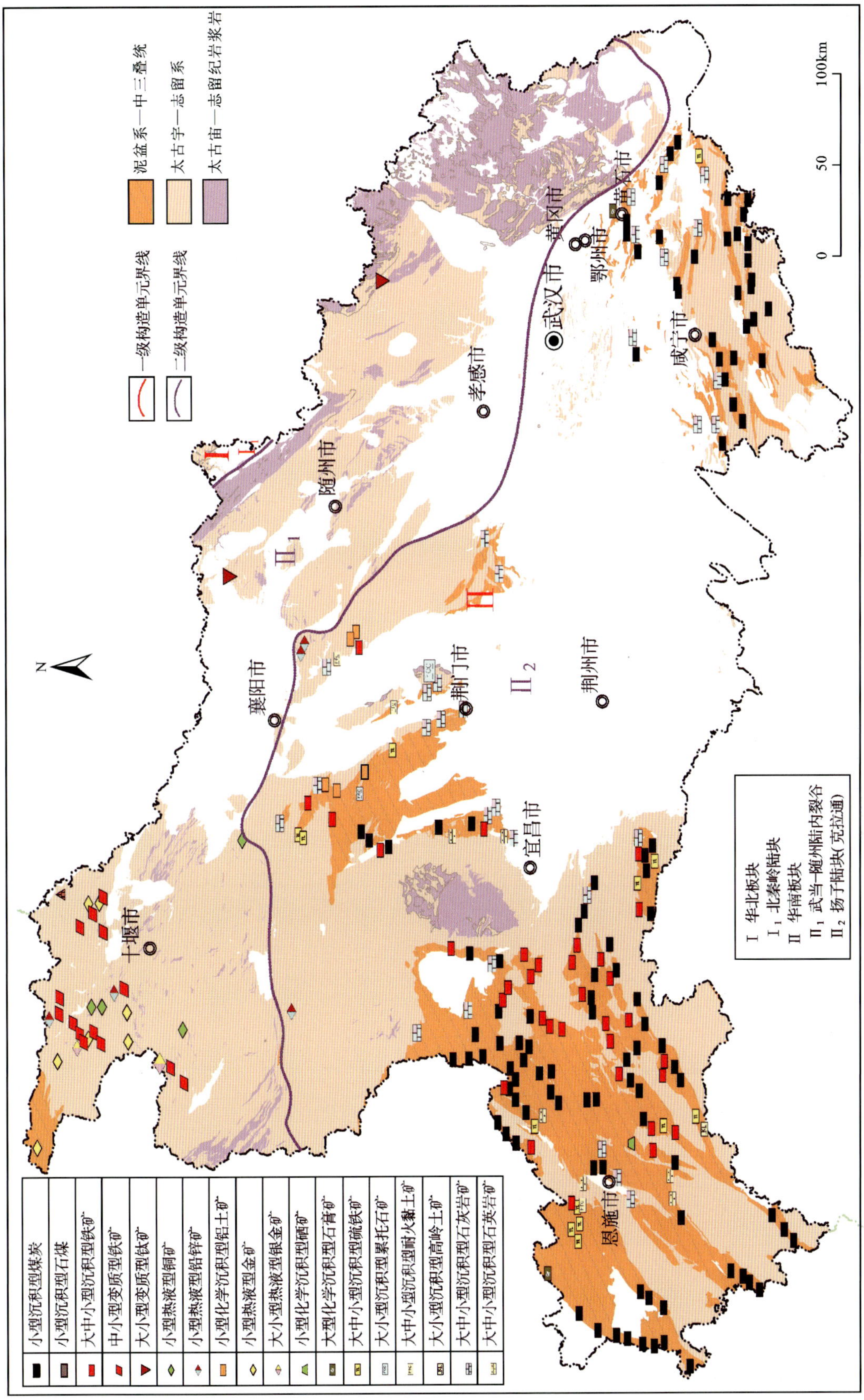

图 8-6 湖北省泥盆纪—中三叠世构造单元划分与矿产分布图

当—大别地区与热液作用有关的银金铜铅锌钼大理岩（米黄玉）矿床成矿系列（YZ－N1）。

（五）与燕山构造旋回成矿作用有关的矿床成矿系列组

晚三叠世—古近纪为陆内盆山演化阶段，属燕山构造旋回，构造单元划分属Ⅰ欧亚板块，细分为I_1鄂西陆块、I_2鄂中断陷盆地和I_3鄂中上叠陆缘造山带3个构造分区。晚三叠世—古近纪，在扬子板块与华北板块碰撞造山背景下，叠加了滨太平洋活动影响，湖北省表现为广泛的岩浆活动、强烈的褶皱运动及断块运动，形成了扬子台褶带、以江汉盆地为代表的一系列陆内盆地及现代构造形态的南秦岭。

晚三叠世，扬子陆块发生海退，至侏罗纪大部分地区上升为陆，主要为陆相湖盆及湖泊三角洲相沉积。九里岗组（T_3j）、王龙滩组（T_3J_1w）和桐竹园组（J_1t）为沼泽亚相，赋存煤矿、菱铁矿、赤铁矿、褐铁矿及黏土矿，利川建南向斜下侏罗统中赋存卤水、岩盐矿。白垩纪为陆相红色盆地沉积，在半封闭—封闭的湖相沉积盆地中沉积形成石膏矿床，常与盐类、芒硝等共伴生，含矿层位为跑马岗组（K_2p），共同构成了宜昌—荆门—恩施地区与中生代陆相沉积作用有关的煤炭铁石膏盐芒硝黏土矿石英砂岩矿床成矿亚系列（YS－S1－1）（表8－6，图8－7）。进入晚白垩世，太平洋板块由前进式俯冲转变为后撤式俯冲，构造背景由先期的挤压向转变为伸展，形成了一系列断陷-断拗盆地。江汉盆地在潜江、仙桃等湖盆中心出现生油及蒸发岩组合，形成了一套碎屑岩夹石膏、盐矿、卤水、芒硝及石油的陆相盐湖沉积物，其间含有锂、铷、铯、硼、碘、溴等多种有益元素，构成了江汉盆地与古近纪陆相沉积作用有关的石油石膏盐矿芒硝砂岩矿床成矿系列（YS－S3）。南襄盆地为一套陆源碎屑岩及碳酸盐岩膏、盐的沉积建造，构成了南襄盆地与古近纪陆相沉积岩有关的盐类灰岩矿床成矿系列（YS－S2）。四川盆地东缘利川建南赋存有建南气田，在志留系—侏罗系中7个层位获工业气流，天然气成藏过程为多期成藏、油气转化、晚期调整（董凌峰等，2015）在燕山期成藏，在喜马拉雅期调整，构成了建南地区与古生代—中生代海相沉积成矿作用有关的天然气页岩气矿床成矿亚系列（YS－S1－3）。

表8－6　与燕山构造旋回成矿作用有关的矿床成矿系列组

构造环境	成矿作用	矿床成矿系列	矿床成矿亚系列
陆相断陷盆地	沉积成矿作用	YS－S3 江汉盆地与古近纪陆相沉积作用有关的石油石膏盐矿芒硝砂岩矿床成矿系列	
		YS－S2 南襄盆地与古近纪陆相沉积岩有关的盐类灰岩矿床成矿系列	
活动陆缘岩浆弧	岩浆成矿作用	YS－I1 鄂东南地区与岩浆侵入-火山喷发活动有关的铁铜金钨钼铅锌硅灰石硫铁矿膨润土透辉石方解石矿床成矿系列	
江南造山带		YS－I2 通城幕阜山钽铌钨铀花岗岩矿床成矿系列	
桐柏-大别造山带		YS－I3 桐柏—大别地区与岩浆侵入活动有关的铁铜金钼长石花岗岩矿床成矿系列	
武当-大别地区造山带	流体成矿作用	YS－N1 武当—大别地区与流体成矿作用有关的金铜锑铅锌银汞钨铀萤石重晶石硫铁矿矿床成矿系列	
上扬子陆块		YS－N2 鄂西地区与中生代流体作用有关的铜汞锌银硫铁矿重晶石荆山玉矿床成矿系列	
下扬子陆块		YS－N3 通山—崇阳地区与中生代流体作用有关的金锑钨铀钼石英岩矿床成矿系列	
上扬子陆块	沉积成矿作用	YS－S1 扬子陆块与中生代陆相沉积作用有关的煤炭铁石膏盐芒硝黏土矿石英砂岩天然气页岩气矿床成矿系列	YS－S1－1 宜昌—荆门—恩施地区与中生代陆相沉积作用有关的煤炭铁石膏盐芒硝黏土矿石英砂岩矿床成矿亚系列
下扬子陆块			YS－S1－2 鄂州—咸宁地区与中生代陆相沉积作用有关的煤炭铁石膏黏土矿石英砂岩矿床成矿亚系列
陆相-海相盆地			YS－S1－3 建南地区与古生代—中生代海相沉积成矿作用有关的天然气页岩气矿床成矿亚系列

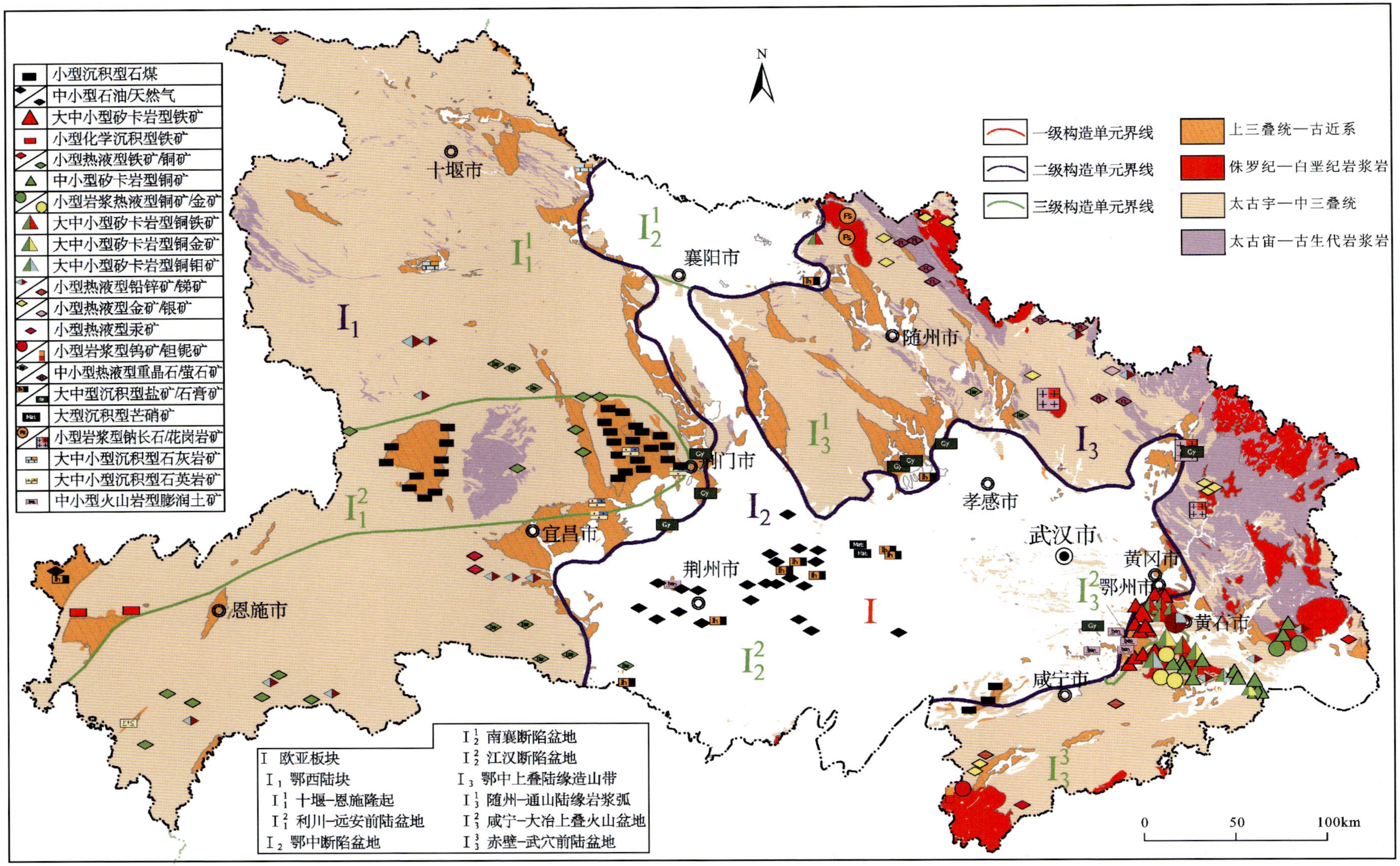

图 8-7 湖北省晚三叠世—古近纪构造单元划分与矿产分布图

侏罗纪—白垩纪，受滨太平洋运动影响湖北省东部岩浆活动强烈，在桐柏—大别地区及鄂东南地区发生了中酸性岩浆岩侵入和火山岩喷发。

岩浆活动导致了鄂东南地区金属矿产爆发性成矿，形成了鄂州-大冶铁铜金钼多金属矿集区，构成了鄂东南地区与岩浆侵入-火山喷发活动有关的铁铜金钨钼铅锌硅灰石硫铁矿膨润土透辉石方解石矿床成矿系列（YS-I1）。通山—通城地区幕阜山复式岩体，在由挤压碰撞向伸展减薄转换的过程中，多期次岩浆活动导致钽铌在晚期伟晶岩中富集成矿，构成了通城幕阜山钽铌钨铀花岗岩矿床成矿系列（YS-I2）。桐柏—大别地区与燕山期岩浆有关的矿产主要为岩浆热液型及接触交代型铜钼矿、岩浆型钠长石，构成了桐柏—大别地区与岩浆侵入活动有关的铁铜金钼长石花岗岩矿床成矿系列（YS-I3）。

受燕山构造运动影响，桐柏—大别地区形成北西向新城-黄陂断裂及一系列次级断裂，控制着金、银、铜、重晶石、萤石等矿产的分布，构成了武当—大别地区与流体成矿作用有关的金铜锑铅锌银汞钨铀萤石重晶石硫铁矿矿床成矿系列（YS-N1）。上扬子宜昌—恩施地区铅锌汞铜重晶石矿化受沉积岩相带（潮坪相、藻礁相、萨布哈相等）和构造隆起区（断穹、背斜等）及深大断裂联合控制，构成了鄂西地区与中生代流体作用有关的铜汞锌银硫铁矿重晶石荆山玉矿床成矿系列（YS-N2）。下扬子崇阳地区金锑钨铀矿床受构造和地层控制，构成了通山—崇阳地区与中生代流体作用有关的金锑钨铀钼石英岩矿床成矿系列（YS-N3）。

（六）与喜马拉雅构造旋回成矿作用有关的矿床成矿系列组

新近纪—第四纪仍为陆内盆山演化阶段，属喜马拉雅构造旋回。喜马拉雅构造旋回构造运动主要表现为隆升剥蚀，形成了近代山川地貌。

第四纪成矿作用主要有沉积作用、表生作用及流体作用，形成了砂矿型金-金红石-独居石矿、风化型铁锰金绿松石矿等、残破积黏土矿及水气矿产，构成了与喜马拉雅构造旋回成矿作用有关的矿床成矿系列组（表8-7，图8-8）。

表8-7　与喜马拉雅构造旋回成矿作用有关的矿床成矿系列组

<table>
<tr><th>构造环境</th><th>成矿作用</th><th>矿床成矿系列</th><th>矿床成矿系列</th></tr>
<tr><td rowspan="5">现代风化壳</td><td>沉积成矿作用</td><td colspan="2">XS-S1 湖北省境长江流域独居石、金红石、金矿砂矿矿床成矿系列</td></tr>
<tr><td rowspan="3">表生成矿作用</td><td rowspan="2">XS-H1 湖北全境与与新生代风化淋滤成矿作用有关的绿松石、金锰铁矿矿床成矿系列</td><td>XS-H1-1 郧县—竹山地区与新生代风化淋滤成矿作用有关的绿松石、铁矿矿床成矿亚系列</td></tr>
<tr><td>XS-H1-2 黄石—嘉鱼地区与新生代风化淋滤成矿作用有关的金锰铁矿床成矿亚系列</td></tr>
<tr><td colspan="2">XS-H2 湖北全境与新生代残破积成矿作用有关的黏土矿砂矿矿床成矿系列</td></tr>
<tr><td>流体成矿作用</td><td colspan="2">XS-N1 湖北省境地热、矿泉水及地下水水源地矿床成矿系列</td></tr>
</table>

矿泉水、地热和地下水水源地等水气矿产最终表现为流体形式，将其归入湖北省境地热、矿泉水及地下水水源地矿床成矿系列（XS-N1）。

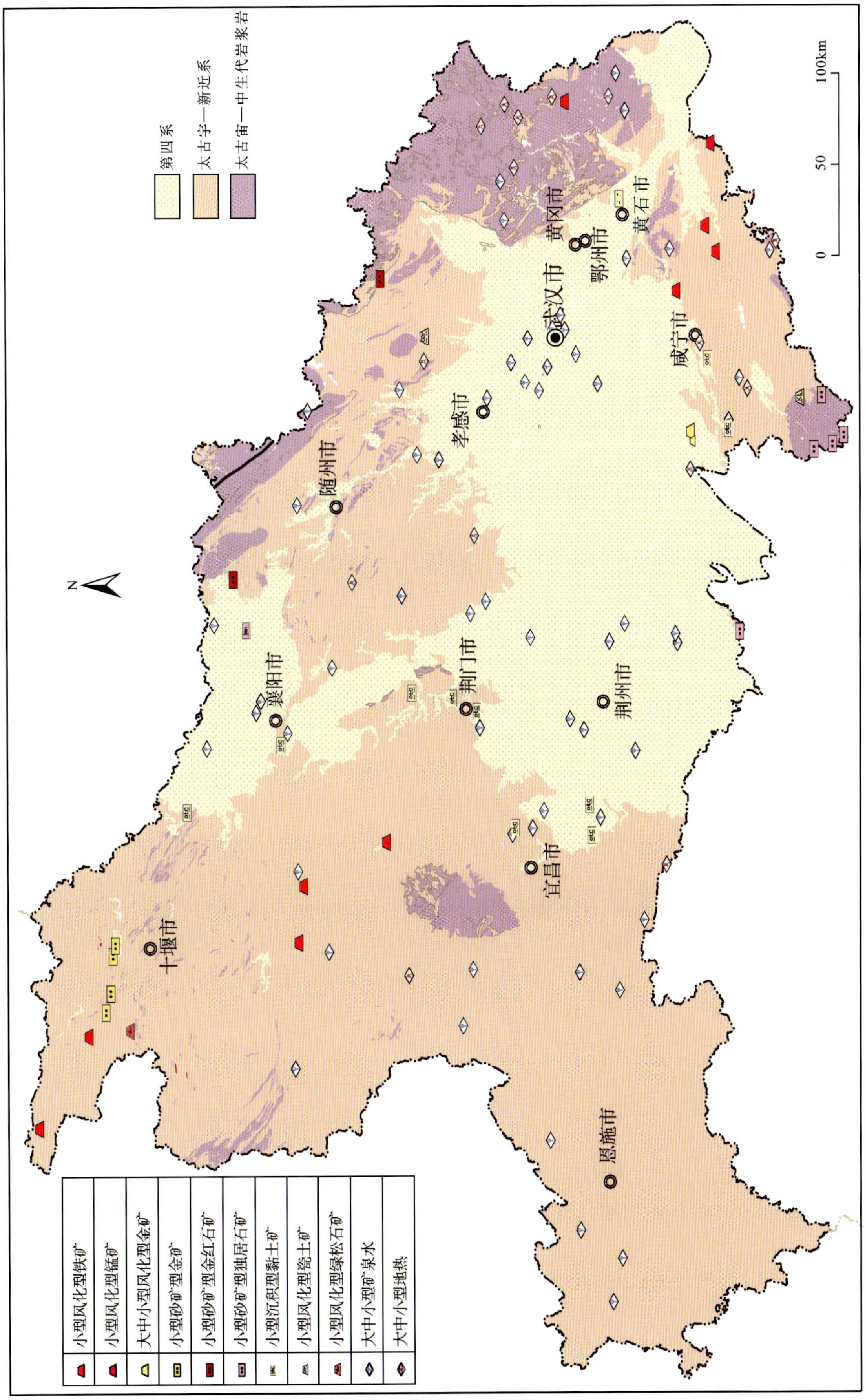

图8-8 湖北省新近纪—第四纪矿产分布图

第二节　区域成矿规律

湖北省地质演化过程中经历了多旋回的大陆裂解、增生与重组的复杂过程。在全面总结湖北省地层、岩石、变形变质事件和地球物理、地球化学特征及矿产资源分布特征的基础上，本书将湖北省区域地质发展划分为3个阶段：①太古宙—青白口纪初始陆壳（结晶基底）形成、陆块拼合、扬子统一克拉通基底及北秦岭过渡性基底形成演化阶段；②南华纪—三叠纪大陆裂解-增生-重组、统一中国大陆形成演化阶段；③晚三叠纪—全新世陆内盆山演化阶段。

一、结晶基底形成演化阶段

结晶基底形成演化阶段包括吕梁构造旋回和晋宁构造旋回。

1. 吕梁构造旋回

吕梁构造旋回为初始陆壳形成阶段。在黄陵地区，太古宙变质TTG组合的花岗质片麻岩、少量具“绿岩”组合特征的变质拉斑玄武质—英安质火山岩和古元古代变质孔兹岩系组成了扬子陆块结晶基底，遭受了角闪岩相-麻粒岩相中深变质作用改造。在大别地区基底为太古宙绿岩、变质TTG片麻岩和古元古代变质表壳杂岩（大别岩群）；在北秦岭地区，则仅有古元古代变质表壳杂岩（秦岭岩群）分布。

吕梁构造旋回形成了与变质作用有关的两个成矿亚系列，即桐柏-大别古陆块与变质作用有关的铁矿白云岩成矿亚系列（LL－M1－1）和黄陵扬子古陆块与变质作用有关的石墨石榴石花岗岩大理岩矿床成矿亚系列（LL－M1－2），代表性矿床为“三岔垭式”石墨矿，同时，形成了古陆块与岩浆侵入作用有关的花岗岩矿床成矿系列（LL－I1）。

经过吕梁（白竹）运动，湖北省进入晋宁构造演化阶段。

2. 晋宁构造旋回

中元古代，湖北省为多陆块格局，有江南陆块、扬子陆块、南秦岭陆块和北秦岭陆块，沉积了一套陆块边缘盆地碎屑岩-碳酸盐岩，局部夹陆内伸展环境基性火山岩。黄陵地区侵入中元古代弧后扩张环境的基性—超基性岩组合，神农架出露中元古代稳定大陆地幔柱或大陆初始裂谷环境的基性岩组合，形成了神农架地区与沉积成矿作用有关的铁、铜、白云岩矿床成矿系列（JN－S1）。

新元古代青白口纪发生的晋宁运动以大洪山俯冲增生杂岩为缝合带标志，造成了扬子陆块与南秦岭（桐柏大别）陆块在青白口纪晚期拼合，形成统一的扬子板块基底，普遍接受了盖层沉积。扬子（神农架-黄陵-京山）陆块青白口纪早期接受陆缘碎屑岩-碳酸盐岩沉积（神农架地区郑家垭组），同时出现了大量青白口纪岛弧花岗岩、同碰撞花岗岩侵位及少量黄陵地区发育蛇绿岩（发育于黄陵地区），造山运动伴随着大量韧脆性断裂，形成了黄陂古陆块与岩浆侵入作用有关的花岗岩蛇纹岩铁矿铬矿床成矿亚系列（JN－I1－2）及黄陂—神农架地区与热液成矿作用有关的金铜钼硫铁矿硅质岩矿床成矿系列（JN－N1）。

桐柏—大别地区沉积了一套弧间盆地基性、中酸性火山岩与碎屑岩，夹有弧后基性—超基性岩块（SSZ蛇绿岩），侵入岛弧花岗岩及同碰撞花岗岩并在后期构造中遭受区域变质改造，形成大套花岗质片麻岩，形成了桐柏大别古陆块与岩浆侵入作用有关的铁矿床亚成矿系列（JN－I1－1）。通山地区则沉积了青白口系冷家溪群变质碎屑复理石。

二、统一大陆形成演化阶段

南华纪—中三叠世为洋陆转换-统一大陆形成演化阶段，包括加里东构造旋回和印支构造旋回。

1. 加里东构造旋回

南华世早期，在板内伸展背景下，鄂北南秦岭陆内裂谷盆地开始形成，南华纪沉积了一套陆源碎屑-火山喷发沉积建造，为裂谷火山盆地沉积。南侧扬子陆块南华纪为以陆源碎屑沉积为主的海陆并存的陆表海环境。震旦纪，全省为统一的陆棚浅海盆地。

早古生代时期，鄂北为具有活动性的陆内裂谷火山盆地硅泥质、钙泥质、基性火山岩沉积，扬子陆块为稳定的浅海陆棚台地型碳酸盐岩夹碎屑岩沉积，形成了湖北全境与寒武纪及志留纪黑色岩系沉积作用有关的石煤钼钒铀磷重晶石硫铁矿灰岩矿床成矿系列(JLD－S1)、保康—鹤峰—钟祥地区与震旦纪—寒武纪沉积作用有关的磷银钒矿矿床成矿系列(JLD－S2)和宜昌—黄石地区与南华纪及早古生代沉积作用有关的锰铜铅锌银磷白鹤玉白云岩石英岩粉砂岩砂页岩矿床成矿系列(JLD－S3)。

早古生代末期的加里东运动在鄂北南秦岭地区出现了强烈岩浆活动，尤其是随南地区出现了大量火山喷发与陆内伸展双峰式岩浆侵位，同时出现了盆地边缘相海底扇浊积岩，意味着南秦岭南缘有可能出现深海盆地。同时湖北省境内普遍出现地层缺失，不整合界面上、下地层缺失情况反映了加里东运动强度由南向北变弱，南部隆升剥蚀强烈，北部较弱。晚古生代初期，海侵自北向南推进，反映了扬子区经过广西运动后总体呈南高北低的古地理态势。构成了竹山—随州地区与南华纪及志留纪岩浆侵入-火山喷发作用有关的铌稀土铁蛇纹岩辉绿岩矿床成矿系列(JLD－I1)和武当—大别地区与早古生代变质作用有关的铁锰重稀土磷石墨云母透闪石花岗岩大理岩板石矿床成矿系列(JLD－M1)等岩浆作用、变质作用矿床。

2. 印支构造旋回

发生于中三叠世晚期的印支运动表现为扬子陆块向北俯冲并与华北板块碰撞，最终形成了秦岭复合型造山带和扬子台褶带，湖北省进入统一的大陆环境。

印支运动造成鄂北地区各时代地层组成一系列北西向紧密褶皱和断裂，褶皱轴面及逆冲面均倾向北东，为秦岭—大别地区由北向南滑脱和推覆机制造成，为印支运动强化前期构造形变的结果，形成了武当—大别地区与热液作用有关的银金铜铅锌钼大理岩(米黄玉)矿床成矿系列(YZ－N1)。印支构造运动导致区域变质作用的发生。研究表明，大别地区高压、超高压变质作用发生于230Ma左右，是陆块深俯冲所致，角闪岩相退变发生于210Ma左右，为高压变质体第一阶段折返的结果。武当地区地层变质程度自老到新显示由低角闪岩相→高绿片岩相→蓝闪绿片岩相→低绿片岩相→板岩、千枚岩变质的连续变质系列，形成了武当—大别地区与变质作用有关的铁金红石云母矿床成矿系列(YZ－M1)。

秦岭—大别地区在郧均地区出露有泥盆系—二叠系，为滨海相-陆棚相的陆源碎屑岩-碳酸盐岩建造序列。随南地区出露了中—上泥盆统，为一套陆屑浊积岩。扬子陆块泥盆系—石炭系沉积了陆源碎屑岩-碳酸盐岩建造序列，下部为含铁陆源碎屑岩建造，总体为滨岸相、潮坪相碎屑沉积，上部为陆源碎屑岩-碳酸盐岩建造，指示石炭系为局限—开阔海台地环境。二叠系为陆源碎屑岩沉积建造-台地碳酸盐岩沉积建造，反映了海平面的升降变化，是湖北省煤矿、铝土矿、黏土矿的主要层位，下—中三叠统为内源蒸发式建造—陆屑蒸发式建造系列，大冶组、嘉陵江组下部为陆棚相钙质页岩-泥灰岩组合，向上变为白云岩、鲕状白云岩、白云质灰岩、角砾状白云岩(盐溶角砾岩)等台地相，组成内源蒸发式建造主体。中三叠统蒲圻组和巴东组为陆屑蒸发式建造，为滨海砂泥质潮坪相沉积。三叠纪是湖北省石膏矿床的主要产出层位。印支旋回与沉积成矿作用有关的矿床可归纳为两个矿床成矿亚系列：宜昌—黄石地区与泥盆纪—石炭纪沉积成矿作用有关的铁矿硫铁矿石英砂岩灰岩矿床成矿亚系列(YZ-S1-1)和恩施—宜昌—黄石地区与二叠纪—中三叠世沉积作用有关的煤炭石煤铁铝土矿铀硒硫铁矿黏土矿石膏灰岩石英岩累托石菊花石矿床成矿亚系列(YZ-S1-2)。

三、陆内盆山演化阶段

晚三叠世—第四纪为燕山—喜马拉雅旋回构造旋回,以陆相沉积为主,形成以复陆屑组分为特征的沉积建造,为陆内盆山演化阶段。

燕山—喜马拉雅旋回是滨太平洋大陆边缘活动带发展阶段的构造旋回,太平洋板块向欧亚板块俯冲,造成了广泛的岩浆活动、强烈的褶皱运动、频繁的断块运动及陆相盆地发展。

侏罗系为灰色含煤复陆屑建造-杂色复陆屑建造序列,为河流湖泊沼泽相或近海海漫沼泽相沉积,其中下侏罗统是湖北省中生代的主要含煤层位,白垩系—古近系为火山复陆屑建造-红色复陆屑建造-陆屑蒸发岩建造序列,沉积形成了盐矿,构成了扬子陆块与中生代陆相沉积作用有关的煤炭铁石膏盐芒硝黏土矿石英砂岩天然气页岩气矿床成矿系列(YS-S1)。

陆屑蒸发岩建造序列在江汉盆地古近系发育较完善,构成完整的淡化→咸化→淡化旋回和韵律,是干旱气候下的内陆闭流湖泊沉积建造,含石油、天然气、油页岩、石膏、石盐、钾盐等矿产,形成了江汉盆地与古近纪陆相沉积作用有关的石油石膏盐矿芒硝砂岩矿床成矿系列(YS-S3)和南襄盆地与古近纪陆相沉积岩有关的盐类灰岩矿床成矿系列(YS-S2)。新近系为灰色复陆屑构造,为气候转温湿的上叠坳陷盆地的建造类型。第四系为松散复陆屑建造,沉积类型众多,未固结成岩,形成了湖北省境长江流域独居石、金红石、金矿砂矿矿床成矿系列(XS-S1)和湖北全境与新生代风化淋滤成矿作用有关的绿松石、金锰铁矿矿床成矿系列(XS-H1)。

燕山期,鄂北南秦岭-大别造山带发生向南的大规模推覆,扬子区形成台褶带,基本形成了以北北东向断裂为主体的滨太平洋断裂体系,发育了早期继承性挤压型的拗褶盆地,形成了武当—大别地区与流体成矿作用有关的金铜锑铅锌银汞钨铀萤石重晶石硫铁矿矿床成矿系列(YS-N1)、鄂西地区与中生代流体作用有关的铜汞锌银硫铁矿重晶石石荆山玉矿床成矿系列(YS-N2)和通州—崇阳地区与中生代流体作用有关的金锑钨铀石英岩矿床成矿系列(YS-N3)。喜马拉雅期主要为断块运动,控制了中期具断陷、断拗结构特征的拉张型类裂谷盆地及晚期早期盆地内部凹陷的上叠型盆地,形成了湖北省境地热、矿泉水及地下水水源地矿床成矿系列(XS-N1)。

燕山期东部地区发生两次规模较大的钙碱性系列中酸性岩浆侵入和喷发,形成两类不同的成岩-成矿系列,形成了鄂东南地区与岩浆侵入-火山喷发活动有关的铁铜金钨钼铅锌硅灰石硫铁矿膨润土透辉方解石矿床成矿系列(YS-I1)和桐柏—大别地区与岩浆侵入活动有关的铁铜金钼长石花岗岩矿床成矿系列(YS-I3)、通城幕阜山钽铌钨铀花岗岩矿床成矿系列(YS-I2)。燕山晚期—喜马拉雅期以幔源型高铝玄武岩喷发为特点,与断块运动和断陷、断拗盆地的发生及形成时期吻合。

第九章 结 语

本书系统收集了中华人民共和国成立以来湖北省的基础地质、矿产勘查及综合研究工作成果，参考了《中国矿产地质志·湖北卷》矿产部分的阶段性成果，采用了《中国区域地质志·湖北卷》(湖北省地质调查院，2021)基础地质资料，对湖北省成矿构造环境、地层、岩浆、变质与成矿等成矿条件进行了系统的分析研究，根据矿床形成的时间、空间、成矿作用等因素，划分了全省的矿床成矿系列，总结了成矿规律，分析了不同成矿区的成矿条件，圈出了成矿远景区。

(1)根据地质历史演化中形成的大地构造单元与成矿的关系，分析了与成矿作用关系密切的大地构造单元及其形成的代表性矿床，总结了15个形成于不同时期不同力学性质的区域控矿构造的特征及控矿作用。

(2)系统分析了主要赋矿地层、岩浆活动、变质作用与成矿关系，综合了区域岩石圈构造、区域物探、化探、遥感、自然重砂结果反映的成矿作用，选择了7个典型矿床分析了物探、化探综合异常特征指示的成矿作用与矿体对应关系。

(3)根据矿床成矿系列理论，厘定了26个矿床矿床成矿系列和15个矿床矿床成矿亚系列，客观反映了湖北省区域成矿规律。

(4)根据湖北省区域构造、地层、岩浆岩、变质岩及成矿综合信息，将湖北省分为9个Ⅲ级成矿区，分析了成矿地质特征，圈定了成矿远景区。

在综合分析总结全省已发现及已探明矿产地的基础上，本书分析了湖北省与成矿相关的地层、构造、岩浆岩等地质条件，采用矿床成矿系列理论，总结了成矿规律。同时，本书研究内容还存在一些不足之处。因工作范围较大、工作周期较短，工作以分析资料总结归纳为主，局部地区未能深入研究，如鄂东南地区近年来深部找矿取得的新进展未能详细介绍，具体不足之处在于：①未能对矿床深部工程的物探、化探资料进行系统研究，未将已验证的工程与物化探资料进行分析对比、拟合反演，未能建立适合本地区特征的地球物理、地球化学找矿模型进行深部成矿规律研究；②武当-桐柏-大别成矿带地质找矿实质上已进入寻找隐(盲)矿阶段，一些新的技术和方法(如可控源音频大地电磁测深、瞬变电磁测深等)已逐步得到应用，本次工作未能深入研究新的找矿技术和方法取得的成果及存在的不足，以新的成矿理论重新认识该区成矿地质条件；③保康—恩施地区浅成中低温热液型铅锌矿找矿取得进展，相继发现冰洞山、凹子岗等矿(床、化)点，已初步形成扬子地块北缘、神农架、黄陵、长阳、高罗及走马坪等铅锌矿矿集区，但对其成矿时代、成矿机制、控矿因素等还需进一步工作探明，以指导找矿工作部署。

本书是在《中国矿产地质志·湖北卷》前期工作的基础上编制完成，仅仅是现阶段对湖北省矿产地质认识的新起点，难免存在疏漏、差错，有些认识也会有不全面之处，许多地质问题还有待我们去探索、去认识、去总结，从而不断完善和提高。

主要参考文献

曹正琦,谢应波,周向辉,2017.湖北大悟大磊山金矿矿床成因与控矿构造[J].岩石矿物学杂志,36(5):733-742.

陈毓川,常印佛,裴荣富,等,2007.中国成矿体系及区域成矿评价[M].北京:地质出版社:1005.

陈毓川,裴荣富,宋天锐,等,1998.中国矿床成矿系列初论[M].北京:地质出版社:104.

陈毓川,裴荣富,王登红,2006.三论矿床的矿床成矿系列问题[J].地质学报,80(10):1501-1508.

陈毓川,裴荣富,王登红,等,2015.论矿床的自然分类:四论矿床的矿床成矿系列问题[J].矿床地质,34(6):1092-1106.

陈毓川,裴荣富,王登红,等,2016.矿床成矿系列:五论矿床的成矿系列问题地球学报[J].地球学报,37(5):519-527

程裕淇,陈毓川,赵一鸣,1979.初论矿床的矿床成矿系列问题[J].中国地质科学院院报,1(1):32-58.

大别山超高压变质作用与碰撞造山动力学编写组,2005.大别山超高压变质作用与碰撞造山动力学[M].北京:科学出版社:200.

董凌峰,刘全有,孙冬胜,等,2015. 建南气田天然气成因、保存与成藏[J].天然气地球科学,26(4):657-666.

杜建国,徐晓春,孙先如,等,2000.大别造山带核部罗田陈林沟金矿成矿时代[J].贵金属地质,9(2):91-96.

湖北省地质调查院,2009.湖北宜昌-恩施铅锌矿调查评价报告[R].武汉:湖北省地质调查院.

湖北省地质调查院,2010.湖北省长阳县火烧坪铁矿核查区资源核查报告[R].武汉:湖北省地质调查院.

湖北省地质调查院,2011a.湖北省大地构造研究报告[R].武汉:湖北省地质调查院.

湖北省地质调查院,2011b.湖北省预测工作区自然重砂异常解释与评价报告[R].武汉:湖北省地质调查院.

湖北省地质调查院,2013a.湖北省矿产资源潜力评价成果报告[R].武汉:湖北省地质调查院.

湖北省地质调查院,2013b.湖北省成矿地质背景研究报告[R].武汉:湖北省地质调查院.

湖北省地质调查院,2021.湖北省区域地质志[M].北京:地质出版社.

湖北省地质局第八地质大队,1979.湖北省钟祥县荆襄磷矿胡集矿区大峪口矿段详细勘探地质报告[R].襄阳:湖北省地质局第八地质大队.

湖北省地质局第五地质大队,1985.湖北省竹山县银洞沟银金矿地质勘探报告[R].丹江口:湖北省地质局第五地质大队.

湖北省地质矿产局,1996.湖北省岩石地层[M].武汉:中国地质大学出版社.

湖北省鄂东北地质大队,1986.湖北省孝感磷矿黄麦岭矿区黄麦岭矿段详细勘探总结报告[R].孝感:湖北省鄂东北地质大队.

湖北省鄂东北地质大队,1998.湖北省大崎山地区金成矿条件研究及靶区筛选[R].孝感:湖北省鄂东北地质大队.

湖北省鄂东南地质大队,2010. 湖北省大冶市铜绿山铜矿接替资源勘查(深部普查)报告[R]. 大冶:湖北省鄂东南地质大队.

湖北省自然资源厅,2019. 截至2018年底湖北省矿产资源储量表[R]. 武汉:湖北省自然资源厅.

湖北省自然资源厅,2021. 2020年湖北省矿产资源年报[R]. 武汉:湖北省自然资源厅.

黄圭成,夏金龙,丁丽雪,等,2013. 鄂东南地区铜绿山岩体的侵入期次和物源:锆石U-Pb年龄和Hf同位素证据[J]. 中国地质,40(5):1392-1408.

江汉石油管理局勘探开发研究院,1995. 湖北省天门市小板凹陷潜江组盐矿普查研究及评价报告[R]. 潜江:江汉石油管理局勘探开发研究院.

江汉油田石油地质志编写组,1991. 中国石油地质局志卷九江汉油田[M]. 北京:石油工业出版社.

李红梅,秦志军,简玉兵,等,2020. 湖北省构造演化与成矿规律探讨[J]. 地质学报,94(1):84-101.

李均权,谭秋明,李江洲,等,2005. 湖北省矿床成矿系列[M]. 武汉:湖北科学技术出版社.

廖庆康,彭懋媛,等,1992. 花岗岩区填图方法:大容山—十万大山岩石谱系单位填图研究[M]. 桂林:广西师范大学出版社.

孟宪鋆,1995. 鄂东南石炭—三叠系古地磁研究[J]. 湖北地矿(2):41-53.

秦正永,雷世和,1996. 武当群成岩年龄新资料讨论[J]. 中国区域地质(2):176-187.

王登红,陈毓川,徐志刚,等,2020. 矿床成矿系列:六论矿床的成矿系列问题[J]. 地质学报,94(1):18-35.

王平安,陈毓川,裴荣富,等,1998. 秦岭造山带区域矿床成矿系列、构造-成矿旋回与演化[M]. 北京:地质出版社.

谢桂青,赵海杰,赵财胜,等,2009. 鄂东南铜绿山矿田矽卡岩型铜铁金矿床的辉钼矿Re-Os同位素年龄及其地质意义[J]. 矿床地质,28(3):227-239.

熊庆,郑建平,余淳梅,等,2008. 宜昌圈椅埫A型花岗岩锆石U-Pb年龄和Hf同位素与扬子大陆古元古代克拉通化作用[J]. 科学通报,53(22):2782-2792.

徐志刚,陈毓川,王登红,等,2008. 中国成矿区带划分方案[M]. 北京:地质出版社:138.

薛迪康,葛宗侠,张宏泰,等,1997 鄂东南铜金矿成矿模式与找矿模型[M]. 武汉:中国地质大学出版社.

叶天竺,张智勇,肖庆辉,等,2010. 成矿地质背景研究技术要求[M]. 北京:地质出版社.

中南冶金地质勘探公司604队,1972. 湖北红安华河萤石矿区寨山矿体初步地质勘探报告和补充勘探报告[R]. 孝感:中南冶金地质勘探公司604队.

中南冶金地质勘探公司607队,1966. 湖北长阳火烧坪铁矿床1965—1966年补充勘探报告[R]. 宜昌:中南冶金地质勘探公司607队.

朱峰,李文博,胡传胜,2017. 南秦岭银洞沟银金矿床矿相学与成矿时代[J]. 矿物学报,37(4):386-394.

LI J W,DENG X D,ZHOU M F,et al.,2010a. Laser ablation ICP-MS titanite U-Th-Pb dating of hydrothermal ore deposits:a case study of the Tonglushan Cu-Fe-Au skarn deposit,SE Hubei Province,China[J]. Chemical Geology,270(1):56-67.

LI J W,VASCONCELOS P M,ZHOU M F,et al.,2014. Longevity of magmatic-hydrothermal systems in the Daye Cu-Fe-Au District,eastern China with implications for mineral exploration[J]. Ore Geology Reviews,57(1):375-392.

LI X H, LI W X, WANG X C, et al.,2010b. SIMS U-Pb zircon geochronology of porphyry Cu-Au-(Mo) depositsinthe Yangtze River Metallogenic Belt, eastern China: magmatic response to early Cretaceous lithospheric extension[J]. Lithos,119(3/4):427-438.

WANG F Y,LIU S A,LI S G,et al.,2013. Contrasting zircon Hf-O isotopes and trace elements between ore - bearing and ore - barren adakitic rocks in central - eastern China;implications for genetic relation to Cu - Au mineralization[J]. Lithos,156(7):97 - 111.

XIE G Q,MAO J W,ZHAO H J,et al. ,2011. Timing of skarn deposit formation of the Tonglushan ore district,southeastern Hubei Province,Middle - Lower Yangtze River Valley metallogenic belt and its implications[J]. Ore Geology Reviews,43:62 - 77.

YUE S W,DENG X H,LEON BAGAS,2014. Geology,isotope geochemistry,and ore genesis of the Yindonggou Ag - Au(- Pb - Zn)deposit,Hubei Province,China[J]. Geological Journal,49(415):442 - 462.